普通高等教育"十三五"规划教材

无机及分析化学

WUJI JI FENXI HUAXUE

主　编　韩兴昊　次仁德吉

副主编　王婷婷　尼玛卓玛　韩兴年　尼　珍

编　者　（按姓氏笔画排序）

　　　　央　宗　刘振东　李婉茹　李　梁

　　　　张清莲　罗　珊　徐丹丹　薛　蓓

主　审　熊　伟

特配电子资源

微信扫码

● 拓展阅读

● 视频学习

● 互动交流

 南京大学出版社

图书在版编目(CIP)数据

无机及分析化学/韩兴昊,次仁德吉主编.—南京:南京大学出版社,2019.7(2024.6 重印)

ISBN 978-7-305-22458-4

Ⅰ.①无… Ⅱ.①韩… ②次… Ⅲ.①无机化学－高等学校－教材②分析化学－高等学校－教材 Ⅳ.①O61②O65

中国版本图书馆 CIP 数据核字(2019)第 146672 号

出版发行 南京大学出版社

社　　址　南京市汉口路 22 号　　　邮　　编　210093

书　　名　无机及分析化学
　　　　　WUJI JI FENXI HUAXUE
主　　编　韩兴昊　次仁德吉
责任编辑　戴　松　蔡文彬　　　　编辑热线　025-83592146
照　　排　南京开卷文化传媒有限公司
印　　刷　常州市武进第三印刷有限公司
开　　本　787×1092　1/16　印张 17.25　字数 450 千
版　　次　2019 年 7 月第 1 版　2024 年 6 月第 3 次印刷
ISBN 978-7-305-22458-4
定　　价　43.00 元

网　　址:http://www.njupco.com
官方微博:http://weibo.com/njupco
官方微信号:njupress
销售咨询热线:(025)83594756

前　言

　　无机及分析化学是高等农、林、牧、水院校各相关专业必修的一门重要基础课,也是化学学科的导论。无机及分析化学的一个重要特点是它既完成无机及分析化学学科自身丰富的教学内容,又承担着后续课程做好必要准备的特殊任务。近年来,我国高等教育的结构发生了巨大的变革。一些大学通过合并使专业、学科更为齐全,有的学校同时兼具理、工、农、医科等专业,但无机及分析化学作为一门基础课程仍是各自为政的局面,为了巩固高等教育结构改革成果,更有利于对学生能力的培养,编写非化学类理、工、农、医等相关专业本科生通用的无机及分析化学教材非常必要。

　　本教材的主要目的是使非化学类专业的学生在学习无机及分析化学课程后,能掌握最基本的化学原理和定量化学分析的方法,并能用这些原理和方法来观察、思考和处理实际问题,为今后的专业学习、科学研究和生产实践打下基础。因此,本教材首先从宏观上介绍分散体系(稀溶液、胶体)的基本性质和化学反应的基本原理(能量变化、反应速率、反应方向、反应的平衡移动),进而从微观上介绍物质结构(原子、分子、晶体)的基本知识。然后简述定量化学分析的基础知识,论述溶液中各种类型的化学平衡以及在滴定分析中的应用,并对最常用的几种仪器分析法作了简介。最后对从周期表的分区来对元素进行了介绍。本教材去掉无机化学、分析化学中重复内容,合并相似内容,增加了仪器分析内容,以适应当前的教学要求。合并相关章节后,突出了主题,减少了篇幅,能适应一个学期内完成本课程的学时需求。各专业对化学的要求侧重面会有所不同,教师可以根据实际情况对教材进行适当的取舍,部分内容可安排学生自学。

　　通过本课程的学习,使学生掌握无机化学、分析化学的基础知识和基本原理,培养正确的科学思维方法和分析问题、解决问题的能力。本书在编写过程中,编者力图突出以下几个方面的特色:

　　1. 教材重点阐述了无机及分析化学的基本概念和基本原理,注重化学学科发展的新动向,力图用新的观点对理论、概念进行叙述和定义,反映化学学科发展的新成果。

　　2. 教材编写突出农业院校特色,符合培养农林应用型人才的需要。避免复杂公式的推导,强调理论的应用。

　　3. 教材编写力求语言通顺、文字流畅、概念准确、表述规范、深入浅出。

　　4. 内容安排科学合理,难点分散,符合教学规律,每章列出教学基本要求、方便教师教学和学生学习。

　　5. 各章附有相应的习题,分量适合,难度适中,便于学生学习和巩固所学知识,以提高学生分析问题和解决问题人能力。

6. 教材内容丰富,其目的是开阔学生的视野,有利于学生知识的推展和延伸,全面培养学生的综合素质和创新能力。为适应不同的院校需要,书中有些内容可根据实际选用。

7. 为适应高等教育与国际接轨发展趋势,本教材中的绝大部分专业术语以中、英文两种文字给出。本教材贯彻中华人民共和国国家法定计量单位,采用国家标准(GB 3102.8—93)所规定的符号和单位。

参加本书编写的人员有:韩兴昊(第二、四、十一章)、王婷婷(第三、五章)、尼玛卓玛(第七、十二章)、次仁德吉(第一章)、李婉茹(第六章)、尼珍(第八章)、韩兴年(第九章)、徐丹丹(第十章)。附录部分由央宗编写,罗珊、张清莲、刘振东、薛蓓、李梁参加了部分章节的编写和校对工作。

本教材在编写过程中得到了熊伟教授的指导和帮助,此外还有西藏农牧学院的各级领导的大力支持,在此一并感谢。

由于编者水平有限,书中肯定会有诸多不尽人意甚至错误之处,敬请读者和专家批评指正。

编　者
2019 年 7 月

目　录

第1章　物质的聚集状态

学习要求：

1. 掌握理想气体状态方程及其应用。
2. 掌握道尔顿分压定律。
3. 熟悉掌握各种溶液组成的表示及有关计算。
4. 理解稀溶液的依数性及其应用。
5. 熟悉溶胶的结构、性质、稳定性及聚沉作用。
6. 了解大分子溶液、表面活性物质、乳状液的基本概念和特征。

溶液和胶体是物质在自然界中存在的两种形式,它们与日常生活和生产实践有着密切的联系。生物体内的各种无机盐、有机成分等均以溶液或溶胶(胶体溶液)的形式在体内流通。在工农业生产中,农药的使用、无土栽培技术的应用、组织培养液的配制、土壤的改良、工业废水的净化处理等都离不开溶液与溶胶的知识。

在常温下,物质通常以三种不同的聚集状态存在,即气体(gas)、液体(liquid)、固体(solid)。物质的每一种聚集状态有各自的特征。物质在一定的温度和压力条件下所处的相对稳定的状态,称为物质的聚集状态。在常温下,物质有三种可能的状态,即气态、液态和固态。这些聚集状态就是我们通常所说的实物,它们都是由大量的分子、原子或离子组成。

对物质微观模型的基本论点是:物质由大量的分子所组成,分子都在不停地运动,分子间存在相互作用力,固体和液体分子不会散开而能保持一定的体积,固体还能保持一定的形状,表明它们的分子间存在相互吸引力。另一方面,当对固体和液体施加很大的压力时,它们的可压缩性很小,这是因分子间距离很近时,存在相互斥力。在通常情况下,分子间的作用力倾向于使分子聚集在一起,并在空间形成较规则的有序排列。随着温度的升高,分子的热运动加剧,力图破坏有序排列,变成无序状态。当升高到一定程度,热运动足以破坏原有的排列秩序时,物质的宏观状态就可能发生突变,从而由一种聚集状态变到另一种聚集状态。例如从固态变成液态,从液态再变到气态。当温度再继续升高,外界所供给的能量足以破坏气体分子中原子核和电子的结合,气体就电离成自由电子和正离子组成的气体,即等离子体。

等离子体与固、液、气三态相比,在组成和性质上均有本质的不同。就拿它与最接近的气体相比,两者也有明显的区别:前者是一种导电流体,后者通常不导电;前者粒子间存在库仑力,并导致带电粒子群特有的集体运动,而后者分子间不存在净的电磁力;且前者运动行为还明显受到电磁场的影响和约束。故等离子体被看作物质的又一种基本状态,常称之为"物质的第四态"。

相与物质的聚集态这两个概念是不同的。对气态物质来讲,因气体分子具有扩散性,通常总是均匀充满它所占据的容器,故无论是单组分气体还是混合气体,只有一个相。对液态物质,如水和乙醇的混合物,因两者能互溶,故为单相系统;而水和苯的混合物,因两者不能混溶,故虽只有一个液态,但却有两个相。而对固态物质,一般一种固态物质单独成为一个相。

1.1 分散系

一种或几种物质以细小的粒子分散在另一种物质里所形成的系统称为分散系。被分散的物质称为分散质,也称为分散相;将分散质分散开来的物质称为分散剂,也称为分散介质。例如,将蔗糖和泥土分别撒于水中,搅拌后形成的蔗糖水和泥水都是分散系。其中蔗糖和泥土是分散质,水是分散剂。按分散质粒子的大小以及形成的分散系稳定性、扩散性的不同,可将分散系分成三类,见表1-1。

表1-1 分散系的分类

分散系类型		分散质	分散质粒子直径	主要性质	实 例		
					分散系	分散质	分散剂
低分子或离子分散系		小分子、离子或原子	<1 nm	均相,稳定,扩散快	NaCl水溶液	Na^+,Cl^-	H_2O
胶体分散系	高分子溶液	大分子	1~100 nm	均相,稳定,扩散慢	血液	蛋白质	H_2O
	溶胶	分子的小聚集体	1~100 nm	多相,较稳定,扩散慢	AgI溶胶	AgI	H_2O
粗分散系		分子的大聚集体	>100 nm	多相,不稳定,扩散很慢	泥浆	泥土	H_2O

1.2 气 体

1.2.1 理想气体状态方程

如果完全忽略气体分子的体积及分子间的作用力,该气体即称为理想气体。显然理想气体是不存在的,它仅仅是一种科学抽象。但是理想气体模型却是非常重要的,这是因为对实际气体在通常条件,即压力不是太大、温度不是太低时,由于分子间距离很大,气体分子所占的体积远小于气体的体积,故可忽略气体的体积;且分子间的作用力也因分子间距离拉大而迅速减小,故可将其近似看成理想气体。而即使当压力较大或温度较低时,我们也可以对理想气体模型进行适当修正,因此研究理想气体是为了先把研究对象简单化,这是科学上处理比较复杂问题时常用的一种方法。

理想气体状态方程为

$$pV = nRT \tag{1-1}$$

该方程表明了气体的压力(p)、体积(V)、温度(T)和物质的量(n)之间的关系。R 称为摩尔气体常数，其值和单位如下：

$$R = 8.314 \text{ Pa} \cdot \text{m}^3 \cdot \text{mol}^{-1} \cdot \text{K}^{-1} = 8.314 \text{ kPa} \cdot \text{L} \cdot \text{mol}^{-1} \cdot \text{K}^{-1} = 8.314 \text{ J} \cdot \text{mol}^{-1} \cdot \text{K}^{-1}$$

理想气体状态方程还可表示为另外一些形式：

$$pV = \frac{m}{M}RT \tag{1-2}$$

$$pM = \frac{m}{V}RT = \rho RT \tag{1-3}$$

式中：m 为气体的质量；M 为摩尔质量；ρ 为密度。利用上面三个公式可进行一些有关气体的计算，在计算时应注意保持 p,V 与 R 单位的统一。

例 1-1　某学生在 100 kPa 下收集到 250 mL CO_2 气体，则其质量为多少？

解：CO_2 的摩尔质量为 44 g·mol^{-1}，将有关数据代入公式得

$$m = \frac{pVM}{RT} = \frac{100 \text{ kPa} \times 250 \times 10^{-3} \text{ L} \times 44 \text{ g} \cdot \text{mol}^{-1}}{8.314 \text{ kPa} \cdot \text{L} \cdot \text{mol}^{-1} \cdot \text{K}^{-1} \times 298 \text{ K}} = 0.444 \text{ g}$$

1.2.2　道尔顿分压定律

由于在通常条件下，气体分子间的距离大，分子间的作用力很小，所以气体具有两大特征，即扩散性和可压缩性，对任何气体可以均匀充满它所占据的容器。因此如果将几种彼此不发生化学反应的气体放在同一容器中，各种气体如同单独存在时一样充满整个容器。

在一定温度下，混合气体中某组分气体单独占有混合气体的容积时所产生的压力称为该组分气体的分压力。由分压力的定义得分压力计算公式：

$$p_i V = n_i RT \tag{1-4}$$

式中：i 代表混合气体中第 i 种组分气体。

1801 年英国化学家道尔顿(Dalton)通过实验发现，在一定温度下气体混合物的总压力等于其中各组分气体分压力之和，这就是 Dalton 分压定律。用数学式表示为：

$$p = p_1 + p_2 + p_3 + \cdots = \sum p_i$$

式中，p 是混合气体的总压力，p_1,p_2,p_3,$\cdots$是气体 1,2,3,$\cdots$的分压。

根据状态方程式有

$$\frac{p_i}{p} = \frac{n_i}{n}$$

式中，n 为混合气体总物质的量，即 $n = n_1 + n_2 + n_3 + \cdots = \sum n_i$，$n_i$ 为某组分气体物质的量。将 $\frac{n_i}{n}$ 称为摩尔分数，用 x_i 表示。故有 $x_1 + x_2 + x_3 + \cdots = \sum x_i$

所以，某一组分气体的分压和该气体组分的摩尔分数成正比。

$$p_i = px_i$$

可见,气体的分压只与它的摩尔分数和混合气体的总压力有关,而不涉及它的体积。

$$p = p_1 + p_2 + \cdots = \sum_i p_i = \sum_i \frac{n_i RT}{V} = \frac{nRT}{V} \tag{1-5}$$

也就是:

$$pV = nRT \tag{1-6}$$

式中:p, n 分别代表混合气体的总压力及总物质量。可见理想气体状态方程不仅适用于某一纯净气体,也适用于混合气体中某一组分气体,同时也适用于混合气体。

将式(1-4)除以式(1-6)得:

$$(p_i/p) = (n_i/n) = x_i$$

x_i:i 组分气体的摩尔分数

则:

$$p_i = x_i p \tag{1-7}$$

该式表示:混合气体中某组分气体的分压力等于该组分的摩尔分数与混合气体总压力的乘积。

应当指出,只有理想气体才严格遵守道尔顿分压定律,实际气体只有在压力较低、温度较高时才近似遵守此定律。

道尔顿分压定律对于研究气体混合物非常重要。我们在实验室中常用排水取气法收集气体。因此用这种方法收集的气体中总是含有饱和的水蒸气。在这种情况下测出的压力应是混合气体的总压力,即:$p(总压) = p(气体) + p(水蒸气)$。

水的饱和蒸气压仅与水的温度有关,其值可从表1-2中查到。因此气体的分压等于总压减去该温度下的饱和蒸气压。

表 1-2 水在不同温度下的饱和蒸气压

温度/℃	压力/kPa	温度/℃	压力/kPa	温度/℃	压力/kPa
0	0.61	18	2.07	40	7.37
1	0.65	19	2.20	45	9.59
2	0.71	20	2.33	50	12.33
3	0.76	21	2.49	55	15.73
4	0.81	22	2.64	60	19.92
5	0.87	23	2.81	65	25.00
6	0.93	24	2.97	70	31.16
7	1.00	25	3.17	75	38.54
8	1.07	26	3.36	80	47.34
9	1.15	27	3.56	85	57.81
10	1.23	28	3.77	90	70.10
11	1.31	29	4.00	95	84.54
12	1.40	30	4.24	96	87.67
13	1.49	31	4.49	97	90.94
14	1.60	32	4.76	98	90.30
15	1.71	33	5.03	99	97.75
16	1.81	34	5.32	100	101.32
17	1.93	35	5.63	101	105.00

例 1-2 在 25 ℃下,将 0.100 mol 的 O_2 和 0.350 mol 的 H_2 装入 3.00 L 的容器中,通电后氧气和氢气反应生成水,剩下过量的氢气。求反应前、后气体的总压和各组分的分压。

解:反应前

$$p(O_2) = \frac{0.100 \times 8.314 \times 298}{3.00} = 82.6 \text{ kPa}$$

$$p(H_2) = \frac{0.350 \times 8.314 \times 298}{3.00} = 289 \text{ kPa}$$

通电时 0.100 mol O_2 只与 0.200 mol H_2 反应生成 H_2O,而剩下 0.150 mol H_2。液态水所占的体积与容器体积相比可忽略不计,但由此产生的饱和水蒸气却必须考虑。因此反应后

$$p(H_2) = \frac{0.150 \times 8.314 \times 298}{3.00} = 124 \text{ kPa}$$

$$p(H_2O) = 3.17 \text{ kPa}$$

故总压力:$p = 124 + 3.17 = 127$ kPa

1.3 溶液浓度的表示方法

由两种或两种以上不同物质所组成的均匀、稳定的液相系统称为溶液。溶液浓度是指溶液中溶质的含量,其表示方法可分为两大类,一类是用溶质和溶剂的相对量表示。另一类是用溶质和溶液的相对量表示。由于溶质、溶剂或溶液使用的单位不同,浓度的表示方法也不同。我们用 A 表示溶剂,用 B 表示溶质,常用的浓度表示方法有如下几种:

1.3.1 物质的量及其单位

"物质的量"国际单位(SI)制中基本物理量之一,是表示物质基本单元数目多少的物理量,符号为 n,单位为 mol。某物系中所含有的基本单元数目与 0.012 kg 碳-12 的原子数目相等(这个数目称为阿伏伽德罗常数,用符号 N_A 表示,其量值为 6.022×10^{23} mol^{-1}),此物系的"物质的量"为 1 mol。

应当注意,使用物质的量及其单位时,必须同时指明基本单元。基本单元是系统中组成物质的基本组分,用符号 B 表示,B 既可以是分子、原子、离子、电子及其他粒子,也可以是这些粒子的特定组合。如 H、H_2、NaOH、$\frac{1}{2}H_2SO_4$、$\frac{1}{5}KMnO_4$、SO_4^{2-} 和 $\left(H_2 + \frac{1}{2}O_2\right)$ 等。

1 mol 物质的质量称为摩尔质量,用符号"M_B"表示,摩尔质量也必须指明基本单元。物质的量 n_B、物质的质量 m_B、摩尔质量三者间的关系如下:

$$M_B = \frac{m_B}{n_B} \tag{1-8}$$

式中 m_B 为溶质 B 的质量,n_B 为溶质 B 的物质的量,M_B 为物质 B 的摩尔质量,其单位为 dm^3;则浓度的单位常用 kg·mol^{-1}。

1.3.2 物质的量浓度

溶液中所含溶质 B 的物质的量除以溶液的体积表示的浓度,称为溶质 B 的物质的量浓度,简称浓度,用符号"$c(B)$"表示。

$$c(B) = \frac{n_B}{V} \quad\quad\quad (1-9)$$

式中,n_B 为溶质的物质的量,单位为 mol;V 为溶液的体积,单位为 dm^3;则浓度的单位常用 $mol \cdot dm^{-3}$ 或 $mol \cdot L^{-1}$。

若溶质 B 的质量为 m_B、摩尔质量为 M_B,则

$$c(B) = \frac{m_B/M_B}{V} \text{ 或 } m_B = c(B) \cdot V \cdot M_B \quad\quad\quad (1-10)$$

例 1-3 欲配制 $0.1\ mol \cdot L^{-1}$ NaOH 溶液 500 mL,问需 NaOH 溶液多少克?

解:根据物质的量浓度公式

$$m(NaOH) = c(NaOH) \times V(NaOH) \times M(NaOH)$$
$$= 0.1 \times \frac{500}{1\ 000} \times 40$$
$$= 2.0\ g$$

例 1-4 欲配制 $c(HCl)$ 为 $0.1\ mol \cdot L^{-1}$ 的溶液 500 mL,需密度为 $1.19\ g \cdot cm^{-3}$ 含 38% HCl 的浓盐酸多少毫升?

解:根据预配制溶液中所含溶质的物质的量等于所需浓溶液中所含溶质的物质的量的原则,有

$$c_浓 \cdot V_浓 = c_稀 \cdot V_稀$$

因为

$$c_{(浓)} = \frac{1\ 000 \times \rho \times \omega\%}{M(HCl)}$$

所以

$$\frac{1\ 000 \times \rho \times \omega\%}{M(HCl)} \times V_浓 = 0.1 \times \frac{500}{1\ 000}$$

得

$$V_浓 = 0.004\ 2\ L$$

即需含 38% HCl 的浓盐酸 4.2 mL。

1.3.3 质量摩尔浓度

物质 B 的质量摩尔浓度用符号 b_B 表示,定义为溶质 B 的物质的量 n_B、除以溶剂的质量 m_A(单位为 kg),即

$$b_{\mathrm{B}} = \frac{n_{\mathrm{B}}}{m_{\mathrm{A}}} \qquad\qquad (1-11)$$

式中，n_{B} 为溶质的物质的量，单位为 mol；m_{A} 为溶剂的质量，单位为 kg。所以质量摩尔浓度的单位为 $mol \cdot kg^{-1}$。

> **例 1-5** 50.0 克水中溶有 2.00 克甲醇(CH_3OH)，计算该溶液的质量摩尔浓度。
>
> **解**：甲醇的摩尔质量 $M(CH_3OH) = 32\ g \cdot mol^{-1}$
>
> $$b_{\mathrm{B}}(CH_3OH) = \frac{2.00/32.0}{50.0/1\,000} = 1.25\ mol \cdot kg^{-1}$$

质量摩尔浓度的单位为 $mol \cdot kg^{-1}$，使用时应注意基本单元。质量摩尔浓度与体积无关，故受温度变化的影响，常用于稀溶液依数性研究。

对于溶剂是水的稀溶液($b_{\mathrm{B}} < 0.1\ mol \cdot kg^{-1}$)，$c(B) \approx b_{\mathrm{B}}$。

1.3.4 质量分数

溶液中某一组分(B)的质量与溶液总质量之比。其数学表达式为

$$\omega_{\mathrm{B}} = \frac{m_{\mathrm{B}}}{m}$$

式中，ω_{B} 为溶质的质量分数，单位为 1；m_{B} 为溶质的质量，SI 单位为 μg，mg，kg 等；m 为溶液的质量，SI 单位为 kg。

稀溶液中，通常用每 kg 溶液中所含溶质的 mg 数表示，单位为 $mg \cdot kg^{-1}$，表示衡量组分的浓度时，采用每 kg 溶液中所含溶质的 μg 表示，单位为 $\mu g \cdot kg^{-1}$。

1.3.5 摩尔分数

溶液中某一组分物质的量与全部溶液的物质的量之比称为该物质的摩尔分数，用 x 来表示。对于一个两组分溶液体系来说，溶质的摩尔分数与溶剂的摩尔分数分别为：

$$x_{\mathrm{B}} = \frac{n_{\mathrm{B}}}{n_{\mathrm{A}} + n_{\mathrm{B}}} \quad x_{\mathrm{A}} = \frac{n_{\mathrm{A}}}{n_{\mathrm{A}} + n_{\mathrm{B}}}$$

式中，n_{A} 为溶剂的物质的量，单位为 mol；n_{B} 为溶质的物质的量，单位为 mol。显然，对两组分体系有 $x_{\mathrm{A}} + x_{\mathrm{B}} = 1$。同理，多组分体系中有 $\sum x_i = 1$。

> **例 1-6** 求 10% 的 NaCl 溶液中溶质和溶剂的摩尔分数。
>
> **解**：根据题意，100 g 溶液中含有 NaCl 10 g，水 90 g。因此 100 g 溶液中，NaCl 和 H_2O 的物质的量分别为：
>
> $$n(NaCl) = \frac{m(NaCl)}{M(NaCl)} = \frac{10\ g}{58.5\ g \cdot mol^{-1}} = 0.17\ mol$$
>
> $$n(H_2O) = \frac{m(H_2O)}{M(H_2O)} = \frac{90\ g}{18.0\ g \cdot mol^{-1}} = 5.0\ mol$$
>
> 所以：

$$x(\text{NaCl}) = \frac{n(\text{NaCl})}{n(\text{NaCl}) + n(\text{H}_2\text{O})} = \frac{0.17 \text{ mol}}{0.17 \text{ mol} + 5.0 \text{ mol}} = 0.030$$

$$x(\text{H}_2\text{O}) = \frac{n(\text{H}_2\text{O})}{n(\text{NaCl}) + n(\text{H}_2\text{O})} = \frac{5.0 \text{ mol}}{0.17 \text{ mol} + 5.0 \text{ mol}} = 0.970$$

1.4 稀溶液的通性

溶液的性质可以分为两类:一类性质是由溶质的本性决定的,如溶液的颜色、导电性、相对密度等;而另一类的性质,只决定于溶液中溶质微粒数的多少,而与溶质的本性几乎无关,如溶液的蒸气压下降、沸点升高、凝固点降低及渗透压力等。我们把这一类性质统称为稀溶液的依数性(或稀溶液的通性)。本节主要讨论难挥发非电解质的稀溶液(通常质量摩尔浓度$<0.2 \text{ mol} \cdot \text{kg}^{-1}$)。

1.4.1 溶液的蒸气压下降

在一定温度下,将某纯溶剂(如水)放进密闭容器,这时,水面上动能较大的水分子会克服四周水分子对它的吸引,从水面逸出形成水蒸气,也就是从液相转变为气相,这一过程称为蒸发。蒸发出来的水蒸气分子也有一部分和水面撞击,又从气相转变成液相,形成液态水,这一过程称为凝集。

开始时因无 $\text{H}_2\text{O}(g)$,故水蒸气的凝集速率为零,而随着蒸发的进行,水蒸气浓度不断增大,凝集速率也随之增加。当蒸发速率与凝集速率相等时,系统所处的状态便到达平衡状态[图 1-1(a)]。平衡时水面上水的蒸气浓度不再改变,此时水面上的蒸气压便称为饱和水蒸气压,简称水蒸气压。水蒸气压与温度有关,温度越高,水分子的动能越大,逸出水面形成水分子的数目就越多,水的蒸气压也越大

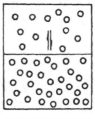
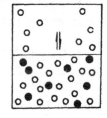

(a) 纯水的蒸气压　　(b) 溶液的蒸气压

图 1-1　溶液蒸气压下降示意图

(见表 1-2)。在一定温度下,水(或其他纯溶剂)的蒸气压为定值。

如果在水中加入难挥发的非电解质溶质,如加入蔗糖,形成蔗糖水溶液。由于蔗糖的加入,单位体积内水分子数目降低,所以单位时间内从表面逸出的水分子数目减少。当蒸发和凝结重新达到平衡的时候,水面上形成的水蒸气分子的数目少了,因此溶液在较低的蒸气压下建立平衡,故溶液的蒸气压低于同温度下纯水的蒸气压,即引起了蒸气压下降[图 1-1(b)]。注:这里所指的溶液的蒸气压实际上是溶液中溶剂的蒸气压,这是由于溶质难挥发,蒸气压很小,可忽略不计。

1887 年法国化学家拉乌尔根据大量的实验结果,总结出在一定温度下,难挥发性非电解质稀溶液的蒸气压下降 Δp 与溶液的质量摩尔浓度 b_B 成正比,此即为著名的拉乌尔定律,其数学表达式为

$$\Delta p = p^* - p = K \cdot b_B \tag{1-12}$$

式中：p^* 为纯溶剂的蒸气压，p 为溶液的蒸气压，K 为比例常数。

拉乌尔定律说明了溶液蒸气压下降只与一定量溶剂中所含溶质的微粒数有关，而与溶质的种类无关。拉乌尔定律适用于难挥发稀溶液，溶液越稀，越符合拉乌尔定律。当溶质是电解质时，溶液的蒸气压也下降，但不服从式(1-12)。

1.4.2　溶液的沸点升高与凝固点降低

1. 溶液的沸点升高

当液体的蒸气压等于外界压力时，液体便沸腾，这时液体的温度称为该液体在该外压下的沸点，通常的沸点是指外压为 101.3 kPa 时的沸点，如在 100 ℃时，水的蒸气压为 101.3 kPa(表 1-2)，则水的沸点为 100 ℃(373 K)。

图 1-2 曲线 AA' 表示的是纯水(即纯溶剂)的蒸气压曲线。假设此时外压为 101.3 kPa。当纯水的蒸气压等于 101.3 kPa 时，纯水沸腾，此时所对应的温度就是该外压下纯水的沸点，记作 T_b^*。前面讲过，难挥发性非电解质稀溶液的蒸气压低于纯溶剂的蒸气压，如图曲线 BB' 所示，则在 100 ℃时，溶液的蒸气压低于 101.3 kPa，因此在 100 ℃时，溶液不会沸腾。随着温度逐渐升高，溶液的蒸气压增大。当温度升高到使溶液的蒸气压等于外界压力即 101.3 kPa 时，溶液沸腾为止，此时的温度就是溶液在该外压下的沸点，记作 T_b。从图中可以看出，$T_b > T_b^*$，$\Delta T_b = T_b - T_b^* > 0$，即由难挥发溶质形成的溶液的沸点总是高于纯溶剂的沸点。这一现象便称为溶液的沸点升高。

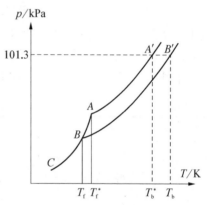

图 1-2　水、溶液、冰的蒸气压曲线

图中 AA'—水的蒸气压曲线；
BB'—溶液的蒸气压曲线；
AC—冰的蒸气压曲线

2. 溶液的凝固点降低

固体与液体相似，在一定的温度下也有一定的蒸气压，在一般情况下，固体的蒸气压很小。如冰的蒸气压与温度的关系为

$t/℃$	0	-1	-5	-10	-15
p/Pa	611	562	402	260	165

某物质的凝固点就是该物质的液相和固相达到平衡时的温度。从蒸气压角度来讲，也就是该物质的液相蒸气压与固相蒸气压相等时的温度。因为如果固相的蒸气压小于液相的蒸气压，那么液相要向固相转化；反之，如果固相的蒸气压大于液相的蒸气压，那么固相要向液相转化。

图 1-2 中 AA' 是水的蒸气压曲线，AC 是冰的蒸气压曲线，AA' 与 AC 的交点，即 A 点，此时水和冰的蒸气压相等，此时冰和水共存，对应的温度就是水的凝固点，记作 T_f^*。如果在冰和水的共存系统中加入一些难挥发非电解质，如前所述，溶液的蒸气压下降(图 1-2 中

BB'所示)。应当注意,加入的溶质是溶在水中形成对应的溶液,只影响溶液的蒸气压,而对固态冰的蒸气压则没有影响,所以此时溶液的蒸气压必定低于冰的蒸气压,只有在更低的温度下两蒸气压才能相等,图1-2中BB'曲线与AC曲线的交点B,两者的蒸气压相等,水和冰重新处于平衡状态,此时对应的温度就是该溶液的凝固点,记作T_f。可以看出,$T_f<T_f^*$,所以溶液的凝固点低于纯溶剂的凝固点,这一现象称为溶液的凝固点下降。

3. 定量关系

由前面分析可知,造成溶液的沸点升高或凝固点下降的原因在于溶液的蒸气压下降,而据拉乌尔定律知,溶液的蒸气压下降与溶液的质量摩尔浓度成正比(见式1-12)。因此可以认为稀溶液的沸点升高和凝固点下降值也与溶液的质量摩尔浓度成正比。即

$$\Delta T_b = T_b - T_b^* = K_b \cdot b_B \tag{1-13}$$

$$\Delta T_f = T_f^* - T_f = K_f \cdot b_B \tag{1-14}$$

式中:ΔT_b,ΔT_f分别为溶液的沸点升高与凝固点下降值;K_b,K_f分别称为溶剂的质量摩尔沸点升高常数和溶剂的质量摩尔凝固点下降常数,单位均为$K \cdot kg \cdot mol^{-1}$,其值只取决于溶剂的本性而与溶质的本性无关。表1-3列出常用溶剂的K_b,K_f值。

表 1-3 常用溶剂的 K_b、K_f值

溶 剂	$K_b/K \cdot kg \cdot mol^{-1}$	$K_f/K \cdot kg \cdot mol^{-1}$
水	0.512	1.86
乙醇	1.22	—
苯	2.53	5.12
醋酸	3.07	3.9
氯仿	3.63	—
乙酸	2.02	—

在生产和科学研究中,溶液的凝固点下降这一性质得到广泛应用。例如,在植物内细胞中具有多种可溶物,如氨基酸、糖等,这些可溶物的存在,使细胞液的蒸气压下降,凝固点降低,从而使植物表现一定的抗旱性和耐寒性。根据凝固点下降的原理,人们常用冰盐混合物作冷冻剂,这是由于冰表面总附有少量水,当撒上盐后,盐溶解在水中成溶液,由于溶液的蒸气压下降,使其低于冰的蒸气压,冰就要融化。随着冰的融化,要吸收大量的热,于是冰盐混合物的温度就降低。如采用NaCl和冰,温度最低可降到$-22 \, ℃$。再例,在汽车的水箱中加入甘油或乙二醇等物质,可防止水箱在冬天因水结冰而胀裂。

稀溶液的蒸气压下降值Δp,沸点升高值ΔT_b,凝固点下降值ΔT_f这三者通过b_B联系起来:

$$b_B = \frac{\Delta p}{K} = \frac{\Delta T_b}{K_b} = \frac{\Delta T_f}{K_f} \tag{1-15}$$

由于b_B与摩尔质量之间存在对应关系,故可以通过测量Δp,ΔT_b,ΔT_f的值来测定溶质的摩尔质量。但一般来说测定温度更为方便;且对于同一溶剂K_f通常大于K_b,所以用ΔT_f法测定时的灵敏度高;另采用ΔT_b法时,往往因为实验温度较高引起溶剂挥发,使溶液变浓

而引起误差,而且某些生物样品在沸点时易破坏。因此在实际工作中一般用凝固点降低法测定溶质的摩尔质量。

例 1-7 2.60 g 尿素$[CO(NH_2)_2]$溶于 50.0 g 水中,试计算此溶液在常压下的凝固点和沸点,已知尿素的摩尔质量为 60.0 g·mol^{-1}。

解:
$$b_B = \frac{n_B}{m_A} = \frac{2.60/60.0}{50.0 \times 10^{-3}} = 0.867 \ (mol \cdot kg^{-1})$$

$$\Delta T_b = K_b \cdot b_B = 0.512 \times 0.867 = 0.44 \ (K)$$

$$T_b = T_b^* + \Delta T_b = 373.15 + 0.44 = 373.59 \ (K)$$

$$\Delta T_f = K_f \cdot b_B = 1.86 \times 0.867 = 1.61 \ (K)$$

$$T_f = T_f^* - \Delta T_f = 273.15 - 1.61 = 271.54 \ (K)$$

例 1-8 把 0.2 g 葡萄糖溶解于 10 g 水中,溶液的冰点降为 0.207 ℃,试计算葡萄糖的分子量。

解: $\Delta T_f = 0.207$ K; $K_f = 1.86$ K·kg·mol^{-1}

根据公式: $\Delta T_f = K_f \times b_B$

所以有

$$M_B = \frac{K_f \times m_B}{m_A \times \Delta T_f} = \frac{1.86 \times 0.2}{0.207 \times 10}$$

$$= 0.180 \ kg \cdot mol^{-1}$$

$$= 180 \ g \cdot mol^{-1}$$

1.4.3 溶液的渗透压力

1. 渗透现象

只允许溶剂分子通过而不允许溶质分子通过的薄膜叫半透膜(如生物体中天然存在的细胞膜、毛细血管壁、人造羊皮纸等)。

现在将蔗糖溶液和水用半透膜隔开,并且使膜内蔗糖溶液的液面和膜外水的液面相平,如图 1-3(a)。因为水分子可透过半透膜而蔗糖分子不能透过半透膜,膜外单位体积水中所含水分子数要比膜内单位体积蔗糖溶液中所含的水分子数多,为了使溶剂的相对量一致,所以水分子从膜外(溶剂)向膜内(溶液)扩散,过一段时间后,可见膜内液面升高,如图 1-3(b)。这种溶剂透过半透膜进入溶液的自发过程称为渗透。

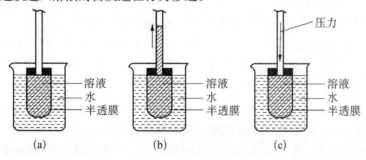

图 1-3 渗透现象与渗透压

2. 渗透压力

渗透结果是使膜内蔗糖溶液液面升高,静水压增大,膜内水柱产生的压力驱使溶液中的溶剂分子加速通过半透膜,当单位时间内从膜两侧透过的溶剂分子数相等时,整个系统处于渗透平衡状态。达到渗透平衡时,膜内外的水分子仍在不停通过半透膜渗透,故该平衡属于动态平衡。由此可见,为了阻止渗透的进行,必须在膜内溶液的液面上施加一额外压力,保持膜内外液面相平,习惯上用这个额外施加的压力表示溶液的渗透压力,符号 Π,单位 kPa。

如果外加在溶液上的压力超过渗透压,那么反而会使溶液中的水向纯水方向流动,使水的体积增加,这个过程叫反渗透现象。反渗透技术广泛应用于海水淡化、污水处理等方面,其难点是要寻找耐压的半透膜。

渗透现象可以发生在用半透膜隔开的稀溶液和纯溶剂之间,当半透膜的两侧是浓度不相等的同种溶液时,渗透现象也可以发生。渗透的方向是溶剂从浓度较小的溶液向浓度较大的溶液渗透。为维持膜内外液面相等,必须在浓度较大的稀溶液一侧加上一个额外压力(渗透压力之差)。由此可见,渗透现象的发生必须具备两个条件:① 有半透膜存在,② 在半透膜两侧溶液浓度不相等。

3. 范托夫定律

1887 年荷兰物理化学家范托夫综合实验结果,指出稀溶液的渗透压力与溶液的浓度、温度间的关系:

$$\Pi V = nRT \tag{1-16}$$

$$\Pi = \frac{n}{V}RT = cRT \tag{1-17}$$

式中:Π 为溶液的渗透压力;V 为溶液体积;n 为溶质的物质的量;c 为溶质的物质的量浓度;R 是摩尔气体常数,8.314 J·K^{-1}·mol^{-1},但因浓度 c 的体积常用 L 为单位,故 R 取 8.314 kPa·L·K^{-1}·mol^{-1}。

由式(1-16)可知,渗透压符合理想气体状态方程。对很稀的溶液,$c \approx b$,所以也有 $\Pi = bRT$。

该定律说明在一定温度下,稀溶液的渗透压力只决定于单位体积溶液中所含溶质粒子数,而与溶质的本性无关,所以渗透压力也是稀溶液的一种依数性。实验证明,即使像蛋白质这样的大分子,其溶液的渗透压也是与小分子一样,由它们的质点数目所决定。

渗透压在医学上具有重要意义。动植物细胞膜大多具有半透膜的性质,因此水分、养料在动植物体内循环都是通过半透膜而实现的。植物细胞汁的渗透压可达 2×10^3 kPa,所以水由植物的根部可输送到高达数十米的顶端。人体血液的平均渗透压约为 780 kPa,在做静脉输液时,应该使用渗透压与其相同的溶液,在医学上把这种溶液称为等渗溶液。例如,在临床上使用质量分数为 0.9% 的生理盐水或质量分数 5% 的葡萄糖溶液就是等渗溶液。如果静脉输液时使用的是非等渗溶液,就可能会产生严重后果。如果输入溶液的渗透压小于血浆的渗透压(医学上将这种溶液称为低渗溶液),水就会通过血红细胞膜向细胞内渗透,致使细胞肿胀甚至破裂,这种现象在医学上称为溶血。如果输入溶液的渗透压大于血浆的渗透压(医学上称之为高渗溶液),血红细胞肉质水会通过细胞膜渗透出来,引起血红细胞皱缩，并从悬浮状态中沉降下来，这种现象在医学上称为胞浆分离。

例 1-9　计算 25 ℃时，$0.10 \ mol \cdot L^{-1}$ 葡萄糖溶液的渗透压力。

解：$\Pi = cRT$

$$\Pi = 0.10 \times 8.314 \times 298 = 2.48 \times 10^2 (kPa)$$

从例 1-9 可以看出，仅 $0.10 \ mol \cdot L^{-1}$ 葡萄糖溶液在常温下便能产生 2.48×10^2 kPa 的渗透压力，相当于 24 米多高水柱产生的压力，所以渗透压力的作用在生命体内是一种强大的推动力。溶液的渗透压也可用来测定溶质的摩尔质量，且它特别适用于测定大分子化合物的摩尔质量。

例 1-10　1.0 L 溶液中含有 5.0 g 马的血红素，在 298 K 时测得溶液的渗透压力为 1.80×10^2 Pa，计算马的血红素摩尔质量。

解：$\Pi V = nRT = \dfrac{m}{M}RT$

$$M = \frac{m}{\Pi V}RT = \frac{5.0 \times 8.314 \times 298}{180 \times 10^{-3} \times 1.0} = 6.9 \times 10^4 \ g \cdot mol^{-1}$$

应当指出，浓溶液和电解质溶液也同样有蒸气压降低、沸点升高、凝固点下降和渗透压等现象。但是以上介绍的依数性与浓度间的定量关系却不适用于它们。因为在浓溶液中，溶质的浓度大，溶质粒子间以及溶质与溶剂间的相互作用增大，造成依数性与浓度的定量关系发生偏离。在电解质溶液中，由于电解质解离成离子，一方面使溶液中溶质的粒子数增加，另一方面带电离子间的相互作用很强，所以稀溶液的依数性也不适用于强电解质溶液。挥发性溶质对溶液依数性的影响更为复杂。例如，在水中加入少许乙醇，由于乙醇的挥发性大于水，在一定温度下乙醇水溶液的蒸气压（是水蒸气压和乙醇蒸气压之和）就会大于纯水的蒸气压。由于易挥发溶质的加入使溶液的蒸气压升高，所以其沸点下降。但是乙醇水溶液的凝固点是冰的蒸气压与溶液中水蒸气分压达平衡时的温度，不管是难挥发还是易挥发溶质，都会降低溶液中水蒸气分压，所以凝固点都是下降的。

1.5　胶体溶液

胶体分散系按分散相和分散介质聚集状态不同可分成多种类型。固体质点分散于液体介质中的胶体分散系称为溶胶。如以水为分散介质则称为水溶胶，如 $Fe(OH)_3$、As_2S_3 水溶胶等；如分散介质为气体的溶胶称为气溶胶，如烟（固体质点）、雾（液体质点）；乳状液是液体质点分散在液体介质中，泡沫是气体分散在液体介质中。

胶体粒子的大小在 1～100 nm 间，分散粒子常是大量的分子或离子的聚集体，一般用肉眼或普通显微镜观测时，好像是单相系统，实际上是多相系统，在分散质与分散介质间存在相界面。胶体分散系统在生物界或非生物界都广泛存在，在石油、冶金、塑料等工业中，以及在其他学科如生物学、医学、气象学、地质学中也广泛接触到与胶体分散系统有关的问题，本节仅简单介绍水溶胶方面的问题。

因胶体分散系统是高度分散的多相系统,具有很高的表面能,是一个热力学不稳定系统。胶体粒子有互相聚结而降低其表面能的趋势,即具有聚结不稳定性。正因这个原因,在制备溶胶时要有稳定剂存在,否则得不到稳定的溶胶。由此可见,溶胶的基本性质是:多相性、高分散性和热力学不稳定性,溶胶的各种性质都是由这些基本特征引起的。

1.5.1　溶胶的制备

要制得稳定的溶胶,需满足两个条件:一是分散相粒子大小在合适的范围内;二是胶粒在液体介质中保持分散而不聚结,为此必须有稳定剂存在。制备的方法可分为分散法和聚结法,前者是使大粒子变小,而后者是将更小的粒子凝集成溶胶粒子。

1. 分散法

分散法是用适当的手段使大块物质在有稳定剂存在下分散成胶体粒子般大小。常用的方法有:1) 研磨法,如用胶体磨将粗颗粒磨细,研磨时为了防止颗粒聚结,需加入稳定剂如丹宁、明胶等。2) 超声波法,频率大于 1×10^5 Hz 的超声波有很强的粉碎力,可以将某些松软的物质分散。3) 电弧法,此法多用于制备贵金属溶胶。以贵金属为电极,插在分散介质中,通电产生电弧,高温使金属表面的原子蒸发,并立即冷却于分散介质中,凝集成胶体粒子(这实际上是先分散后凝集)。4) 胶溶法,它并不是将粗粒子分散成溶胶,而只是使暂时凝聚起来的分散相又重新分散开来。一些新鲜沉淀经洗涤除去过多的电解质后,再加入少量的稳定剂,则可制成溶胶。如:新生成的 $Fe(OH)_3$ 沉淀用水洗涤后,加入少量 $FeCl_3$ 溶液,经过搅拌,沉淀便转化成红棕色的 $Fe(OH)_3$ 溶胶,$FeCl_3$ 溶液便称为胶溶剂。

$$Fe(OH)_3(新鲜沉淀) \xrightarrow{FeCl_3} Fe(OH)_3(溶胶)$$

2. 凝聚法

凝聚法又可分为物理凝聚法和化学凝聚法。物理凝聚法是利用适当的物理过程使某些物质凝成胶粒般大小的粒子。如将松香的酒精溶液滴入水中,由于松香在水中的溶解度低,溶质以胶粒状析出,形成松香溶胶。再例,将汞蒸气通入冷水中就可得到汞溶胶。化学凝聚法是使能生成难溶物质的反应在适当的条件下进行,凝聚过程达到一定的阶段即停止,所得到的产物恰好处于胶体状态,便能得到溶胶。如将 H_2S 通入稀亚砷酸溶液,经复分解反应可得硫化砷溶胶:

$$2H_3AsO_3 + 3H_2S \Longrightarrow As_2S_3(溶胶) + 6H_2O$$

此外,还可通过水解反应或氧化还原反应来制得溶胶:

$$FeCl_3 + 3H_2O \xrightarrow{沸腾} Fe(OH)_3(溶胶) + 3HCl$$

$$2AuCl_3 + 3HCHO + 3H_2O \xrightarrow{\triangle} 2Au(溶胶) + 6HCl + 3HCOOH$$

1.5.2　溶胶的性质

1. 动力性质——布朗运动

英国植物学家布朗用显微镜观察到悬浮在液面上的花粉颗粒不断地做不规则运动,后来用超显微镜观察到溶胶中胶粒的运动也与此类似,故称为布朗运动。布朗运动是由于不断地受到不同方向、不同速度的液体分子的撞击,受到的力是不平衡的,所以它们时刻以不同方向、不同速度做不规则运动。胶粒越小,布朗运动就越剧烈,布朗运动是胶体分散系的特征之一。

2. 光学性质——丁铎尔效应

1869 年英国物理学家丁铎尔发现,当一束光线通过溶胶,从与光束垂直的方向上可以观察到一个发光的圆锥体(图 1-4),这就是丁铎尔效应。当光线射入分散系统时,可能发生两种情况:1) 当分散相粒子远大于入射光波长时,主要发生反射或折射现象,粗分散系就属这种情况。2) 若分散相的粒子小于入射光的波长,则主要发生光的散射。此时每个粒子变成一个新的小光源,向四面八方发射与入射光波长相同的光波。可见光的波长在 $400\sim700$ nm 间,而溶胶粒子的直径在 $1\sim100$ nm 间,因此会发生光的散射。

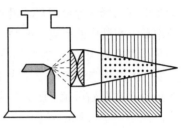

图 1-4　丁铎尔效应

3. 溶胶的电学性质

电泳 在溶胶中插入两个电极,通入直流电,可以看到胶粒发生定向运动——向阴极或阳极移动。这种胶体粒子在外电场作用下发生定向移动的现象叫电泳。图 1-5 中,U 形管下面接一带活塞的漏斗,实验时先放入 $Fe(OH)_3$ 溶胶,然后在溶胶上面小心地放入无色的稀 NaCl 溶液(其作用是避免电极与溶胶接触),使溶胶和溶液间有明显的界面。在 U 形管两端各插入铂电极,通电后可以看到 $Fe(OH)_3$ 溶胶的红棕色界面向阴极上升,而阳极液面下降,表明 $Fe(OH)_3$ 溶胶带正电。胶粒的带电性与其制备方法有关,但在大多数情况下,硫、As_2S_3、金溶胶等带负电荷。

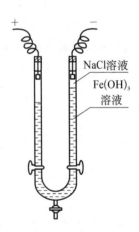

NaCl溶液
$Fe(OH)_3$ 溶液

电泳实验表明胶粒是带电的,又因为整个胶体系统是电中性的,所以若胶粒带某种电荷,则分散介质必定带相反电荷。由于粒子大小不同,所带电荷不同,因而电泳的速度和方向也不同。研究电泳现象不仅可了解胶体粒子的结构和电现象,还可以利用电泳速度的不同,将不同带电胶粒分离开来。例如,可以把不同蛋白质或核酸分子分离出来,因此电泳也是生物化学领域中一项重要的分离实验技术。

图 1-5　电泳装置

电渗 电泳实验是介质不动,胶粒在电场作用下发生定向运动。电渗现象与此相反,是固体粒子不动,而使液体介质在电场作用下发生定向移动,电渗常用于水的净化中。图 1-6 为电渗示意图,把溶胶浸渍在多孔性物质(如海绵上),使溶胶粒子被吸附而固定在位置 C 处,在多孔性物质两侧施加电压。通电后可观察到介质的移动,这种现象就称为电渗。

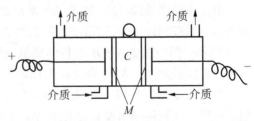

介质　　　　　介质

C

介质　　　　　　介质

M

图 1-6　电渗示意图

1.5.3 胶团结构和电动电势

1. 胶团结构

胶体的性质与其结构有关,以 $AgNO_3$ 和 KI 稀溶液混合制备 AgI 溶胶为例。如图 1-7,中心是 m 个 AgI 固体粒子聚集成的胶核。若制备时 KI 过量,则溶液中还有 K^+、NO_3^-、I^- 等。因为胶核有选择性地吸附与其组成相类似离子的倾向,所以 I^- 在其表面优先被吸附,使胶核带负电荷。溶液中的反离子 K^+ 一方面受胶核电荷的吸引有靠近胶核的趋势,另一方面因本身的热运动有远离胶核的趋势,在这种情况下,一部分反离子也被吸附在胶核表面形成吸附层(图中由中间的圆表示)。胶核和吸附层构成胶粒,可在溶液中独立运动。剩下的反离子松散地分布在胶粒外面,形成扩散层(图中由最外面的大圆表示)。扩散层和胶粒合称胶团,整个胶团是呈电中性的,以上胶团可表示为:

$$\underbrace{\underbrace{[\underbrace{(AgI)_m \cdot nI^-}_{\text{胶核}} \cdot (n-x)K^+]^{x-}}_{\text{胶粒}} \cdot xK^+}_{\text{胶团}}$$

如果在制备过程中 $AgNO_3$ 过量,那么胶核优先吸附 Ag^+ 而带正电荷,反离子 NO_3^- 一部分在吸附层,另一部分在扩散层,从而整个胶粒带正电荷。凡胶粒带正电荷的胶体叫正溶胶,胶粒带负电荷的溶胶叫负溶胶。两性溶胶是由两性物质组成的,在不同的 pH 下,其电荷状态不同,如 $Al(OH)_3$ 溶胶在溶液的 pH 低时为正溶胶;而在溶液的 pH 高时为负溶胶。

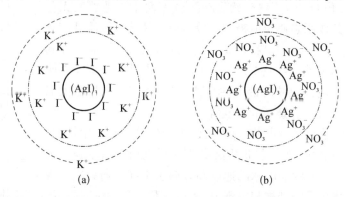

图 1-7 溶胶粒子的胶团示意图

2. 电动电势

由以上胶团结构可知,胶团与扩散层之间形成了扩散双电层。对胶团带正电,扩散层带负电的情况,双电层如图 1-8 所示。图中纵坐标表示电势的高低,横坐标表示离胶粒固相表面的距离。MN 为胶粒固相的界面,AB 为胶粒运动时的滑动面。所以 MA 为吸附层的厚度,AC 为扩散层的厚度。从胶粒固相表面到液体内部地电势差称为热力学电势 φ,它的数值与胶粒固相直接吸附离子的数量有关,而与其他离子的存在无关。滑动面 AB 到液体内部的电势

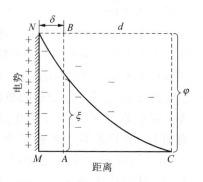

图 1-8 双电层示意图

差称ξ电势,ξ电势只有在电场作用下,胶粒和介质做相对移动时才能表现出来,故又称电动电势。因吸附层中的反离子抵消了固相表面的部分负电荷,所以$|\xi|<|\varphi|$。$|\xi|$的大小与反离子在双电层中分布情况有关,在吸附层中反离子越多,中和掉胶粒表面电荷就越多,$|\xi|$就越小。所以ξ是衡量胶粒所带净电荷多少的物理量。ξ电势的符号由胶粒所吸附离子的电荷决定。吸附正离子,ξ电势为正;吸附负离子时,ξ电势为负。

1.5.4 溶胶的稳定性与聚沉作用

1. 溶胶的稳定性

溶胶是多相、高分散系统,具有很大的表面能,有自发聚集成较大颗粒以降低表面能的趋势,故在热力学上是不稳定的。但从动力学角度看,溶胶具有高分散性,粒径小,可产生强烈的布朗运动,以阻止其由于重力作用引起的下沉;布朗运动虽可使胶粒不断地相互碰撞,碰撞易引起聚集,但由于胶粒都带有相同的电荷,静电斥力的存在又阻碍其彼此靠近,从而也阻止了它们间的聚集。此外,根据双电层理论,吸附层和扩散层的离子都是水化的,在此水化层保护下,胶粒也难因碰撞而聚沉。因此在动力学上胶体是稳定的,溶胶的这种性质称为动力学稳定性。

胶体的本质上是热力学不稳定系统,但又具有动力学稳定性,这是一对矛盾,在一定条件下可以共存。所以制备出来的凝胶可以在相当长的时间内保持稳定,看不出明显的变化。

溶胶的稳定性可用$|\xi|$来衡量。$|\xi|$越大,胶粒带电荷量越多,扩散层越厚,水化层也厚,溶胶就越稳定。

2. 溶胶的聚沉

如果溶胶失去了稳定因素,胶粒相互碰撞将导致颗粒聚集变大,最后以沉淀形式析出,这种现象称为聚沉。影响溶胶聚沉的主要因素有以下几方面:

1) 电解质的聚沉作用

电解质的聚沉作用主要是对ξ电势产生影响。电解质加入,使更多的反离子进入吸附层,$|\xi|$降低,扩散层和水化层变薄,溶胶的稳定性降低。电解质对溶胶的聚沉作用有如下规律:① 电解质使溶胶聚沉起主要作用的是胶粒带相反电荷的离子,离子电荷越高,聚沉作用越强。② 价态相同的异号电荷离子,其聚沉能力也略有不同。如对负溶胶来说,一价碱金属离子的聚沉能力大小顺序为 $Cs^+ > Rb^+ > K^+ > Na^+ > Li^+$;对正溶胶来说,聚沉能力大小顺序为 $Cl^- > Br^- > NO_3^- > I^-$。这是因为离子的聚沉能力与离子在水溶液中实际大小有关,离子在水溶液中都会形成水合离子,水合离子半径越小,聚沉能力越强。正离子因为半径小,水合能力强,所以半径最小的 Li^+ 水合程度最大,造成水合 Li^+ 半径反而比水合 Cs^+ 半径大。负离子因半径大,故水合程度小,则原来离子半径大小的次序基本上决定了其水合离子半径大小的次序。有机化合物离子具有很强的聚沉能力,这与有机离子与胶粒之间有较强的吸附作用有关。

2) 溶胶的相互聚沉

将带相反电荷的溶胶混合,由于异性相吸,相互中和电荷而发生聚沉。明矾净水作用就是因为天然水中胶态悬浮物大多带负电,而明矾在水中水解产生的 $Al(OH)_3$ 溶胶是带正电的,它们相互聚沉而使水净化。

3) 加热

升高温度有利于被吸附离子的解吸,从而了降低了$|\xi|$电势;另外升温加速溶胶粒子的热运动,增加它们相互碰撞机会,这也有利于溶胶聚沉。

1.6 高分子溶液和乳状液

1.6.1 高分子溶液

相对分子质量大于1×10^4的化合物称为高分子化合物,它包括天然和合成两大类。前者如蛋白质、淀粉、核酸等;后者如合成橡胶、合成塑料、合成纤维等。在这种溶液中,高分子化合物是以分子状态分散在溶剂(即分散介质)中,因而它是分子分散系统,是热力学稳定的均相系统。虽然高分子溶质在溶液中其分子的大小与胶粒相近,但它是真溶液而不是溶胶。高分子溶液与溶胶另一个不同之处在于其具有溶解可逆性,如高分子动物胶溶于水形成溶液,加热蒸发掉水可形成动物胶,再加水,又能形成溶液。溶胶却不同,一旦聚沉,就很难用简单的方法使其再成为溶胶。

高分子溶液很稳定,不像溶胶那样容易聚沉。要使高分子物质从水溶液中析出,必须加大量的电解质,这个过程称为盐析,盐析主要作用是去溶剂化。溶质之所以能溶于溶剂,主要是由于溶质粒子与溶剂分子间存在着较大的相互作用力,溶剂分子在其周围做有序排列,这种作用便称为溶剂化作用(如果溶剂是水,那么称水化作用或水合作用)。去溶剂化作用就是加入大量的电解质来争夺溶剂,使原来的溶质失去溶剂而析出。

在溶胶中加入高分子溶液,可能发生两种完全相反的作用。一种是显著提高溶胶的稳定性,这种作用叫作保护作用。如在金溶胶中加入少量的动物胶,可大大提高其稳定性;土壤中的胶体,因受腐殖质等高分子物质的保护作用,使胶体更加稳定,因而有利于营养物质的迁移。另一种相反的作用是明显破坏溶胶的稳定性,或者虽然溶胶没有直接立即聚沉,但却使电解质的聚沉能力提高,这种作用称为敏化作用;或者是直接导致溶胶聚集而逐步下沉,这种现象称为絮凝作用。

无论是保护作用或是絮凝作用,都有着广泛的用途。如工业部门的污水处理和净化,操作过程的分离和沉淀,以及矿泥中有用成分的回收,就常用高分子对溶胶的絮凝作用。又例如,工业上使用的一些贵金属催化剂,如铂溶胶、金溶胶等,加入高分子溶液后再烘干,高分子保留在溶胶粒子中,使溶胶不致聚沉,起保护作用。经烘干处理后的催化剂便于储藏与运输,使用时只需要再加入溶剂,就又可恢复为溶胶。

1.6.2 乳状液

一种液体以液珠形式分散在与它不相混溶的另一种液体中而形成的分散系统便称为乳状液。液珠称分散相(为不连续相);另一种液体是连成一片的,称分散介质(为连续相)。乳状液一般不透明,呈乳白色。液滴直径大多在$100\ nm\sim10\ \mu m$之间,可用一般光学显微镜观察。乳状液可分水包油和油包水两种类型。水包油型可用油/水或 o/w 表示,油是分散相,水是连续相。油包水型可用水/油或 w/o 表示,水是分散相,油是连续相。乳状液中的

"油"相指一切与水不相混溶的有机液体。

牛奶、冰激凌、雪花膏、橡胶乳汁、原油乳状液等均属此种分散体系。乳状液在工业、农业、医药和日常生活中都有极广泛的应用。

制备乳状液,除了要有两种不混溶的液体外,还必须加入第三种物质——乳化剂。乳化剂可以是表面活性剂、合成或天然的高分子物质或固体粉末,但最常用的是表面活性剂。乳化剂的主要作用就是能在油-水界面上吸附或富集,形成一种保护膜,阻止液滴互相接近时发生合并。

乳状液类型常用以下两种方法鉴别:一是稀释法,用水去冲稀乳状液,如能混溶则其连续相必定是水相,因而是 o/w 型,如不能,则是 w/o 型。另一种是染色法,乳化前在油相中加入少量染料,乳化后在显微镜下观察,液珠带色是 o/w 型,连续相带色则是 w/o 型。也可把染料溶于水相进行观察。

乳状液是一种多相分散系统,分散相与连续相之间有液-液界面,因而有界面自由能。乳化时,液-液界面增加,体系的界面自由能增加。因此,乳化过程是热力学不自发过程,需要外界对体系做功。乳状液液滴在互相碰撞时合并,则是界面缩小,系统界面自由能下降过程,属于热力学自发过程。因此,乳状液是热力学不稳定系统。若乳状液液滴的合并速度很慢,则可认为乳状液具有一定的相对稳定性。液滴能否在热运动或重力作用下互相碰撞而合并的关键是液-液界面膜的性质。

乳化剂的加入,可降低油-水界面张力,因而也降低了乳化时能量的消耗,有利于体系的乳化和乳状液的稳定。但降低界面张力的更重要作用是表面活性剂在油-水界面上形成一种定向单分子层,根据吉布斯吸附公式,界面张力下降得越低,表面活性剂在界面上的吸附量越大,则定向单分子层在界面上排列越紧密,界面膜的强度越大,乳状液越稳定。为了增加界面膜的强度,用混合乳化剂比用单一乳化剂效果更好。例如十六烷基硫酸钠加入胆甾醇即可在油-水界面上形成紧密混合膜。对阴离子表面活性剂,一般高级脂肪醇、胺、酸均有此种作用。

乳状液液滴的颗粒较大,油-水两相的密度一般不等,因而在重力作用下,液滴会上浮(分散介质密度大于分散相的)或下沉(分散介质密度小于分散相的),乳状液分为两层,在一层中分散相比原来的多,在另一层中则相反。此即乳状液的分层,对已分层的乳状液,只需轻轻搅动,液滴即可重新均匀分布于整个体系中。

习　题

1. 在 0 ℃和 100 kPa 下,某气体的密度是 1.96 g·L^{-1}。试求它在 85.0 kPa 和 25 ℃时的密度。

2. 在一个 250 mL 的容器中装入一未知气体至压力为 101.3 kPa,此气体试样的质量为 0.164 g,实验温度为 25 ℃,求该气体的相对分子质量。

3. 把 30.0 g 乙醇(C_2H_5OH)溶于 50.0 g 四氯化碳(CCl_4)中所得溶液的密度为 1.28 g·cm^{-3},计算:(1) 乙醇的质量分数;(2) 乙醇的物质的量浓度;(3) 乙醇的质量摩尔浓度;(4) 乙醇的摩尔分数。

4. 407 ℃时,2.96 g 的氯化汞在 1.00 L 的真空容器中蒸发,压力为 60 kPa,求氯化汞的摩尔质量和化学式。

5. 经化学分析测得尼古丁中碳、氢、氮的质量分数依次为 0.740 3,0.087 0,0.172 7。今将 1.21 g 尼古丁溶于 24.5 g 水中,测得溶液的凝固点为 -0.568 ℃。求尼古丁的最简式、相对分子质量和分子式。

6. 为了防止水在仪器内冻结,在里面加入甘油,如需使其凝固点下降至 $-2.00\ ℃$,则在每 100 g 水中应加入多少克甘油(甘油的分子式为 $C_3H_8O_3$)?

7. 将下列水溶液(浓度皆为 $0.01\ mol \cdot L^{-1}$)按照凝固点的高低顺序排列:$C_6H_{12}O_6$,CH_3COOH,$NaCl$,$CaCl_2$。

8. 在 100 g 水中应加入多少克尿素,使配成的溶液在 25 ℃ 时的蒸气压比纯水蒸气压低 0.100 kPa?

9. 把 1.00 g 硫溶于 20.0 g 萘中,溶液的凝固点比纯萘低 1.28 ℃,求硫的摩尔质量和分子式。

10. 医学临床上用的葡萄糖($C_6H_{12}O_6$)注射液是血液的等渗溶液,测得其凝固点为 $-0.543\ ℃$。

(1) 计算葡萄糖溶液的质量分数;

(2) 如果血液的温度为 37 ℃,血浆的渗透压是多少?

11. 20 ℃ 时将 0.515 g 血红素溶于适量水中,配成 50.0 mL 溶液,测得此溶液的渗透压为 375 Pa。求:

(1) 溶液的浓度 c;

(2) 血红素的相对分子质量;

(3) 此溶液的沸点升高值和凝固点下降值;

(4) 用(3)的计算结果来说明能否用沸点升高和凝固点下降的方法来测定血红素的相对分子质量。

12. 有一蛋白质的饱和水溶液,每升含有蛋白质 5.18 克,已知在 298.15 K 时,溶液的渗透压为 413 Pa,求此蛋白质的相对分子质量。

13. 若聚沉以下 A、B 两种胶体,试分别将 $MgSO_4$,$K_3[Fe(CN)_6]$ 和 $AlCl_3$ 三种电解质聚沉能力大小的排列顺序。

A:100 mL 0.005 mol $\cdot$ L^{-1} KI 溶液和 100 mL 0.01 mol $\cdot$ L^{-1} AgNO$_3$ 溶液混合制成的 AgI 溶胶。

B:100 mL 0.005 mol $\cdot$ L^{-1} AgNO$_3$ 溶液和 100 mL 0.01 mol $\cdot$ L^{-1} KI 溶液混合制成的 AgI 溶胶。

14. 硫化砷溶胶是由 H_3AsO_3 和 H_2S 溶液作用而得的:

$$2H_3AsO_3 + 3H_2S \Longrightarrow As_2S_3 + 6H_2O$$

试写出硫化砷胶体的胶团结构式(电位离子为 HS$^-$)。试比较 $NaCl$、$MgCl_2$、$AlCl_3$ 三种电解质对该溶胶的聚沉能力,并说明原因。

第2章　热力学基础

学习要求：

1. 理解反应进度、系统与环境、状态与状态函数的概念。
2. 掌握热与功的概念和计算，掌握热力学第一定律的概念。
3. 掌握热力学能、焓、熵和吉布斯自由能等状态函数的概念及有关计算和应用。
4. 会用 ΔG 来判断化学反应的方向，并了解温度对 ΔG 的影响。

在化学反应的研究中，常遇到哪些物质之间能发生化学反应，哪些物质之间不能发生化学反应；如果反应能够进行，那么能进行到什么程度，反应物的转化程度如何；化学反应进行的方向、程度以及反应过程中的能量变化关系属于化学热力学的范畴；而反应的速率、反应的历程（反应的中间步骤）等属于化学动力学的研究范畴。

在自然界中，许多变化都有一定的方向性。例如：热量总是从高温物体流向低温物体；溶液中的溶质总是从浓度大的一方流向浓度小的一方；气体总是从压力大的地方向压力小的地方扩散。而人们总是希望有利的反应进行得快一点、完全一点，而不利的反应进行得慢一点或尽可能抑制它的进行。这就必须研究化学热力学和化学动力学的问题。

本章通过化学热力学一般原理的介绍，引出化学反应的焓变、熵变和吉布斯函数变的概念及有关的计算。需要注意的是：热力学是讨论大量质点的统计平均行为，即物质的宏观性质，它不涉及物质的内部结构，不需要对物质的微观结构预先做任何假设，故所得的结论具有高度可靠性。但正是由于热力学不涉及物质的内部结构和时间概念，因此它只能解决该反应一定条件下能否进行及程度的问题，而不能解决反应如何进行及反应速率的问题。针对后面的问题只能依赖化学动力学去解决。

2.1　热力学概论

2.1.1　化学反应进度

1. 化学反应计量方程式

在化学中，满足质量守恒定律的化学反应方程式称为化学反应计量方程式。在化学反应计量方程式中，用规定的符号和相应的化学式将反应物（reactant）与生成物（product）联系起来。

例如，对任一已配平的化学反应方程式，质量守恒定律可用下式表示：

$$0 = \sum_{B} \nu_B B \tag{2-1}$$

式中 B 为化学反应方程式中任一反应物或生成物的化学式;ν_B 为物质 B 的化学计量数(stoichiomet ricnumber)。ν_B 是出现在化学反应方程式(2-1)中的物质 B 的化学式前的系数(整数或简分数),是化学反应方程式特有的物理量,其量纲为 1。按规定,反应物的化学计量数为负值,而生成物的化学计量数为正值。例如反应:

$$\frac{1}{2}N_2 + \frac{3}{2}H_2 = NH_3$$

可写成

$$0 = NH_3 - \frac{1}{2}N_2 - \frac{3}{2}H_2$$

化学计量数 ν_B 分别为

$$\nu(NH_3) = 1 \quad \nu(N_2) = -\frac{1}{2} \quad \nu(H_2) = -\frac{3}{2}$$

2. 化学反应进度 ξ

为了表示化学反应进展的程度,国家标准 GB 3102.8—93 规定了一个物理量——化学反应进度(extent of reaction),其量符号为 ξ,单位为 mol。虽然 ξ 的单位与物质的量的单位相同,但其含义却不同。ξ 是不同于物质的量的一种新的物理量。化学反应进度 ξ 的定义式为

$$d\xi = \nu_B^{-1} dn_B \text{ 或 } dn_B = \nu_B d\xi \tag{2-2}$$

式(2-2)是化学反应进度的微分定义式。

若系统发生有限的化学反应,则

$$n_B(\xi) - n_B(\xi_0) = \nu_B(\xi - \xi_0) \text{ 或 } \Delta n_B = \nu_B \Delta \xi \tag{2-3}$$

式中 $n_B(\xi)$,$n_B(\xi_0)$ 分别代表反应进度为 ξ 和 ξ_0 时的物质 B 的物质的量;ξ_0 为反应起始的反应进度,一般为 0,则式(2-3)变为

$$\Delta n_B = \nu_B \xi \text{ 即 } \xi = \nu_B^{-1} \Delta n_B \tag{2-4}$$

随着反应的进行,反应进度逐渐增大,当反应进行到 Δn_B 的数值恰好等于 ν_B 数值时,反应进度 $\xi = \nu_B^{-1} \Delta n_B = 1$ mol,我们说发生了反应进度为 1 mol 的反应,即通常说的单位反应进度。在后面的各热力学函数变的计算中,都是以单位反应进度为计量基础的。

例如,对任一符合 $0 = \sum_{B} \nu_B B$ 的化学反应,若能按化学计量方程式定量完成,其反应为

$$aA + bB \longrightarrow gG + dD$$

若发生了反应进度为 1 mol 的反应,则

$$\xi = \nu_A^{-1} \Delta n_A = \nu_B^{-1} \Delta n_B = \nu_G \Delta n_G = \nu_D \Delta n_D = 1 \text{ mol} \tag{2-5}$$

根据 $\Delta n_B = \nu_B \xi$,即指 a mol 物质 A 与 b mol 物质 B 反应,生成 g mol 物质 G 和 d mol 物质 D。反应式中单箭头符号表示反应的方向。

反应进度的定义式表明,反应进度与化学反应计量方程式的写法有关。因此,在应用反应进度这一物理量时,必须指明具体的化学反应方程式。如合成氨的化学反应计量方程式为

$$N_2(g) + 3H_2(g) \longrightarrow 2NH_3(g)$$

当 $\Delta n(NH_3) = 1\ mol$ 时,其反应进度

$$\xi = \frac{\Delta n(NH_3)}{\nu(NH_3)} = \frac{1\ mol}{2} = 0.5\ mol$$

而若化学反应计量方程式为

$$\frac{1}{2}N_2(g) + \frac{3}{2}H_2(g) \longrightarrow NH_3(g)$$

则当 $\Delta n(NH_3) = 1\ mol$ 时,反应进度

$$\xi = \frac{\Delta n(NH_3)}{\nu(NH_3)} = 1\ mol$$

对于指定的化学反应计量方程式,反应进度与物质 B 的选择无关,反应物和生成物诸物质的 Δn_B 可能各不相同,但按 Δn_B 计算的反应进度却总是相同的。

例 2 - 1 用 $c(Cr_2O_7^{2-})$ 为 $0.020\ 00\ mol \cdot L^{-1}$ 的 $K_2Cr_2O_7$ 溶液滴定 $25.00\ mL\ c(Fe^{2+})$ 为 $0.120\ 0\ mol \cdot L^{-1}$ 的酸性 $FeSO_4$ 溶液,其反应式为

$$6Fe^{2+} + Cr_2O_7^{2-} + 14H^+ =\!=\!= 6Fe^{3+} + 2Cr^{3+} + 7H_2O$$

滴定至终点共消耗 $25.00\ mL\ K_2Cr_2O_7$ 溶液,求滴定至终点的反应进度。

解: 该反应中

$$\Delta n(Fe^{2+}) = 0 - c(Fe^{2+})V(Fe^{2+}) = 0 - 0.120\ 0\ mol \cdot L^{-1} \times 25.00 \times 10^{-3}\ L$$
$$= -3.000 \times 10^{-3}\ mol$$

$$\xi = \nu(Fe^{2+})^{-1}\Delta n(Fe^{2+}) = -\frac{1}{6} \times (-3.000 \times 10^{-3})mol$$
$$= 5.000 \times 10^{-4}\ mol$$

或

$$\Delta n(Cr_2O_7^{2-}) = 0 - c(Cr_2O_7^{2-})V(Cr_2O_7^{2-}) = 0 - 0.020\ 00\ mol \cdot L^{-1} \times 25.00 \times 10^{-3}\ L$$
$$= -5.000 \times 10^{-4}\ mol$$

$$\xi = \nu(Cr_2O_7^{2-})^{-1}\Delta n(Cr_2O_7^{2-}) = -1 \times (-5.000 \times 10^{-4})mol$$
$$= 5.000 \times 10^{-4}\ mol$$

显然,反应进度与化学反应计量方程式的写法有关。

2.1.2 系统和环境

为了方便研究问题,人们常常把一部分物体和周围的其他物体划分开来作为研究的对

象,这部分划分出来的物体我们称之为系统(以前称体系)。而系统以外与系统密切相关的部分则称为环境。例如,在298.15 K,100 kPa压力下测定烧杯中HAc水溶液的pH,则烧杯中的HAc水溶液就是系统;而烧杯和烧杯以外的其余部分,如溶液上方空气的压力、温度、湿度等都属于环境。一般热力学中所说的环境,是指那些与系统密切相关的部分。

由于人们研究的系统中的能量变化关系、系统中化学反应的方向以及系统中物质的组成和变化等属于热力学性质范畴的问题,故常常把系统称为热力学系统(thermodynamic system)。

按照系统与环境之间能量与物质的交换情况,把系统分为下列三种类型:

● 敞开系统(open system)系统与环境之间有物质、有能量的交换;

● 封闭系统(closed system)系统与环境之间有能量的交换,但无物质交换;

● 隔离系统(isolated system)也称孤立系统,该系统完全不受环境的影响,与环境之间既无物质的交换,也无能量的交换,是一种理想系统。

例如,在一个敞口的玻璃瓶中盛水,盛水的敞口玻璃瓶即为一个敞开系统,因为瓶内外既有热量交换,也有水气的蒸发和瓶外空气的溶解。如果将该保温瓶盖上瓶塞,此时瓶内外只有热量的交换而没有物质的交换,这时就成为一个封闭系统。若将上述玻璃瓶换成带盖的保温瓶,由于瓶内外既没有物质交换,又没有热量交换,则构成一个孤立系统。

2.1.3　状态和状态函数

系统的状态(state)是系统所有宏观性质如压力(p)、温度(T)、密度(ρ)、体积(V)、物质的量(n)及本章将要介绍的热力学能(U)、焓(H)、熵(S)、吉布斯函数(G)等宏观物理量的综合表现。当所有这些宏观物理量都不随时间改变时,我们称系统处于一定状态。反之,当系统处于一定状态时,这些宏观物理量也都具有确定值。我们把这些确定系统存在状态的宏观物理量称为系统的状态函数(state function)。系统的某个状态函数或若干状态函数发生变化时,系统的状态也随之发生变化。状态函数之间是相互联系、相互制约的,具有一定的内在联系。因此确定了系统的几个状态函数后,系统其他的状态函数也随之而定。例如,理想气体的状态就是p,V,n,T这些状态函数的综合表现,它们的内在联系就是理想气体状态方程$pV=nRT$。

状态函数的特点是它的数值仅仅取决于系统的状态,而与系统变化的途径无关。当系统状态发生变化时,状态函数的数值也随之改变。即系统由始态1变化到终态2所引起的状态函数的变化值如$\Delta n,\Delta T$等均为终态与始态相应状态函数的差值:$\Delta n=n_2-n_1$,$\Delta T=T_2-T_1$等。

有些状态函数,如n所表示的系统的性质与物质的量有关,具有加和性,例如:一瓶混合气体的物质的量是瓶子内各种气体的物质的量之和。系统中具有加和性的状态函数称为系统的广度性质(或称容量性质)。V,n以及本章要学到的热力学能、焓等都是广度性质。

有些状态函数,如p,T等,不具有加和性,我们不能说系统的温度等于各部分温度之和,系统的这类性质称为强度性质。

2.1.4　过程与途径

当系统发生一个任意的变化时,系统经历了一个过程(process)。例如,气体的液化、固体的溶解、化学反应等,经历这些过程,系统的状态都发生了变化。系统状态变化的不同条件,称为不同的途径。如系统在等温条件下发生的状态变化,称为等温过程(isothermal process)；系统在恒压条件下发生的状态变化，称为等压过程(isobar process)；系统在恒容条件下发生的状态变化，称为等容过程(isovolume process)。

系统从始态到终态的变化，可以由各种不同的方法来实现，这些不同的方法称为不同的途径(path)。例如，某系统由始态(p_1, V_1)变到终态(p_2, V_2)，可由先等压后等容的途径 I 实现；也可由先等容后等压的途径 II 实现，如图 2-1 所示。无论采用何种途径，状态函数的增量仅取决于系统的始、终态，而与状态变化的途径无关。总之，过程的着眼点是始、终态，而途径则是具体方式。

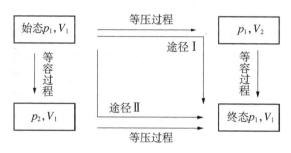

图 2-1　系统状态变化的不同途径

2.1.5　热和功

系统和环境之间的能量交换可分为两种，一种是热传递，另一种是做功。热(heat)和功(work)是系统状态发生变化时与环境之间的两种能量交换的形式，单位均为焦耳或千焦，符号为 J 或 kJ。

系统与环境之间因存在温度差异而发生的能量交换形式称为热(或热量)，量符号为 Q。热力学中规定：

系统向环境吸热，Q 取正值(系统能量升高，$Q>0$)；

系统向环境放热，Q 取负值(系统能量下降，$Q<0$)。

系统与环境之间除热以外的其他各种能量交换形式统称为功，量符号为 W。

国家标准 GB 3102—93 规定：

环境对系统做功，功取正值(系统能量升高，$W>0$)；

系统对环境做功，功取负值(系统能量下降，$W<0$)。

功有多种形式，通常把功分为两大类，由于系统体积变化而与环境产生的功称为体积功(volume work)或膨胀功(expansion work)，用 $-p\Delta V$ 表示；除体积功以外的所有其他功都称为非体积功 W_f(也叫有用功)。因此

$$W = -p\Delta V + W_f \tag{2-6}$$

必须指出，热和功都不是系统的状态函数，除了与系统的始态、终态有关，以外还与系统状态变化的具体途径有关。

2.1.6　热力学能与热力学第一定律

热力学能(thermodynamic energy)也称为内能(internal energy)，它是系统内部各种形式能量的总和，其量符号为 U，具有能量单位(J 或 kJ)。热力学能包括了系统中分子运动的

动能、分子间的位能和原子内部所蕴藏的能量等。

由于人们对物质运动的认识不断深化，新的粒子不断被发现，以及系统内部粒子的运动方式及相互作用极其复杂，到目前为止，还无法确定系统某状态下热力学能 U 的绝对值。但可以肯定，从宏观上讲处于一定状态下的系统，其热力学能应有定值。所以热力学能 U 是系统的状态函数，系统状态变化时热力学能变 ΔU 仅与始、终态有关，而与过程的具体途径无关。$\Delta U > 0$，表明系统在状态变化过程中热力学能增加；$\Delta U < 0$，表明系统在状态变化过程中热力学能减少。在实际化学反应过程中，人们关心的是系统在状态变化过程中的热力学能变 ΔU，而不是系统热力学能 U 的绝对值。

"自然界的一切物质都具有能量，能量有各种不同的形式，能够从一种形式转化为另一种形式。在转化的过程中，能量的总值不变。"这就是能量守恒和转化定律（law of energy conservation and transformation）。能量守恒和转化定律是人类长期实践的总结，把它应用于热力学系统，就是热力学第一定律（first law thermodynamics）。即在隔离系统中，能量的形式可以相互转化，但能量的总值不变。如一个隔离系统中的热能、光能、电能、机械能和化学能之间可以相互转换，但其总能量是不变的。

根据热力学第一定律，系统热力学能的改变值 ΔU 等于系统与环境之间的能量传递，这就是热力学第一定律的数学表达式：

$$\Delta U = Q + W \tag{2-7}$$

例 2-2 某过程中，系统从环境吸收热量并膨胀做功，已知从环境吸收热量 200 kJ，对环境做功 120 kJ，求该过程中系统的热力学能变和环境的热力学能变。

解：由热力学第一定律式(2-7)

$$\Delta U(系统) = Q + W = 200 \text{ kJ} + (-120) \text{kJ} = 80 \text{ kJ}$$

$$\Delta U(环境) = Q + W = (-200) \text{kJ} + 120 \text{ kJ} = -80 \text{ kJ}$$

即完成这一过程后，系统增加了 80 kJ 的热力学能，而环境减少了 80 kJ 的热力学能，系统与环境的总和（隔离系统）保持能量守恒。即

$$\Delta U(系统) + \Delta U(环境) = 0$$

2.2 化学反应的热效应

将热力学理论与方法应用于化学反应，研究化学反应的热效应及其变化规律的科学叫作热化学。对于一个化学反应，可将反应物看成系统的始态，生成物看成是系统的终态。由于各种物质热力学能不同，当反应发生后，生成物的总热力学能与反应物的总热力学能就不相等，这种热力学能变化在反应过程中就以热和功的形式表现出来，这就是化学反应热效应产生的原因。

2.2.1 化学反应热效应

化学反应热效应是指系统发生化学反应时，在只做体积功不做非体积功的等温过程中

吸收或放出的热量。化学反应常在恒容或恒压等条件下进行,因此化学反应热效应常分为恒容热效应与恒压热效应,即恒容反应热与恒压反应热。

1. 恒容反应热 Q_V

在等温条件下,若系统发生化学反应是在容积恒定的容器中进行,且不做非体积功的过程,则该过程中与环境之间交换的热量就是恒容反应热,其量符号为 Q_V。

因为是恒容过程,所以 $\Delta V = 0$,则过程的体积功 $-p\Delta V = 0$;同时系统不做非体积功,所以,此过程的总功 $W = -p\Delta V + W_f = 0$。根据热力学第一定律式(2-7)可得:

$$\Delta U = Q_V$$

所以
$$Q_V = \Delta U = U_2 - U_1 \tag{2-8}$$

式(2-8)说明,恒容反应热 Q_V 在量值上等于系统状态变化的热力学能变,即:系统吸收的热量 Q_V 全部用来增加系统的热力学能。

因此,虽然热力学能 U 的绝对值无法知道,但可通过测定系统状态变化的恒容反应热 Q_V 得到热力学能变 ΔU。

2. 恒压反应热 Q_p 与焓变 ΔH

在等温条件下,若系统发生化学反应是在恒定压力下进行,且不做非体积功的过程,则该过程中与环境之间交换的热量就是恒压反应热,其量符号为 Q_p。恒压过程 $p(\text{环}) = p_2 = p_1 = p$,由热力学第一定律得

$$\Delta U = Q_p - p\Delta V \tag{2-9}$$

所以
$$Q_p = \Delta U + p\Delta V = U_2 - U_1 + p(V_2 - V_1)$$
$$= (U_2 + p_2V_2) - (U_1 + p_1V_1) \tag{2-10}$$

式(2-10)中 U,p,V 都是状态函数,其组合函数 $(U + pV)$ 也是状态函数。热力学中将 $(U + pV)$ 定义为焓(enthalpy),量符号为 H,单位为 J 或 kJ,即

$$H = U + pV \tag{2-11}$$

焓具有能量的量纲,但没有明确的物理意义。由于热力学能 U 的绝对值无法确定,所以新组合的状态函数焓 H 的绝对值也无法确定。但可通过式(2-10)求得 H 在系统状态变化过程中的变化值——焓变 ΔH,即

$$Q_p = H_2 - H_1 = \Delta H \tag{2-12}$$

式(2-12)有较明确的物理意义,即在恒温、恒压、只做体积功的封闭系统中,系统吸收的热量全部用于增加系统的焓。

恒温、恒压、只做体积功的过程中,$\Delta H > 0$,表明系统是吸热的;$\Delta H < 0$,表明系统是放热的。焓变 ΔH 在特定条件下等于 Q_p,并不意味着焓就是系统所含的热。热是系统在状态发生变化时与环境之间的能量交换形式之一,不能说系统在某状态下含多少热。若非恒温、恒压过程,焓变 ΔH 仍有确定数值,但不能用 $\Delta H = Q_p$ 求算 ΔH。

将式(2-12)代入式(2-9),得

$$\Delta U = \Delta H - p\Delta V \tag{2-13}$$

当反应物和生成物都为固态和液态时,反应的 $p\Delta V$ 值很小,可忽略不计,故 $\Delta H \approx \Delta U$。对有气体参与的化学反应,$p\Delta V$ 值较大,假设为理想气体,则式(2-13)可化为

$$\Delta H = \Delta U + \Delta n(g)RT \qquad (2-14)$$

其中

$$\Delta n(g) = \xi \cdot \sum_B \nu_{B(g)} \qquad (2-15)$$

式中 $\sum\limits_B \nu_{B(g)}$ 为化学反应计量方程式中反应前后气体化学计量数之和(注意反应物 ν_B 为负值)。

例 2-3 在 298.15 K 和 100 kPa 下,2 mol H_2 完全燃烧放出 483.64 kJ 的热量。假设均为理想气体,求该反应的 ΔH 和 ΔU。(反应为 $2H_2(g) + O_2(g) \Longrightarrow 2H_2O(g)$)

解:该反应在恒温恒压下进行,所以

$$\Delta H = Q_p = -483.64 \text{ kJ}$$

$$\Delta n(g) = \xi \cdot \sum_B \nu_{B(g)} = \nu_B^{-1} \cdot \Delta n_B \cdot \sum_B \nu_{B(g)}$$

$$= (-2 \text{ mol}/-2) \times (2-2-1) = -1 \text{ mol}$$

$$\Delta U = \Delta H - \Delta n(g)RT$$

$$= (-483.64)\text{kJ} - (-1)\text{mol} \times 8.314 \times 10^{-3} \text{ kJ} \cdot \text{mol}^{-1} \cdot \text{K}^{-1} \times 298.15 \text{ K}$$

$$= -481.16 \text{ kJ}$$

显然,即使有气体参与的反应,$p\Delta V$(即 $\Delta n(g)RT$)与 ΔH 相比也只是一个较小的值。因此,在一般情况下,可认为 ΔH 在数值上近似等于 ΔU,在缺少 ΔU 的数据的情况下可用 ΔH 的数值近似。

2.2.2 盖斯定律

1840 年,俄国化学家盖斯(Hess G H)从大量热化学实验数据中得出结论:"任一化学反应,不论是一步完成的,还是分几步完成的,其热效应都是一样的。"盖斯定律的完整表述为:任何一个化学反应,在不做其他功和处于恒压或恒容的情况下,不论该反应是一步完成还是分几步完成的,其化学反应的热效应总值相等。即在不做其他功和恒压或恒容时,化学反应热效应仅与反应的始、终态有关而与具体途径无关。盖斯定律的热力学依据是 $Q_V = \Delta U$(系统不做非体积功的等容途径)和 $Q_p = \Delta H$(系统不做非体积功的等压途径)两个关系式。热虽然是一种途径函数,两关系式却表明 Q_V 与 Q_p 分别与状态函数增量相等,因此它们的数值就只与系统的始、终态有关而与途径无关。

盖斯定律表明,热化学反应方程式也可以像普通代数方程式一样进行加减运算,利用一些已知的(或可测量的)反应热数据,就可以间接地计算那些难以测量的化学反应的反应热。

例如 C 与 O_2 化合生成 CO 的反应热无法直接测定(难以控制 C 只生成 CO 而不生成 CO_2),但可通过相同反应条件下的反应(1)与(2)间接求得

$$C(s) + O_2(g) \longrightarrow CO_2(g) \qquad \Delta H_1 \qquad (1)$$

$$CO(g) + \frac{1}{2}O_2(g) \longrightarrow CO_2(g) \qquad \Delta H_2 \qquad (2)$$

反应(1)-(2)得

$$C(s) + \frac{1}{2}O_2(g) \longrightarrow CO(g) \quad \Delta H_3 = \Delta H_1 - \Delta H_2 \qquad (3)$$

在相同反应条件下进行的三个化学反应之间,存在着如图 2-2 所示的关系。$C(s) + O_2(g)$ 除可经途径 I 反应生成 $CO_2(g)$ 外,也可以经途径 II 先反应生成 $CO(g) + \frac{1}{2}O_2(g)$,然后 $CO(g) + \frac{1}{2}O_2(g)$ 再反应生成 $CO_2(g)$。按照状态函数的增量不随途径改变的性质,途径 I 和 II 的反应焓变应相等,即

$$\Delta H_1 = \Delta H_2 + \Delta H_3$$

所以 $$\Delta H_3 = \Delta H_1 - \Delta H_2$$

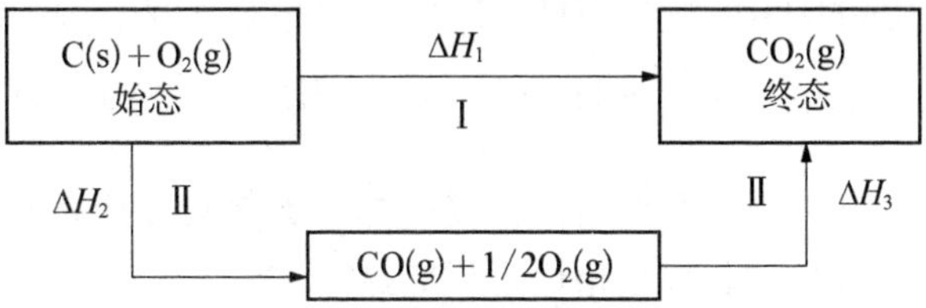

图 2-2 三个恒压反应热之间的关系

2.2.3 反应焓变的计算

1. 物质的标准态

前面提到的热力学函数 U, H 以及后面的 S, G 等均为状态函数,不同的系统或同一系统的不同状态均有不同的数值,同时它们的绝对值又无法确定。为了比较不同的系统或同一系统不同状态的这些热力学函数的变化,需要规定一个状态作为比较的标准,这就是热力学的标准状态(standard state)。热力学中规定:标准状态是在温度 T 及标准压力 $p^{\ominus}$($p^{\ominus} = 100$ kPa)下的状态,简称标准态,用右上标"$\ominus$"表示。当系统处于标准态时,指系统中诸物质均处于各自的标准态。对具体的物质而言,相应的标准态如下。

● 纯理想气体物质的标准态是该气体处于标准压力 $p^{\ominus}$ 下的状态,混合理想气体中任一组分的标准态是该气体组分的分压为 $p^{\ominus}$ 时的状态(在无机及分析化学中把气体均近似作理想气体)。

● 纯液体(或纯固体)物质的标准态就是标准压力 $p^{\ominus}$ 下的纯液体(或纯固体)。

● 溶液中溶质的标准态是指标准压力 $p^{\ominus}$ 下溶质的浓度为 $c^{\ominus}$($c^{\ominus} = 1$ mol·L^{-1})的溶液③。

必须注意,在标准态的规定中只规定了压力 $p^{\ominus}$,并没有规定温度。处于标准状态和不同温度下的系统的热力学函数有不同的值。一般的热力学函数值均为 298.15 K(即 25 ℃)时的数值,若非 298.15 K 须特别指明。

2. 摩尔反应焓变 $\Delta_r H_m$ 与标准摩尔反应焓变 $\Delta_r H_m^{\ominus}$

若某化学反应当反应进度为 ξ 时的反应焓变为 $\Delta_r H$,则摩尔反应焓变 $\Delta_r H_m$ 为

$$\Delta_r H_m = \frac{\Delta_r H}{\xi} \tag{2-16}$$

$\Delta_r H_m$ 的单位为 $J \cdot mol^{-1}$ 或 $kJ \cdot mol^{-1}$。因此,摩尔反应焓变 $\Delta_r H_m$ 为按所给定的化学反应计量方程当反应进度 ξ 为单位反应进度时的反应焓变。

由于反应进度 ξ 与具体化学反应计量方程有关,因此计算一个化学反应的 $\Delta_r H_m$ 必须明确写出其化学反应计量方程。

当化学反应处于温度 T 的标准状态时,该反应的摩尔反应焓变称为标准摩尔反应焓变,以 $\Delta_r H_m^{\ominus}(T)$ 表示。T 为反应的热力学温度。

3. 热化学反应方程式

表示化学反应与反应热关系的化学反应方程式叫热化学反应方程式。例如

$$C(石墨) + O_2(g) \longrightarrow CO_2(g) \qquad \Delta_r H_m^{\ominus} = -393.509 \ kJ \cdot mol^{-1}$$

$$N_2(g) + 3H_2(g) \longrightarrow 2NH_3(g) \qquad \Delta_r H_m^{\ominus} = -92.4 \ kJ \cdot mol^{-1}$$

$$H_2(g) + \frac{1}{2}O_2(g) \longrightarrow H_2O(l) \qquad \Delta_r H_m^{\ominus} = -285.830 \ kJ \cdot mol^{-1}$$

$\Delta_r H_m^{\ominus}$ 为相应化学反应计量方程的恒压反应热。大多数反应都是在恒压下进行的,通常所讲的反应热,如果不加注明,都是指恒压反应热。

由于反应热效应不但与反应条件(T, p)有关,而且还与物质 B 的量及物质 B 的存在状态有关。因此,书写热化学反应方程式必须注意以下几点。

● 正确写出化学反应计量方程式。因为反应热效应常指单位反应进度 ξ 时反应所放出或吸收的热量,而反应进度与化学反应计量方程式有关。同一反应,以不同的化学计量方程式表示,其反应热效应的数值不同。

● 注明参与反应的物质 B 的聚集状态,如气、液、固态分别以 g,l,s 表示。物质的聚集状态不同,其反应热亦不同。当固体有多种晶形时,还应注明不同的晶型。溶液中的溶质则需注明浓度,以 aq 表示水溶液。

● 注明反应温度。书写热化学反应方程式时必须标明反应温度,如 $\Delta_r H_m^{\ominus}(298.15 \ K)$。如果为 298.15 K,习惯上可不注明。

● 热化学反应方程式表示按给定的计量方程式从反应物完全反应变为生成物。例如:

$$H_2(g) + I_2(g) \longrightarrow 2HI(g) \quad \Delta_r H_m^{\ominus} = -25.9 \ kJ \cdot mol^{-1}$$

表示在标准状态、298.15 K 时 1 mol $H_2(g)$ 和 1 mol $I_2(g)$ 完全反应生成 2 mol $HI(g)$。这是一个假想的过程,因为实际上反应还没完全就达到了平衡,反应在宏观上已经"停止"了。

4. 标准摩尔生成焓 $\Delta_f H_m^{\ominus}$

在温度 T 及标准态下,由参考状态的单质生成物质 B 的反应,其单位反应进度时的标准摩尔反应焓变即为物质 B 在温度 T 时的标准摩尔生成焓(standard molar enthalpy of formation),用 $\Delta_f H_m^{\ominus}(B, \beta, T)$ 表示,单位为 $kJ \cdot mol^{-1}$。符号中的下标 f 表示生成反应(formation),括号中的 β 表示物质 B 的相态(如 g,l,s 等)。这里所谓的参考状态是指在温度 T 及标准态下单质的最稳定状态。同时在书写反应方程式时,应使物质 B 为唯一生成物,且物质 B 的化学计量数 $\nu_B = 1$。

例如，$H_2O(l)$ 的标准摩尔生成焓 $\Delta_f H_m^\ominus(H_2O,l) = -285.830 \text{ kJ} \cdot \text{mol}^{-1}$ 是下面反应的标准摩尔反应焓变：

$$H_2(g,298.15\text{ K},p^\ominus) + \frac{1}{2}O_2(g,298.15\text{ K},p^\ominus) \longrightarrow H_2O(l,298.15\text{ K},p^\ominus)$$

$$\Delta_r H_m^\ominus = -285.830 \text{ kJ} \cdot \text{mol}^{-1}$$

根据标准摩尔生成焓的定义，可知参考状态单质的标准摩尔生成焓等于零。因为从单质生成单质，系统根本没有发生反应，不存在反应热效应。当一种元素有两种或两种以上单质时，通常规定最稳定的单质为参考状态，其标准摩尔生成焓为零。例如石墨和金刚石是碳的两种同素异形体，石墨是碳的最稳定单质，是 C 的参考状态，它的标准摩尔生成焓等于零。由最稳定单质转变为其他形式的单质时，要吸收热量。例如石墨转变成金刚石：

$$C(石墨) \longrightarrow C(金刚石) \quad \Delta_r H_m^\ominus = 1.895 \text{ kJ} \cdot \text{mol}^{-1}$$

所以
$$\Delta_f H_m^\ominus(C,金刚石) = +1.895 \text{ kJ} \cdot \text{mol}^{-1}$$

对于水溶液中进行的离子反应，常涉及水合离子标准摩尔生成焓。水合离子标准摩尔生成焓是指：在温度 T 及标准状态下由参考状态纯态单质生成溶于大量水（形成无限稀薄溶液）的水合离子 $B(aq)$ 的标准摩尔反应焓变。量符号为 $\Delta_f H_m^\ominus(B,\infty,aq,T)$，单位为 $\text{kJ} \cdot \text{mol}^{-1}$。符号"$\infty$"表示"在大量水中"或"无限稀薄水溶液中"，常常省略。同样，在书写反应方程式时，应使离子 B 为唯一生成物，且离子 B 的化学计量数 $\nu_B = 1$。并规定水合氢离子的标准摩尔生成焓为零，即在 298.15 K，标准状态时由单质 $H_2(g)$ 生成水合氢离子的标准摩尔反应焓变为零：

$$\frac{1}{2}H_2(g) + aq \longrightarrow H^+(aq) + e^-$$

$$\Delta_r H_m^\ominus = \Delta_f H_m^\ominus(H^+,\infty,aq,298.15\text{ K}) = 0 \text{ kJ} \cdot \text{mol}^{-1}$$

本书附录列出了在 298.15 K，100 kPa 下常见物质与水合离子的标准摩尔生成焓 $\Delta_f H_m^\ominus$ 数据。

5. 标准摩尔燃烧焓 $\Delta_c H_m^\ominus$

在温度 T 及标准态下物质 B 完全燃烧（或完全氧化）的化学反应，当反应进度为 1 mol 时的标准摩尔反应焓变为物质 B 的标准摩尔燃烧焓(standard molar enthalpy of combustion)，简称燃烧焓，用符号 $\Delta_c H_m^\ominus$ 表示，单位为 $\text{kJ} \cdot \text{mol}^{-1}$。在书写燃烧反应方程式时，应使物质 B 的化学计量数 $\nu_B = 1$。所谓完全燃烧（或完全氧化）是指物质 B 中的 C 变为 $CO_2(g)$，H 变为 $H_2O(l)$，S 变为 $SO_2(g)$，N 变为 $N_2(g)$，Cl_2 变为 $HCl(aq)$。由于反应物已完全燃烧，所以反应后的产物显然不能燃烧。因此标准摩尔燃烧焓的定义中隐含"燃烧反应中所有产物的标准摩尔燃烧焓为零"。由于有机化合物大多易燃、易氧化，标准摩尔燃烧焓在有机化学中应用较广。在计算化学反应焓变中，在缺少标准摩尔生成焓的数据时也可用标准摩尔燃烧焓进行计算。

有机化合物的标准摩尔燃烧焓具有重要意义，如石油、天然气及煤炭等的热值（燃烧热）是判断其质量好坏的一个重要指标；又如脂肪、蛋白质、糖、碳水化合物等的热值是评判其营养价值的重要指标。

6. 标准摩尔反应焓变的计算

在温度 T 及标准状态下同一个化学反应的反应物和生成物存在如图 2-3 所示的关系，它们均可由等物质的量、同种类的参考状态单质生成。

图 2-3   标准摩尔生成焓与标准摩尔反应焓变的关系

根据盖斯定律，若把参加反应的各参考状态单质定为始态，把反应的生成物定为终态，则途径 I 和途径 II 的反应焓变应相等，所以

$$\Delta_r H_m^\ominus + \Delta_r H_m^\ominus(\text{反}) = \Delta_r H_m^\ominus(\text{生})$$

即

$$\Delta_r H_m^\ominus + \sum_B (-\nu_B) \Delta_f H_m^\ominus(\text{反应物}) = \sum_B \nu_B \Delta_f H_m^\ominus(\text{生成物})$$

所以有

$$\Delta_r H_m^\ominus = \sum_B \nu_B \Delta_f H_m^\ominus(\text{生成物}) + \sum_B \nu_B \Delta_f H_m^\ominus(\text{反应物})$$
$$= \sum_B \nu_B \Delta_f H_m^\ominus(B)$$

因而，对任一化学反应 $0 = \sum_B \nu_B$

其标准摩尔反应焓变为

$$\Delta_r H_m^\ominus = \sum_B \nu_B \Delta_f H_m^\ominus(B) \tag{2-17}$$

也可用标准摩尔燃烧焓计算

$$\Delta_r H_m^\ominus = \sum_B (-\nu_B) \Delta_c H_m^\ominus(B) \tag{2-18}$$

注意式(2-17)与式(2-18)的差别，式(2-18)的计量系数 ν_B 前有一负号，即标准摩尔反应焓变 $\Delta_r H_m^\ominus$ 为反应物的标准摩尔燃烧焓之和减去生成物的标准摩尔燃烧焓之和。

例 2-4   甲烷在 298.15 K，100 kPa 下与 $O_2(g)$ 的燃烧反应如下。求甲烷的标准摩尔燃烧焓 $\Delta_c H_m^\ominus(CH_4, g)$。

$$CH_4(g) + 2O_2(g) \longrightarrow CO_2(g) + 2H_2O(l)$$

解：由标准摩尔燃烧焓的定义得

$$\Delta_c H_m^\ominus(CH_4, g) = \Delta_r H_m^\ominus = \sum_B \nu_B \Delta_f H_m^\ominus(B)$$

$$= \Delta_f H_m^{\ominus}(CO_2,g) + 2\Delta_f H_m^{\ominus}(H_2O,l) - 2\Delta_f H_m^{\ominus}(O_2,g) - \Delta_f H_m^{\ominus}(CH_4,g)$$
$$= [(-393.51) + 2 \times (-285.85) - 2 \times 0 - (-74.81)] \, kJ \cdot mol^{-1}$$
$$= -890.40 \, kJ \cdot mol^{-1}$$

例 2-5 已知乙烷的标准摩尔燃烧焓 $\Delta_c H_m^{\ominus}(C_2H_6,g) = -1\,560 \, kJ \cdot mol^{-1}$，计算乙烷的标准摩尔生成焓。

解： 已知燃烧反应为

$$C_2H_6(g) + \frac{7}{2}O_2(g) \longrightarrow 2CO_2(g) + 3H_2O(l) \quad \Delta_c H_m^{\ominus} = -1\,560 \, kJ \cdot mol^{-1}$$

$$\Delta_r H_m^{\ominus} = \Delta_c H_m^{\ominus}(C_2H_6,g) = \sum_B \nu_B \Delta_f H_m^{\ominus}(B)$$
$$= 2\Delta_f H_m^{\ominus}(CO_2,g) + 3\Delta_f H_m^{\ominus}(H_2O,l) - \Delta_f H_m^{\ominus}(C_2H_6,g)$$

所以 $\Delta_f H_m^{\ominus}(C_2H_6,g) = 2\Delta_f H_m^{\ominus}(CO_2,g) + 3\Delta_f H_m^{\ominus}(H_2O,l) - \Delta_c H_m^{\ominus}(C_2H_6,g)$
$$= [2 \times (-393.5) + 3 \times (-285.8) - (-1\,560)] kJ \cdot mol^{-1}$$
$$= -84.4 \, kJ \cdot mol^{-1}$$

2.3 化学反应的方向与限度

2.3.1 化学反应的自发性

自然界发生的过程都有一定的方向性。如水总是从高处流向低处，而不会自动从低处往高处流；热可以从高温物体传导到低温物体，其反方向也是不会自动进行的；又如铁在潮湿的空气中能被缓慢氧化变成铁锈等。这些不需要借助外力就能自动进行的过程称为自发过程，而它们的逆过程都是非自发的。非自发过程不能自动发生。要使非自发过程发生，必须对它做功。例如，用水泵抽水，就能使水从低处流向高处。

大多数化学反应是可逆的，最终要达到平衡状态。如果在给定的条件下，一个反应可以自发地正向进行到显著程度，就可以看作为自发反应。

自发反应有如下特征：

- 自发反应不需要环境对系统做功就能自动进行，并借助于一定的装置能对环境做功；
- 自发反应的逆过程是非自发的；
- 自发反应与非自发反应均有可能进行，但只有自发反应能自动进行，非自发反应必须借助一定方式的外部作用才能进行；
- 在一定的条件下，自发反应能一直进行直至达到平衡，即自发反应的最大限度是系统的平衡状态。

那么化学反应的自发性是由什么因素决定的呢？化学反应自发性的判据又是什么呢？在 19 世纪 70 年代，法国化学家贝特洛(Berthelot P)和丹麦化学家汤姆森(Thomson J)提出：自发反应的方向是系统的焓减少的方向($\Delta_r H < 0$)，即自发反应是放热反应的方向。从

能量的角度看,放热反应系统能量下降,放出的热量越多,系统能量降得越低,反应越完全。也就是说,系统有趋于最低能量状态的倾向,称为最低能量原理。例如:

$$2Fe(s) + \frac{3}{2}O_2(g) \longrightarrow Fe_2O_3(s) \qquad \Delta_r H_m^\ominus = -824.2 \text{ kJ} \cdot \text{mol}^{-1}$$

$$H_2(g) + \frac{1}{2}O_2(g) \longrightarrow H_2O(l) \qquad \Delta_r H_m^\ominus = -285.8 \text{ kJ} \cdot \text{mol}^{-1}$$

$$HCl(g) + NH_3(g) \longrightarrow NH_4Cl(s) \qquad \Delta_r H_m^\ominus = -176.0 \text{ kJ} \cdot \text{mol}^{-1}$$

$$NO(g) + \frac{1}{2}O_2(g) \longrightarrow NO_2(g) \qquad \Delta_r H_m^\ominus = -57.0 \text{ kJ} \cdot \text{mol}^{-1}$$

上述放热反应均为自发反应。

然而,进一步的研究发现,许多吸热反应($\Delta_r H > 0$)虽然使系统能量升高,也能自发进行。例如在 101.3 kPa,大于 0 ℃时,冰能从环境吸收热量自动融化为水;碳酸钙在高温下吸收热量自发分解为氧化钙和二氧化碳:

$$CaCO_3(s) \longrightarrow CaO(s) + CO_2(g) \quad \Delta_r H_m^\ominus = 178.5 \text{ kJ} \cdot \text{mol}^{-1}$$

仅仅把焓变作为自发反应的判据是不准确或不全面的,显然还有其他影响因素存在。

物质的宏观性质与其内部的微观结构有着内在联系。如在冰的晶体中,H_2O 分子有规则地排列在冰的晶格结点上,也即 H_2O 分子的排列是有序的。当冰吸热融化时,液态水中 H_2O 分子运动较为自由,处于较为无序的状态,或者说较为混乱的状态。系统这种从有序到无序的状态变化,其内部微观粒子排列的混乱程度增加了。人们把系统内部微观粒子排列的混乱程度称为混乱度。又如碳酸钙的吸热分解,由于产生气体 CO_2,也使系统的混乱度增大。人们发现,那些自发的吸热反应系统的混乱度都是增大的。如下列自发反应:

$$N_2O_5(s) \longrightarrow 2NO_2(g) + \frac{1}{2}O_2(g) \qquad \Delta_r H_m^\ominus = 109.5 \text{ kJ} \cdot \text{mol}^{-1}$$

$$Ag_2CO_3(s) \xrightarrow{T > 484.8 \text{ K}} Ag_2O(s) + CO_2(g) \quad \Delta_r H_m^\ominus = 81.3 \text{ kJ} \cdot \text{mol}^{-1}$$

显然,在一定条件下,系统混乱度增加的反应也能自发进行。因此系统除了有趋于最低能量的趋势外,还有趋于最大混乱度的趋势,实际化学反应的自发性是由这两种因素共同作用的结果。

2.3.2 熵

1. 熵的概念

系统混乱度的大小可以用一个新的热力学函数熵(entropy)来量度,熵的符号为 S,单位为 $J \cdot mol^{-1} \cdot K^{-1}$。若以 Ω 代表系统内部的微观状态数,则熵 S 与微观状态数 Ω 有如下关系:

$$S = k\ln\Omega \tag{2-19}$$

式中 k 为玻耳兹曼常数。由于在一定状态下,系统的微观状态数有确定值,所以熵也有定值,因而熵也是状态函数。系统的混乱度越大,熵值就越大。

在 0 K 时,系统内的一切热运动全部停止了,纯物质完美晶体的微观粒子排列是整齐有序的,其微观状态数 $\Omega=1$,此时系统的熵值 $S^*(0\ \mathrm{K})=0$,这就是热力学第三定律。其中" $*$ "表示完美晶体。以此为基准,可以确定其他温度下物质的熵值。即以 $S^*(0\ \mathrm{K})=0$ 为始态,以温度为 T 时的指定状态 $S(\mathrm{B},T)$ 为终态,所算出的反应进度为 1 mol 的物质 B 的熵变 $\Delta_r S_m(\mathrm{B})$ 即为物质 B 在该指定状态下的摩尔规定熵 $S_m(\mathrm{B},T)$(物质 B 的化学计量数 $\nu_B=1$):

$$\Delta_r S_m(\mathrm{B})=S_m(\mathrm{B},T)-S_m^*(\mathrm{B},0\ \mathrm{K})=S_m(\mathrm{B},T)$$

在标准状态下的摩尔规定熵称为标准摩尔熵,用 $S_m^\ominus(\mathrm{B},T)$ 表示,在 298.15 K 时,可简写为 $S_m^\ominus(\mathrm{B})$。注意,在 298.15 K 及标准状态下,参考状态的单质其标准摩尔熵 $S_m^\ominus(\mathrm{B})$ 并不等于零,这与标准状态时参考状态的单质其标准摩尔生成焓 $\Delta_f H_m^\ominus(\mathrm{B})=0$ 不同。

水合离子的标准摩尔熵是以 $S_m^\ominus(\mathrm{H}^+,\mathrm{aq})=0$ 为基准而求得的相对值。一些物质在 298.15 K 的标准摩尔熵和一些常见水合离子的标准摩尔熵见附录三。

通过对熵的定义和物质标准摩尔熵值 $S_m^\ominus(\mathrm{B},T)$ 的分析可得如下规律:

● 物质的熵值与系统的温度、压力有关。一般温度升高,系统的混乱度增加,熵值增大;压力增大,微粒被限制在较小体积内运动,熵值减小(压力对液体和固体的熵值影响较小)。

● 熵与物质的聚集状态有关。同一物质所处的聚集态不同,熵值大小次序是:气态>液态>固态。如:

$$S^\ominus(\mathrm{H_2O},\mathrm{g},298\ \mathrm{K})=232.7\ \mathrm{J\cdot mol^{-1}\cdot K^{-1}};$$
$$S^\ominus(\mathrm{H_2O},\mathrm{l},298\ \mathrm{K})=69.9\ \mathrm{J\cdot mol^{-1}\cdot K^{-1}};$$
$$S^\ominus(\mathrm{H_2O},\mathrm{s},298\ \mathrm{K})=39.33\ \mathrm{J\cdot mol^{-1}\cdot K^{-1}}.$$

● 相同状态下,分子结构相似的物质,随相对分子质量的增大,熵值增大。如:

$S^\ominus(\mathrm{HF},\mathrm{g},298\ \mathrm{K})=137.8\ \mathrm{J\cdot mol^{-1}\cdot K^{-1}}$,$S^\ominus(\mathrm{HCl},\mathrm{g},298\ \mathrm{K})=186.9\ \mathrm{J\cdot mol^{-1}\cdot K^{-1}}$,
$S^\ominus(\mathrm{HBr},\mathrm{g},298\ \mathrm{K})=198.7\ \mathrm{J\cdot mol^{-1}\cdot K^{-1}}$,$S^\ominus(\mathrm{HI},\mathrm{g},298\ \mathrm{K})=206.5\ \mathrm{J\cdot mol^{-1}\cdot K^{-1}}$。

● 当物质的相对分子质量相近时,分子结构复杂的分子其熵值大于简单分子。如:

$$S^\ominus(\mathrm{CH_3CH_2OH},\mathrm{g},298\ \mathrm{K})=282.5\ \mathrm{J\cdot mol^{-1}\cdot K^{-1}},$$
$$S^\ominus(\mathrm{CH_3OCH_3},\mathrm{g},298\ \mathrm{K})=266.5\ \mathrm{J\cdot mol^{-1}\cdot K^{-1}}.$$

2. 标准摩尔反应熵变 $\Delta_r S_m^\ominus(T)$

由于熵是状态函数,因而反应的熵变只与系统的始态和终态有关,而与途径无关。标准摩尔反应熵变 $\Delta_r S_m^\ominus$ 的计算与标准摩尔反应焓变 $\Delta_r H_m^\ominus$ 的计算类似。

$$0=\sum_{\mathrm{B}}\nu_B \mathrm{B}$$

其标准摩尔反应熵变为

$$\Delta_r S_m^\ominus=\sum_{\mathrm{B}}\nu_B S_m^\ominus(\mathrm{B}) \tag{2-20}$$

例 2-6　计算 298.15 K 标准状态下下列反应的标准摩尔反应熵变 $\Delta_r S_m^\ominus$。

$$\mathrm{CaCO_3(s)\longrightarrow CaO(s)+CO_2(g)}$$

解: $\Delta_r S_m^\ominus=\sum_{\mathrm{B}}\nu_B S_m^\ominus(\mathrm{B})$

$$=1\times S_m^\ominus(\mathrm{CaO},\mathrm{s})+1\times S_m^\ominus(\mathrm{CO_2},\mathrm{g})+(-1)S_m^\ominus(\mathrm{CaCO_3},\mathrm{s})$$

$$= (39.75 + 213.7 - 92.9) J \cdot mol^{-1} \cdot K^{-1}$$
$$= 160.5 \, J \cdot mol^{-1} \cdot K^{-1}$$

2.3.3 化学反应方向的判据

1878 年美国物理化学家吉布斯(Gibbs G W)由热力学定律证明,在恒温恒压非体积功等于零的自发过程中,其焓变、熵变和温度三者的关系为

$$\Delta H - T\Delta S < 0$$

热力学定义一个新的状态函数:

$$G = H - TS \tag{2-21}$$

G 称为吉布斯函数(Gibbs function),也称吉布斯自由能,单位为 $kJ \cdot mol^{-1}$。由于焓 H 的绝对值无法确定,因而吉布斯函数 G 的绝对值也无法确定。

系统在状态变化中,状态函数 G 的改变 ΔG 称为吉布斯函数变。在恒温恒压非体积功等于零的状态变化中,吉布斯函数变为

$$\Delta G = G_2 - G_1 = \Delta H - T\Delta S \tag{2-22}$$

这个关系式也被称为吉布斯-赫姆霍兹(Gibbs-Helmholtz)方程。

从前面的讨论可知,要正确判断化学反应自发进行的方向,必须考虑系统趋于最低能量和最大混乱度两个因素,即综合考虑反应的焓变 $\Delta_r H$ 和熵变 $\Delta_r S$ 两个因素。

热力学研究指出,在恒温恒压下:

$$\Delta G < 0 \text{ 自发进行}$$
$$\Delta G = 0 \text{ 平衡状态}$$
$$\Delta G > 0 \text{ 不能自发进行(其逆过程是自发的)}$$

从式(2-22)可以看出,ΔG 的值取决于 ΔH,ΔS 和 T,对于某化学反应来说,若 $\Delta H < 0$,$\Delta S > 0$,则必定有 $\Delta G < 0$,表明反应将自发地正向进行。按 ΔH,ΔS 的符号及温度 T 对化学反应 ΔG 的影响,可归纳为表 2-1 的四种情况。

表 2-1 温度对反应自发性的影响

ΔH	ΔS	T	ΔG	反应的自发性	反应实例
—	+	任意	—	自发进行	$2N_2O(g) \longrightarrow 2N_2(g) + O_2(g)$
+	—	任意	+	非自发进行	$3O_2(g) \longrightarrow 2O_3(g)$
+	+	低温	+	低温非自发	$CaCO_3(s) \longrightarrow CaO(s) + CO_2(g)$
		高温	—	高温自发	
—	—	低温	—	低温自发	$NH_3(g) + HCl(g) \longrightarrow NH_4Cl(s)$
		高温	+	高温非自发	

必须指出,表 2-1 中的低温、高温仅相对而言,对实际反应应具体计算温度。

2.3.4 标准摩尔生成吉布斯函数与标准摩尔反应吉布斯函数变

与标准摩尔生成焓 $\Delta_f H_m^\ominus$ 的定义类似,在温度 T 及标准态下,由参考状态的单质生成物

质 B 的反应,其反应进度为 1 mol 时的标准摩尔反应吉布斯函数变 $\Delta_r G_m^\ominus$,即为物质 B 在温度 T 时的标准摩尔生成吉布斯函数,用 $\Delta_f G_m^\ominus(B,\beta,T)$ 表示,单位为 $kJ \cdot mol^{-1}$。同样,在书写生成反应方程式时,物质 B 应为唯一生成物,且物质 B 的化学计量数 $\nu_B = 1$。

显然,根据物质 B 的标准摩尔生成吉布斯函数 $\Delta_f G_m^\ominus(B,\beta,T)$ 的定义,在标准状态下所有参考状态的单质其标准摩尔生成吉布斯函数 $\Delta_f G_m^\ominus(B,298.15 \text{ K}) = 0 \text{ kJ} \cdot mol^{-1}$。

同样,水合离子的标准摩尔生成吉布斯函数 $\Delta_f G_m^\ominus(B, aq)$ 也是以水合氢离子的 $\Delta_f G_m^\ominus(H^+, aq, 298.15 \text{ K})$ 等于零为基准而求得的相对值。附录三中列出了常见物质的标准摩尔生成吉布斯函数和一些常见水合离子的标准摩尔生成吉布斯函数。

同样,对任一化学反应

$$0 = \sum_B \nu_B B$$

其 $\Delta_r G_m^\ominus$ 可由物质 B 的 $\Delta_f G_m^\ominus(B, 298.15 \text{ K})$ 计算:

$$\Delta_r G_m^\ominus = \sum_B \nu_B \Delta_f G_m^\ominus(B) \tag{2-23}$$

也可从吉布斯函数的定义计算:

$$\Delta_r G_m^\ominus = \Delta_r H_m^\ominus - T\Delta_r S_m^\ominus$$

必须指出,随着温度的升高,系统的状态函数 H, S, G 都将发生变化。但在大多数情况下,当反应确定后,因温度改变而引起生成物所增加的焓、熵值与反应物所增加的焓、熵值相差不多,所以化学反应的焓变与熵变受温度的影响并不明显。在无机及分析化学中,计算化学反应的焓变与熵变时可不考虑温度的影响,即当反应不在 298.15 K 时,可近似用 $\Delta_r H(298.15 \text{ K})$ 和 $\Delta_r S(298.15 \text{ K})$ 代替。但是,反应的 $\Delta_r G$ 随温度变化很大,不能用 $\Delta_r G(298.15 \text{ K})$ 代替,即此时不能用式(2-23)计算 $\Delta_r G(T)$,而应用式(2-22)计算。即

$$\Delta_r G_m^\ominus(T) \approx \Delta_r H_m^\ominus(298.15 \text{ K}) - T\Delta_r S_m^\ominus(298.15 \text{ K})$$

例 2-7 计算反应 $2NO(g) + O_2(g) \longrightarrow 2NO_2(g)$ 在 298.15 K 时的标准摩尔反应吉布斯函数变 $\Delta_r G_m^\ominus$,并判断此时反应的方向。

解: $\Delta_r G_m^\ominus = \sum_B \nu_B \Delta_f G_m^\ominus(B)$

$= (2 \times 51.31 - 2 \times 86.55) kJ \cdot mol^{-1}$

$= -70.48 \text{ kJ} \cdot mol^{-1} < 0$,此时反应正向进行

例 2-8 估算反应 $2NaHCO_3(s) \longrightarrow Na_2CO_3(s) + CO_2(g) + H_2O(g)$ 在标准状态下的最低分解温度。

解: 要使 $NaHCO_3(s)$ 分解反应进行,须 $\Delta_r G_m^\ominus < 0$,即

$$\Delta_r H_m^\ominus - T\Delta_r S_m^\ominus < 0$$

$\Delta_r H_m^\ominus = \sum_B \nu_B \Delta_f H_m^\ominus(B)$

$= [(-1\,130.68) + (-393.509) + (-241.818) - 2 \times (-950.81)] kJ \cdot mol^{-1}$

$= 135.61 \text{ kJ} \cdot mol^{-1}$

$$\Delta_r S_m^{\ominus} = \sum_B \nu_B S_m^{\ominus}(B)$$
$$= (134.98 + 213.74 + 188.825 - 2 \times 101.7) \text{J} \cdot \text{mol}^{-1} \cdot \text{K}^{-1}$$
$$= 334.15 \text{ J} \cdot \text{mol}^{-1} \cdot \text{K}^{-1}$$
$$135.61 \times 10^3 \text{ J} \cdot \text{mol}^{-1} - T \times 334.15 \text{ J} \cdot \text{mol}^{-1} \cdot \text{K}^{-1} < 0$$

$$T_{分解} > \frac{135.61 \times 10^3 \text{ J} \cdot \text{mol}^{-1}}{334.15 \text{ J} \cdot \text{mol}^{-1} \cdot \text{K}^{-1}} = 405.84 \text{ K}$$

所以 $NaHCO_3(s)$ 的最低分解温度为 405.84 K。

必须指出,对恒温恒压下的化学反应,$\Delta_r G_m^{\ominus}$ 只能判断处于标准状态时的反应方向。若反应处于任意状态时,不能用 $\Delta_r G_m^{\ominus}$ 来判断,必须计算 $\Delta_r G_m$ 才能判断反应方向,这将在下一节中讨论。

习题

1. 试说明下列术语的含义。

(1) 状态函数;(2) 自发反应;(3) 系统与环境;(4) 过程与途径;(5) 标准状态;(6) 热力学能;(7) 热与功;(8) 焓、熵、吉布斯函数;(9) 活化能;(10) 反应进度;(11) 基元反应;(12) 反应级数;(13) 反应速率;(14) 催化反应

2. 指出下列等式成立的条件:

(1) $\Delta_r H = Q$;(2) $\Delta_r U = Q$;(3) $\Delta_r H = \Delta_r U$

3. $\Delta H, \Delta_r H, \Delta_r H_m, \Delta_r H_m^{\ominus}, \Delta_f H_m^{\ominus}, S^{\ominus}(B), \Delta S, \Delta_r S, \Delta_r S_m, \Delta_r S_m^{\ominus}$ 和 $\Delta G, \Delta_r G, \Delta_r G_m, \Delta_r G_m^{\ominus}, \Delta_f G_m^{\ominus}$ 代表什么含义? 相互间有何联系?

4. 某理想气体在恒定外压(101.3 kPa)下吸热膨胀,其体积从 80 L 变到 160 L,同时吸收 25 kJ 的热量,试计算系统内能的变化。

5. 苯和氧按下式反应:

$$C_6H_6(l) + \frac{15}{2} O_2(g) \longrightarrow 6CO_2(g) + 3H_2O(l)$$

在 25 ℃,100 kPa 下,0.25 mol 苯在氧气中完全燃烧放出 817 kJ 的热量,求 C_6H_6 的标准摩尔燃烧焓 $\Delta_c H_m^{\ominus}$ 和燃烧反应的 $\Delta_r U_m$。

6. 蔗糖($C_{12}H_{22}O_{11}$)在人体内的代谢反应为

$$C_{12}H_{22}O_{11}(s) + 12O_2(g) \longrightarrow 12CO_2(g) + 11H_2O(l)$$

假设其反应热有 30% 可转化为有用功,试计算体重为 70 kg 的人登上 3 000 m 高的山(按有效功计算),若其能量完全由蔗糖转换,需消耗多少蔗糖? 已知 $\Delta_f H_m^{\ominus}(C_{12}H_{22}O_{11}) = -2\ 222 \text{ kJ} \cdot \text{mol}^{-1}$。

7. 利用附录的数据,计算下列反应的 $\Delta_r H_m^{\ominus}$。

(1) $Fe_3O_4(s) + 4H_2(g) \longrightarrow 3Fe(s) + 4H_2O(g)$

(2) $2NaOH(s) + CO_2(g) \longrightarrow Na_2CO_3(s) + H_2O(l)$

(3) $4NH_3(g) + 5O_2(g) \longrightarrow 4NO(g) + 6H_2O(g)$

(4) $CH_3COOH(l) + 2O_2(g) \longrightarrow 2CO_2(g) + 2H_2O(l)$

8. 已知下列化学反应的反应热,求乙炔(C_2H_2, g)的生成热 $\Delta_f H_m^{\ominus}$。

(1) $C_2H_2(g) + \frac{5}{2} O_2(g) \longrightarrow 2CO_2(g) + H_2O(g)$ $\Delta_r H_m^{\ominus} = -1\ 246.2 \text{ kJ} \cdot \text{mol}^{-1}$

(2) $C(s) + 2H_2O(g) \longrightarrow CO_2(g) + 2H_2(g)$ $\Delta_r H_m^{\ominus} = 90.9 \text{ kJ} \cdot \text{mol}^{-1}$

(3) $2H_2O(g) \longrightarrow 2H_2(g) + O_2(g)$　$\Delta_r H_m^\ominus = 483.6\ kJ \cdot mol^{-1}$

9. 求下列反应的标准摩尔反应焓变 $\Delta_r H_m^\ominus$(298.15 K)。

(1) $Fe(s) + Cu^{2+}(aq) \longrightarrow Fe^{2+}(aq) + Cu(s)$

(2) $AgCl(s) + Br^-(aq) \longrightarrow AgBr(s) + Cl^-(aq)$

(3) $Fe_2O_3(s) + 6H^+(aq) \longrightarrow 2Fe^{3+}(aq) + 3H_2O(l)$

(4) $Cu^{2+}(aq) + Zn(s) \longrightarrow Cu(s) + Zn^{2+}(aq)$

10. 人体靠下列一系列反应去除体内酒精影响：

$$CH_3CH_2OH \xrightarrow{\ O_2\ } CH_3CHO \xrightarrow{\ O_2\ } CH_3COOH \xrightarrow{\ O_2\ } CO_2$$

计算人体去除 1 mol C_2H_5OH 时各步反应的 $\Delta_r H_m^\ominus$ 及总反应的 $\Delta_r H_m^\ominus$(假设 T＝298.15 K)。

11. 计算下列反应在 298.15 K 的 $\Delta_r H_m^\ominus$，$\Delta_r S_m^\ominus$ 和 $\Delta_r G_m^\ominus$，并判断哪些反应能自发向右进行。

(1) $2CO(g) + O_2(g) \longrightarrow 2CO_2(g)$

(2) $4NH_3(g) + 5O_2(g) \longrightarrow 4NO(g) + 6H_2O(g)$

(3) $Fe_2O_3(s) + 3CO(g) \longrightarrow 2Fe(s) + 3CO_2(g)$

(4) $2SO_2(g) + O_2(g) \longrightarrow 2SO_3(g)$

12. 由软锰矿二氧化锰制备金属锰可采取下列两种方法：

(1) $MnO_2(s) + 2H_2(g) \longrightarrow Mn(s) + 2H_2O(g)$

(2) $MnO_2(s) + 2C(s) \longrightarrow Mn(s) + 2CO(g)$

上述两个反应在 25 ℃，100 kPa 下是否能自发进行？如果考虑工作温度愈低愈好的话，那么制备锰采用哪一种方法比较好？

13. 定性判断下列反应的 $\Delta_r S_m^\ominus$ 是大于零还是小于零。

(1) $Zn(s) + 2HCl(aq) \longrightarrow ZnCl_2(aq) + H_2(g)$

(2) $CaCO_3(s) \longrightarrow CaO(s) + CO_2(g)$

(3) $NH_3(g) + HCl(g) \longrightarrow NH_4Cl(s)$

(4) $CuO(s) + H_2(g) \longrightarrow Cu(s) + H_2O(l)$

14. 计算 25 ℃，100 kPa 下反应 $CaCO_3(s) \longrightarrow CaO(s) + CO_2(g)$ 的 $\Delta_r H_m^\ominus$ 和 $\Delta_r S_m^\ominus$，并判断：

(1) 上述反应能否自发进行？

(2) 对上述反应，是升高温度有利？还是降低温度有利？

(3) 计算使上述反应自发进行的温度条件。

15. 糖在人体中的新陈代谢过程如下：

$$C_{12}H_{22}O_{11}(s) + 12O_2(g) \longrightarrow 12CO_2(g) + 11H_2O(l)$$

若反应的吉布斯函数变 $\Delta_r G_m^\ominus$ 只有 30% 能转化为有用功，则一匙糖(约 3.8 g)在体温为 37 ℃ 时进行新陈代谢，可得多少有用功？(已知 $C_{12}H_{22}O_{11}$ 的 $\Delta_f H_m^\ominus = -2\ 222\ kJ \cdot mol^{-1}$，$S_m^\ominus = 360.2\ J \cdot mol^{-1} \cdot K^{-1}$)

第3章 化学反应速率与化学平衡

学习要求：

1. 理解反应速率的概念、表示方法和反应速率方程。
2. 理解并掌握浓度（分压）、温度、催化剂对化学反应速率的影响并会应用。
3. 掌握标准平衡常数的概念及表达式的书写形式。
4. 掌握转化率的概念及有关计算和应用。
5. 运用平衡移动原理说明浓度、压强、温度对化学平衡移动的影响。

化学反应速率表示的是化学反应进行的快慢，而**化学平衡**则可以表示反应进行的完全程度。在生产实践中如化工生产中，通常希望反应能够快速完成、转化完全。相反，对于对我们有危害的化学反应，如食物变质、铁制品生锈、染料的褪色，以及橡胶的老化等，总是希望阻止或者延缓其发生，以减少损失。

决定化学反应速率的因素主要是：反应物的化学性质、反应物的浓度、温度、压力、催化剂、比表面积等条件；决定反应完全程度的主要因素是：系统各物质的化学性质、反应时各物质的浓度、系统的温度、压力等条件。

3.1 化学反应速率

3.1.1 化学反应速率

各种化学反应进行的快慢程度极不相同，有的反应非常快，如炸药的爆炸、酸碱的中和反应；有的反应速率比较慢，如一些氧化还原反应；而有的反应几乎看不出其变化，如金属的自然氧化等。而且相同的反应，当条件不同时，反应速率也不同。

为了比较化学反应的快慢，首先必须确定**反应速率的表示方法**。化学反应速率是指在一定条件下，化学反应中反应物转变为生成物的速率。往往用单位时间内反应物或者生成物浓度变化的正值（绝对值）来表示。浓度的单位通常用 $mol \cdot L^{-1}$ 表示，时间的单位可以根据反应快慢采用 s（秒）、min（分）、h（时）、d（天）、a（年）等。

$$\text{反应速率}(\bar{v}) = \frac{\left|\text{浓度变化}\right|}{\text{变化所需时间}}$$

化学反应的瞬时速率用某一瞬间反应物或生成物浓度的变化来表示：

$$\nu_i = \lim_{\Delta t \to 0} \frac{|\Delta c_i|}{\Delta t} = \pm \frac{dc_i}{dt} \tag{3-1}$$

对于合成氨反应

$$N_2(g) + 3H_2(g) \Longrightarrow 2NH_3(g)$$

若 dt 时间内 $N_2(g)$ 浓度减少为 dx，则

$$\nu(N_2) = -\frac{dc(N_2)}{dt} = -\frac{dx}{dt}$$

$$\nu(H_2) = -\frac{dc(H_2)}{dt} = -\frac{3dx}{dt}$$

$$\nu(NH_3) = \frac{dc(NH_3)}{dt} = \frac{2dx}{dt}$$

可以看出，用不同物质的浓度的变化率来表示反应速率其数值不同。为了统一起见，根据 IUPAC 和我国国家标准的表述，将所得反应速率除以各物质在反应式中的化学计量数来表示化学反应的速率。

3.1.2　反应历程和基元反应

1. 基元反应的概念

化学反应经历的途径或步骤称为反应历程（或反应机理）。反应物微粒（分子、原子、离子或自由基）经一步作用就直接转化为生成物的反应称为**基元反应**（elementary reaction）。由一个基元反应组成的化学反应称为简单反应，由两个或两个以上的基元反应组成的化学反应称为复杂反应。复杂反应中，速率最慢的基元反应称为复杂反应的定速步骤，例如：$CO(g) + NO_2(g) \Longrightarrow CO_2(g) + NO(g)$ 实验证实是基元反应，也是简单反应。

研究表明，只有少数化学反应是简单反应，绝大多数化学反应都是复杂反应。很长一个时期，人们一直认为碘分子和氢分子生成碘化氢的反应是简单反应，即

$$H_2(g) + I_2(g) \Longrightarrow 2HI(g)$$

现在已被实验证明它是由以下两个基元反应组成的复杂反应：

$$I_2(g) \Longrightarrow 2I(g) \text{ 快}$$

$$H_2(g) + 2I(g) \longrightarrow 2HI(g) \text{ 慢}$$

第一步反应较快，第二步反应较慢，是定速步骤。

2. 基元反应的速率方程

人们经过长期实践，总结出基元反应的反应速率与反应物浓度之间的定量关系：在一定温度下，化学反应速率与各反应物浓度幂的乘积成正比，浓度的幂次为基元反应方程式中相应组分的化学计量数。基元反应的这一规律称为**质量作用定律**。

设下面反应

$$aA + bB + \cdots \longrightarrow gG + dD + \cdots$$

为基元反应,则该基元反应的速率方程式为

$$v = kc_A^a c_B^b \qquad (3-2)$$

式(3-2)就是质量作用定律的数学表达式,也称基元反应的速率方程式(rate equation)。

3. 反应级数

速率方程式(3-2)中各浓度项的幂次 $a, b, \cdots$ 分别称为反应组分 A,B,$\cdots$ 的级数。该反应总的反应级数(reaction order)n 则是各反应组分 A,B,$\cdots$ 的级数之和,即

$$n = a + b + \cdots$$

当 $n=0$ 时称为零级反应,$n=1$ 时称为一级反应,$n=2$ 时称为二级反应,依次类推。

对于基元反应,反应级数与它们的化学计量数是一致的。而对于非基元反应,速率方程式中的级数一般不等于($a+b+\cdots$)。例如,一氧化氮和氢气的反应为

$$2NO + 2H_2 \longrightarrow N_2 + 2H_2O$$

实验结果 $v = kc(NO)^2 c(H_2)$,而不是 $v = kc(NO)^2 c(H_2)^2$。

因此除非是基元反应,一般不能根据化学反应方程式就确定反应速率与浓度的关系,即确定反应速率方程式,必须通过实验来确定。通常可写成与式(3-2)相类似的幂乘积形式:

$$v = kc_A^x c_B^y \qquad (3-3)$$

如果是基元反应,那么 $x=a, y=b$;如果是非基元反应,那么 x, y 的数值必须通过实验来测定。x,y 的值可以是整数、分数,也可以为零。

4. 反应速率常数

反应速率方程式中的比例系数 k 称为反应速率常数(rate constant)。不同的反应有不同的 k 值。k 值与反应物的浓度无关,而与温度的关系较大。温度一定,速率常数为定值。由式(3-3)可以看出,速率常数表示反应速率方程中各有关浓度项均为单位浓度时的反应速率。速率常数的单位随($x+y$)的变化而变化,即随反应级数而变。因此,也可从速率常数的单位判断反应的级数。同一温度、同一浓度下,不同化学反应的 k 值可反映出反应进行的相对快慢。

书写速率方程时还须注意:稀溶液中溶剂、固体或纯液体参加的化学反应,其速率方程式的数学表达式中不必列出它们的浓度项。

如蔗糖的水解反应

$$C_{12}H_{22}O_{11}(蔗糖) + H_2O \longrightarrow C_6H_{12}O_6(葡萄糖) + C_6H_{12}O_6(果糖)$$

是一个双分子反应,其速率方程式为

$$v = kc(H_2O)c(C_{12}H_{22}O_{11})$$

由于 H_2O 作为溶剂是大量的,蔗糖的量相对 H_2O 来说非常小,在反应过程中 H_2O 的浓度基本上可认为没有变化,其浓度可作常量并入 k 中,得到:

$$v = k'c(C_{12}H_{22}O_{11})$$

其中，$k' = kc(H_2O)$。所以蔗糖的水解反应是双分子反应，却是一级反应(也称假一级反应)。

例 3-1 在 298.15 K 时，测得反应 $2NO + O_2 \longrightarrow 2NO_2$ 的反应速率及有关实验数据如下。

实验序号	初始浓度/mol·L^{-1}		初始速率/mol·L^{-1}·s^{-1}
	C(NO)	C(O$_2$)	
1	0.010	0.010	1.6×10^{-2}
2	0.010	0.020	3.2×10^{-2}
3	0.010	0.030	4.8×10^{-2}
4	0.020	0.010	6.4×10^{-2}
5	0.030	0.010	1.44×10^{-1}

求：(1) 该反应的速率方程式和反应级数；

(2) 反应的速率常数。

解: (1) 根据式(3-3)，该反应的速率方程式为

$$v = kc(NO)^x c(O_2)^y$$

从 1,2,3 号实验可知，当 $c(NO)$ 不变时，v 与 $c(O_2)$ 成正比，即 $v \propto c(O_2)$，$y = 1$；

从 1,4,5 号实验可知，当 $c(O_2)$ 不变时，v 与 $c(NO)^2$ 成正比，即 $v \propto c(NO)^2$，$x = 2$。

因此，该反应的速率方程式为

$$v = kc(NO)^2 c(O_2)$$

该反应的级数为 $\qquad n = x + y = 2 + 1 = 3$

(2) 将表中任一号实验数据代入速率方程式，即可求得速率常数：

$$
\begin{aligned}
k &= v/[c^2(NO)c(O_2)] \\
&= 1.6 \times 10^{-2} \text{ mol} \cdot \text{L}^{-1} \cdot \text{s}^{-1}/[(0.010 \text{ mol} \cdot \text{L}^{-1})^2(0.010 \text{ mol} \cdot \text{L}^{-1})] \\
&= 1.6 \times 10^4 \text{ mol}^{-2} \cdot \text{L}^2 \cdot \text{s}^{-1}
\end{aligned}
$$

3.2 化学反应速率理论

近百年来，化学家们不懈努力，企求寻找一个完善的反应速率理论来比较精确推断反应速率，但至今仍未找到，可是他们积累了大量经验，提出了一些理论。这些理论虽然还很不完善，但能粗略地告诉人们化学反应的速率，对指导人们的实践仍有极为重要的意义。本节介绍两种化学反应速率理论。

3.2.1 有效碰撞理论

1918 年，路易斯(W C M Lewis)以气体分子运动论为基础，研究了一些气体反应，提出了双

分子反应的有效碰撞理论。

有效碰撞理论认为：

（1）反应物分子间必须相互碰撞才可能发生反应，反应物分子间相互隔开是不可能发生任何反应的。反应速率与单位体积、单位时间内分子间的碰撞次数即碰撞频率（Z）成正比，而碰撞频率（Z）又与反应物的浓度成正比。对气相双分子基元反应

$$aA(g) + bB(g) \longrightarrow yY(g) + zZ(g)$$

$Z = Z_0 c_A^a c_B^b$，Z_0 为单位浓度时的碰撞频率。

（2）并不是所有的碰撞都能发生反应，发生了反应的碰撞称为有效碰撞。那么，要发生有效碰撞，需要具备什么条件呢？

首先，反应物分子要有较高的能量。只有具有较高能量的分子在相互碰撞时才能克服电子云间的排斥作用而相互接近，从而使原有的化学键断开，形成新的分子，即发生化学反应。具有较高能量、能够发生有效碰撞的分子称为活化分子（activating molecular）。要使具有平均能量的分子成为活化分子（即能量超出 E_c 的分子）所需的最低能量，即活化分子的最低能量与反应物分子的平均能量之差称为活化能（activation energy），用 E_a 表示，单位为 $kJ \cdot mol^{-1}$，$E_a = E_c - E_k$。气体分子的能量分布如图 3-1 所示，横坐标为能量，纵坐标 $\Delta N/(N\Delta E)$ 表示具有能量在 E 到 $E + \Delta E$ 范围内单位

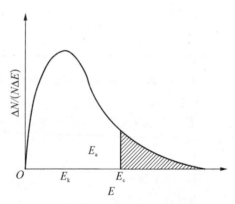

图 3-1 气体分子的能量分布和活化能

能量区间的分子分数，E_k 为气体分子的平均能量，E_c 为活化分子的最低能量。曲线下的面积表示分子百分数总和为 100%，阴影部分的面积表示活化分子的百分数。根据气体分子的能量分布规律进行统计处理，得到活化分子百分数（f）为

$$f = e^{-\frac{E_a}{RT}}$$

在一定温度下，反应的活化能越大，其活化分子百分数越小，单位时间内有效碰撞次数就越少，则反应速率越小；反之反应的活化能越小，其活化分子百分数就越大，单位时间内有效碰撞次数就越多，则反应速率就越大。

其次，分子间的碰撞要有适当的取向（或方位）。例如 CO 与 NO_2 的反应如图 3-2 所示，只有 CO 中的 C 与 NO_2 中的 O 靠近，并沿着 $O-C$ 与 $N-O$ 键直线方向碰撞才有可能发生有效碰撞；否则属无效碰撞，不会发生反应。对于结构复杂的分子，方位因素的影响更大。两分子取向有利于发生反应的碰撞机会占总碰撞机会的百分数称为方位因子（p），方位因子越大，则反应速率越大。

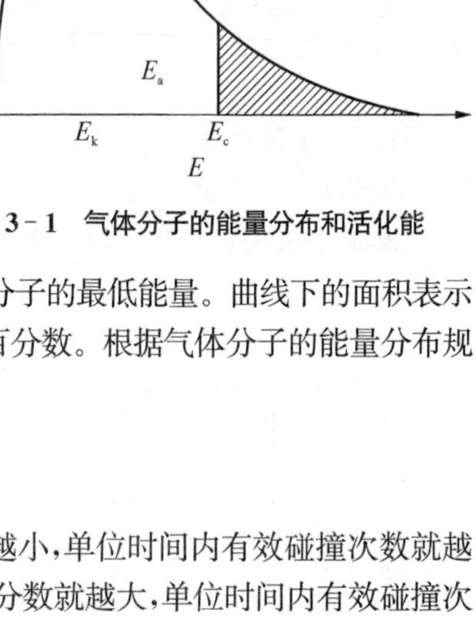

总之，只有反应物的活化分子以适当的方向碰撞才能发生反应。

根据碰撞理论，反应速率与方位因子、活化分子百分数和碰撞频率成正比，有

无效碰撞

有效碰撞

图 3-2 分子碰撞的不同取向

$$v = pfZ = pfZ_0 c\,(A)^a c\,(B)^b = kc\,(A)^a c\,(B)^b \tag{3-4}$$

$$k = pfZ_0 = pZ_0 e^{-\frac{E_a}{RT}}$$

式中 k 为速率常数。

碰撞理论直观明了,用于解释简单分子的反应比较成功,反应速率的理论估算与实验值吻合,但对一些分子结构比较复杂的反应,如有机物分子间的反应等不能解释,这是因为碰撞理论把分子看成没有内部结构和内部运动的刚性球体。

3.2.2　过渡状态理论

随着人们对原子、分子内部结构认识的深化,20 世纪 30 年代中期,埃林(H Eyring)等人在量子力学和统计力学的发展基础上,提出了过渡状态理论。

过渡状态理论认为:

(1) 化学反应不是通过反应物分子之间的简单碰撞完成的,反应过程中必须经过一个中间过渡状态,即反应物分子间首先形成活化配合物(activating complex),活化配合物又称过渡状态。活化配合物的能量较高,不稳定、寿命短,会很快分解。它既可分解生成产物,也可以分解成为原来的反应物,如反应

$$NO_2(g) + CO(g) \xrightarrow{\;>500\ K\;} NO(g) + CO_2(g)$$

其反应过程为

$$NO_2(g) + CO(g) \Longleftrightarrow [O-N\cdots O\cdots C-O] \longrightarrow NO(g) + CO_2(g)$$

当 CO 和 NO_2 吸收能量,按适当的取向进行碰撞时,首先形成活化配合物,此时 N$\cdots$O 键减弱,O$\cdots$C 键部分形成,随着 N$\cdots$O 键进一步减弱,O$\cdots$C 键进一步增强,最终生成 NO 和 CO_2。

(2) 反应的活化能越大,反应速率越慢;反应的活化能越小,反应速率越快。过渡状态理论的活化能,是指活化配合物的能量与反应物(或生成物)的平均能量之差。活化配合物的能量与反应物的平均能量之差为正反应的活化能,活化配合物的能量与生成物的平均能量之差为逆反应的活化能。图 3-3 是反应历程与系统的能量关系图,图中 E_R 为反

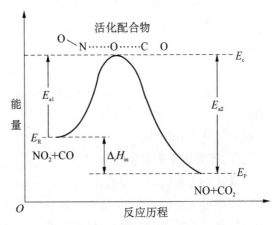

图 3-3　反应历程与能量变化示意图

应物的平均能量,E_p 为生成物的平均能量,E_c 为活化配合物的最低能量。E_{a1},E_{a2} 分别为正、逆反应的活化能,所以有

$$E_{a1} = E_c - E_R$$

$$E_{a2} = E_c - E_p$$

反应的热效应等于正、逆反应的活化能差：$\Delta_r H_m = E_{a1} - E_{a2}$。若 $E_{a1} > E_{a2}$，则 $\Delta_r H_m > 0$，反应吸热；反之，反应放热。

3.3 影响化学反应速率的主要因素

化学反应速率主要由化学反应的本性决定，不同的化学反应，其反应的活化能大小不同，因而反应速率不同。此外，化学反应速率还与反应物浓度、反应温度、催化剂等因素有关。

3.3.1 反应物浓度的影响

反应物的浓度越大其反应速率越快

根据碰撞理论，对某一化学反应，在一定温度下，系统中活化分子的百分数是一定的，当反应物浓度增大时，单位体积内分子总数增加，活化分子的数目相应也增多，单位体积内分子有效碰撞的次数也就增多，因此反应速率加快。对于有气体参加的反应，增大系统的压力意味着增大了浓度。

3.3.2 温度对反应速率的影响

1. 范特霍夫规则

经验表明：温度升高，绝大多数化学反应的反应速率加快。1884 年荷兰人范特霍夫（Vant Hoff J H）根据实验结果总结出一条经验规则：一般情况下，反应物浓度（或分压）不变的反应，温度每升高 10 K，反应速率约增加 2～4 倍，即

$$\frac{v(T+10\ \text{K})}{v(T)} = \frac{k(T+10\ \text{K})}{k(T)} = 2 \sim 4$$

温度升高时，分子的运动速度加快，单位时间内分子间的碰撞频率增加，有效碰撞次数（频率）也相应增加，使反应速率加快；更主要的原因是温度升高，有较多的分子获得能量成为活化分子，使活化分子百分数（f）大大增加，导致单位时间内有效碰撞次数显著增加，因而反应速率大大加快。

2. 阿伦尼乌斯方程式

从速率方程式的一般形式 $v = kc_A^a c_B^b \cdots$ 中可以看出：反应速率与浓度 c 和速率常数 k 有关。在浓度不变的情况下，反应速率取决于速率常数 k，改变温度使反应速率改变，是通过改变速率常数实现的。因此，讨论温度对反应速率的影响，可以归结为温度对速率常数的影响。速率常数和温度有怎样的关系呢？

1889 年，阿伦尼乌斯（S A Arrhenius）在大量实验事实的基础上，提出了速率常数与温度关系的经验式，称之为阿伦尼乌斯方程式：

$$k = A e^{-\frac{E_a}{RT}} \tag{3-5}$$

式中 A 称指前因子，为经验常数，A 与温度、浓度无关，不同反应 A 值不同，其单位与 k 值相同；R 为摩尔气体常数；T 为热力学温度；E_a 为活化能，单位为 $J \cdot mol^{-1}$。对某一给定反应，

E_a 为定值,在反应温度区间变化不大时,E_a 和 A 不随温度而改变。由式(3-5)可以看出,温度升高,k 值增大,由于 k 与温度 T 为指数关系,所以温度变化对 k 值影响较大;活化能 E_a 越小,则 k 值越大,反应速率也就越大。

3.3.3 催化剂对反应速率的影响

催化剂是影响反应速率的重要因素之一。生物体内的化学反应要在酶催化下进行;化工生产中,80%以上的反应过程都使用催化剂,例如,石油裂解、合成氨、硫酸的生产、油脂氢化等都要使用催化剂。催化剂多半是金属、金属氧化物、配合物和多酸化合物等。

1. 催化剂与催化作用

催化剂(catalyst)是一种存在少量就能显著改变反应速率,而反应结束时,其自身的质量、组成和化学性质基本不变的物质。能使反应速率加快的物质为正催化剂,简称催化剂,而能使反应速率减慢的物质为负催化剂(negative catalyst)或阻化剂、抑制剂。催化剂对化学反应的作用称为催化作用(catalysis)。催化剂在反应过程中并不消耗,但它参与了化学反应,在其中某一步基元反应中被消耗,在后面的基元反应中又再生。可见,催化反应都是复杂反应。

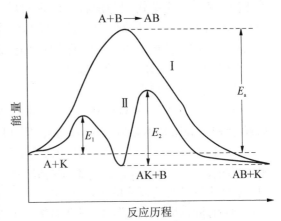

图 3-4 催化剂改变反应途径的示意图

催化剂的主要特征是:

(1)催化剂能显著地加快化学反应速率。这是由于在反应过程中催化剂与反应物之间形成一种能量较低的活化配合物,改变了反应的途径,大大降低了反应的活化能,如图 3-4 所示,从而使活化分子百分数和有效碰撞次数增多,反应速率加快。

例如,合成氨反应

$$N_2(g) + 3H_2(g) \rightleftharpoons 2NH_3(g)$$

不加催化剂,反应的活化能约为 176 kJ·mol^{-1};若加铁催化剂,活化能降为 58~67 kJ·mol^{-1},反应速率可提高 1×10^{16} 倍。

(2)催化剂能同时加快正、逆反应速率,缩短达到平衡的时间,但不能改变平衡状态。热力学上不能进行的反应,催化剂对它不起作用。

(3)催化剂有选择性。某种催化剂只对某些反应起催化作用,每个反应都有它特有的催化剂,这称之为反应选择性,如生产硫酸过程中,将 SO_2 氧化为 SO_3,用 V_2O_5 作催化剂效果较好。另外,相同反应物能生成多种产物时,选用不同催化剂,得到不同产物,这称之为产物选择性,如乙烯的催化氧化,若用银网催化,主要产物是环氧乙烷,而用 $PdCl_2$ 和 $CuCl_2$ 催化,主要产物是乙醛。

2. 均相催化与多相催化

催化剂与反应物处于同一相中进行的催化反应,称为均相催化,过氧化氢的碘离子催化分解是均相催化的典型实例。此外还有一类催化反应叫作多相催化反应，催化剂与反应物处于不同相中的催化反应，叫作多相催化反应。多相催化反应发生在催化剂表面（或相界面），催化剂表面积越大，催化效率越高，反应速率越快。在化工生产中，为增大反应物与催化剂之间的接触表面，往往将催化剂的活性组分附着在一些多孔性的物质（载体）上，如硅藻土、高岭土、活性炭、硅胶等，这类催化剂叫作负载型催化剂，它们比普通催化剂往往有更高的催化活性和选择性。多相催化在化工生产中大量应用，固体催化剂用得最多（气相反应和液-固相反应等），例如合成氨、接触法制硫酸、原油裂解及基本有机合成工业等几乎都是用固体催化剂。

3. 酶及其催化作用

催化剂加快反应速率是一种相当普遍的现象，它不但出现在化工生产中，而且在有生命的动植物体内（包括人体）也广泛存在。生物体内几乎所有的化学反应都是由酶（enzyme）催化的。酶是一类结构和功能特殊的蛋白质，它在生物体内所起的催化作用称为酶催化（enzyme catalysis）。生物体内各种各样的生物化学变化几乎都要在各种不同的酶催化下才能进行。例如食物中的蛋白质的水解（即消化），在体外需在强酸（或强碱）条件下煮沸相当长的时间，而在人体内正常体温下，在胃蛋白酶的作用下短时间内即可完成。

酶催化的显著特点：

（1）专一性，即一种酶只能催化一种或一类物质的化学反应，如淀粉酶只能催化淀粉的水解，蛋白质和脂肪则必须由相应的蛋白酶和脂肪酶催化水解。

（2）高效性。少量酶的存在就能大大加快反应速率，酶的催化效率比普通无机或有机催化剂高 $1 \times 10^6 \sim 1 \times 10^{10}$ 倍。如用蔗糖转化酶催化蔗糖水解，在 37 ℃时其速率常数 k 约为同温度下盐酸催化反应的 1×10^{10} 倍。

（3）酶催化反应条件温和，在常温常压下即可进行，如合成氨反应，工业上要用铁催化剂，并且在高温高压下进行，但有生物固氮酶存在时，常温常压下即可完成。

（4）酶催化反应条件要求严格，如人体内的酶催化反应一般在体温 37 ℃和血液 pH 值约 7.35～7.45 的条件下进行。酶遇到高温、强酸、强碱、重金属离子或紫外线照射等因素都会使其失去活性。酶催化具有高度专一性和高效性，反应条件温和，节能环保，潜力巨大，前景广阔，有待进一步研究和开发。

3.4 化学平衡

化学平衡涉及绝大多数的化学反应以及相变化等，如无机化学反应的酸碱平衡、沉淀溶解平衡、氧化还原平衡和配位解离平衡以及均相平衡、多相平衡。本节通过对化学平衡共同特点和规律的探讨，并通过热力学基本原理的应用，讨论化学平衡建立的条件以及化学平衡移动的方向与化学反应的限度等重要问题。

3.4.1 化学反应的可逆性和化学平衡

1. 可逆反应

在一定的反应条件下，一个化学反应既能从反应物变为生成物，在相同条件下也能由生成物变为反应物,即在同一条件下能同时向正、逆两个方向进行的化学反应称为**可逆反应**(reversible reaction)。习惯上,把从左向右进行的反应称为正反应,把从右向左进行的反应称为逆反应。

几乎所有反应都是可逆的,只是有些反应在已知的条件下逆反应进行的程度极为微小,以致可以忽略,这样的反应通常称之为不可逆。如 $KClO_3$ 加热分解便是不可逆反应的例子。氯酸钾的分解反应,在分解过程中逆反应的条件还不具备,反应物就已耗尽:

$$2KClO_3 \xrightarrow{MnO_2} 2KCl + 3O_2$$

在一般可逆反应式中用反应物和生成物之间用双向半箭头号强调反应的可逆性。如 $H_2(g)$ 与 $I_2(g)$ 的可逆反应可写成:

$$H_2(g) + I_2(g) \Longrightarrow 2HI(g)$$

2. 化学平衡

将一定量的 H_2 和 I_2 置于一密闭容器中,在一定温度下进行反应,每隔一段时间取样分析,发现 H_2 和 I_2 的分压逐渐减小,而生成物 HI 的分压逐渐增大,而到一定时间后,混合气体各组分的分压不在随时间改变,而是维持恒定,这即达到平衡状态。

可以用化学反应速率来解释:反应刚开始时,反应物浓度最大,而产物浓度为 0,因此正反应速率最大,而逆反应速率为 0。随着反应的进行,反应物浓度减小,而生成物浓度不断增大,从而正反应速率减小,逆反应速率增大,直至某一时刻 $v_正 = v_逆$(如图 3-5)此时,在宏观上,各物质浓度不再改变,处于平衡状态;而微观上,反应并未停止,正、逆反应仍在进行,只是两者反应速率相等,故化学平衡是动态平衡。

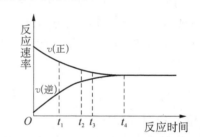

图 3-5 可逆反应正、逆反应速率变化图

化学平衡具有以下特征:

● 化学平衡是一个动态平衡(dynamic equilibrium)表面上反应已经停止,实际上 $H_2(g)$ 和 $I_2(g)$ 的化合以及 HI(g) 的分解仍以相同的速率在进行。

● 化学平衡是相对的,同时也是有条件的。一旦维持平衡的条件发生了变化(例如温度、压力的变化),系统的宏观性质和物质的组成都将发生变化。原有的平衡将被破坏,代之以新的平衡。

● 在一定温度下化学平衡一旦建立,以化学反应方程式中化学计量数为幂指数的反应方程式中各物种的浓度(或分压)的乘积为一常数,叫平衡常数。在同一温度下,同一反应的平衡常数相同。

3.4.2 平衡常数

1. 实验平衡常数

在一定条件下,可逆反应达到化学平衡状态时,各物质的浓度保持恒定,大量的实验的事实已证明:在一定温度下,平衡体系中各物质之间还存在着定量关系,即各生成物平衡量幂的乘积与反应物平衡量幂的乘积之比为一常数。我们把这个常数叫作实验平衡常数。简称平衡常数,用 K 表示。

对于任意一个化学反应

$$aA + bB \rightleftharpoons cC + dD$$

在一定温度下,达到平衡时,各组分浓度之间的关系为

$$K_c = \frac{c_C^c c_D^d}{c_A^a c_B^b} \quad\quad (3-6)$$

习惯上称 K_c 为浓度平衡常数。其中,c_A, c_B, c_C, c_D 是平衡时相应各物质的浓度,单位为 $mol \cdot L^{-1}$。定量讨论溶液中的化学平衡时,通常可用浓度平衡常数。

对于气相反应,在恒温下,气体的分压与浓度成正比($p = cRT$),因此,在平衡常数表达式中,可以用平衡时的气体分压来代替浓度,用 K_p 表示压力平衡常数,其表达式为

$$K_p = \frac{p_C^c p_D^d}{p_A^a p_B^b} \quad\quad (3-7)$$

式中 p_A, p_B, p_C, p_D 为物质 A,B,C,D 的平衡分压。

对同一反应,平衡常数可用 K_c 表示,也可用 K_p 表示,但通常情况下二者并不相等。由于平衡常数表达式中各组分的浓度(或分压)都有单位,所以实验平衡常数是有单位的,实验平衡常数的单位取决于化学计量方程式中生成物与反应物的单位及相应的化学计量数。

例如反应

$$2NO_2(g) \rightleftharpoons N_2O_4(g)$$

单位为 Pa^{-1} 或 kPa^{-1}。

实验平衡常数通常都有单位,单位由 $\Delta x = (c+d) - (a+b)$ 来决定。这些实验平衡常数在使用中很不方便。因此,为了避免混乱引入热力学平衡常数,即标准平衡常数。

2. 标准平衡常数

国家标准 GB 3102—93 中给出了标准平衡常数的定义,在标准平衡常数表达式中,有关组分的浓度(或分压)都必须用相对浓度(或相对分压)来表示,即反应方程式中各物种的浓度(或分压)均须分别除以其标准态的量,即除以 $c^\ominus$($c^\ominus = 1 \ mol \cdot L^{-1}$)或 $p^\ominus$($p^\ominus = 100 \ kPa$)。由于相对浓度(或相对分压)是量纲为一的量,所以标准平衡常数是量纲为 1 的量。

因此对于 $aA + bB \rightleftharpoons cC + dD$ 反应来说

当 A,B,C,D 都为溶液或者气体时,平衡常数分别表示为

$$K^\ominus = \frac{(c_C/c^\ominus)^c \ (c_D/c^\ominus)^d}{(c_A/c^\ominus)^a \ (c_B/c^\ominus)^b} \quad\quad (3-8)$$

$$K^\ominus = \frac{(p_C/p^\ominus)^c \ (p_D/p^\ominus)^d}{(p_A/p^\ominus)^a \ (p_B/p^\ominus)^b} \quad\quad (3-9)$$

对于多相反应的标准平衡常数表达式,反应组分中的气体用相对分压($p/p^\ominus$)表示;溶液中的溶质用相对浓度($c/c^\ominus$)表示;固体和纯液体为"1",可省略。

例如实验室中制取 $Cl_2(g)$ 的反应

$$MnO_2(s) + 2Cl^-(aq) + 4H^+(aq) \Longrightarrow Mn^{2+}(aq) + Cl_2(g) + 2H_2O(l)$$

其标准平衡常数为

$$K^\ominus = \frac{[c(Mn^{2+})/c^\ominus][p(Cl_2)/p^\ominus]}{[c(Cl^-)/c^\ominus]^2[c(H^+)/c^\ominus]^4}$$

通常如无特殊说明,平衡常数一般均指标准平衡常数。在书写和应用平衡常数表达式时应注意:

① 表达式中各组分的分压(或浓度)应为平衡状态时的分压(或浓度);

② 对于纯固体、纯液体、溶剂水不写入平衡常数表达式;

③ 由于表达式以反应计量方程式中各物种的化学计量数为幂指数,所以 $K^\ominus$ 与化学反应方程式有关,同一化学反应,反应方程式不同,其 $K^\ominus$ 值也不同。

例如合成氨反应

$$N_2 + 3H_2 \Longrightarrow 2NH_3$$

$$K_1^\ominus = \frac{(p(NH_3)/p^\ominus)^2}{[p(N_2)/p^\ominus][p(H_2)/p^\ominus]^3}$$

$$\frac{1}{2}N_2 + \frac{3}{2}H_2 \Longrightarrow NH_3$$

$$K_2^\ominus = \frac{p(NH_3)/p^\ominus}{[p(N_2)/p^\ominus]^{1/2}[p(H_2)/p^\ominus]^{3/2}}$$

显然 $K_1^\ominus \neq K_2^\ominus$, $K_1^\ominus = (K_2^\ominus)^2$。因此使用和查阅平衡常数时,必须注意它们所对应的化学反应方程式。

3. 多重平衡规则

一个给定化学反应计量方程式的平衡常数,不取决于反应过程中经历的步骤,无论反应分几步完成,其平衡常数表达式完全相同,这就是多重平衡规则。也就是说当某总反应为若干个分步反应之和(或之差)时,则总反应的平衡常数为这若干个分步反应平衡常数的乘积(或商)。例如,将 $CO_2(g)$ 通入 $NH_3(aq)$ 中,发生如下反应:

$$CO_2(g) + 2NH_3(aq) + H_2O(l) \Longrightarrow 2NH_4^+(aq) + CO_3^{2-}(aq) \tag{1}$$

$$K^\ominus = \frac{[c(NH_4^+)/c^\ominus]^2[c(CO_3^{2-})/c^\ominus]}{[p(CO_2)/p^\ominus][c(NH_3)/c^\ominus]^2}$$

反应(1)是 $CO_2(g)$ 与 $NH_3(aq)$ 的总反应,实际上溶液中存在(a),(b),(c),(d)四种平衡关系。也就是说,总反应(1)可表示为(a),(b),(c),(d)四步反应的总和(其中 OH^- 既参与平衡(a),又参与平衡(d)的反应,H_2CO_3 参与平衡(b)和(c)的反应。在同一平衡系统中,一个物种的平衡浓度只能有一个数值。所以 OH^- 和 H_2CO_3 的浓度项可消去)。因而有

$$2NH_3(g) + 2H_2O(l) \Longrightarrow 2NH_4^+(aq) + 2OH^-(aq) \tag{a}$$

$$+ \quad CO_2(g) + H_2O(l) \Longrightarrow H_2CO_3(aq) \tag{b}$$

$$+ \quad H_2CO_3(aq) \Longrightarrow CO_3^{2-}(aq) + 2H^+(aq) \tag{c}$$

$$+) \quad 2H^+(aq)+2OH^-(aq)\Longleftrightarrow 2H_2O(l) \tag{d}$$

$$CO_2(g)+2NH_3(aq)+H_2O(l)\Longleftrightarrow 2NH_4^+(aq)+CO_3^{2-}(aq) \tag{1}$$

$$K^\ominus=\frac{[c(NH_4^+)/c^\ominus]^2[c(CO_3^{2-})/c^\ominus]}{[p(CO_2)/p^\ominus][c(NH_3)/c^\ominus]^2}$$

$$=K_a^\ominus\cdot K_b^\ominus\cdot K_c^\ominus\cdot K_d^\ominus$$

多重平衡规则说明 $K^\ominus$ 值与系统达到平衡的途径无关,仅取决于系统的状态——反应物(始态)和生成物(终态)。

例 3-2 已知下列反应(1),(2)在 700 K 时的标准平衡常数,计算反应(3)在相同温度下的 $K^\ominus$。

(1) $PCl_5(g)\Longleftrightarrow PCl_3(g)+Cl_2(g)$ $K_1^\ominus=11.5$

(2) $P(s)+\dfrac{3}{2}Cl_2(g)\Longleftrightarrow PCl_3(g)$ $K_2^\ominus=1.00\times10^{20}$

(3) $P(s)+\dfrac{5}{2}Cl_2(g)\Longleftrightarrow PCl_5(g)$

解: 反应(2)-(1)=(3),根据多重平衡规则

$$K_3^\ominus=K_2^\ominus/K_1^\ominus$$

$$=1.00\times10^{20}/11.5=8.70\times10^{18}$$

4. 化学反应进行的程度

化学反应达到平衡时,系统中物质 B 的浓度不再随时间而改变,此时反应物已最大限度地转变为生成物。平衡常数具体反映出平衡时各物种相对浓度、相对分压之间的关系,通过平衡常数可以计算化学反应进行的最大程度,即化学平衡组成。在化工生产中常用转化率(α)来衡量化学反应进行的程度。某反应物的转化率是指该反应物已转化为生成物的百分数。即

$$\alpha=\frac{某反应已转化的量}{某反应物的总量}\times100\% \tag{3-10}$$

化学反应达平衡时的转化率称平衡转化率。显然,平衡转化率是理论上该反应的最大转化率。而在实际生产中,反应达到平衡需要一定的时间,流动的生产过程往往系统还没有达到平衡反应物就离开了反应容器,所以实际的转化率要低于平衡转化率。实际转化率与反应进行的时间有关。工业生产中所说的转化率一般指实际转化率,而一般教材中所说的转化率是指平衡转化率。

例 3-3 $N_2O_4(g)$ 的分解反应为 $N_2O_4(g)\Longleftrightarrow 2NO_2(g)$,该反应在 298 K 的 $K^\ominus=0.116$,试求该温度下当系统的平衡总压为 200 kPa 时 $N_2O_4(g)$ 的平衡转化率。

解: 设起始时 $N_2O_4(g)$ 的物质的量为 1 mol,平衡转化率为 α。

$$N_2O_4(g)\Longleftrightarrow 2NO_2(g)$$

起始时物质的量/mol   1   0

平衡时物质的量/mol　　1－α　　2α

平衡时总物质的量/mol$n_\text{总}$=1－α+2α=1+α

平衡分压/kPa $\dfrac{1-\alpha}{1+\alpha}\cdot p_\text{总}$　$\dfrac{2\alpha}{1+\alpha}\cdot p_\text{总}$

$$K=(p(NO_2)/p^\ominus)^2(p(N_2O_4)/p^\ominus)^{-1}$$
$$=\left[\frac{2\alpha}{1+\alpha}\cdot(p_\text{总}/p^\ominus)\right]^2\left[\frac{1-\alpha}{1+\alpha}\cdot(p_\text{总}/p^\ominus)\right]^{-1}$$
$$=0.116$$

解得
$$\alpha=0.12=12\%$$

例 3-4　在容积为 10.00 L 的容器中装有等物质的量的 $PCl_3(g)$ 和 $Cl_2(g)$。已知在 523 K 发生以下反应：

$$PCl_3(g)+Cl_2(g)\Longleftrightarrow PCl_5(g)$$

达平衡时，$p(PCl_5)$=100 kPa，$K^\ominus$=0.57。求：

(1) 开始装入的 $PCl_3(g)$ 和 $Cl_2(g)$ 的物质的量；

(2) $Cl_2(g)$ 的平衡转化率。

解：(1) 设 $PCl_3(g)$ 和 $Cl_2(g)$ 的起始分压为 x kPa

$$PCl_3(g)\ +\ Cl_2(g)\Longleftrightarrow PCl_5(g)$$

起始分压/Pa　　　　　x　　　　　x　　　　　0

平衡分压/kPa　　　$x-100$　　　$x-100$　　　100

$$K^\ominus=[p(PCl_5)/p^\ominus][p(Cl_2)/p^\ominus]^{-1}[p(PCl_3)/p^\ominus]^{-1}$$
$$0.57=\frac{100/100}{\left(\dfrac{x-100}{100}\right)^2};\quad x=232$$

起始　　　$n(PCl_3)=n(Cl_2)=\dfrac{p(PCl_3)\cdot V(PCl_3)}{RT}$

$$=\frac{232\times10^3\ \text{Pa}\times10.00\times10^{-3}\ \text{m}^3}{8.314\ \text{Pa}\cdot\text{m}^3\cdot\text{mol}^{-1}\cdot\text{K}^{-1}\times523\ \text{K}}=0.534\ \text{mol}$$

(2)　　　$\alpha(Cl_2)=\dfrac{n_\text{转化}(Cl_2)}{n_\text{起始}(Cl_2)}\times100\%=\dfrac{p_\text{转化}(Cl_2)}{p_\text{起始}(Cl_2)}\times100\%$

$$=\frac{100}{232}\times100\%=43.1\%$$

5. 平衡常数的意义

(1) 平衡常数是可逆反应的特征常数。对同类反应来说，$K^\ominus$ 越大，反应进行的越完全。

(2) 由于平衡常数可以判断反应是否处于平衡状态和处于非平衡状态时反应进行的方向。比如有一可逆反应：

$$aA+bB\Longleftrightarrow cC+dD$$

在一容器中置入任意量的 A，B，C，D 四种物质，在一定温度下进行反应，问此时系统是否处于平衡状态？如处于非平衡状态，那么反应往哪一方向进行？为了说明这一问题，引入反应熵 Q 的概念。

在任意状态时，对于溶液中的反应：

$$Q^\ominus = \frac{(c_C/c^\ominus)^c\ (c_D/c^\ominus)^d}{(c_A/c^\ominus)^a\ (c_B/c^\ominus)^b}$$

对于气体反应：

$$Q^\ominus = \frac{(p_C/p^\ominus)^c\ (p_D/p^\ominus)^d}{(p_A/p^\ominus)^a\ (p_B/p^\ominus)^b}$$

反应熵和标准平衡常数表达式完全相同，所不同的是，标准平衡常数只能表达平衡状态时，系统各物质之间的数量关系；反应熵则能表达反应进行到任意时刻（包括平衡状态）时，系统内各物质之间的数量关系。

当 $Q = K^\ominus$ 时，系统处于平衡状态；

当 $Q < K^\ominus$ 时，说明生成物浓度（或分压）小于平衡浓度（或分压），反应将正向进行：

$Q > K^\ominus$ 时，系统也处于不平衡状态，反应将逆向进行。这就是化学反应进行方向的反应熵判据。

例 3-5 目前我国的合成氨工业多采用在中温（500 ℃）及中压（2.03×10⁴ kPa）下操作。已知此条件下反应 $N_2(g) + 3H_2(g) \rightleftharpoons 2NH_3(g)$ 的 $K^\ominus = 1.57 \times 10^{-5}$。

若反应进行至某一阶段时取样分析，得到数据（体积分数）：11.6% NH₃，22.1% N₂，66.3% H₂。试判断此时合成氨反应是否已经完成（即是否达到平衡状态）。

解：要预测反应方向，需要将反应熵 Q 和 $K^\ominus$ 进行比较。根据题意由分压定律可以求出该状态下系统各组分的分压，即由

$$p_i = p_总 \times \frac{V_i}{V_总}, p_总 = 2.03 \times 10^4 \text{ kPa}$$

得到

$$p(NH_3) = 2.03 \times 10^4 \text{ kPa} \times 11.6\% = 2.35 \times 10^3 \text{ kPa}$$
$$p(N_2) = 2.03 \times 10^4 \text{ kPa} \times 22.1\% = 4.49 \times 10^3 \text{ kPa}$$
$$p(H_2) = 2.03 \times 10^4 \text{ kPa} \times 66.3\% = 1.35 \times 10^4 \text{ kPa}$$
$$Q = 5.00 \times 10^{-6}$$
$$Q < K^\ominus$$

说明系统尚未达到平衡状态，反应还需进行一段时间才能完成。

3.5　化学平衡的移动原理

化学平衡是相对的，有条件的，一旦维持平衡的条件发生了变化（例如浓度、压力、温度的变化），系统的宏观性质和物质的组成都将发生变化。原有的平衡将被破坏，代之以新的

平衡。这种因外界条件的改变而使化学反应从一种平衡状态向另一种平衡状态转变的过程称为化学平衡的移动。

3.5.1　浓度(或气体分压)对化学平衡的影响

在一定温度下,可逆反应 $a\text{A}+b\text{B} \rightleftharpoons c\text{C}+d\text{D}$ 达到平衡时,加入反应物或者移去生成物,正反应速率增加,$v_正 > v_逆$,反应向正向进行,即平衡向右移动。随着反应的进行,生成物的浓度不断增加,反应物浓度不断减小。因此,正反应速率随之下降,而逆反应速率随之上升,当 $v'_正 = v'_逆$ 时,系统又一次达到新的平衡。显然在新的平衡中,各组分的浓度均已改变,但比值:

$$\frac{(c_\text{C}/c^\ominus)^c\ (c_\text{D}/c^\ominus)^d}{(c_\text{A}/c^\ominus)^a\ (c_\text{B}/c^\ominus)^b}$$

仍保持不变。

在上述新的平衡中,生成物浓度有所增加,反应物 A 的浓度减小,反应向增加生成物的方向移动,即平衡向右移动。相反,若增加生成物浓度,反应会向增加反应物的方向移动,即平衡向左移动。若将生成物从平衡系统中取出,这时逆反应速率下降,平衡向右移动。

3.5.2　压力对化学平衡的影响

压力变化对化学平衡的影响应视化学反应的具体情况而定。对只有液体或固体参与的反应而言,改变压力对平衡影响很小,可以不予考虑。但对于有气态物质参与的平衡系统,系统压力的改变则可能会对平衡产生影响。如合成氨反应 $\text{N}_2(\text{g})+3\text{H}_2(\text{g}) \rightleftharpoons 2\text{NH}_3(\text{g})$ 在一定温度、压力(p_1)下达平衡,平衡常数为 $K^\ominus$。

$$K^\ominus = [p_1(\text{NH}_3)/p^\ominus]^2[p_1(\text{N}_2)/p^\ominus]^{-1}[p_1(\text{H}_2)/p^\ominus]^{-3}$$

如果改变总压(例如压缩容器),使新的总压 $p_2=2p_1$,此时

$$p_2(\text{N}_2)=2p_1(\text{N}_2) \quad p_2(\text{H}_2)=2p_1(\text{H}_2) \quad p_2(\text{NH}_3)=2p_1(\text{NH}_3)$$

则　$Q = [p_2(\text{NH}_3)/p^\ominus]^2[p_2(\text{N}_2)/p^\ominus]^{-1}[p_2(\text{H}_2)/p^\ominus]^{-3}$

$\quad\quad\quad = [2p_1(\text{NH}_3)/p^\ominus]^2[2p_1(\text{N}_2)/p^\ominus]^{-1}[2p_1(\text{H}_2)/p^\ominus]^{-3}$

$\quad\quad\quad = 1/4K^\ominus$

$$Q < K^\ominus$$

因此增加总压后,反应向正方向进行,平衡向右移动。

如果改变总压使新的总压 $p_2=1/2p_1$,那么 $Q=4K^\ominus > K^\ominus$,因此降低总压后,反应向逆方向进行,平衡向左移动。

仔细分析合成氨的反应,可以看出压力对化学平衡影响的原因在于反应前、后气态物质的化学计量数之和 $\sum \nu_\text{B}(\text{g}) \neq 0$。增加压力,平衡向气体分子数较少的一方移动;降低压力,平衡向气体分子数较多的一方移动。显然,如果反应前后气体分子数没有变化,$\sum \nu_\text{B}(\text{g}) = 0$,那么改变总压对化学平衡没有影响。

对有固体或液体参与的多相反应,压力的改变一般也不会影响溶液中各组分的浓度。通常只要考虑反应前后气态物质分子数的变化即可。例如反应:

$$C(s) + H_2O(g) \Longrightarrow CO(g) + H_2(g)$$

如果增加压力,平衡向左移动;降低压力,则平衡向右移动。

在恒温条件下,在平衡系统中加入不参与反应的其他气态物质(如稀有气体):① 若总体积不变,则系统的总压增加,无论 $\Delta \nu > 0$,$\Delta \nu < 0$ 或者 $\Delta \nu = 0$,平衡都不移动。这是因为平衡系统的总压虽然增加,但各物质的分压并未改变,平衡状态不变。② 若总压维持不变,则总体积增大(相当于系统原来的压力减小),此时若无 $\Delta \nu = 0$,平衡将移动。移动情况和普通压力影响一致。

例3-6 已知反应 $N_2O_4(g) \Longrightarrow 2NO_2(g)$ 在总压为 101.3 kPa 和温度为 325 K 时达平衡,$N_2O_4(g)$ 的转化率为 50.2%。试求:

(1) 该反应的 $K^\ominus$;

(2) 相同温度、压力为 5×101.3 kPa 时 $N_2O_4(g)$ 的平衡转化率 α。

解:(1) 设反应起始时,$n(N_2O_4) = 1$ mol,$N_2O_4(g)$ 的平衡转化率为 α。

$$N_2O_4(g) \Longrightarrow 2NO_2(g)$$

起始时物质的量 n_B/mol	1	0
平衡时物质的量 n_B/mol	$1-\alpha$	2α
平衡总物质的量 $n_总$/mol	$1-\alpha+2\alpha = 1+\alpha$	
平衡分压 p_B/kPa	$\dfrac{1-\alpha}{1+\alpha} \times 101.3$ kPa	$\dfrac{2\alpha}{1+\alpha} \times 101.3$ kPa

标准平衡常数

$$K^\ominus = \frac{[p(NO_2)/p^\ominus]^2}{[p(N_2O_4)/p^\ominus]}$$

$$= \left(\frac{2\alpha}{1+\alpha} \times \frac{101.3 \text{ kPa}}{100 \text{ kPa}}\right)^2 \times \left(\frac{1-\alpha}{1+\alpha} \times \frac{101.3 \text{ kPa}}{100 \text{ kPa}}\right)^{-1}$$

$$= \left(\frac{2 \times 0.502}{1+0.502} \times \frac{101.3 \text{ kPa}}{100 \text{ kPa}}\right)^2 \times \left(\frac{1-0.502}{1+0.502} \times \frac{101.3 \text{ kPa}}{100 \text{ kPa}}\right)^{-1}$$

$$= 1.37$$

(2) 温度不变,$K^\ominus$ 不变。

$$K^\ominus = \frac{4\alpha^2}{1-\alpha^2} \times \frac{5 \times 101.3}{100} = 1.37$$

解得

$$\alpha = 0.251 = 25.1\%$$

计算结果表明增加总压,平衡向气体化学计量数减少的方向移动。

3.5.3 温度对化学平衡的影响

温度对化学平衡的影响与浓度、压力的影响有本质上的区别。浓度、压力改变时,平衡常数不变,只是由于系统中组分发生变化而导致反应熵 Q 发生变化,使得 $Q \neq K^\ominus(T_1)$,引起平衡的移动。而温度改变使标准平衡常数的数值发生变化,使得 $K^\ominus$ 发生改变从而引起平衡的移动。

如果是放热反应,$\Delta_r H_m^{\ominus}<0$,当温度升高时,平衡向逆反应方向移动(即吸热反应方向)。如果是吸热反应,$\Delta_r H_m^{\ominus}>0$,当温度升高时,平衡向正反应方向移动(即吸热反应方向)。因此在不改变浓度、压力的条件下,升高平衡系统的温度时,平衡向着吸热反应的方向移动;反之,降低温度时,平衡向着放热反应的方向移动。

3.5.4　催化剂与化学平衡

催化剂不会使平衡发生移动,但使用催化剂能加快反应速率,缩短反应达到平衡的时间。由于平衡常数并不改变,因此使用催化剂并不能提高转化率。

3.5.5　平衡移动原理——勒夏特列原理

早在 1907 年,在总结大量实验事实的基础上,勒夏特列(Le Chatelier H L)定性得出平衡移动的普遍原理,即任何一个处于化学平衡的系统,当某一确定系统状态的因素(如浓度、压力、温度等)发生改变时,系统的平衡将发生移动。平衡移动的方向总是向着减弱外界因素的改变对系统影响的方向。例如,增加反应物的浓度或反应气体的分压,平衡向生成物方向移动,以减弱反应物浓度或反应气体分压的增加的影响;如果增加平衡系统的总压(不包括充入不参与反应的气体),平衡向气体分子数减少的方向移动,以减小总压的影响;如果升高温度,平衡向吸热反应方向移动,减弱温度升高对系统的影响。因此,平衡移动的规律可以归纳为:如果改变平衡系统的条件之一(如浓度、压力或温度),平衡就向着能减弱这个改变的方向移动。这就是勒夏特列原理(Le Chatelier's principle)。用更简洁的语言来描述即:如果对平衡系统施加外力,那么平衡将沿着减小外力影响的方向移动。

必须注意,勒夏特列原理只适用于已经处于平衡状态的系统,而对于未达平衡状态的系统则不适用。

一、选择题

1. 对反应 $2SO_2(g)+O_2(g)\xrightarrow{NO(g)}2SO_3(g)$,下列几种速率表达式之间关系正确的是(　　)。

A. $\dfrac{dc(SO_2)}{dt}=\dfrac{dc(O_2)}{dt}$

B. $\dfrac{dc(SO_2)}{dt}=\dfrac{dc(SO_3)}{2dt}$

C. $\dfrac{dc(SO_3)}{2dt}=\dfrac{dc(O_2)}{dt}$

D. $\dfrac{dc(SO_3)}{2dt}=-\dfrac{dc(O_2)}{dt}$

2. 由实验测定,反应 $H_2(g)+Cl_2(g)\Longrightarrow 2HCl(g)$ 的速率方程为 $v=kc(H_2)c^{1/2}(Cl_2)$,在其他条件不变的情况下,将每一反应物浓度加倍,此时反应速率为(　　)。

A. $2v$　　　　　　B. $4v$　　　　　　C. $2.8v$　　　　　　D. $2.5v$

3. 测得某反应正反应的活化能 $E_{a,正}=70\ kJ\cdot mol^{-1}$,逆反应的活化能 $E_{a,逆}=20\ kJ\cdot mol^{-1}$,此反应的反应热为(　　)。

A. $50\ kJ\cdot mol^{-1}$　　B. $-50\ kJ\cdot mol^{-1}$　　C. $90\ kJ\cdot mol^{-1}$　　D. $-45\ kJ\cdot mol^{-1}$

4. 在 298 K 时,反应 $2H_2O_2\Longrightarrow 2H_2O+O_2$,未加催化剂前活化能 $E_a=71\ kJ\cdot mol^{-1}$,加入 Fe^{3+} 作催化剂后,活化能降到 $42\ kJ\cdot mol^{-1}$,加入催化剂后反应速率为原来的(　　)。

A. 29 倍　　　　　B. 1×10^3 倍　　　　C. 1.2×10^5 倍　　　D. 5×10^2 倍

5. 某反应的速率常数为 $2.15\ L^2 \cdot mol^{-2} \cdot min^{-1}$,该反应为(   )。

A. 零级反应　　　　B. 一级反应　　　　C. 二级反应　　　　D. 三级反应

6. 已知反应 $2NO(g)+Cl_2(g) \Longrightarrow 2NOCl(g)$ 的速率方程为 $v=kc^2(NO)c(Cl_2)$。故该反应(   )

A. 一定是复杂反应　　B. 一定是基元反应　　C. 无法判断

7. 已知反应 $N_2(g)+O_2(g) \Longrightarrow 2NO(g)$　$\Delta_r H_m^\ominus > 0$,当升高温度时,$K^\ominus$ 将(   )。

A. 减小　　　　B. 增大　　　　C. 不变　　　　D. 无法判断

8. 已知反应 $2SO_2(g)+O_2(g) \Longrightarrow 2SO_3(g)$ 平衡常数为 $K_1^\ominus$,反应 $SO_2(g)+\frac{1}{2}O_2(g) \Longrightarrow SO_3(g)$ 平衡常数为 $K_2^\ominus$。则 $K_1^\ominus$ 和 $K_2^\ominus$ 的关系为(   )。

A. $K_1^\ominus = K_2^\ominus$　　B. $K_1^\ominus = \sqrt{K_2^\ominus}$　　C. $K_2^\ominus = \sqrt{K_1^\ominus}$　　D. $2K_1^\ominus = K_2^\ominus$

9. 反应 $2MnO_4^- +5C_2O_4^{2-}+16H^+ \Longrightarrow 2Mn^{2+}+10CO_2+8H_2O$　$\Delta_r H_m^\ominus < 0$,欲使 $KMnO_4$ 褪色加快,可采取的措施最好不是(   )。

A. 升高温度　　B. 降低温度　　C. 加酸　　D. 增加 $C_2O_4^{2-}$ 浓度

10. 设有可逆反应 $aA(g)+bB(g) \Longrightarrow dD(g)+eE(g)$　$\Delta_r H_m^\ominus > 0$,且 $a+b > d+e$,要提高 A 和 B 的转化率,应采取的措施是(   )。

A. 高温低压　　B. 高温高压　　C. 低温低压　　D. 低温高压

二、填空题

1. 已知反应 $2NO(g)+2H_2(g) \Longrightarrow N_2(g)+2H_2O(g)$ 的反应历程为

① $2NO(g)+H_2(g) \Longrightarrow N_2(g)+H_2O_2(g)$　(慢反应)

② $H_2O_2(g)+H_2(g) \Longrightarrow 2H_2O(g)$　(快反应)

则该反应称为_____反应。此两步反应均称为_____反应,而反应①称为总反应的_____,总反应的速率方程近似为_____,此反应为_____级反应。

2. 已知基元反应 $CO(g)+NO_2(g) \Longrightarrow CO_2(g)+NO(g)$,该反应的速率方程为_____;此速率方程为_____定律的数学表达式,此反应对 NO_2 是_____级反应,总反应是_____级反应。

3. 催化剂加快反应速率主要是因为催化剂参与了反应,_____反应途径,_____了活化能。

4. 增加反应物浓度,反应速率加快的主要原因是_____增加,提高温度,反应速率加快的主要原因是_____增加。

5. 增加反应物的量或降低生成物的量,_____,所以平衡向正反应方向移动;对放热反应,提高温度,_____,所以平衡向逆反应方向移动。

6. 对于气相反应,当 Δn _____ 0 时,增加压力时,平衡不移动;当 Δn _____ 0 时,增加压力时,平衡向正反应方向移动;当 Δn _____ 0 时,增加压力时,平衡向逆反应方向移动。

7. 在气相平衡 $PCl_5(g) \Longrightarrow PCl_3(g)+Cl_2(g)$ 系统中,如果保持温度、体积不变,充入惰性气体,平衡将_____移动;如果保持温度,压力不变,充入惰性气体,平衡将向_____移动。

8. 化学平衡状态的主要特征是_____;温度一定时,改变浓度、压力可使平衡发生移动,但 $K^\ominus$ 值_____,如温度改变使化学平衡发生移动,此时 $K^\ominus$ 值_____。

9. 某化学反应在 298 K 时的速率常数为 $1.1 \times 10^{-4}\ s^{-1}$,在 323 K 时的速率常数为 $5.5 \times 10^{-2}\ s^{-1}$。则该反应的活化能是_____,303 K 时的速率常数为_____。

三、简答题:

1. 根据阿仑尼乌斯指数式 $k=A \cdot e^{-\frac{E_a}{RT}}$,对一切化学反应,升高温度,反应速率均加快吗?反应速率常数的大小与浓度、温度、催化剂等因素有什么关系?

2. 反应速率方程和反应级数能否根据化学反应方程式直接得出?次氯酸根和碘离子在碱性介质中发生下述反应:$ClO^- + I^- \xrightarrow{OH^-} IO^- + Cl^-$,其反应历程为

(1) $ClO^- + H_2O \Longrightarrow HClO + OH^-$ (快反应)

(2) $I^- + HClO \Longrightarrow HIO + Cl^-$ (慢反应)

(3) $HIO + OH^- \Longrightarrow H_2O + IO^-$ (快反应)

试证明：$v = kc(I^-)c(ClO^-)c^{-1}(OH^-)$

3. 写出下列反应的平衡常数 $K^\ominus$ 的表示式。

(1) $CH_4(g) + 2O_2(g) \Longrightarrow CO_2(g) + 2H_2O(l)$

(2) $MgCO_3(s) \Longrightarrow MgO(s) + CO_2(g)$

(3) $NO(g) + \frac{1}{2}O_2(g) \Longrightarrow NO_2(g)$

(4) $2MnO_4^-(aq) + 5H_2O_2(aq) + 6H^+(aq) \Longrightarrow 2Mn^{2+}(aq) + 5O_2(g) + 8H_2O(l)$

四、计算题：

1. $A(g) \rightarrow B(g)$ 为二级反应。当 A 的浓度为 $0.050\ mol \cdot L^{-1}$ 时，其反应速率为 $1.2\ mol \cdot L^{-1} \cdot min^{-1}$。(1) 写出该反应的速率方程。(2) 计算速率常数。(3) 在温度不变时欲使反应速率加倍，A 的浓度应为多大？

2. 在 1 073 K 时，测得反应 $2NO(g) + 2H_2(g) \Longrightarrow N_2(g) + 2H_2O(g)$ 的反应物的初始浓度和 N_2 的生成速率如下表：

实验序号	初始浓度/$(mol \cdot L^{-1})$		生成 N_2 的初始速率/$mol \cdot L^{-1} \cdot s^{-1}$
	$c(NO)$	$c(H_2)$	
1	2.00×10^{-3}	6.00×10^{-3}	1.92×10^{-3}
2	1.00×10^{-3}	6.00×10^{-3}	0.48×10^{-3}
3	2.00×10^{-3}	3.00×10^{-3}	0.96×10^{-3}

(1) 写出该反应的速率方程并指出反应级数；

(2) 计算该反应在 1 073 K 时的速率常数；

(3) 当 $c(NO) = 4.00 \times 10^{-3}\ mol \cdot L^{-1}$，$c(H_2) = 4.00 \times 10^{-3}\ mol \cdot L^{-1}$ 时，计算该反应在 1 073 K 时的反应速率。

3. 已知反应 $N_2O_5(g) \Longrightarrow N_2O_4(g) + \frac{1}{2}O_2(g)$ 在 298 K 时的速率常数为 $3.46 \times 10^5\ s^{-1}$，在 338 K 时的速率常数为 $4.87 \times 10^7\ s^{-1}$，求该反应的活化能和反应在 318 K 时的速率常数。

4. 在 301 K 时，鲜牛奶大约 4 h 变酸，但在 278 K 的冰箱中可保持 48 h，假定反应速率与牛奶变酸的时间成反比，求牛奶变酸的活化能。

5. 已知反应 $2H_2O_2 \Longrightarrow 2H_2O + O_2$ 的活化能 $E_a = 71\ kJ \cdot mol^{-1}$，在过氧化氢酶的催化下，活化能降为 $8.4\ kJ \cdot mol^{-1}$。试计算 298 K 时在酶的催化下，H_2O_2 的分解速率为原来的多少倍。

6. 在 791 K 时，反应 $CH_3CHO \Longrightarrow CH_4 + CO$ 的活化能为 $190\ kJ \cdot mol^{-1}$，加入 I_2 作催化剂约使反应速率增大 4×10^3 倍，计算反应在有 I_2 存在时的活化能。

7. 已知下列反应在 1 362 K 时的平衡常数：

(1) $H_2(g) + \frac{1}{2}S_2(g) \Longrightarrow H_2S(g)$ $K_1^\ominus = 0.80$

(2) $3H_2(g) + SO_2(g) \Longrightarrow H_2S(g) + 2H_2O(g)$ $K_2^\ominus = 1.8 \times 10^4$

计算反应(3) $4H_2(g) + 2SO_2(g) \Longrightarrow S_2(g) + 4H_2O(g)$ 在 1 362 K 时的平衡常数 $K^\ominus$。

8. 在 800 K 下，某体积为 1 L 的密闭容器中进行如下反应：$2SO_2(g) + O_2(g) \Longrightarrow 2SO_3(g)$。$SO_2(g)$ 的起始量为 $0.4\ mol \cdot L^{-1}$，$O_2(g)$ 的起始量为 $1.0\ mol \cdot L^{-1}$，当 80% 的 SO_2 转化为 SO_3 时反应达平衡，求平衡时三

种气体的浓度及平衡常数。

9. 在 523 K 下 PCl$_5$ 按下式分解：PCl$_5$(g)⟶PCl$_3$(g)+Cl$_2$(g)。将 0.7 mol 的 PCl$_5$ 置于 2 L 密闭容器中，当有 0.5 mol PCl$_5$ 分解时，体系达到平衡，计算 523 K 时反应的 $K^{\ominus}$ 及 PCl$_5$ 的分解率。

10. 反应 C(s)+CO$_2$(g)⟶2CO(g) 在 1 773 K 时 $K^{\ominus}$=2.1×10^3，1 273 K 时 $K^{\ominus}$=1.6×10^2，计算：

(1) 反应的 $\Delta_r H_m^{\ominus}$，并说明是吸热反应还是放热反应；

(2) 计算 1 773 K 时反应的 $\Delta_r G_m^{\ominus}$；

(3) 计算反应的 $\Delta_r S_m^{\ominus}$。

11. 在 763 K 时反应 H$_2$(g)+I$_2$(g)⟶2HI(g) $K^{\ominus}$=45.9，H$_2$，I$_2$，HI 按下列起始浓度混合，反应将向何方向进行？

实验序号	$c(H_2)/(mol \cdot L^{-1})$	$c(I_2)/(mol \cdot L^{-1})$	$c(HI)/(mol \cdot L^{-1})$
1	0.060	0.400	2.00
2	0.096	0.300	0.500 0
3	0.086	0.263	1.02

12. Ag$_2$O 遇热分解：2Ag$_2$O(s)⟶4Ag(s)+O$_2$(g)，已知 298 K 时 Ag$_2$O 的 $\Delta_f H_m^{\ominus}$=−30.59 kJ·mol^{-1}，$\Delta_f G_m^{\ominus}$=−10.82 kJ·mol^{-1}。求：

(1) 298 K 时 Ag$_2$O(s)-Ag 体系的 $p(O_2)$；

(2) Ag$_2$O 的热分解温度(在分解温度时 $p(O_2)$=100 kPa)。

第4章 原子结构和元素周期性

大千世界的物质种类繁多,性质千差万别。不同物质在性质上的差异与物质的结构密切相关。要阐明化学反应的本质,理解物质结构与性质的关系,首先要了解原子、原子的内部结构和核外电子的运动状态。

4.1 核外电子的运动状态

4.1.1 氢原子光谱

人类对原子结构的认识经历了漫长的历史时期。早在公元前 5 世纪,古希腊哲学家德谟克利特就提出"原子"(atom)这个名词,意为"不可再分"。1803 年,英国化学家道尔顿提出原子学说,认为原子是不可分割的最小微粒。1897 年汤姆逊发现了电子,彻底动摇了原子是构成物质的最小微粒的观点。1911 年,英国物理学家卢瑟福通过 α 粒子散射实验,提出了原子结构的含核模型。他认为,原子有一个体积很小,但几乎集中了整个原子质量的带正电荷的核位于原子的中心,核外有带负电荷的电子绕核高速旋转,整个原子显电中性。卢瑟福的原子模型正确解释了原子的组成问题,然而对于核外电子的分布规律和运动状态,以及原子结构理论的研究和确立则是从氢原子光谱实验开始的。

太阳发出的白光,是由各种不同波长、不同颜色的光组合成的复合光。白光通过三棱镜分光后,可以得到红、橙、黄、绿、青、蓝、紫等波长的光谱,这种光谱称为连续光谱。

任何元素的气态原子受激发后发光,通过三棱镜分光后可以得到不连续的线状光谱。与白光的光谱不同,它们的分布是不连续的,所以又称不连续光谱,从原子结构上来看,线状光谱是内部的电子受到外界作用激发后从原子辐射出来的,所以又把这种光谱称作原子光谱。

不同的原子有不同的光谱,氢原子是最简单的原子,其原子光谱也最简单,将装有高纯度、低压氢气的电极管所发出的光通过棱镜,在屏幕上可见光区内出现四条比较明显的不连续谱线,如图 4-1 所示。

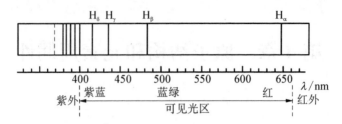

图 4-1 氢原子光谱图

1885 年瑞士巴尔末(J. J. Balmer)发现氢原子光谱在可见光区的四条谱线的波长间存在一定的联系,并提出了巴尔末公式:

$$\lambda = \frac{364.6n^2}{n^2 - 4} \text{nm} \tag{4-1}$$

当 n 取 $3,4,5$ 和 6 时,由上式即可得到氢原子光谱在可见光区的四条谱线 H_α,H_β,H_γ 和 H_δ 的波长。

1913 年瑞典物理学家里德堡(J. Rydberg)提出了适用于氢原子光谱各区谱线的通式(里德堡公式):

$$\frac{1}{\lambda} = R\left(\frac{1}{n_1^2} - \frac{1}{n_2^2}\right) \tag{4-2}$$

式中 R 为里德堡常数,为 $1.0967758 \times 10^7 \text{ m}^{-1}$;$n_1$,$n_2$ 为正整数,且 $n_2 > n_1$。

为什么氢原子会放射出线状光谱?经典物理学理论无法解释。按照经典电磁理论,电子绕核高速旋转时将连续辐射出能量,产生连续光谱,电子的运动速度将不断减慢,运动轨道半径将相应变小并逐渐靠近原子核,最后落到原子核上,电子湮灭,原子将不复存在。而事实上原子是稳定存在的,原子光谱是线状光谱。

4.1.2 玻尔理论

为了解释原子光谱,1913 年玻尔(N. Bohr)在普朗克(M. Planck)量子论、爱因斯坦(A. Einstein)光子学说和卢瑟福(E. Rutherford)原子模型的基础上提出了玻尔原子结构理论,其要点如下:

(1) 原子中的电子绕核做圆周运动,在一定轨道上运动的电子具有确定的能量,称为定态。在定态轨道上运动的电子既不吸收能量也不放出能量。电子通常处于能量最低的轨道上,即原子处于基态,其余为激发态。

(2) 原子轨道上运动电子的轨道角动量是量子化的,为 $h/2\pi$ 的正整数倍。

(3) 当电子在不同轨道间跃迁时,会吸收或辐射出光子,吸收或辐射出光子的能量取决于两个轨道的能量差:

$$\Delta E = E_2 - E_1 = h\nu \tag{4-3}$$

E_1,E_2 分别是原子中两个轨道的能量,$h = 6.626 \times 10^{-34}$ J·s,为普朗克常数,ν 为光子的频率。

玻尔理论成功地解释了原子的稳定性和氢原子光谱的不连续性。正常情况下,氢原子处于基态。当氢原子受到高压放电激发时,电子由基态跃迁至激发态。激发态的电子不稳定,会自发地跃迁到能量较低的轨道,并以光子的形式释放出能量。由于原子中两个轨道的能量差是定值,所以释放出的光子具有确定的波长或频率,原子光谱也必然是不连续的线状光谱。但是玻尔理论不能解释多电子原子的光谱,也不能解释氢原子光谱的精细结构。这是因为玻尔原子结构理论是建立在经典物理学基础上,而微观粒子的运动有其特殊的规律性,必须用量子力学来讨论。

基于在原子结构理论和原子辐射方面作出的卓越贡献,玻尔获得了 1922 年的 Nobel 物理学奖。

4.1.3 原子结构的量子力学模型

1. 微观粒子的波粒二象性

20 世纪初,爱因斯坦提出光子学说解释了光电效应之后,人们认识到光具有波动性和粒子性(波粒二象性)的双重特性。1924 年,法国物理学家德布罗依(L. de Broglie)受到光的波粒二象性的启发,大胆提出了静止质量不为零的微观粒子也具有波动性的假设,并指出一个质量为 m,运动速度为 v 的微观粒子的波长 λ 可用如下公式计算得到:

$$\lambda = \frac{h}{mv} \tag{4-4}$$

上式称为德布罗依关系式。实物粒子的波也称为德布罗依波或物质波。

1927 年,美国科学家戴维逊(C. J. Davisson)和革末(L. H. Germer)用电子衍射实验证实了德布罗依的假设。实验是将一束高速运动的电子流射到镍单晶上,在屏幕上得到了和光的衍射相似的明暗交替的衍射环,证实了电子具有波动性,如图 4-2 所示。根据电子衍射图计算得到的波长与由公式(4-4)计算得到的波长完全一致。随后相继发现并证实质子、中子等

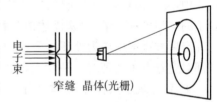

图 4-2 电子衍射实验示意图

微观粒子均具有波动性。由此可见,波粒二象性是微观粒子运动的基本特征。为此,德布罗依获得了 1929 年的 Nobel 物理学奖。

微观粒子的波动性有很多应用。例如,目前广泛地应用于材料、医学、化学、生物等诸多领域的电子显微镜,其分辨率远高于光学显微镜,就是利用了电子具有波动性这一特点。

2. 不确定原理

在经典力学中,人们可以准确地同时测定一个宏观物体的位置和动量。而量子力学认为,原子中的电子等微观粒子,由于质量小、速度快,具有波粒二象性,其运动没有确定的轨道,因此不可能同时准确测定电子的速度和位置。基于此,1927 年德国物理学家海森堡(W. Heisenberg)提出了不确定原理,即:不能同时准确确定微观粒子的位置和动量。其关系式为:

$$\Delta x \cdot \Delta p_x \geqslant h/2\pi \tag{4-5}$$

式中 Δx 为微观粒子位置(或坐标)的不确定量，Δp_x 为微观粒子动量在 x 方向分量的不确定量。该式表明，微观粒子位置的不确定量 Δx 愈小，则其动量的不确定量 Δp_x 就愈大。反之亦然。这就是著名的海森堡测不准原理。

不确定原理是微观粒子具有波粒二象性的必然结果。它表明核外电子的运动不可能存在如玻尔理论所描述的固定轨道。对于单个电子虽然无法确定其在某一时刻的具体位置，但就大量电子而言，其运动规律仍是有迹可寻的。研究发现，在电子衍射实验中，用较强的电子流可以在较短的时间内得到电子衍射图案。若改用很弱的电子流，则在比较长的时间内也能得到衍射图案。这表明，电子的波动性是大量电子运动的统计结果。电子衍射强度大的地方，波的强度大，电子出现概率大。即空间区域内任意一点波的强度与电子出现的概率成正比。

微观粒子具有波粒二象性，其运动不服从经典力学规律，必须用量子力学来描述。量子力学是描述微观体系运动规律的科学，是自然界的基本规律之一，量子力学的基本原理是由许多物理学家经过大量工作总结出来的。

3. 波函数与原子轨道

(1) 薛定谔方程与波函数

1926 年奥地利物理学家薛定谔(E. Schrödinger)提出了一个描述微观粒子运动的二阶偏微分方程——薛定谔方程：

$$\frac{\partial^2 \psi}{\partial x^2} + \frac{\partial^2 \psi}{\partial y^2} + \frac{\partial^2 \psi}{\partial z^2} + \frac{8\pi^2 m}{h^2}(E-V)\psi = 0 \qquad (4-6)$$

式中，m 是微观粒子的质量，E 是微观粒子的总能量，V 是微观粒子的势能，x,y,z 是微观粒子的空间坐标变量，Ψ 是描述微观粒子运动状态的函数，称为波函数，常记为 $\Psi(x,y,z)$。薛定谔方程可以作为处理原子、分子中电子运动的基本方程，它的每一个合理解 $\Psi(x,y,z)$ 都对应着电子运动的一种状态，与 $\Psi(x,y,z)$ 相对应的 E 就是电子在此状态时的总能量。m,E,V 体现了微粒性，Ψ 体现了波动性。

氢原子是单电子原子，其薛定谔方程可以精确求解。而多电子原子的薛定谔方程只能近似求解。

为了便于求解薛定谔方程，需将直角坐标(x,y,z)变换为球极坐标(r,θ,φ)，波函数的表示也从 $\Psi(x,y,z)$变为 $\Psi(r,\theta,\varphi)$。r,θ,φ 为球极坐标中的三个变量。直角坐标与球极坐标的关系如图 4-3 所示。

$$x = r\sin\theta\cos\varphi$$
$$y = r\sin\theta\sin\varphi$$
$$z = r\cos\theta$$
$$r = \sqrt{x^2 + y^2 + z^2}$$

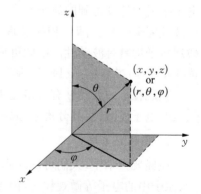

图 4-3　直角坐标与球极坐标的关系

为了利用图像表示波函数，通过数学处理，可以将波函数分成随角度变化和随半径变化两部分：

$$\Psi(r,\theta,\varphi) \equiv R(r) \cdot \Theta(\theta) \cdot \Phi(\varphi) \tag{4-7}$$

式中 $R(r)$ 函数只与电子离核的距离 r 变量有关,称为径向波函数,$\Theta(\theta)$ 和 $\Phi(\varphi)$ 分别只是 θ 和 φ 变量的函数。将(4-7)式代入薛定谔方程,用分离变量法可以将一个含有三个变量的薛定谔方程变为三个各含有一个变量的方程,即:R,Θ 和 Φ 方程。通过分别求解 R,Θ 和 Φ 方程,可以得到三个函数 $R(r),\Theta(\theta)$ 和 $\Phi(\varphi)$。

将解得的三个函数 $R(r),\Theta(\theta)$ 和 $\Phi(\varphi)$ 相乘即可得到薛定谔方程的解 $\Psi(r,\theta,\varphi)$。通常将角度部分函数 $\Theta(\theta)$ 和 $\Phi(\varphi)$ 相乘:

$$Y(\theta,\varphi) = \Theta(\theta) \cdot \Phi(\varphi) \tag{4-8}$$

$Y(\theta,\varphi)$ 函数只随角度 θ,φ 变化,称为角度波函数。

波函数是描述微观体系粒子运动状态的数学表达式,它是粒子的空间坐标函数。波函数又称为原子轨道,指的是电子的一种空间运动状态。它本身没有具体的物理意义。

解氢原子的薛定谔方程得到的一些波函数见表 4-1。

表 4-1　氢原子的一些波函数

n	l	m	$R_{n,l}(r)$	$Y_{l,m}(\theta,\varphi)$	$\psi_{n,l,m}(r,\theta,\varphi)$
1	0	0	$2\sqrt{\dfrac{1}{a_0^3}}\,e^{-r/a_0}$	$\sqrt{\dfrac{1}{4\pi}}$	$\sqrt{\dfrac{1}{\pi a_0^3}}\,e^{-r/a_0}$
2	0	0	$\sqrt{\dfrac{1}{8a_0^3}}\left(2-\dfrac{r}{a_0}\right)e^{-r/2a_0}$	$\sqrt{\dfrac{1}{4\pi}}$	$\dfrac{1}{4}\sqrt{\dfrac{1}{2\pi a_0^3}}\left(2-\dfrac{r}{a_0}\right)e^{-r/2a_0}$
2	1	0	$\sqrt{\dfrac{1}{24a_0^3}}\left(\dfrac{r}{a_0}\right)e^{-r/2a_0}$	$\sqrt{\dfrac{3}{4\pi}}\cos\theta$	$\dfrac{1}{4}\sqrt{\dfrac{1}{2\pi a_0^3}}\left(\dfrac{r}{a_0}\right)e^{-r/2a_0}\cos\theta$

（2）量子数的物理意义

在求解 R,Θ 和 Φ 方程的过程中,为了得到描述电子运动状态的合理解,引入了 n,l,m 三个参数,分别称为主量子数、角量子数和磁量子数。量子数 n,l,m 分别具有不同的物理意义。它们的取值决定了波函数所描述的原子轨道能量以及电子离核的远近、原子轨道的形状和空间取向等。

① 主量子数 n

原子轨道的能量主要取决于主量子数 n。n 越大,表明原子轨道离核越远,能量越高。

在同一原子内,具有相同主量子数的电子构成了一个电子层。在光谱学中分别用大写英文字母 K,L,M,N,O,P…… 表示,即:

$$n=1,2,3,4\cdots\cdots可取\ n\ 个值$$

电子层符号 K,L,M,N……

② 角量子数 l

角量子数 l 决定原子轨道或电子云的形状。在多电子原子中,原子轨道的能量不仅取决于主量子数 n,还与角量子数 l 有关。当 n 相同时,大多数情况下,l 值越大,原子轨道的能量越高,即:

$$E(ns)<E(np)<E(nd)<E(nf)。$$

在同一电子层中把 l 值相同的电子归为一亚层,即:

$$l=0,1,2,3,4\cdots\cdots(n-1)可取 n 个值$$

电子亚层符号 s,p,d,f,g……

如 L 电子层中有 2s,2p 两个亚层。

③ 磁量子数 m

磁量子数 m 决定了原子轨道角动量在磁场方向分量的大小,它描述的是原子轨道或电子云在空间的伸展方向。

m 的取值为 $0,\pm1,\pm2,\pm3,\cdots\cdots,\pm l$,共可取 $(2l+1)$ 个数值。

对于给定的 l 值,m 共有 $(2l+1)$ 个值,这就意味着在角量子数 l 的亚层上有 $(2l+1)$ 个取向,而每一个取向相当于一条"原子轨道"。我们把同一亚层(l 相同)伸展方向不同的原子轨道称作等价轨道或简并轨道。

当一组合理的量子数 n,l,m 确定后,描述电子轨道运动的波函数 $\Psi_{n,l,m}$ 也随之确定。原子核外电子的轨道运动状态就确定。量子数 n,l,m 与原子轨道的关系见表 4-2。

表 4-2 量子数与原子轨道的关系

主量子数 n	主层符号	角量子数 l	亚层符号	亚层层数	磁量子数 m	原子轨道符号	亚层中的轨道数
1	K	0	1s	1	0	1s	1
2	L	0	2s	2	0	2s	1
		1	2p		$0,\pm1$	$2p_z,2p_x,2p_y$	3
3	M	0	3s	3	0	3s	1
		1	3p		$0,\pm1$	$3p_z,3p_x,3p_y$	3
		2	3d		$0,\pm1,\pm2$	$3d_{z^2},3d_{xz},3d_{yz},3d_{xy},3d_{x^2-y^2}$	5
4	N	0	4s	4	0	4s	1
		1	4p		$0,\pm1$	$4p_z,4p_x,4p_y$	3
		2	4d		$0,\pm1,\pm2$	$4d_{x^2},4d_{xz},4d_{yz},4d_{xy},4d_{x^2-y^2}$	5
		3	4f		$0,\pm1,\pm2,\pm3$	…	7

例如:

$n=3$

$l=0,1,2$

$m=0,-1,0,+1,-2,-1,0,+1,+2$

轨道数目:$1+3+5=9$(条),分别为:

n	3	3	3	3	3	3	3	3	3
l	0	1	1	1	2	2	2	2	2
m	0	-1	0	$+1$	-2	-1	0	$+1$	$+2$

④ 自旋磁量子数 m_s

研究原子光谱的精细结构发现,光谱图上每条谱线均由波长相差很小、十分接近的两条谱线组成。这一现象无法用 n,l,m 三个量子数解释。直到 1925 年才发现,电子除了轨道运动外,还存在自旋运动。电子自旋运动的角动量在磁场方向的分量由自旋磁量子数 m_s 决定。m_s 的取值为 $\pm\dfrac{1}{2}$，表明电子的自旋运动状态只有二种，或用 ↑ 和 ↓ 表示。

综上所述，n,l,m 三个量子数一定，原子核外电子的轨道运动状态就确定。由于电子除了轨道运动之外还有自旋运动，若要完整地描述一个电子的轨道运动和自旋运动，则需要用 n,l,m,m_s 四个量子数来描述。

4. 原子轨道和电子云的图形

波函数 Ψ 以及波函数绝对值的平方 $|\Psi|^2$ 是三维空间坐标的函数，将它们用图形表示出来可以使抽象的数学公式成为具体的图像。这些图像对研究化学反应、原子间的成键作用和讨论分子的结构和性质具有重要的意义。

由于 Ψ 是 r,θ,φ 三个变量的函数，要画出它们的完整图像比较困难。人们常常为了不同的目的，从不同的角度画原子轨道的图像。

波函数可以写成径向部分和角度部分函数的乘积，即：

$$\Psi(r,\theta,\varphi) = R(r) \cdot Y(\theta,\varphi)$$

因此可以分别画出径向部分函数 $R(r)$ 随 r 变化以及角度部分函数 $Y(\theta,\varphi)$ 随 θ,φ 变化的图像。

有关波函数 Ψ 的图像有许多种，下面仅介绍其中比较重要的图像。

（1）概率密度和电子云

求解薛定谔方程，得到了描述原子中单个电子运动的状态函数 Ψ。波函数 Ψ 本身没有明确的物理意义，但其绝对值的平方 $|\Psi|^2$ 有明确的物理意义。它表示了电子在原子核外某点出现的概率密度。电子在原子核外空间某区域内出现的概率等于概率密度与该区域总体积的乘积。

通常用小黑点的疏密形象地表示电子在原子核外空间出现的概率密度。小黑点密集的地方表示电子出现的概率密度大，小黑点稀疏的地方表示电子出现的概率密度小。这种形象化的表示概率密度的图像称为电子云图，即电子云图是 $|\Psi|^2$ 的空间图像。由表 4-1 可知，氢原子 1s 和 2s 态的波函数 Ψ 只与 r 变量有关，而与角度变量 θ,φ 无关。因此，氢原子 1s 电子云是以原子核为中心的一个圆球，电子在原子核附近出现的概率密度大，电子离核越远，概率密度越小；2s 电子云也是球形对称，有两个概率密度大的区域，一个离核较近，一个离核较远，两个概率密度大的区域之间有一个概率密度很小的区域，称为节面。如图 4-4 所示。

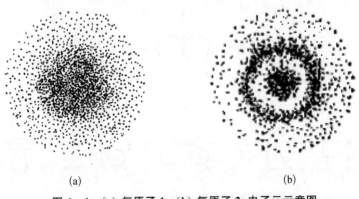

(a)　　　　　　　　　　　　(b)

图 4-4　（a）氢原子 1s,（b）氢原子 2s 电子云示意图

（2）径向分布图

令 $D(r)=r^2R^2(r)$，以 $D(r)$ 为纵坐标，以 r 为横坐标作图，所得到的图形叫作径向分布图。它表示在离原子核 r 处的单位厚度的球壳内电子出现的概率密度。图 4-5 给出了氢原子的几种状态的径向分布图。

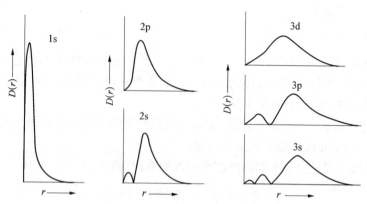

图 4-5　氢原子的几种状态的径向分布图

由图 4-5 可看出：

① 对于 1s 态，在核附近，r 趋于 0，$D(r)=r^2R^2(r)$ 趋于 0。随着 r 增大，D 逐渐增大，在 $r=0.0529$ nm 处出现极大值。表明此时单位厚度的球壳内电子出现的概率最大。

② 径向分布图中有 $(n-l)$ 个极大值和 $(n-l-1)$ 个为 0 值的节点（不包括原点）。

（3）原子轨道角度分布图

将波函数的角度部分函数 $Y(\theta,\varphi)$ 对角度变量 θ,φ 作图，得到波函数的角度分布图，又称为原子轨道角度分布图。

由于 $Y(\theta,\varphi)$ 函数只与量子数 l,m 有关，与主量子数 n 无关，所以只要量子数 l,m 相同，原子轨道的角度分布图就相同。例如所有 $l=1,m=0$ 的波函数的角度分布图都相同。s、p 和 d 原子轨道的角度分布图如图 4-6 所示。

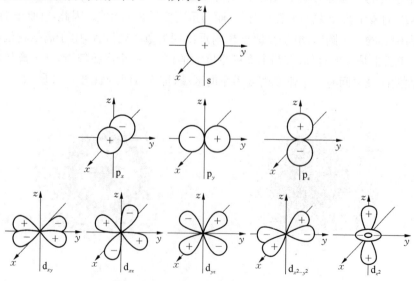

图 4-6　原子轨道角度分布图示意图

从图 4-6 可以看出,s 轨道的角度分布图是一个球面。三个 p 轨道角度分布图的形状相同,只是空间取向不同,它们的最大值分别沿 x,y,z 三个轴,所以三个轨道分别称为 p_x,p_y 和 p_z 轨道。d 轨道有五个,分别是 $d_{xy},d_{xz},d_{yz},d_{x^2-y^2}$ 和 d_{z^2}。原子轨道角度分布图中正、负区域以及不同的空间取向将对原子之间能否成键以及成键的方向起着重要的作用。

4.2　原子核外电子的排布

4.2.1　多电子原子的能级

氢原子和类氢离子的原子核外只有一个电子,该电子仅受到原子核的吸引,其原子轨道能量的高低,只取决于主量子数 n。n 相同的各原子轨道能量相等。

$$E(ns)=E(np)=E(nd)$$

但是对于多电子原子来说,电子除了受到核的吸引外,电子之间还存在互相排斥作用。因此多电子原子轨道的能级次序比较复杂。电子之间的相互作用可以从屏蔽效应和钻穿效应两个方面去认识。

1. 屏蔽效应和钻穿效应

多电子原子的薛定谔方程只能近似求解。有一种称为中心力场模型的近似处理方法,它把多电子原子中其余电子对某指定电子的排斥作用近似地看作抵消了一部分核电荷对该指定电子的吸引,即削弱了核电荷对该电子的吸引,核电荷由 Z 变成有效核电荷 Z^*,关系如下:

$$Z^*=Z-\sigma \tag{4-9}$$

σ 称为屏蔽常数,可以通过斯莱特(Slater)规则计算近似得到。这种由于核外其余电子抵消部分核电荷对指定电子的吸引作用称为屏蔽效应。σ 不仅与主量子数 n 有关,还与角量子数 l 有关。所以多电子原子的轨道能量与 n 和 l 有关。通常情况下,n 相同、l 不同的原子轨道,l 越大,能量越高,即:

$$E(ns)<E(np)<E(nd)<E(nf)$$

在多电子原子中,外层电子在靠近核附近的空间有一定的概率出现,受到核的吸引,能量降低。这种外层电子向内层穿透的现象称为钻穿效应。从图 4-5 中可以看出电子钻穿能力的大小。主量子数 n 相同的 3s、3p 和 3d,3s 态的径向分布图中峰的个数最多,其中一个小峰离核最近,表明 3s 电子钻穿能力强,被内层电子屏蔽最少,受到核的吸引力大,能量最低;而 3p、3d 电子钻入内层的程度依次减少,内层电子对它的屏蔽作用依次增强,它们的能量相继增大。所以,对于多电子原子而言,n 相同、l 不同的轨道,能量高低次序为:

$$E(ns)<E(np)<E(nd)<E(nf)$$

2. 鲍林原子轨道近似能级图

1939 年,美国著名结构化学家鲍林(L. Pauling)在大量光谱实验数据的基础上,提出了多电子原子的原子轨道近似能级图,如图 4-7 所示。

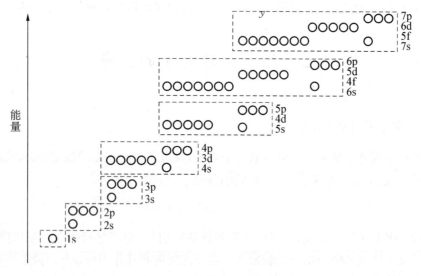

图 4-7　鲍林近似能级图

图中原子轨道按能量由低到高的顺序排列,小圆圈代表原子轨道,方框中的原子轨道能量相近,为一个能级组,共有 7 个能级组。s 亚层只有一个原子轨道;p 亚层三个原子轨道,且三个轨道能量相同,称为简并轨道或等价轨道。d 亚层有五个能量相同的原子轨道,f 亚层有七个能量相同的轨道。鲍林近似能级图中的"能级交错"如 $E_{4s} < E_{3d}$ 可以用屏蔽效应和钻穿效应来解释。

我国著名化学家徐光宪教授根据光谱实验数据归纳出一条近似规律公式$(n+0.7l)$,按照此公式数值来判断原子轨道能量的高低,根据该公式计算,电子在原子轨道中的填充顺序为:

$$1s,2s,2p,3s,3p,4s,3d,4p,5s,4d,5p,6s,4f,5d,6p,7s,5f\cdots\cdots$$

把公式数值整数部分相同的各能级合并为一组,叫作能级组。可将所知的能级分为7 个能级组,恰好与周期表中的 7 个周期相对应。由此可见,徐光宪教授总结的规律与鲍林的实验结果是一致的。

4.2.2　基态原子中电子排布原则

根据光谱实验结果以及对元素性质周期性的分析,人们总结出多电子原子中电子排布的三个原则,即泡利(W. Pauli)不相容原理、能量最低原理和洪特(F. Hund)规则。

(1) 泡利不相容原理:在同一原子中,不可能有 4 个量子数完全相同的两个电子。也就是说在 n,l,m 确定的一个原子轨道上最多可容纳 2 个电子,且这两个电子的自旋方向必须相反。

(2) 能量最低原理:在不违背泡利原理的条件下,电子优先占据能量较低的轨道,并使整个原子体系的能量最低。

（3）洪特规则：在能量相同的轨道上，电子尽可能分占不同的轨道，且自旋平行。

例如：碳原子 $1s^2 2s^2 2p^2$，若 2 个 p 电子挤在同一轨道上，则排斥力大；而 2 个 p 电子在不同轨道上且自旋平行时排斥力小：

电子按洪特规则排布可使体系能量最低，最稳定。

洪特规则也有特例存在，当等价轨道（简并轨道）处于半充满（s^1，p^3，d^5，f^7）、全充满（s^2，p^6，d^{10}，f^{14}）或全空（s^0，p^0，d^0，f^0）的状态时，能量较低，比较稳定。

4.2.3　元素核外电子的排布

由鲍林近似能级图可知，电子在原子轨道中的填充顺序为：

$1s,2s,2p,3s,3p,4s,3d,4p,5s,4d,5p,6s,4f,5d,6p,7s,5f……$

根据电子排布的三个原则，可以将周期表中绝大部分元素的核外电子排布式写出来，所得电子排布式亦称为原子的电子组态或原子的电子构型。

实验表明，在内层原子轨道上运动的电子能量较低，不活泼，化学反应一般发生在能量高的外层原子轨道上，常称为价电子层，价电子层上的电子称为价电子。

例如：

（1）C 碳原子核外有 6 个电子，电子排布为 $1s^2 2s^2 2p^2$，价电子层排布为 $2s^2 2p^2$。

（2）Ti 原子核外有 22 个电子，按电子在原子轨道中的填充顺序可得如下排布式：$1s^2 2s^2 2p^6 3s^2 3p^6 4s^2 3d^2$。但正确的书写格式为：$1s^2 2s^2 2p^6 3s^2 3p^6 3d^2 4s^2$，即应该按电子层从内层到外层逐层书写，价电子层排布为：$3d^2 4s^2$。

通常为了简化书写，常采用原子核加价电子层来表示原子结构。

如 Ti 的电子排布式：$[Ar]3d^2 4s^2$，$[Ar]$ 表示原子核，为稀有气体 Ar 的电子排布式：$1s^2 2s^2 2p^6 3s^2 3p^6$。

（3）Cr 和 Cu 的电子排布式分别为 $[Ar]3d^5 4s^1$，$[Ar]3d^{10} 4s^1$，而不是 $[Ar]3d^4 4s^2$，$[Ar]3d^9 4s^2$。这是因为 $3d^5$（半充满）和 $3d^{10}$（全充满）是能量较低的结构。

原子失去电子后成为离子，离子的电子排布式取决于电子从哪个原子轨道失去。理论和实验都表明，原子轨道失电子的顺序是 $np,ns,(n-1)d,(n-2)f$，即最外层的 np 电子最先失去，然后失去 ns 电子，再然后失去 $(n-1)d$ 电子等。例如原子序数为 26 的 Fe 的价电子层排布为 $3d^6 4s^2$，Fe^{2+} 的价电子层排布为 $3d^6 4s^0$ 或 $3d^6$；Fe^{3+} 的价电子层排布为 $3d^5$。

元素的化学性质主要取决于价电子层结构。所以在讨论原子的结构及其性质时，只需列出价电子构型即可。

必须指出，有些元素的原子核外电子排布不服从电子排布的三原则，出现"反常"。如原子序数为 44 的 Ru，按核外电子排布的三原则其电子排布式为：

$$1s^2 2s^2 2p^6 3s^2 3p^6 3d^{10} 4s^2 4p^6 4d^6 5s^2$$

但实验测定的结果却是：

$$1s^2 2s^2 2p^6 3s^2 3p^6 3d^{10} 4s^2 4p^6 4d^7 5s^1$$

像这样电子排布"反常"的元素还有 Nb，Rh，W，Pt 及 La 系和 Ac 系的一些元素。这说明用三原则来描述核外电子排布还是不充分的,除此以外,还有其他因素影响着电子排布。表 4 – 3 列出了 111 种元素原子的电子排布式。

表 4 – 3 原子的电子构型

原子序数	元素	电子构型	原子序数	元素	电子构型
1	H	$1s^1$	35	Br	$[Ar]3d^{10}4s^24p^5$
2	He	$1s^2$	36	Kr	$[Ar]3d^{10}4s^24p^6$
3	Li	$[He]2s^1$	37	Rb	$[Kr]5s^1$
4	Be	$[He]2s^2$	38	Sr	$[Kr]5s^2$
5	B	$[He]2s^22p^1$	39	Y	$[Kr]4d^15s^2$
6	C	$[He]2s^22p^2$	40	Zr	$[Kr]4d^25s^2$
7	N	$[He]2s^22p^3$	41	Nb	$[Kr]4d^45s^1$
8	O	$[He]2s^22p^4$	42	Mo	$[Kr]4d^55s^1$
9	F	$[He]2s^22p^5$	43	Tc	$[Kr]4d^55s^2$
10	Ne	$[He]2s^22p^6$	44	Ru	$[Kr]4d^75s^1$
11	Na	$[Ne]3s^1$	45	Rh	$[Kr]4d^85s^1$
12	Mg	$[Ne]3s^2$	46	Pd	$[Kr]4d^{10}$
13	Al	$[Ne]3s^23p^1$	47	Ag	$[Kr]4d^{10}5s^1$
14	Si	$[Ne]3s^23p^2$	48	Cd	$[Kr]4d^{10}5s^2$
15	P	$[Ne]3s^23p^3$	49	In	$[Kr]4d^{10}5s^25p^1$
16	S	$[Ne]3s^23p^4$	50	Sn	$[Kr]4d^{10}5s^25p^2$
17	Cl	$[Ne]3s^23p^5$	51	Sb	$[Kr]4d^{10}5s^25p^3$
18	Ar	$[Ne]3s^23p^6$	52	Te	$[Kr]4d^{10}5s^25p^4$
19	K	$[Ar]4s^1$	53	I	$[Kr]4d^{10}5s^25p^5$
20	Ca	$[Ar]4s^2$	54	Xe	$[Kr]4d^{10}5s^25p^6$
21	Sc	$[Ar]3d^14s^2$	55	Cs	$[Xe]6s^1$
22	Ti	$[Ar]3d^24s^2$	56	Ba	$[Xe]6s^2$
23	V	$[Ar]3d^34s^2$	57	La	$[Xe]5d^16s^2$
24	Cr	$[Ar]3d^54s^1$	58	Ce	$[Xe]4f^15d^16s^2$
25	Mn	$[Ar]3d^54s^2$	59	Pr	$[Xe]4f^36s^2$
26	Fe	$[Ar]3d^64s^2$	60	Nd	$[Xe]4f^46s^2$
27	Co	$[Ar]3d^74s^2$	61	Pm	$[Xe]4f^56s^2$
28	Ni	$[Ar]3d^84s^2$	62	Sm	$[Xe]4f^66s^2$
29	Cu	$[Ar]3d^{10}4s^1$	63	Eu	$[Xe]4f^76s^2$
30	Zn	$[Ar]3d^{10}4s^2$	64	Gd	$[Xe]4f^75d^16s^2$
31	Ga	$[Ar]3d^{10}4s^24p^1$	65	Tb	$[Xe]4f^96s^2$
32	Ge	$[Ar]3d^{10}4s^24p^2$	66	Dy	$[Xe]4f^{10}6s^2$
33	As	$[Ar]3d^{10}4s^24p^3$	67	Ho	$[Xe]4f^{11}6s^2$
34	Se	$[Ar]3d^{10}4s^24p^4$	68	Er	$[Xe]4f^{12}6s^2$

（续表）

原子序数	元素	电子构型	原子序数	元素	电子构型
169	Tm	$[Xe]4f^{13}6s^2$	89	Ac	$[Rn]6d^17s^2$
70	Yb	$[Xe]4f^{14}6s^2$	90	Th	$[Rn]6d^27s^2$
71	Lu	$[Xe]4f^{14}5d^16s^2$	91	Pa	$[Rn]5f^26d^17s^2$
72	Hf	$[Xe]4f^{14}5d^26s^2$	92	U	$[Rn]5f^36d^17s^2$
73	Ta	$[Xe]4f^{14}5d^36s^2$	93	Np	$[Rn]5f^46d^17s^2$
74	W	$[Xe]4f^{14}5d^46s^2$	94	Pu	$[Rn]5f^67s^2$
75	Re	$[Xe]4f^{14}5d^56s^2$	95	Am	$[Rn]5f^77s^2$
76	Os	$[Xe]4f^{14}5d^66s^2$	96	Cm	$[Rn]5f^76d^17s^2$
77	Ir	$[Xe]4f^{14}5d^76s^2$	97	Bk	$[Rn]5f^97s^2$
78	Pt	$[Xe]4f^{14}5d^96s^1$	98	Cf	$[Rn]5f^{10}7s^2$
79	Au	$[Xe]4f^{14}5d^{10}6s^1$	99	Es	$[Rn]5f^{11}7s^2$
80	Hg	$[Xe]4f^{14}5d^{10}6s^2$	100	Fm	$[Rn]5f^{12}7s^2$
81	Tl	$[Xe]4f^{14}5d^{10}6s^26p^1$	101	Md	$[Rn]5f^{13}7s^2$
82	Pb	$[Xe]4f^{14}5d^{10}6s^26p^2$	102	No	$[Rn]5f^{14}7s^2$
83	Bi	$[Xe]4f^{14}5d^{10}6s^26p^3$	103	Lr	$[Rn]5f^{14}6d^17s^2$
84	Po	$[Xe]4f^{14}5d^{10}6s^26p^4$	104	Rf	$[Rn]5f^{14}6d^27s^2$
85	At	$[Xe]4f^{14}5d^{10}6s^26p^5$	105	Db	$[Rn]5f^{14}6d^37s^2$
86	Rn	$[Xe]4f^{14}5d^{10}6s^26p^6$	106	Sg	$[Rn]5f^{14}6d^47s^2$
87	Fr	$[Rn]7s^1$	107	Bh	$[Rn]5f^{14}6d^57s^2$
88	Ra	$[Rn]7s^2$	108	Hs	$[Rn]5f^{14}6d^67s^2$
			109	Mt	$[Rn]5f^{14}6d^77s^2$
			110		$[Rn]5f^{14}6d^77s^2$
			111		$[Rn]5f^{14}6d^77s^2$

4.3　元素周期律

元素周期律是指元素的性质随着核电荷的递增呈现出周期性变化的规律。

1869 年门捷列夫（Д. И. Менделеев）将已发现的 63 种元素按其相对原子质量及化学物理性质的周期性和相似性排列成表，称为元素周期表。随着对原子结构认识的不断深入，人们认识到，元素周期律产生的基础是随着核电荷数的递增，原子最外层电子排布呈现出周期性的变化，即最外层电子构型重复着从 ns^1 开始到 ns^2np^6 结束这一周期性变化。现代元素周期表则按原子序数递增的顺序将 100 多种元素依次排列成表。元素周期表有许多种，目前使用最多的长式周期表，共有 7 行 18 列。

4.3.1　周期与能级组

从图 4-7 鲍林近似能级图可知，7 个能级组对应着元素周期表上的七个周期。元素所在的周期数等于该元素的电子层数。每个周期所含有元素的数目等于相应能级组中原子轨道所能容纳的电子总数。

例如 $n=1$ 时只有 1s 轨道,最多只能容纳 2 个电子,所以,第一周期只有两个元素,称为特短周期。

$n=2$ 和 $n=3$ 时最外层的轨道为 ns 和 np 共四个,可容纳 8 个电子,即第二和第三周期各有 8 个元素,称为短周期。

当 $n=4$ 和 $n=5$ 时,由于出现能级交错,相应能级组的轨道为 $ns,(n-1)d$ 和 np 共九个,最多可容纳 18 个电子,因此,第四和第五周期各有 18 个元素,称为长周期。

当 $n=6$ 和 $n=7$ 时,相应能级组的轨道为 $ns,(n-1)d,(n-2)f$ 和 np 共 16 个,最多可容纳 32 个电子,第六周期共有 32 个元素,称为特长周期。第七周期是不完全周期,可以预计这一周期也应有 32 种元素。但是目前还没完全发现,因此,第七周期又称为未完成周期。

能级组与周期的关系见表 4-4。

表 4-4　能级组与周期的关系

周期	特点	能级组	对应的能级	原子轨道数	元素种类数
一	特短周期	1	1s	1	2
二	短周期	2	1s2p	4	8
三	短周期	3	2s3p	4	8
四	长周期	4	4s3d4p	9	18
五	长周期	5	5s4p5p	9	18
六	特长周期	6	6s4f5d6p	16	32
七	不完全周期	7	7s5f6d7p	16	应有 32

4.3.2　元素的族

长式元素周期表从左到右共 18 列,被划分为 1 个零族,7 个主族,7 个副族,一个Ⅷ族(Ⅷ族有 3 列)。零族元素为稀有气体,其价电子构型除 He 为 $1s^2$ 外,其余皆为 ns^2np^6,均已达到 8 电子的稳定结构。7 个主族的编号从ⅠA 到ⅦA,主族元素的价电子全部填入 ns 或 np 轨道,其族数等于该元素原子最外层的电子总数。7 个副族编号从ⅠB 到ⅦB。从ⅢB 到ⅦB 族元素,价电子总数等于其族数。ⅠB、ⅡB 族由于其 $(n-1)d$ 轨道已经排满,最外层 ns 轨道电子数等于其族数。Ⅷ族有三列共有九个元素,其价电子层的构型为 $(n-1)d^{1-10}ns^{0-2}$。

4.3.3　基态原子的价层电子构型与元素分区

根据原子的价层电子构型,可以将周期表划分为 s,p,d,ds,f 5 个区,如图 4-8 所示,各族、各区元素原子的价层电子构型见表 4-5。

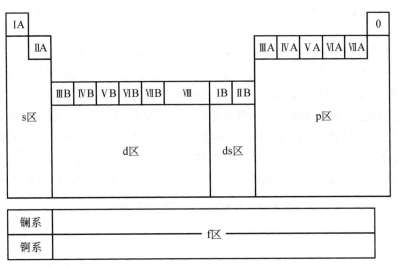

图 4-8　周期表中元素的分区示意图

表 4-5　各族、各区元素原子的价层电子构型

元素的区	族	价层电子构型
s	ⅠA、ⅡA	$ns^{1\sim2}$
p	ⅢA—ⅦA、零族	$ns^2np^{1\sim6}$
d	ⅢB—Ⅷ	$(n-1)d^{1\sim10}ns^{0\sim2}$
ds	ⅠB、ⅡB	$(n-1)d^{10}ns^{1\sim2}$
f	ⅢB(镧系和锕系)	$(n-2)f^{0\sim14}(n-1)d^{0\sim2}ns^2$

因此,原子的电子层结构与元素周期表之间有着密切的关系。对于绝大多数元素来说,如果知道了元素的原子序数,就可以写出该元素原子的电子层结构,根据该元素电子层结构的特征便可判断此元素所在的周期、族和区;反之,如果知道了某一元素的电子层结构(或价层电子构型),也可推断出该元素的原子序数、元素所在的周期、族和区等。

4.4　元素性质的周期性变化

元素性质主要是指元素的原子半径、电离能、电子亲合能以及电负性等。元素的性质与原子的价电子构型密切相关,价电子构型的周期性变化,使得元素的性质也呈现出周期性变化。

4.4.1　原子半径

原子中电子在原子核外运动没有固定的轨道,只有不同的概率分布。因此,原子的大小没有单一的、绝对的含义,表示原子大小的原子半径是指化合物中相邻两个原子的接触距离为该两个原子的半径之和。不同化合物中原子间的距离不同,原子半径随所处环境而变。

原子半径通常分为共价半径、金属半径和范德华（van der Waals）半径。而且其数值具有统计平均的含义。

同种元素的两个原子以共价单键连接时，其核间距离的一半称为该原子的共价半径。金属晶体中相邻两个金属原子的核间距的一半称为金属半径。当同种元素的两个原子靠分子间力互相吸引时，它们核间距的一半称为范德华半径。

三种半径的定义不同，数值不同，相互之间不能直接比较。同一元素原子在不同结合状态或排列状态下测得的数据也不相同。例如同一元素的两个原子分别以共价单键、双键或叁键连接时，共价半径也不同。金属半径的大小和其配位数有关。表 4-6 列出了元素原子半径的数据，其中除金属为金属半径（配位数为 12），稀有气体为范德华半径外，其余皆为共价半径。

表 4-6　元素的原子半径（单位 pm）

H 37																	He 122
Li 152	Be 111											B 88	C 77	N 70	O 66	F 64	Ne 160
Na 186	Mg 160											Al 143	Si 117	P 110	S 104	Cl 99	Ar 191
K 227	Ca 197	Sc 161	Ti 145	V 132	Cr 125	Mn 124	Fe 124	Co 125	Ni 125	Cu 128	Zn 133	Ga 122	Ge 122	As 121	Se 117	Br 114	Kr 198
Rb 248	Sr 215	Y 181	Zr 160	Nb 143	Mo 136	Tc 136	Ru 133	Rh 135	Pd 138	Ag 144	Cd 149	In 163	Sn 141	Sb 141	Te 137	I 133	Xe 217
Cs 265	Ba 217	Lu 173	Hf 159	Ta 143	W 137	Re 137	Os 134	Ir 136	Pt 136	Au 144	Hg 160	Tl 170	Pb 175	Bi 155	Po 153		

La 188	Ce 183	Pr 183	Nd 182	Pm 181	Sm 180	Eu 204	Gd 180	Tb 178	Dy 177	Ho 177	Er 176	Tm 175	Yb 194

从表 4-6 可以看出原子半径的变化规律。

（1）主族元素半径变化规律

同一周期的主族元素从左至右，原子半径一般是逐渐减小的。这是由两个因素共同作用引起的。一个作用是因为核电荷数增加对外层电子吸引力增强，使原子半径减小。另一个作用是随着最外层电子数增多，电子排斥作用增强使原子半径增大。在同一周期主族元素从左到右变化过程中，前一个作用的影响要大于后一个作用，原子半径逐渐减少。

同一主族元素从上到下，原子半径逐渐增大。这是因为电子层数增加使原子半径增大的作用大于核电荷数增多使原子半径减小的作用。

（2）副族元素半径变化规律

同一周期的副族元素从左到右，原子半径变化不大。d 区元素原子半径略减小，ds 区元素原子半径反而略增。因为 d 区元素最后一个电子填充在 $(n-1)d$ 轨道，d 电子受内层电子屏蔽作用较大，使有效核电荷增加缓慢；而 ds 区元素，$(n-1)d$ 轨道已充满，对称性好，与 d 区元素相比，受内层电子的屏蔽作用较小。所以当电子充满 d 轨道，即 $(n-1)d^{10}$ 时，原子半径又略微增大。

在镧系和锕系元素中，电子填入 $(n-2)f$ 轨道，由于 f 电子对核的屏蔽作用更大，有效核电荷增加缓慢，原子半径由左到右收缩的平均幅度更小。镧系元素的原子半径自左至右缓慢减小的现象(从镧到镥的半径只缩小了 11 pm)称为镧系收缩。

同一副族从上到下,原子半径有增大趋势,但较主族缓慢。镧系收缩使得周期表中的第三过渡系与第二过渡系同族元素半径接近因而性质相似。例如 Zr 与 Hf、Nb 与 Ta、Mo 与 W 原子半径相近、性质相似,分离困难。

4.4.2　电离能

基态的气态原子失去一个电子成为一价气态正离子所需要的能量称为该元素原子的第一电离能,用 I_1 表示:

$$A(g) \rightarrow A^+(g) + e^-$$

由一价气态正离子再失去一个电子成为二价气态正离子所需要的能量称为第二电离能 I_2,以此类推。因为从正离子电离出电子远比从中性原子电离出电子困难,且离子电荷越高越困难,所以 $I_1 < I_2 < I_3 \cdots\cdots$。

电离能越小,表示原子越容易失去电子,元素金属性越强;电离能越大,表示原子越难失去电子,元素金属性越弱。

电离能的大小主要取决于原子核电荷、原子半径以及原子的电子层结构。图 4-9 给出了元素第一电离能随原子序数的变化关系图。由图 4-9 可见:

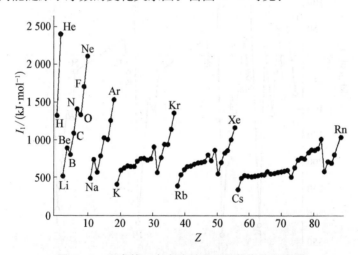

图 4-9　元素第一电离能随原子序数变化示意图

(1)同一周期从左到右,元素第一电离能总的变化趋势是逐渐增大。这是由于同一周期从左到右,元素的有效核电荷增加,原子半径减小,原子核对最外层电子的吸引力增加,电子越难失去。每一周期中碱金属电离能最小,稀有气体电离能最大。过渡元素由于电子增加在次外层,使得有效核电荷增加不多,原子半径减小缓慢,电离能由左向右增大的幅度不大。当元素的原子具有全充满或半充满的电子构型时,比较稳定,失电子相对较难,因此其第一电离能比左、右相邻元素的都高,如 Be 和 Mg,N 和 P 等。

(2)同一主族从上到下,元素的电离能随原子半径的增加而减小。ⅠA 族 Cs 的第一电离能最小,是最活泼的金属元素,而稀有气体 He 的第一电离能最大。副族元素的电离能变化幅度较小,且不规则。

4.4.3 电子亲和能

元素的气态原子在基态时获得一个电子成为一价气态负离子时所放出的能量称为该元素的电子亲和能,以 A_1 表示,即:

$$A(g) + e^- \rightarrow A^-(g)$$

像电离能一样,电子亲合能也有第一、第二……之分。当负一价离子再获得电子时要克服电子间的排斥力,因此要吸收能量。例如:

$$O(g) + e^- \rightarrow O^-(g) \qquad A_1 = -141.0 \text{ kJ} \cdot \text{mol}^{-1}$$
$$O^-(g) + e^- \rightarrow O^{2-}(g) \qquad A_2 = +844.2 \text{ kJ} \cdot \text{mol}^{-1}$$

电子亲和能的大小反映了元素的原子得电子的难易程度。元素原子的第一电子亲和能代数值越小,原子就越容易得到电子;反之,元素原子的第一电子亲和能代数值越大,原子就越难得到电子。电子亲和能的大小取决于原子的有效核电荷、原子半径和原子的电子层结构。主族元素电子亲和能随原子序数的增加呈现出周期性的变化关系如图 4-10 所示。

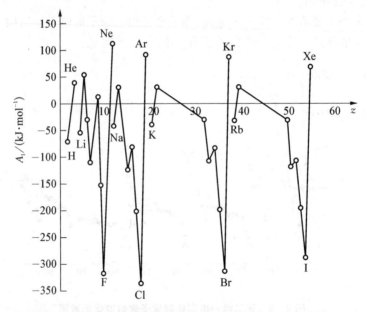

图 4-10 主族元素第一电子亲和能随原子序数变化示意图

同一周期元素从左到右,有效核电荷增大,原子半径减小,最外层电子数依次增多,元素电子亲和能的代数值有减小的趋势。碱土金属因为半径大,且有 ns^2 电子结构,难以结合电子,故其电子亲和能为正值。氮族元素价电子构型为 ns^2np^3,p 轨道半满,比较稳定,所以其电子亲和能的代数值较大,如电子亲和能的代数值碳原子小于氮原子。稀有气体的价电子构型为 ns^2np^6,是稳定结构,所以其电子亲和能为正值。而卤素的价电子构型为 ns^2np^5,使其易获得一个电子形成 ns^2np^6 稳定结构,所以同一周期中卤素电子亲和能的代数值最小。

同一主族从上到下,大部分呈现电子亲和能的代数值变大的趋势。值得注意的是电子亲和能的代数值最小的不是氟原子,而是氯原子。这可能是因为氟原子半径小,电子间排斥力大,使得外来一个电子进入原子变得相对困难。

4.4.4　电负性

电负性概念最早由鲍林提出,用于衡量分子中原子对成键电子吸引能力的相对大小,用 χ 表示。A 和 B 两种元素的原子结合成双原子分子 AB,若 A 的电负性大,表示 A 原子在分子中吸引电子的能力强,A 原子带有较多的负电荷,B 原子带有较多的正电荷。电负性有多种标度,如有鲍林标度(χ_P)、密立根(R. S. Mulliken)标度(χ_M)、阿莱-罗周(A. L. Allred-E. G. Rochow)标度(χ_{AR})和埃伦(L. C. Allen)标度(χ_S)等。常用的是鲍林标度(χ_P)。尽管电负性标度不同,数据不同,但在周期表中变化规律是一致的。表 4-7 为鲍林元素电负性值 χ_P。

表 4-7　鲍林元素电负性值 χ_P

H 2.18																
Li 0.98	Be 1.57											B 2.04	C 2.55	N 3.04	O 3.44	F 3.98
Na 0.93	Mg 1.31											Al 1.61	Si 1.90	P 2.19	S 2.58	Cl 3.16
K 0.82	Ca 1.00	Se 1.36	Ti 1.54	V 1.63	Cr 1.66	Mn 1.55	Fe 1.8	Co 1.88	Ni 1.91	Cu 1.90	Zn 1.65	Ga 1.81	Ge 2.01	As 2.18	Se 2.55	Ba 2.96
Rb 0.82	Sr 0.95	Y 1.22	Zr 1.33	Nb 1.60	Mo 2.16	Te 1.9	Ru 2.28	Rh 2.2	Pd 2.20	Ag 1.93	Cd 1.69	In 1.78	Sn 1.96	Sb 2.05	Te 2.10	I 2.66
Cs 0.79	Ba 0.89	Lu 1.2	Hf 1.3	Ta 1.5	W 2.36	Re 1.9	Os 2.2	Ir 2.2	Pt 2.28	Au 2.54	Hg 2.00	Tl 2.04	Pb 2.33	Bi 2.02	Po 2.0	At 2.2

由表 4-7 可见:

(1)同一周期由左到右元素的电负性逐渐增大,稀有气体元素的电负性在同一周期元素中最高,因为它们有很强的保持电子的能力。同一主族元素的电负性由上到下逐渐减小。副族元素电负性变化规律不明显。

(2)金属元素的电负性较小,非金属元素的电负性较大。根据元素电负性的大小,可判断元素金属性或非金属性的强弱。非金属元素的电负性大致在 2.0 以上,金属的元素的电负性在 2.0 以下。但不能将 2.0 作为划分金属和非金属的绝对界限。

习　题

1. 利用德布罗依关系式计算

(1)质量为 9.2×10^{-31} kg,速度为 6.0×10^{6} m·s^{-1} 的电子,其波长为多少?

(2)质量为 1.0×10^{-2} kg,速度为 1.0×10^{3} m·s^{-1} 的子弹,其波长为多少?

此两小题的计算结果说明什么问题?

2. 下列各组量子数哪些是不合理的? 为什么?

(1)$n=2$　$l=1$　$m=0$

(2)$n=2$　$l=2$　$m=-1$

(3)$n=3$　$l=0$　$m=0$

(4)$n=3$　$l=1$　$m=+1$

(5)$n=2$　$l=0$　$m=-1$

(6)$n=2$　$l=3$　$m=+2$

3. 氮原子中有 7 个电子,写出各电子的四个量子数。

4. 用原子轨道符号表示下列各组量子数。

(1) $n=2$ $l=1$ $m=-1$

(2) $n=4$ $l=0$ $m=0$

(3) $n=5$ $l=2$ $m=-2$

(4) $n=6$ $l=3$ $m=0$

5. 在氢原子,4s 和 3d 哪一种状态能量高? 在 19 号元素钾中,4s 和 3d 哪一种状态能量高? 为什么?

6. 写出原子序数分别为 25,49,79,86 的四种元素原子的电子排布式,并判断它们在周期表中的位置。

7. 根据下列各元素的价电子构型,指出它们在周期表中所处的周期和族,是主族还是副族。

$$3s^1 \qquad 4s^2 4p^3$$
$$3d^2 4s^2 \qquad 3d^5 4s^1$$
$$3d^{10} 4s^1 \qquad 4s^2 4p^6$$

8. 完成下列表格

原子序数	电子排布式	价电子构型	周期	族	元素分区
24					
	$1s^2 2s^2 2p^6 3s^2 3p^6 3d^{10} 4s^2 4p^5$				
		$4d^{10} 5s^2$			
			六	ⅡA	

9. 写出下列离子的电子排布式:

Cu^{2+}, Ti^{3+}, Fe^{3+}, Pb^{2+}, S^{2-}

10. 价电子构型分别满足下列条件的是哪一类或哪一种元素?

(1) 具有 2 个 p 电子。

(2) 有 2 个 $n=4, l=0$ 的电子和 6 个 $n=3, l=2$ 的电子。

(3) 3d 全满,4s 只有一个电子。

11. 某一元素的原子序数为 24,问:

(1) 该元素原子的电子总数是多少?

(2) 它的电子排布式是怎样的?

(3) 价电子构型是怎样的?

(4) 它属第几周期? 第几族? 主族还是副族? 最高氧化物的化学式是什么?

12. 试比较下列各对原子或离子半径的大小(不查表):

$$\text{Sc 和 Ca} \qquad \text{Sr 和 Ba} \qquad \text{K 和 Ag}$$
$$Fe^{2+} \text{ 和 } Fe^{3+} \qquad \text{Pb 和 } Pb^{2+} \qquad \text{S 和 } S^{2-}$$

13. 试比较下列各对原子电离能的高低(不查表):

$$\text{O 和 N} \qquad \text{Al 和 Mg} \qquad \text{Sr 和 Rb}$$
$$\text{Cu 和 Zn} \qquad \text{Cs 和 Au} \qquad \text{Br 和 Kr}$$

14. 将下列原子按电负性降低的次序排列(不查表):

$$\text{Ga} \quad \text{S} \quad \text{F} \quad \text{As} \quad \text{Sr} \quad \text{Cs}$$

15. A,B 两元素,A 元素的 M 层和 N 层电子数分别比 B 原子的 M 层和 N 层的电子数多 8 和 3。写出 A,B 原子的电子排布式和元素符号,并指出推理过程。

第5章　分子结构和晶体

在自然界，通常除了稀有气体以单原子分子形式存在外，其余物质都是由一种或几种元素原子按一定数目和一定方式结合而存在的。迄今，人们已发现110多种元素，正是由这些元素的原子形成分子，从而构成了整个物质世界。原子与原子间为什么能结合？在空间又是怎样排列的？分子和分子又如何结合成宏观物体？这些问题归纳起来有两方面：一是化学键(chemical bond)问题(包含分子间力)；二是分子的空间构型(molecular geometries)问题。通常把分子或晶体中相邻的两个原子或离子间强烈的相互作用力称为化学键。化学键按成键时电子运动状态的不同，可分为离子键(ionic bond)、共价键(covalent bond)和金属键(metallic bond)三种基本类型。本章将在原子结构的基础上，着重讨论形成共价键的有关理论(包括电子配对法、杂化轨道理论、价层电子对互斥理论、分子轨道理论)和对分子构型的初步认识，同时对分子间作用力、氢键与物质的物理性质之间的关系等也做初步讨论。

5.1　化学键

化学键：分子或晶体中将原子或离子结合在一起的强烈相互作用。

分类：离子键、共价键、金属键。

5.1.1　离子键

离子键：正、负离子间通过静电引力作用而形成的化学键。靠离子键结合的化合物称为离子化合物。

以钠与氯的反应为例说明离子键的形成。其电子排布式分别如下：

$$Na:1s^2 2s^2 2p^6 3s^1 \qquad Na^+:1s^2 2s^2 2p^6$$
$$Cl:1s^2 2s^2 2p^6 3s^2 3p^5 \qquad Cl^-:1s^2 2s^2 2p^6 3s^2 3p^6$$

因 Na 的电负性很小，则在反应中易失去最外层的 s 电子形成 Na^+；而 Cl 的电负性很大，在反应中易得到电子形成 Cl^-。由于生成的 Na^+、Cl^- 带相反的电荷，故在静电引力的作用下相互接近。但因电子云之间以及原子核之间还存在排斥作用,所以它们不能一直靠近,当引力等于斥力时,便生成了 Na^+Cl^- 离子型分子,它们之间的化学键就为离子键。

注意:在晶体中不存在单个的离子型分子,而在气态条件下可存在。

形成条件:通过上述讨论可见,离子键的形成是电负性小的元素原子失去电子生成正离子,电负性大的元素原子得到电子生成负离子,然后正、负离子通过静电引力作用而形成。

所以只有电负性相差较大的元素间才能形成离子键。

特征:无方向性与饱和性。这是由于离子的电子云分布可近似地看成球形,其电荷分布也是球形对称的,则只要空间条件许可,它可以在任何方向吸引异号离子,吸引离子的数目也没有限制。

离子键的强弱:与离子电荷、离子间距离有关。离子电荷越大,离子间距离越小,形成的离子键越牢固。

5.1.2 共价键

上面讨论了离子键理论,用离子键理论可以很好地说明电负性相差较大的元素原子间的成键问题。但对于电负性相同或电负性相差不大的元素原子间的成键问题离子键理论就无能为力了。如在形成 H_2、HCl 分子时,因为在反应中没有得失电了,所以分子内不存在纯粹的离子,当然也就不可能构成离子键。

为了阐明这一类的化学键问题,人们提出了共价键理论。目前广泛采用的共价键理论有两种:价键理论和分子轨道理论,在此仅介绍价键理论。

1916 年路易斯提出了共价学说,建立了经典的共价键理论,他认为分子中的原子可以通过共用电子对使每一个原子达到稀有气体的电子结构。原子通过共用电子对而形成的化学键称为共价键。由共价键形成的化合物叫共价化合物,如 H_2、N_2、H_2O 等。

经典的共价键理论初步揭示共价键不同于离子键的本质,然而不能说明原子间共用电子对为什么会导致生成稳定的分子及共价键的本质是什么等问题。直到 1927 年,海特勒和伦敦把量子力学的成就应用于 H_2 结构上,才揭示了共价键的本质,并在此基础上发展成为价键理论,开创了现代的共价键理论。

1. 共价键的形成

海特勒和伦敦用量子力学处理氢原子形成氢分子时,得到了 H_2 的位能曲线(见图 5-1),更能反映氢分子的能量与核间距之间的关系以及电子状态对成键的影响。

假定 A、B 两个氢原子中的电子自旋是相反的,当两个原子相互靠近时,A 原子的电子不仅受到 A 核的吸引,同时也受 B 核的吸引。同理,B 原子的电子不仅受到 B 核的吸引,同时也受 A 核的吸引。整个系统的能量低于两个氢原子单独存在时的能量。当核间距 $R_0 = 74.2$ pm 时,系统的能量达到最低点,这种状态称为氢分子的基态,R_0 称为平均核间距。

当两个 H 原子的自旋方向相同时,量子力学计算表明,

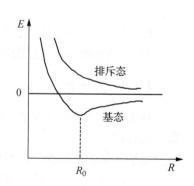

图 5-1　分子形成过程中能量与核间距关系示意图

当它们相互接近时,体系的能量上升,大于两个孤立的 H 原子的能量,说明不能形成稳定的 H_2 分子,这种不稳定的状态称为 H_2 的排斥态。

利用量子力学的原理,可以计算基态和排斥态电子云分布。计算结果表明,基态分子中两个核间电子概率密度 $|\psi|^2$ 远大于排斥态分子中核间电子概率密度 $|\psi|^2$。图 5-2 为 H_2 分子的两种状态的 $|\psi|^2$ 和原子轨道重叠示意图。由图可见,由于自旋相反的两个电子的电子密集在两个原子核之间,使系统的能量降低,从而能形成稳定的共价键。而排斥态的两个电子的电子云在核间稀疏,概率密度几乎为零,系统的能量增大,所以不能成键。

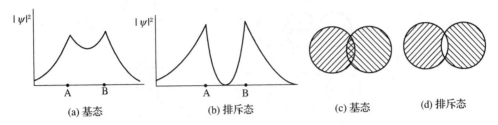

(a) 基态　　　　(b) 排斥态　　　　(c) 基态　　　　(d) 排斥态

图 5-2　为 H_2 分子的两种状态的 $|\psi|^2$ 和原子轨道重叠示意图

从两个原子的原子轨道来看,由于两个氢原子的 1s 轨道 ψ_{1s} 均为正,对基态来说,叠加后 $\psi=\psi_{1s}+\psi_{1s}$,ψ 增大,$|\psi|^2$ 增大,所以核间电子出现的概率密度增大,降低了两核之间的正电排斥,系统的势能降低,因而是能够成键。对双原子分子来说,原子轨道重叠程度越大,形成的共价键越牢,分子也越稳定。而对排斥态来说,重叠部分相互抵消,两核之间出现空白区,两核之间斥力增大,因而是不能成键。

将量子力学对 H_2 分子体系的处理结果进行推广,发展成价键理论,其基本要点如下:

① 当两原子接近时,自旋相反的未成对电子可以配对,形成共价键。

② 成键的原子轨道重叠越多形成的共价键越稳定。即为原子轨道的最大重叠原理。

2. 共价键的特性

(1) 共价键的饱和性　可用要点①解释,一个原子有几个未成对电子,则最多只能形成几个共价单键。

(2) 共价键的方向性　可用要点②解释,因为对原子轨道来讲,除了 s 轨道是球形对称无方向性以外,其余的原子轨道都有一定的方向性,故原子轨道重叠成键时也有一定的方向性(见图 5-3)。

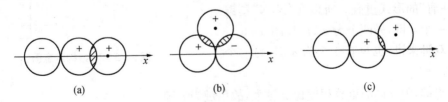

(a)　　　　　　　　(b)　　　　　　　　(c)

图 5-3　s 和 p_x 轨道的重叠方式

3. 共价键的类型

根据原子轨道重叠方式的不同,可将共价键分为 σ 键和 π 键。

σ 键:原子轨道沿键轴(核间连线)方向以"头碰头"方式重叠,如图 5-4 所示,重叠部分对键轴呈圆柱形对称。

π键：原子轨道沿键轴方向以"肩并肩"方式重叠，重叠部分位于包含键轴的上、下方，对键轴呈镜面对称，即形状相同而符号相反。在该面上电子出现的概率密度为零，称"节面"，因此在π键中有一个包含键轴的节面。

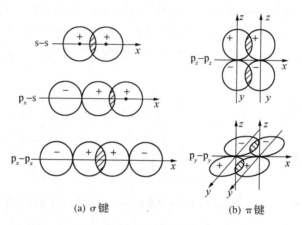

(a) σ键   (b) π键

图 5-4　σ键和π键

从原子轨道的重叠程度来看，π键的重叠程度比σ键小，所以π键的稳定性低于σ键，π键是化学反应的积极参与者。

问题：s轨道与其他原子轨道重叠能否形成π键？

因s轨道是球形对称的，不能与其他轨道以"肩并肩"的方式重叠，故由s轨道重叠的形成的共价键，全部为σ键。

应用：例 N_2 分子

N原子价电子层有5个电子，其价电子排布式为：$2s^2 2p_x^1 p_y^1 p_z^1$

所以每个N原子有三个未成对电子，在形成 N_2 分子时共用三对电子形成"N,N"叁键，那么有几根σ键几根π键？

分析：N原子的三个p轨道是互相垂直的，分别以一对短线表示一个p轨道：

当两个N原子相互靠近时，其中一个N原子的p轨道可以与另一个N原子的p轨道以"头碰头"的方式重叠，另两个p轨道只能以"肩并肩"的形式重叠。所以在"N,N"叁键中只有一个σ键，另两个为π键，见图5-5。

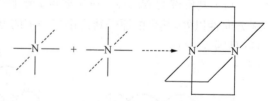

对双键来讲，也只有一个为σ键，另一个为π键。

图 5-5　N_2 结构示意图

对单键，因σ键的重叠程度比π键大，故单键为σ键。

在形成共价键时，公用电子对也可以由一个原子提供，此时形成的共价键称为配位共价键，简称配位键。显然形成配位键的条件为：一个原子的价电子层有孤对电子，另一个原子的价电子层有空轨道。例如，在生成 F_3BNH_3 分子时，NH_3 分子中的N原子提供孤对电子，而 BF_3 分子中的B原子提供空轨道，形成配位键。N原子为电子对的给予体，B原子为接受体，其结构式可表示为：

$$F-B + :N-H \dashrightarrow F-B \leftarrow N-H$$

当然应该注意,正常共价键和配位键的区别,仅在于键的形成过程中共用电子对的来源不同,但在键形成以后两者没有任何差别。

5.1.3 金属键

在 100 多种元素中,金属约占 80%。常温下,除汞为液体外,其他金属都是晶状固体。金属都具有金属光泽,有良好的导电性和导热性,以及良好的机械性加工性能。金属的这些通性表明它们有类似的内部结构。

由于金属易失去电子,从金属原子上脱落下来的电子,在整个晶体内运动,为所有的金属原子、离子所共有,称为自由电子。金属晶体内自由电子的运动使金属原子、离子与自由电子间产生一种结合力,这种结合力为金属键。自由电子的存在,使金属具有良好的导电、导热性和延展性。

5.2 多原子分子的空间构型

前面介绍了价键理论,用价键理论可以很好地说明双原子分子的形成,但用价键理论说明多原子分子的形成和空间构型时却遇到了困难。如甲烷分子,根据实验发现,空间构型为正四面体,C 位于正四面体的中心,四个 C—H 键完全等同,键角 109.5°。

我们知道 C 原子的外层电子结构为:

C 原子只有两个未成对电子,如按价键理论只能形成两个共价单键,显然与事实不符。若考虑到在形成分子时,C 的一个 2s 电子激发到 2p 轨道上去,则有四个未成对电子,可以形成四个共价单键。但是由于 s 轨道的能量与 p 轨道的能量不同,则形成的四个 C—H 键不应完全等同;另外三个 p 轨道间的夹角为 90°,根据共价键的方向性,故键角应为 90° 而非 109.5°。由此可以看出,价键理论有其局限性,难以解释多原子分子的形成及空间构型问题,为此人们又提出了杂化轨道理论和价层电子对互斥理论。

5.2.1 杂化轨道理论

1. 杂化轨道理论的基本要点

杂化轨道理论认为:在形成分子时,由于原子间的相互作用,同一原子的若干不同类型能量相近的原子轨道可以混合,重新组成一组新的轨道。这种重新组合的过程称杂化,所组成的轨道称杂化轨道。

轨道杂化具有如下特性:

① 原子轨道的杂化只有在形成分子的过程中才会发生，孤立的原子是不发生杂化的。

② 同一原子的能量相近的轨道才可能发生杂化。如同一原子的 2s 和 2p 能量相差较小，故可能杂化；而 1s 和 2p 轨道能量相差较大，不可能发生杂化。

③ 杂化轨道的数目等于参加杂化的原子轨道的数目。

④ 杂化轨道的成键能力比未杂化的原子轨道强。

⑤ 不同类型的杂化轨道具有不同的空间构型（见表 5－1）。

表 5－1　杂化类型及轨道形状

类　型	轨道数目	轨道形状	实　例
sp	2	直线	$BeCl_2$、$HgCl_2$
sp^2	3	平面三角	BF_3
sp^3	4	四面体	CH_4、H_2O
sp^3d	5	三角双锥	PCl_5
sp^3d^2	6	八面体	SF_6

如同一原子的一个 ns 轨道和一个 np 轨道发生杂化，称 sp 杂化。其杂化轨道示意图见图 5－6。

由图可见：

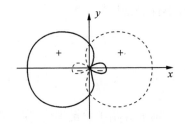

图 5－6　两个 sp 杂化轨道示意图

◆ 杂化轨道的形状是一头大，一头小，在形成共价键时用大的一头与其他原子的原子轨道重叠，显然可以得到更大程度的重叠，因而形成的化学键更稳定，即杂化轨道的成键能力比未杂化的原子轨道强。

◆ sp 杂化的杂化轨道数为 2，等于参加杂化的原子轨道数。

◆ 两个 sp 杂化轨道完全等同，夹角为 180°。

2. 杂化轨道的类型

根据参加杂化的原子轨道类型及数目的不同，可将杂化轨道分成以下几类：

（1）sp 杂化：同一原子的一个 ns 轨道和一个 np 轨道发生的杂化。

如前所述，杂化后形成两个 sp 杂化轨道，每个轨道含 1/2 s 轨道成分和 1/2 p 轨道成分，两个轨道间的夹角为 180°。如 $BeCl_2$ 分子：

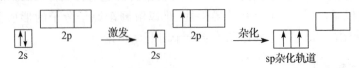

在成键过程中，2s 轨道上的一个电子激发到 2p 轨道上，同时 2s 轨道与一个 2p 轨道发生 sp 杂化，形成两个等同的 sp 杂化轨道，这两个 sp 杂化轨道分别与 Cl 的 3p 轨道重叠形成两个共价单键，由于两个杂化轨道呈直线形，故 $BeCl_2$ 为直线形分子。

再如：BeH_2、$HgCl_2$ 等，在形成分子时中心原子也是发生 sp 杂化。

（2）sp^2 杂化：同一原子的一个 ns 和两个 np 轨道发生的杂化。

如 BF_3 分子，根据实验测试可知：分子构型为平面正三角形，键角 120°。

杂化轨道理论是这样对其进行解释的:

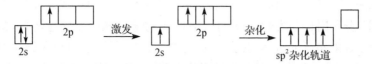

B 原子在形成 BF_3 分子时发生 sp^2 杂化,形成三个等同的 sp^2 杂化轨道,每个轨道中含 1/3 s 轨道和 2/3 p 轨道成分。这三个 sp^2 杂化轨道的形状也是一头大,一头小,在形成 BF_3 分子时用大的一头与 F 的 2p 轨道重叠成键。且根据理论上的推算,这三个 sp^2 杂化轨道为平面正三角形,夹角 120°,故形成的 BF_3 分子为平面正三角形,键角 120°。

再如 BCl_3、BBr_3 等,在形成分子时中心原子也是发生 sp^2 杂化。

(3) sp^3 杂化:同一原子的一个 ns 轨道和三个 np 轨道发生的杂化。

如 CH_4 分子的形成,杂化轨道理论是这样对其进行解释的:

在生成 CH_4 分子时,C 原子的一个 2s 电子被激发到 2p 轨道上,同时发生 sp^3 杂化,形成四个完全等同的 sp^3 杂化轨道,每个 sp^3 杂化轨道含 1/4 s 和 3/4 p 轨道成分。这四个 sp^3 杂化轨道分别指向正四面体的四个顶点,各轨道间的夹角为 109.5°。sp^3 杂化轨道的形状也是一头大,一头小,在形成 CH_4 分子时大的一头与 H 的 1s 轨道重叠成键。显然形成的四个 C—H 键完全等同,键角 109.5°。

另 C 或与 C 在同一主族的 Si 在形成类似的化合物时,中心原子也是发生 sp^3 杂化。如 CCl_4、CF_4、$SiCl_4$、SiF_4 等。

在上面我们讨论了 sp、sp^2、sp^3 杂化,在上述讨论中,每一种杂化方式的各杂化轨道所含 s,p 轨道的成分相同,能量相同,这种杂化称等性杂化。在每个轨道中均有一个未成对电子,故杂化轨道数与形成的共价单键的数目相同,所以分子的空间构型与轨化轨道的空间构型也相同。

(4) 不等性 sp^3 杂化

当杂化轨道中有孤对电子,则几个杂化轨道所含的 s 和 p 轨道的成分不等,这样的杂化称为不等性杂化。

如 NH_3 从表面看,其构型似乎与 BF_3 类似,为平面正三角形,键角 120°。但是实验测得 NH_3 中四个原子不在同一平面内,为三角锥形,键角 107.3°,与 120°相差较大而接近于 109.5°。

再如 H_2O 分子,表面看来似乎应与 $BeCl_2$ 类似,为直线型分子,键角 180°。但实验测得其键角为 104.5°,空间构型为"V"字形,与 180°相差较大而接近于 109.5°。

杂化轨道理论是这样对其进行解释的:

在形成 NH_3 的过程中,中心原子 N 原子:

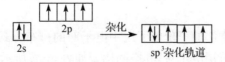

形成四个 sp^3 杂化轨道,其中有一个轨道中有一对孤对电子,因为孤对电子不与其他原子共用,电子云靠近 N 原子,因而其杂化轨道中含有较多的 s 轨道成分(超过 1/4 s),可见 N 原子在形成 NH_3 分子时也是发生 sp^3 杂化,但形成的杂化轨道不完全等同,故称为不等性 sp^3 杂化。且由于孤对电子靠近 N 原子,对成键电子有排斥作用,将键角压缩到 $107.3°$。

当然 N 或与 N 同一族的 P 在形成类似化合物时,如:NF_3、NCl_3、PCl_3、PH_3 等,中心原子也是发生不等性 sp^3 杂化。

对 H_2O 来讲,在形成 H_2O 时,O 原子也是发生不等性 sp^3 杂化:

其中有两个杂化轨道各有一对孤对电子,这两个轨道含有较多的 s 成分;另两个轨道各有一未成对电子,可分别与 H 的 1s 轨道重叠成键。同样孤对电子对成键电子对也有压缩作用,且这里有两对孤对电子,压缩作用更强,将键角压缩到 $104.5°$。

同样与 O 在同一主族的元素如 S,在形成类似化合物,如 H_2S 分子时,S 也是发生不等性 sp^3 杂化。

(5) sp^3d 杂化和 sp^3d^2 杂化

在形成 PCl_5 分子中,一个 3s 电子激发到 3d 轨道上,同时发生 sp^3d 杂化,形成五个 sp^3d 杂化轨道,杂化轨道及分子的空间构型均为三角双锥。

在形成 SF_6 分子中,一个 3s 和一个 3p 电子激发到 3d 轨道上,同时发生 sp^3d^2 杂化,形成六个 sp^3d^2 杂化轨道,杂化轨道及分子的空间构型均为正八面体。

说明:

① 内层 d 轨道参加的杂化以后介绍。

② 在形成分子过程中,激发与杂化是同时发生的,没有先后之分。在形成分子的过程中,有时发生电子的激发,而有时则没有,即激发并不是杂化的必要条件。

③ 在等性杂化中,每个杂化轨道中均有一未成对电子,故形成共价单键的数目等于杂化轨道数,分子的空间构型和杂化轨道的形状一致;而在不等性杂化中,杂化轨道中有孤对电子,故形成共价单键的数目少于杂化轨道数,分子的空间构型与杂化轨道的形状不一致。

④ 杂化轨道有利于形成 σ 键,但不能形成 π 键,因不可发生"肩并肩"重叠。

5.2.2 价层电子对互斥理论

前面学习了杂化轨道理论,用该理论可以很好地解释分子的空间构型,但用它来预测分子的空间构型时却有困难。分子呈什么形状是个重要的问题,因为物质的许多物理性质和化学性质与它们组成原子的三维排列方式密切相关。分子形状的最好理论解释需要在量子力学和原子轨道图像的基础上进行深层次的研究,但这些都需要有较深的理论基础。而下面介绍的价层电子对互斥理论来预测分子或离子的空间构型时是有效且方便的。

要点:在共价分子中,中心原子价电子层中电子对的排布方式,应该使它们彼此远离以达斥力最小。不同数目的价层电子对,其空间构型如表 5-2 所示。

表 5-2　静电斥力最小的电子对排布

电子对数	2	3	4	5	6
电子对的排布	直线	平面三角	四面体	三角双锥	八面体

用价层电子对互斥理论预测分子或离子空间构型的步骤如下：

（1）确定中心原子的价层电子对数。它由下式计算得到：

价层电子对数＝（中心原子价电子数＋配位原子提供的价电子－离子电荷代数值）/2

式中配位原子提供电子数的计算方法是：氢和卤素原子均提供一个价电子；氧族元素作为中心原子时认为提供 6 个价层电子，而作为配位原子时认为不提供共用电子。

（2）根据中心原子价层电子对数，从表 5-2 中找出相应的电子对排布。

（3）把配位原子按相应的几何构型排布在中心原子周围，每一对电子连接一个配位原子，剩下未结合配位原子的电子对便是孤对电子。孤对电子所处的位置不同，往往会影响分子的空间构型，而孤对电子总是处于斥力最小的位置。

以 IF_2^- 为例进行详细分析。

（1）中心原子 I 为ⅦA 族元素，则其提供 7 个价层电子；每个配位原子 F 各提供 1 个价电子；IF_2^- 带一个单位负电荷，则其提供 1 个价电子，故

$$价层电子对数＝\frac{7＋2－(－1)}{2}＝5$$

（2）由表 5-2 可知，其价层电子对构型为三角双锥。

（3）价层电子对数为 5，配位原子数为 2，故有 3 对孤对电子，其可能的结构如图 5-7 所示。

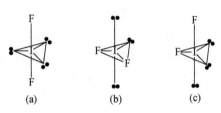

这三种可能的结构中哪一种电子对间的斥力最小，则就是 IF_2^- 的稳定构型。在三角双锥中，电子对间的夹角有 90°和 120°两种。夹角越小，斥力越大，则只需考虑 90°夹角间的斥力。另外电子对类型不同，斥力不同。因孤对电子比成键电子对"肥大"，所以电子对之间斥力大小顺序为

图 5-7　IF_2^- 的三种可能结构

孤对-孤对＞孤对-键对＞键对-键对

在上述三种可能的构型中，90°角各种电子对间的排斥作用数分别为：

可能构型	a	b	c
孤对-孤对	0	2	2
孤对-键对	6	4	3
键对-键对	0	0	1

可见，结构（a）中，无 90°角孤对-孤对电子间的排斥作用，而后两种结构中均有，故结构（a）是最稳定的构型，所以 IF_2^- 为直线形。

用上述步骤可确定大多数主族元素开成的化合物的构型。现将常见分子构型归纳于表 5-3。

表 5－3　常见分子构型

价层电子对数	价层电子排布	分子类型	孤电子对数	分子(离子)实际构型	实例
2	直线形	AX_2	0	直线形	$BeCl_2$
3	平面三角形	AX_3	0	平面三角形	BF_3
		$:AX_2$	1	V 形(角形)	SO_2
4	四面体	AX_4	0	四面体	CH_4
		$:AX_3$	1	三角锥	NH_3
		$:\overset{..}{A}X_2$	2	V 形(角形)	H_2O
5	三角双锥	AX_5	0	三角双锥	PCl_5
		$:AX_4$	1	变形四面体	$TeCl_4$
		$:\overset{..}{A}X_3$	2	T 形	ClF_3
		$:\overset{..}{A}X_2$	3	直线形	I_3^-
6	八面体	AX_6	0	八面体	SF_6
		$:AX_5$	1	四方锥	IF_5
		$:\overset{..}{A}X_4$	2	平面正方形	ICl_4^-

5.2.3　分子间力和氢键

1. 分子的极性和分子间力

前面介绍了化学键问题,化学键是决定物质化学性质的主要因素,但单从化学键角度还不能说明物质的全部性质和变化,特别是物理性质。如当温度降低时,水蒸气可凝聚成水,水又可以进一步凝固成冰,这说明分子间存在作用力。另外,由于分子间力的本质是一种电性引力,所以首先介绍分子的两种电学性质:分子的极性和变形性。

(1) 分子的极性

① 键的极性

非极性键:成键的两原子电负性相同,共用电子对位于成键的两原子中间,不发生偏离。

极性键:成键的两原子电负性不同,共用电子对偏向电负性大的原子。

② 分子的极性

按分子中正、负电荷中心是否重合,将分子分为极性分子和非极性分子。

极性分子:正、负电荷中心不重合,以"$\boxed{+ -}$"表示,可见对极性分子存在正、负两个极或称偶极。

非极性分子:正、负电荷中心重合,以"$\bigcirc$"表示,即非极性分子不存在偶极。

分子的极性与键的极性关系:

◆ 双原子分子:分子的极性与键的极性一致。

同核双原子分子,如 O_2、H_2 等,非极性键,非极性分子。

异核双原子分子,如 HCl、HF 等,极性键,极性分子。

◆ 多原子分子:分子的极性与键的极性不完全一致。

如 CO_2、BF_3 等,其中的键为极性键,但由于其结构对称,则正、负电荷中心重合,为非极性分子。

再如 H_2O、NH_3 等,其中的键也为极性键,但由于结构不对称,从而其正、负电荷中心不重合,故为极性分子。

可见对多原子分子,分子的极性与分子的对称性有关。

完全对称:非极性分子

直线形:CO_2、CS_2、$BeCl_2$、$HgCl_2$

平面三角形:BCl_3、BF_3、BBr_3

正四面体:CH_4、CCl_4、SiF_4、SiH_4

不完全对称:极性分子

"V"形:H_2O、H_2S

三角锥形:NH_3、NCl_3、PH_3、PCl_3

四面体:(四个原子不同)$CHCl_3$、CH_3Cl

分子极性的大小常用偶极矩(μ)来衡量,其定义为:偶极矩等于电荷中心所带的电量与正、负电荷中心间距离的乘积:$\mu = q \cdot d$。

应注意偶极矩为矢量,其方向从正到负。偶极矩的大小可由实验测出,如实验测得某分子的 $\mu = 0$,则说明该分子为非极性分子(因 q 不为0);如测得 $\mu \neq 0$,则说明该分子为极性分子,且 μ 越大,则说明分子的极性越强,因此可以根据偶极矩的大小来比较分子极性的相对强弱。表 5-4 列出一些物质的偶极矩。

表 5-4　一些物质的偶极矩($10^{-30} C \cdot m$)

物　　质	偶极矩	物　　质	偶极矩
H_2	0	H_2O	6.16
N_2	0	NCl	3.43
CO_2	0	HBr	2.63
CS_2	0	HI	1.27
H_2S	3.66	CO	0.40
SO_2	5.33	HCN	6.99

(2) 分子的变形性

上面讨论了分子的极性,那仅是对孤立的分子中电荷分布情况进行讨论的。如果将分子置于外电场中,其电荷分布还会发生变化。

◆ 如将一个非极性分子放入外电场中,则分子中带正电的原子核被吸引向负极板,电子云被吸引向正极板,其结果使电子云和原子核发生相对位移,造成分子的外形发生变化,使原来重合的正、负电荷中心彼此分离,产生了偶极。这一过程称为(变形)极化,由此产生的偶极称为诱导偶极。当然如外电场撤去,诱导偶极消失,分子重新变为非极性分子。

◆ 对极性分子,其正、负电荷中心本来就不重合,始终存在偶极,这一偶极称为固有偶极或永久偶极。

如将极性分子放入外电场中,则在外电场的作用下,首先取向,然后正、负电荷中心被进一步拉开,分子发生变形也产生诱导偶极。所以此时的偶极矩为固有偶极与诱导偶极矩之和。

显然外电场越强、分子越容易变形,则产生的诱导偶极越大,即:

$$\mu_{诱导} = \alpha \cdot E$$

式中,E:外电场强度;α:极化率,表示分子的变形性的大小。

α 的影响因素:与分子的大小有关。

如分子越大,则包含的电子就越多,其中有一些电子被原子核吸引得不太牢,在外电场中正、负两极就越容易被拉开,即分子的变形性就越大,极化率越大。

上面介绍了两种偶极,即固有偶极和诱导偶极,另外还有一种偶极称为瞬时偶极。这是因分子的变形性,在某一瞬间产生的偶极称为瞬时偶极。瞬时偶极的大小与分子的变形性或极化率有关,分子的变形性越大,瞬时偶极越大。

因为无论是极性分子还是非极性分子都具有变形性,所以所有分子都存在瞬时偶极。

(3) 分子间作用力

分子间作用力也称为范德华力,实际上由色散力、诱导力、定向力这三种力组成,其定义为:

色散力:由瞬时偶极间产生的作用力。

诱导力:由固有偶极和诱导偶极间产生的作用力。

定向力:由固有偶极间产生的作用力。

由上述定义可知,在不同分子间存在的分子间力的种类,小结如下:

非极性分子间:色散力

非极性分子和极性分子间:色散力、诱导力

极性分子间:色散力、诱导力、定向力

这三种力大小的影响因素:

色散力:与分子的变形性或极化率有关。

诱导力:与极性分子的极性大小(即固有偶极矩的大小)及另一个分子的变形性或极化率有关。

定向力:与极性分子的极性大小即固有偶极矩的大小有关。

表5-5列出了一些物质的分子间作用力。由表中数据可见,对非极性分子只存在色散力;在这三种作用力中,除了极性很大的分子如水以定向力为主,其余的都是以色散力为主;诱导力所占的比例最小。

表5-5 分子间作用力的分配

作用力的类型	分子						
	Ar	CO	HI	HBr	HCl	NH_3	H_2O
定向力/(kJ·mol⁻¹)	0	0.002 9	0.025	0.687	3.31	13.31	36.39
诱导力/(kJ·mol⁻¹)	0	0.008 4	0.113	0.502	1.01	1.55	1.93
色散力/(kJ·mol⁻¹)	8.50	8.75	25.87	21.94	16.83	14.95	9.00
合计/(kJ·mol⁻¹)	8.50	8.76	26.02	23.13	21.25	29.81	47.32

例 5-1　分析卤素单质熔、沸点变化规律。

解：因它们都是非极性分子，故分子间只存在色散力

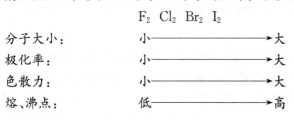

$$F_2 \quad Cl_2 \quad Br_2 \quad I_2$$

分子大小：　　小————————→大

极化率：　　　小————————→大

色散力：　　　小————————→大

熔、沸点：　　低————————→高

2. 氢键

（1）氢键的形成

当 H 与电负性大而半径小的原子 X 以共价键结合时，由于共用电子对强烈地偏向 X，从而使 H 带部分正电荷。因此 H 就会与另一个电负性很大的其他原子 Y（或另一个 X）相互吸引，它们之间的这种相互作用就称为氢键，即 $X—H\cdots Y$

式中 X、Y 为电负性大而半径小的元素原子：F、O、N

如 HF 可形成分子间氢键：

除了分子间可形成氢键外，某些化合物可形成分子内氢键，如：

（2）氢键的特点

① 方向性：氢键一般与原来的共价键成直线。这时电负性大的元素相距最远，斥力最小（分子内氢键例外）。

② 饱和性：已形成氢键的原子不能形成第二个氢键。

③ 氢键的强弱：与 X、Y 的电负性及原子大小有关。电负性越大、半径越小形成的氢键越强。Cl 的电负性虽然与 N 相同均为 3.0，但 HCl 分子间的氢键很弱。

总的来说，比化学键弱，但比范德华力稍强。

（3）氢键对物质性质的影响

当分子间形成氢键时，增加了分子间作用力，从而化合物的熔、沸点显著升高。

如卤化氢熔、沸点的变化：

$$HF \quad\quad HCl \quad HBr \quad HI$$

熔、沸点：　最高　　　低————————→高

从 HCl 到 HI，用分子间作用力解释：虽然均为极性分子，但以色散力为主。因分子增大，变形性或极化率增大，色散力增大。而 HF 因存在分子间氢键，故熔、沸点最高。

在 ⅥA、ⅤA 主族的氢化物熔、沸点的变化规律与上述一致，H_2O、NH_3 的熔、沸点分别是同族氢化物中最高的。

而对 ⅣA 族的氢化物：$CH_4 \longrightarrow SnH_4$，熔、沸点递增，这可用分子间作用力解释。

5.3 晶体结构

对固态物质如果按照其结构微粒排列的有序程度可分为晶体和无定形物质。晶体的内部质点(分子、原子或离子)在空间有规律地重复排列,如氯化钠、石英等均为晶体。而无定形物质,其微粒在空间排列没有规律,如玻璃、石蜡等。

对晶体来讲具有以下特征:1) 有一定的几何外形,如氯化钠晶体为立方体形;2) 有固定的熔点;3) 在不同方向上性质不同,即各向异性。但无定形物质来讲,则不具有晶体的上述特征:没有固定的几何外形;没有固定的熔点,只存在软化的温度范围;在不同方向上性质相同,即各向同性。

在结晶学中,为了研究方便起见,将晶体中的内部微粒抽象地看成几何学中的一个点(也称为结点或晶格结点),把这些点联结起来,形成不同形状的空间格子(也称为晶格)。设想将晶体结构截裁成一个个彼此互相并置而且等同的平等六面体的最基本单元,这些基本单元就是晶胞,也即晶胞是反映晶体结构特征的最小单位。另若按晶格结点上排列微粒及质点间作用力的不同,可以将晶体分为原子晶体、分子晶体、离子晶体和金属晶体四大类。

5.3.1 原子晶体

在原子晶体中,晶格结点上排列的微粒是原子,质点间的作用力是共价键。由于共价键力极强,所以这类晶体的特征是熔点高、硬度大。如金刚石就是原子晶体,它的熔点高达 3 750 ℃,硬度也最大。在金刚石晶体中,质点都是碳原子,每一个碳原子通过共价键(4 个 sp^3 杂化轨道)和其他四个碳原子相连,其结构如图 5 - 8 所示。

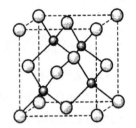

图 5 - 8 金刚石晶胞

由于原子晶体中质点之间经共价键相连,所以原子晶体的性质与共价键的性质密切相关。通常硬度大、熔点高,一般不导电,在大多数常见的溶剂中不溶解,延展性差。再如碳化硅(SiC)、石英(SiO_2)等也为原子晶体。

5.3.2 分子晶体

在分子晶体中,晶格结点排列的微粒是分子(包括极性分子和非极性分子),质点间的作用力是分子间力(包括氢键),例如固体的 Cl_2、Br_2、I_2、CO_2、HCl 等都是分子晶体,图 5 - 9 为 CO_2 分子的晶胞图。

在分子晶体的化合物中,存在着单个的分子。由于分子间的作用力较弱,所以分子型晶体物质通常熔、沸点低、在固态或熔化状态时不导电。若干极性很强的分子型晶体(如HCl)溶解在极性溶剂如水中,由于发生电离而导电。但应注意的是,虽然在分子晶体中,分子与分子间的吸引力小,但分子内部原子与原子间却是靠强大的共价键力结合起来的。

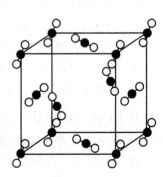

图 5 - 9 CO_2 分子的晶胞

5.3.3 离子晶体

由正、负离子组成的化合物称为离子化合物,离子化合物通常以晶态存在,所形成的晶体即为离子晶体。在离子晶体中,晶格结点上排列的微粒为正、负离子,质点间的作用力是强大的静电引力(即离子键力)。离子型晶体最显著的特点是具有较高的熔、沸点。它们在熔融状态或水溶液中能导电,但在固体状态,因离子被局限在晶格的某些位置上振动,因而绝大多数离子晶体几乎不导电。

5.3.3.1 决定离子化合物性质的因素——离子的特征

1. 离子半径

因为核外电子的运动是按概率分布的,所以离子半径与原子半径类似实际上是难以确定的,现在确定离子半径的方法是认为在离子晶体中,正、负离子的核间距等于正、负离子的半径之和,即 $d=r^{+}+r^{-}$,d 可通过 X 射线衍射(XRD)的方法求得,再根据有关晶体结构的数据推算出某个离子的离子半径,便可求出其他离子的离子半径。常见的离子半径见书后附录。

由数据可见:

(1) 同族元素电荷数相同的离子,离子半径随电子层的增加而增加。

如:F^-、Cl^-、Br^-、I^-;Na^+、K^+、Rb^+、Cs^+

(2) 同一周期电子层结构相同的正离子,离子半径随电荷数增多而减小;而负离子半径随电荷的增大而增大。

$$r(Na^+)>r(Mg^{2+})>r(Al^{3+});r(F^-)<r(O^{2-})$$

(3) 同一元素负离子半径大于原子半径;正离子半径小于原子半径,且正电荷越高,半径越小。

	Fe	Fe^{2+}	Fe^{3+}	Cl	Cl$^-$
半径/pm	124	76	64	99	181

解释:用原子核对外层电子吸引强弱来解释。

当原子失去电子形成正离子时,则原子核对外层电子的吸引力增强,故正离子半径小于该元素的原子半径,且离子电荷越大,原子核对外层电子的吸引越强,半径越小。原子得到电子形成负离子时则相反,原子核对外层电子的引力大为减弱,从而离子半径增加很多。

(4) 在大多数情况下阴子半径大于阳离子半径。

2. 离子电荷

离子电荷是影响离子化合物性质的重要因素。离子电荷高,对相反离子静电引力强,因而化合物的熔点也高。如 BaO 与 KF,其正、负离子半径之和相近,但前者离子电荷大,BaO 的熔点(2 196 K)比 KF(1 129 K)高。

3. 离子的电子构型

简单阴离子如 F^-、S^{2-}、Cl^- 等都具有 8 电子构型。

阳离子有多种情况,见表 5-6。

表 5 - 6　阳离子电子构型及实例

离子的电子构型	特征电子构型	示例
2	$1s^2$	Li^+，Be^{2+}
8	$ns^2 np^6$	Na^+，Al^{3+}，Sc^{3+}
18	$ns^2 np^6 nd^{10}$	Cu^+，Zn^{2+}，Hg^{2+}
18+2	$(n-1)s^2 (n-1)p^6 (n-1)d^{10} ns^2$	Sn^{2+}，Pb^{2+}，Bi^{3+}
9~17	$ns^2 np^6 nd^{1\sim9}$	Cr^{3+}，Fe^{2+}，Cu^{2+}

注:18+2电子构型与2电子构型是不同的,次外层有18个电子。

5.3.3.2　离子晶体的晶格能

晶格能(U):气态正、负离子结合成 1 mol 离子晶体时所放出的能量。如 NaF 晶体的 U 就是下列反应的焓变:

$$Na^+(g) + F^-(g) \longrightarrow NaF(s)$$

由于该反应的焓变无法直接测量,可通过玻恩-哈伯循环求算晶格能。

式中:S 为 Na 的升华能(108.8 kJ·mol^{-1});I 为 Na 的电离能(502.3 kJ·mol^{-1});D 为 F_2 的解离能(153.2 kJ·mol^{-1});E 为 F 的电子亲和能($-$349.5 kJ·mol^{-1});ΔH 为 NaF 的生成焓($-$569.3 kJ·mol^{-1});U 是 NaF 的晶格能。

由盖斯定律可得:$\Delta H = S + I + D/2 + E + U$,则

$$\begin{aligned}
U &= \Delta H - S - I - D/2 - E \\
&= \left[-569.3 - 108.8 - 502.3 - \frac{1}{2} \times 153.2 - (-349.5) \right] \\
&= -907.5 (kJ \cdot mol^{-1})
\end{aligned}$$

晶格能也可以从理论上计算得到,理论处理模型是将离子看作点电荷,然后计算这些点电荷之间的库仑作用力,其总和就是晶格能,用该公式计算得到 NaF 的晶格能为 $-$902.1 kJ·mol^{-1},可见与玻恩-哈伯循环法所结果很接近,说明用离子键理论处理离子晶体是正确的。

当晶体类型相同时,晶格能与正、负离子电荷数乘积成正比,与它们之间的半径之和成反比,即:

$$U \propto \frac{z^+ \ z^-}{r^+ + r^-} \tag{5-1}$$

由公式可见:正、负离子的电荷越大,半径越小,离子晶体的晶格能绝对值越大,所以破坏离子晶体时所需消耗的能量越大,则晶体的熔点高、硬度大。表 5-7 给出相同晶格类型的几种离子化合物的晶格能与物理性质间的关系。

表 5-7　晶格能与离子型化合物的物理性质

物　质	晶格能/kJ·mol^{-1}	熔点/K	硬　度
NaF	−902	1 261	—
NaCl	−771	1 074	—
NaBr	−733	1 013	—
NaI	−684	933	—
MgO	−3 889	3 916	6.5
CaO	−3 513	3 477	4.5
SrO	−3 310	3 205	3.5
BaO	−3 152	2 196	3.3

5.3.3.3　离子极化

1. 离子极化的概念

前面介绍了分子极化的概念,即分子在外电场中变形而产生诱导偶极的现象。对离子而言,与分子一样也具有变形性,所以在外电场中也会变形而产生诱导偶极,这一过程便称为离子的极化。

离子极化:离子在外电场中变形而产生诱导偶极的现象。

由于在离子晶体中,正、负离子交替出现,正离子产生的电场使负离子极化;同样负离子产生的电场也使正离子极化。所以离子极化现象普遍存在于离子晶体中。

离子极化的强弱取决于离子的极化力和离子的变形性。

(1) 离子的极化力:某种离子的电场使异号离子极化的能力。极化力大小的影响因素:

① 离子的电荷越大,半径越小,则产生的电场越强,从而离子的极化力越强。

② 当电荷相同,半径相近时,离子的电子构型对极化力起决定性的作用:

$$18、18+2 \text{电子构型的离子} > 9 \sim 17 \text{电子构型} > 8 \text{电子构型}$$

(2) 离子的变形性

离子的变形性是指离子在外电场中变形的性质,离子变形性的大小可用极化率来衡量。影响因素:

① 离子变形性的大小主要决定于离子半径的大小。离子半径越大,核对外层电子的吸引力越小,因此离子的变形性越大。

由此也可说明离子电荷对变形性的影响:一般说来正离子的半径小而负离子的半径大,故通常正离子的变形性小而负离子的变形性大。且我们知道正离子电荷越大,其半径就越小,从而变形性越小;而对负离子其半径比其原子半径大得多,则变形性大。

② 离子电荷:负离子电荷越高,变形性越大;正离子电荷越高,变形性越小。

③ 对正离子:当电荷相同、半径相近时,则离子的电子构型对离子的变形性起决定作用,据分析其相对大小如下:18,18+2>9~17>8电子构型的离子。

由以上的讨论可知:变形性大的是半径大的负离子以及 18、18+2 电子构型电荷小的正离子;变形性小的是半径小,电荷大的 8 电子构型的正离子。

综上所述:一般说来,正离子的半径较小,故产生的电场强度大,即其极化力较强,且正离子的变形性较小;而负离子的半径大,故负离子的极化力较弱,但其变形性却较大。所以我们在考虑离子的相互极化时,通常可忽略负离子对正离子的极化作用,只考虑正离子产生的电场使负离子极化,即使负离子变形而产生诱导偶极。

但是如果正离子的电子构型为 18、18+2,那么其变形性也较大,在这种情况下就必须考虑负离子对正离子的极化作用,这也称为附加极化。

2. 离子极化对物质结构和性质的影响

(1) 离子极化对键型的影响

正、负离子结合成离子晶体时,如果相互间完全没有极化作用,那么形成的化学键为纯的离子键,但如前所述离子极化总是不同程度地存在于离子晶体中,当然在通常情况下,只考虑正离子对负离子的极化作用,即正离子产生的电场使负离子变形。如正离子是 18 或 18+2 电子构型的离子,则正离子的极化力和变形性都较大,当它与变形性大的负离子接触时,正、负离子都会发生变形,所以外层轨道的重叠程度更大,从而键的极性减弱,离子键向共价键过渡,如 AgI、$HgCl_2$ 等为共价型分子。

(2) 离子极化对化合物性质的影响

① 熔、沸点

由于离子极化使离子键向共价键过渡,则晶体从离子晶体向分子晶体过渡,从而熔、沸点降低。

例:

	NaCl	$MgCl_2$	$AlCl_3$
熔点/℃	801	714	192
键型	离子键	偏离子键	偏共价键

如果都为离子晶体,那么从晶格能角度看,熔、沸点应增大,但实测恰好相反。

原因:$Na^+ \longrightarrow Al^{3+}$ 正离子电荷增大,半径减小,即正离子的极化力增强,使离子键向共价键过渡(晶体由离子晶体向分子晶体过渡),从而熔、沸点下降。

② 溶解度

因为水是极性很大的分子,所以根据相似相溶原理,一般说来离子型化合物易溶于水而共价型化合物难溶于水。如前所述,离子极化使离子键向共价键过渡,所以离子极化作用显著的晶体难溶于水。

例 Ag 的卤化物:

$$AgF \quad AgCl \quad AgBr \quad AgI$$

离子键　　过渡键型　　共价键

在水中的溶解度:　　易溶 ————→ 溶解度减小

③ 颜色

一般说来,两个无色离子形成的化合物也为无色,如 $PbCl_2$。但离子间的极化作用越强就越有利于颜色的产生,如 PbI_2,为黄色。

5.3.4 金属晶体

1. 金属键

由于金属原子半径较大,原子核对价电子的吸引比较弱,价电子容易从金属原子上脱落下来成为自由电子。因此,在金属晶体中,组成晶胞的质点是金属原子和金属离子,在晶格空隙还有金属脱落下来的电子(图 5-10)。这些电子不再属于某一金属原子或离子,而是在整个金属晶体中自由移动,为整个金属所共有。金属正离子靠这些自由电子的"胶粘"作用形成金属晶体,这种"胶粘"作用称为金属键(metallic bond)。金属键属于离域键,没有方向性,也没有饱和性。

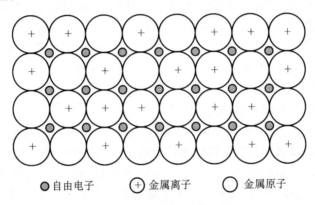

●自由电子　⊕金属离子　○金属原子

图 5-10　金属键的形成示意图

金属晶体中存在着大量的自由电子,因此金属晶体有着良好的导热、导电性和延展性,并有金属光泽。但由于金属结构较复杂,致使它们的熔点、硬度差异很大。如汞的熔点为 $-38.87\ ℃$,钨为 $3\ 410\ ℃$;钠的硬度为 0.4,而铬为 9.0。

2. 金属晶体的紧密堆积结构

金属原子堆积在一起,形成金属晶体。金属原子脱落电子后所形成的金属正离子都是满壳层电子结构,电子云呈球状分布,所以在金属结构模型中,把金属原子和金属正离子近似为等径圆球。为了形成稳定的金属结构,金属原子和金属离子将尽可能采取紧密的堆积方式,所以金属一般密度较大,而且每个原子或离子都被较多的相同原子或离子包围着,配位数较大。

X 射线衍射实验证明,金属原子或金属离子的等径圆球紧密堆积有 3 种基本构型:面心立方紧密堆积(face-centered cubic structure,fcc)、六方紧密堆积(hexagonal close-packed structure,hcp)和体心立方紧密堆积(body-centered cubic structure,bcc),如 图 5-11 所示。

| (a) 体心立方紧密堆积 | (b) 六方紧密堆积 | (c) 面心立方紧密堆积 |

图 5 - 11　金属的三种紧密堆积方式

体心立方紧密堆积方式(bcc)：立方体 8 个顶点上的球互不相切,但均与体心位置上的球相切,配位数为 8,空间利用率为 68.02%,如图 5 - 11(a)所示。六方紧密堆积方式(hcp)：第一层最紧密的堆积方式是一个球体与周围 6 个球相切,在中心球的周围形成 6 个凹位;第二层是 3 个球体相切,对第一层来讲最紧密的堆积方式是将球体对准 6 个凹位中的 3 个(相互间隔);第三层球体排列的位置与第一层球完全相同,重复第一层球的排列方式,圆球是按一二一二……层序堆积的,如图 5 - 11(b)所示。将这些圆球的球心连接起来,构成六方底心格子,在这种堆积中可找出六方晶胞,故称六方紧密堆积。六方紧密堆积方式的配位数是 12(同层 6,上、下各 3),空间利用率是 74.05%。

面心立方紧密堆积方式(fcc)：第一、二层与六方紧密堆积方式相同,将第三层球放在第一层球间另一种空隙位置上与第二层球相互交错,这样三层球的排列方式不重复,排第四层球时,与第一层球重复,形成一二三一二三……层序堆积,如图 5 - 11(c)所示。在这种堆积方式中可找出面心立方晶胞,故称面心立方紧密堆积。面心立方紧密堆积方式的配位数是 12,空间利用率也是 74.05%。

3. 金属能带理论

金属键的能带理论是利用量子力学的观点来说明金属键的形成,因此,能带理论也称为金属键的量子力学模型。它是在分子轨道理论的基础上发展起来的现代金属键理论。能带理论的基本要点如下：

(1) 成键时价电子必须是"离域"的,属于整个金属晶格的原子所共有。

(2) 金属晶格中原子密集,能组成许多分子轨道,相邻的分子轨道间的能量差很小,以致形成"能带"。

(3) "能带"也可以看成是紧密堆积的金属原子的电子能级发生的重叠,这种能带是属于整个金属晶体的。

(4) 因原子轨道能级的不同,金属晶体中可有不同的能带,例如导带、满带、禁带等。

(5) 金属中相邻的能带有时可以互相重叠。

能带理论对某些问题还难以说明,如某些过渡金属具有硬度高、熔点高等性质,有人认为原子的次外层 d 电子参与形成了部分共价性的金属键。因此,金属键理论仍在发展中。

5.4 多键型晶体

除了上述 4 种典型的晶体外,还有一种多键型晶体,又称混合键型晶体。如石墨晶体(图 5 - 12)。在石墨晶体中,同层的碳原子以 sp^2 杂化形成共价键,每个碳原子以 3 个共价键(σ 键)与另外 3 个碳原子相连,形成无限的正六角形的片状结构。在同一平面的碳原子还剩下一个 p 轨道和一个 p 电子,这些 p 轨道互相平行,且与碳原子 sp^2 杂化轨道构成的平面相垂直,形成了大 π 键。这些 π 电子比较自由,可以在整个碳原子平面方向活动,相当于金属中的自由电子,所以石墨能导热和导电。石墨中层与层之间相隔较远,以分子间力相互结合,所以石墨片层之间容易滑动。而在同一平面层中的碳原子结合力就很强,所以石墨的熔点高,化学性质稳定。可见,石墨晶体兼有原子晶体、金属晶体和分子晶体的特征,是一种多键型晶体。

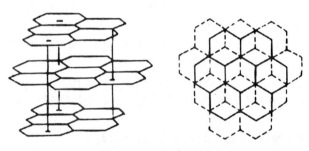

图 5 - 12 石墨的层状结构

属于多键型晶体的还有一些无机物,例如线状和片状硅酸盐。自然界存在的天然硅酸盐云母就是一种片状晶体,黑磷也具有层状结构。

最后对四种晶体类型、结构质点及质点间作用力类型作一小结,见表 5 - 8。

表 5 - 8 各类晶体与作用力类型

晶体类型	结构质点	质点间作用力
原子晶体	原子	共价键力
离子晶体	正、负离子	离子键力
分子晶体	分子	分子间力、氢键
金属晶体	金属原子和正离子	金属键力

习 题

1. 试用杂化轨道理论说明 BF_3 是平面三角形,而 NF_3 却是三角锥形。
2. 指出下列化合物的中心原子可能采取的杂化类型,并预测其分子的几何构型。

$$BBr_3 \quad SiH_4 \quad PH_3 \quad SeF_6$$

3. 将下列分子按键角从大到小排列：

$$BF_3 \quad BeCl_2 \quad SiH_4 \quad H_2S \quad PH_3 \quad SF_6$$

4. 用价层电子互斥理论预言下列分子和离子的几何构型。

$$CS_2 \quad NO_2^- \quad ClO_2^- \quad I_3^- \quad NO_3^- \quad BrF_3 \quad PCl_4^+ \quad BrF_4^- \quad PF_5 \quad BrF_5 \quad [AlF_6]^{3-}$$

5. 试问下列分子中哪些是极性的？哪些是非极性的？为什么？

$$CH_4 \quad CHCl_3 \quad BCl_3 \quad NCl_3 \quad H_2S \quad CS_2$$

6. 根据电负性数据指出下列两组化合物中，哪个化合物中键的极性最小？哪个化合物中键的极性最大？

(1) $LiCl, BeCl_2, BCl_3, CCl_4$； (2) $SiF_4, SiCl_4, SiBr_4, SiI_4$。

7. 比较下列各对分子偶极距的大小：

(1) CO_2 和 SO_2； (2) CCl_4 和 CH_4； (3) PH_3 和 NH_3； (4) BF_3 和 NF_3； (5) H_2O 和 H_2S。

8. 将下列化合物按熔点从高到低的顺序排列：

$$NaF \quad NaCl \quad NaBr \quad NaI \quad SiF_4 \quad SiCl_4 \quad SiBr_4 \quad SiI_4$$

9. 指出下列各对分子之间存在的分子间作用力的类型（定向力、诱导力、色散力和氢键）：

(1) 苯和 CCl_4； (2) 甲醇和水； (3) CO_2 和水； (4) HBr 和 HI。

10. 下列化合物中，哪些化合物自身能形成氢键？

$$C_2H_6 \quad H_2O_2 \quad C_2H_5OH \quad CH_3CHO \quad H_3BO_3 \quad H_2SO_4 \quad (CH_3)_2O$$

11. 下列化合物的分子之间是否有氢键存在？为什么？

$$C_2H_6, NH_3, C_2H_5OH, H_3BO_3, CH_4$$

12. 对于下列物质，指出使其为稳定凝固相的吸引力的种类，在每种情况下指出其最大贡献者：

(1) CCl_4；(2) HBr；(3) Xe；(4) HF。

13. 比较下列各组中两种物质的熔点高低，并简单说明原因。

(1) NH_3 和 PH_3； (2) PH_3 和 SbH_3； (3) Br_2 和 ICl； (4) MgO 和 Na_2O；

(5) SiO_2 和 SO_2； (6) $SnCl_2$ 和 $SnCl_4$。

14. 填充下表：

物质	晶格上质点	质点间作用力	晶体类型	熔点或高或低
MgO				
SiO_2				
Br_2				
NH_3				
Cu				

第6章　定量分析的误差和分析结果的数据处理

6.1　定量分析化学概论

6.1.1　分析化学的任务和作用

分析化学是关于研究物质的组成、含量、结构和形态等化学信息的分析方法及理论的一门科学，是化学的一个重要分支。分析化学的主要任务是鉴定物质的化学组成(元素、离子、官能团或化合物)、测定物质的有关组分的含量、确定物质的结构(化学结构、晶体结构、空间分布)和存在形态(价态、配位态、结晶态)及其与物质性质之间的关系等。主要是进行结构分析、形态分析、能态分析。

作为化学的重要分支学科，分析化学发挥着重要作用。而它不仅对化学各学科的发展起了重要作用，还具有极高的实用价值，对人类的物质文明做出了重要贡献，广泛地应用于地质普查、矿产勘探、冶金、化学工业、能源、农业、医药、临床化验、环境保护、商品检验、考古分析、法医刑侦鉴定等领域。具体来说，作用主要体现在以下六个方面：

(1) 化学学科：只要涉及物质及其变化的研究都需要使用分析化学的方法，如：质量不灭定律的证实(18 世纪中叶)、原子量的测定(19 世纪前半期)、门捷列夫周期律的创建(19 世纪后半期)、有机合成、催化机理、溶液理论等的确证。

(2) 医药卫生：临床医学中用于诊断和治疗的临床检验；预防医学中环境检测、职业中毒检验、营养成分分析等；法医学的法医检验、药学领域的药物成分含量的测定、药物药代动力学及新药的药物分析等；水中三氮的测定；水中有毒物质的测定(Pb、Hg、HCN 等)；食品、蔬菜等中 Vc 的测定，农药残留量的检测；血液中有毒物质的测定；血液中药物浓度的分析；血液、头发中微量元素的分析等等。

(3) 生命科学：确定糖类、蛋白质、DNA、酶以及各种抗原抗体、激素及激素受体的组成、结构、生物活性及免疫功能等；分光光度法、化学发光法、色谱法等。

(4) 工业：资源勘探，生产原料、中间体、产品的检验分析，工艺流程的控制，产品质量的检验，三废的处理等；

(5) 农业：水土成分调查，农产品质量检验，细胞工程、基因工程、发酵工程等。

(6) 国防：核武器的燃料、武器结构材料、航天材料及环境气氛的研究。

分析化学的主要任务包括鉴定物质的化学组成、化学结构以及测定各组分的相对含量。我们也可以简要地把它们称为定性分析、定量分析和结构分析。

特别地，由于环境科学专业本身特点，与分析化学紧密相关。分析化学为环境分析提供了一系列的技术手段。人们为了认识、评价、改造和控制环境，必须了解引起环境质量变化的原因,这就要对环境(包括原生环境和次生环境)的各组成部分,特别是对某些危害大的污染物的性质、来源、含量及其分布状态,运用分析化学的方法进行细致的监测和分析。例如20世纪50年代日本发生的公害病——痛痛病和水俣病,曾惊动了全世界。为了寻找痛痛病的病因,经历了11年之久。后来环境分析化学工作者用光谱检查出了病因。

测定环境污染物的性质、来源、含量和分布状态以及环境背景值的方法。环境分析方法是在应用现代分析化学各个领域的测试技术和手段的基础上发展起来的,要求灵敏、准确、精密,并且具有简便、快速和连续自动等特点。

随着技术手段的不断更新,分析化学将更加深入的渗透进生活的方方面面,起到巨大的作用。从分析化学的历程来看,经历了50年代仪器化、60年代电子化、70年代计算机化、80年代智能化、90年信息化,21世纪必将是仿生化和进一步智能化的时代。

6.1.2 定量分析方法的分类

根据分析任务、分析对象、测定原理、操作方法和具体要求的不同,分析方法可分为许多种类,我们主要介绍以下几种。

(1)定性分析、定量分析以及结构分析

分析化学可分为定性分析、定量分析以及结构分析。定性分析的任务是鉴定物质由哪些元素、原子团或化合物所组成。定量分析的任务是测定物质中有关成分的含量。结构分析的任务是研究物质的分子结构或晶体结构。我们在接下来的课程内容中,主要涉及的就是定量分析。

(2)常量分析、半微量分析、微量分析、超微量分析

根据试样的用量及操作方法不同,可分为常量、半微量和微量分析、超微量分析。

各种分析操作时的试样用量如下表所示。

各种分析方法的试样用量

方　法	试样质量(mg)	试样体积(mL)
常量分析	>100	>10
半微量分析	10~100	1~10
微量分析	0.1~10	0.01~1
超微量分析	<0.1	<0.01

在无机定性化学分析中,一般采用半微量操作法,而在经典定量化学分析中,一般采用常量操作法。另外,根据被测组分的质量分数,通常又粗略分为常量(大于1%)、微量(0.01%~1%)和痕量(小于0.01%)成分的分析。

(3)化学分析和仪器分析

① 以物质的化学反应为基础的分析方法称为化学分析法。化学分析历史悠久,是分析化学的基础,所以又称为经典化学分析法。主要的化学分析方法有两种:

a. 重量分析法　在重量分析法中,一般是将被测组分与试样中的其他组分分离后,转化为一定的称量形式,然后称量其质量测定该组分的含量。根据分离的方法不同,重量分析法一般分为下列四种方法:

沉淀法　该法是重量分析法中主要的方法,这种方法是将被测组分以微溶化合物的形式沉淀出来,再将沉淀过滤,洗涤,烘干或灼烧,最后称重,计算其含量。

汽化法　一般是通过加热或其他方法使试样中的被测组分逸出,然后根据试样重量的减轻来计算组分的含量;或者当该组分逸出时,选择一吸收剂将它吸收,然后根据吸收剂重量的增加来计算组分的含量。

提取法　利用被测组分与其他组分在互不相溶的两种溶剂中分配比的不同,加入某种提取剂使被测组分从原来的溶剂定量的转入提取剂中而与其他组分分离,然后逐去提取剂,称量干燥的提取物的质量后,计算被测组分的含量。

电解法　利用电解原理,使金属离子在电极上析出,然后称量。

重量分析法直接用分析天平称量来获得结果,不需要标准试样或基准的物质进行比较。如果分析方法可靠,操作细心,而称量误差一般是很小的,所以对于常量组分的测定,通常可得到准确的分析结果,相对误差均在 0.1～0.2%。但是重量分析法操作繁琐,耗时较长,而且不适用与微量与痕量组分的测定。

b. 滴定分析法(容量分析法)　滴定分析法是将一种已知准确浓度的试剂溶液,滴加到被测物质的溶液中,直到所加的试剂与被测物质按化学计量定量反应为止,根据试剂溶液的浓度和消耗的体积,计算被测物质的含量。

这种已知准确浓度的试剂溶液称为滴定液。将滴定液从滴定管中加到被测物质溶液中的过程叫作滴定。当加入滴定液中物质的量与被测物质的量按化学计量定量反应完成时,反应达到了计量点。在滴定过程中,指示剂发生颜色变化的转变点称为滴定终点。滴定终点与计量点不一定恰恰符合,由此所造成分析的误差叫作滴定误差。

② 以物质的物理和物理化学性质为基础的分析方法称为物理和物理化学分析法。

由于这类方法都需要较特殊的仪器,故一般又称为仪器分析法。仪器分析最常见的有:

a. 光学分析法　光学分析法是利用待测组分所显示出的吸收光谱或发射光谱,既包括原子光谱也包括分子光谱。

利用被测定组分中的分子所产生的吸收光谱的分析方法,即通常所说的可见与紫外分光光度法、红外光谱法;利用其发射光谱的分析方法,常见的有荧光光度法;利用被测定组分中的原子吸收光谱的分析方法,即原子吸收法;利用被测定组分中的原子发射光谱的分析方法,包括发射光谱分析法、原子荧光法、X 射线原子荧光法、质子荧光法等。

b. 电化学分析法　电化学分析法是根据电化学原理和物质在溶液中的电化学性质及其变化而建立起来的一类分析方法。

这类方法都是将试样溶液以适当的形式作为化学电池的一部分,根据被测组分的电化学性质,通过测量某种电参量来求得分析结果的。

电化学分析法可分为三种类型。第一种类型是最为主要的一种类型,是利用试样溶液的浓度在某一特定的实验条件下与化学电池中某种电参量的关系来进行定量分析的,这些电参量包括电极电势、电流、电阻、电导、电容以及电量等;第二种类型是通过测定化学电池中某种电参量的突变作为滴定分析的终点指示,所以又称为电容量分析法,如电位滴定法、电导滴定法等;第三种类型是将试样溶液中某个待测组分转入第二相,然后用重量法测定其质量,称为电重量分析法,实际上也就是电解分析法。

电化学分析法与其他分析方法相比,所需仪器简单,有很高的灵敏度和准确度,分析速度快,特别是测定过程的电信号,易与计算机联用,可实现自动化或连续分析。目前,电化学分析方法已成为生产和科研中广泛应用的一种分析手段。

c. 色谱分析法　色谱分析法原为一种经典的分析方法。这种方法的工作原理是:不同的物质在不相混溶的两相——固定相和流动相中有不同的分配系数。当两相做相对运动时,物质随流动相运动,并在两相间进行反复多次的分配而达到分离。

此法在技术上经过不断的发展,能使分离的组分通过各种检测器进行连续测定,从而形成现代色谱的各种分离分析方法,包括气相色谱、液相色谱等等。此法具有高效分离、灵敏、快速等特点,所以是检测环境样品中微量或痕量已知污染物的有效方法。除此之外,还有色谱跟其他仪器的联用技术,例如气相色谱-质谱联用技术等。

d. 质谱分析法　质谱法是通过将样品转化为运动的气态离子并按质荷比(M/Z)大小进行分离并记录其信息的分析方法。所得结果以图谱表达,即所谓的质谱图(亦称质谱,Mass Spectrum)。根据质谱图提供的信息可以进行多种有机物及无机物的定性和定量分析、复杂化合物的结构分析、样品中各种同位素比的测定及固体表面的结构和组成分析等。

6.1.3　定量分析的过程

试样的分析过程,一般包括下列步骤:试样的采取和制备、称量和试样的分解、干扰组分的掩蔽和分离、定量测定和分析结果的计算和评价等。

(1) 试样的采取和制备

要求分析试样的组成必须能代表全部物料的平均组成,即试样应具有高度的代表性。否则分析结果再准确也是毫无意义的。

a. 气体试样的采取

对于气体试样的采取,亦需按具体情况,采用相应的方法。例如大气样品的采取,通常选择距地面50~180厘米的高度采样、使与人的呼吸空气相同。对于烟道气、废气中某些有毒污染物的分析,可将气体样品采入空瓶或大型注射器中。

大气污染物的测定是使空气通过适当吸收剂,由吸收剂吸收浓缩之后再进行分析。

在采取液体或气体试样时,必须先把容器及通路洗涤,再用要采取的液体或气体冲洗数次或使之干燥,然后取样以免混入杂质。

b. 液体试样的采取

装在大容器里的物料,只要在贮槽的不同深度取样后混合均匀即可作为分析试样。对于分装在小容器里的液体物料,应从每个容器里取样,然后混匀作为分析试样。

如采取水样时,应根据具体情况,采用不同的方法。当采取水管中或有泵水井中的水样时取样前需将水龙头或泵打开,先放水10~15分钟,然后再用干净瓶子收集水样至满瓶即可。采取池、江、河中的水样时,可将干净的空瓶盖上塞子,塞上系一根绳,瓶底系一铁砣或石头,沉入离水面一定深处,然后拉绳拔塞,让水流满瓶后取出,如此方法在不同深度取几份水样混合后,作为分析试样。

c. 固体试样的采取和制备

固体试样种类繁多,经常遇到的有矿石、合金和盐类等,它们的采样方法如下:

矿石试样　在取样时要根据堆放情况,从不同的部位和深度选取多个取样点。采取的份数越多越有代表性。但是,取量过大处理反而麻烦。一般而言,应取试样的量与矿石的均匀程度、颗粒大小等因素有关。通常试样的采取可按下面的经验公式(亦称采样公式)计算：

$$m = Kd_a$$

式中：m——为采取试样的最低重量(公斤)；

　　　　d————为试样中最大颗粒的直径(毫米)；

　　　　K——为经验常数，可由实验求得，通常 K 值在 $0.02 \sim 1$ 之间，

$$d < 0.1 \text{ mm} \quad K = 0.2$$
$$0.1 \text{ mm} < d < 0.6 \text{ mm} \quad K = 0.4$$
$$d > 0.6 \text{ mm} \qquad K = 0.8 \sim 1。$$

　　　　a——为经验常数，可由实验求得，a 值在 $1.8 \sim 2.5$ 之间。

　　　　地质部门规定 a 值为 2，则上式为：$m = Kd_2$

制备试样分为破碎，过筛，混匀和缩分四个步骤。

大块矿样先用压碎机破碎成小的颗粒，再进行缩分。常用的缩分方法为"四分法"，将试样粉碎之后混合均匀，堆成锥形，然后略为压平，通过中心分为四等份，把任何相对的两份弃去，其余相对的两份收集在一起混匀，这样试样便缩减了一半，称为缩分一次。每次缩分后的最低重量也应符合采样公式的要求。若缩分后试样的重量大于按计算公式算得的重量较多，则可连续进行缩分直至所剩试样稍大于或等于最低重量为止。然后再进行粉碎、缩分，最后制成 $100 \sim 300$ 克左右的分析试样，装入瓶中，贴上标签供分析之用。

筛号(网目)	20	40	60	80	100	120	200
筛孔大小/nm	0.83	0.42	0.25	0.177	0.149	0.125	0.074

金属或金属制品　由于金属经过高温熔炼，组成比较均匀，因此，对于片状或丝状试样，剪取一部分即可进行分析。但对于钢锭和铸铁，由于表面和内部的凝固时间不同，铁和杂质的凝固温度也不一样，因此，表面和内部的组成是不很均匀的。取样时应先将表面清理，然后用钢钻在不同部位、不同深度钻取碎屑混合均匀，作为分析试样。

对于那些极硬的样品如白口铁、硅钢等，无法钻取，可用铜锤砸碎之，再放入钢钵内捣碎，然后再取其一部分作为分析试样。

粉状或松散物料试样　常见的粉状或松散物料如盐类、化肥、农药和精矿等，其组成比较均匀，因此取样点可少一些，每点所取之量也不必太多。各点所取试样混匀即可作为分析样品。

d. 湿存水的处理

一般样品往往含有湿存水(亦称吸湿水)，即样品表面及孔隙中吸附了空气中的水分。其含量多少随着样品的粉碎程度和放置时间的长短而改变。试样中各组分的相对含量也必然随着湿存水的多少而改变。例如含 $SiO_2 60\%$ 的潮湿样品 100 克，由于湿度的降低重量减至 95 克，则 SiO_2 的含量增至 $60/95 = 63.2\%$。所以在进行分析之前，必须先将分析试样放在烘箱里，在 $100 \sim 105 \, ℃$ 烘干(温度和时间可根据试样的性质而定，对于受热易分解的物质可采用风干的办法)。用烘干样品进行分析，则测得的结果是恒定的。对于水分的测定，可另取烘干前的试样进行测定。

(2) 试样的分解

在一般分析工作中，通常先要将试样分解，制成溶液。试样的分解工作是分析工作的重

要步骤之一。

在分解试样时必须注意：a. 试样分解必须完全，处理后的溶液中不得残留原试样的细屑或粉末；b. 试样分解过程中待测组分不应挥发；c. 不应引入被测组分和干扰物质。

由于试样的性质不同，分解的方法也有所不同。方法有溶解和熔融两种。

（3）测定方法的选择

a. 测定的具体要求

当遇到分析任务时，首先要明确分析目的和要求，确定测定组分、准确度以及要求完成的时间。如原子量的测定、标样分析和成品分析，准确度是主要的。高纯物质的有机微量组分的分析灵敏度是主要的。而生产过程中的控制分析，速度成了主要的问题。所以应根据分析的目的要求。选择适宜的分析方法。例如测定标准钢样中硫的含量时，一般采用准确度较高的重量法。而炼钢炉前控制硫含量的分析，采用 $1\sim2$ 分钟即可完成的燃烧容量法。

b. 被测组分的性质

一般来说，分析方法都基于被测组分的某种性质。如 Mn^{2+} 在 pH$>$6 时可与 EDTA 定量络合，可用络合滴定法测定其含量；MnO_4^- 具有氧化性、可用氧化还原法测定；MnO_4^- 呈现紫红色，也可用比色法测定。对被测组分性质的了解，有助我们选择合适的分析方法。

c. 被测组分的含量

测定常量组分时，多采用滴定分析法和重量分析法。滴定分析法简单迅速，在重量分析法和滴定分析法均可采用的情况下，一般选用滴定分析法。测定微量组分别多采用灵敏度比较高的仪器分析法。例如，测定碘矿粉中磷的含量时，则采用重量分所法或滴定分析法；测定钢铁中磷的含量时则采用比色法。

d. 共存组分的影响

在选择分析方法时，必须考虑其他组分对测定的影响，尽量选择特效性较好的分析方法。若没有适宜的方法，则应改变测定条件，加入掩蔽剂以消除干扰，或通过分离除去干扰组分之后，再进行测定。

此外还应根据本单位的设备条件、试剂纯度等，以考虑选择切实可行的分析方法。

综上所述，分析方法很多，各种方法均有其特点和不足之处，一个完整无缺适宜于任何试样、任何组分的方法是不存在的。因此，我们必须根据试样的组成及其组分的性质和含量、测定的要求、存在的干扰组分和本单位实际情况出发，选用合适的测定方法。

6.2　有效数字及数据处理

在定量分析过程中，为了获得准确的测定结果，不但需要准确的分析测量，而且还要正确地记录试验所得数据和结果。分析的结果不仅能表示测量值的大小，还能反映测量的精确程度，因此，需要了解有效数字的修约及运算规则。

6.2.1　有效数字

有效数字　是指在分析工作中实际可以测量的数字，它包括确定的数字和最后一位估计的不确定的数字。例如，用分析天平称量某物质的质量为 6.353 6 g，则表示该物质的质量为 6.353 5～6.353 7 g，因为天平有 ±0.000 1 的误差。6.353 6 有五位有效数字。前四位是确定的，最后一位是不确定的可疑的数字。如果将此物质放在物理天平上称量，其质量应为 6.35±0.01 g。因为物理天平的称量精度为 0.01 g，6.35 为三位有效数字。同样，如果用量筒量取某水溶液体积为 15.2 ml，表示有 ±0.1 ml 的误差，"15.2"数字中前两位是准确的，后一位是估计的，可疑的，但它们都是实际测量的，应全部有效，是三位有效数字。如果错误地保留了有效数字的位数，则会把测量结果的误差扩大或缩小。如分析天平称得某物质质量为 2.250 0 g，误差为 ±0.000 1，相对误差为：

$$相对误差(\%)=\frac{\pm 0.000\ 1}{2.250\ 0}\times 100\%=\pm 0.004\%$$

如果将称量结果记录为 2.25 g，那么误差为 ±0.01 g，相对误差为：

$$相对误差(\%)=\frac{\pm 0.01}{2.25}\times 100\%=\pm 0.4\%$$

在记录时少了两个零就把相对误差扩大了 100 倍。因此，在定量分析中，要求记录的数据和计算结果不但都必须是有效数字，而且也必须与所用的分析方法和所用仪器的精密程度相适应。不得任意增加或减少有效数字的位数。

下面以几组数据来说明有效数字的位数：

1.000 8	461.81	五位有效数字
0.100 0	10.98	四位有效数字
0.038 2	1.98×10^{-10}	三位有效数字
0.54	0.000 40	二位有效数字
3 600	100	有效数字位数含糊

在以上数据中"0"可能是有效数字，也可能是非有效数字。当"0"用来表示与测量精度有关的数值时，是有效数字；当"0"用来指示小数点的位置，只起定位作用时，不是有效数字。例如：0.015 6 可以写成 1.56×10^{-2}，两种写法准确度相同，所以 0.015 6 中的两个"0"都不是有效数字。对于以"0"结尾的正整数，有效数字位数不确定。例如：3 600 这个数字有效数字位数可能是两位、三位或四位。这时最好用指数形式来表示，写成 3.6×10^3，3.60×10^3 或 3.600×10^3。

分析化学中常用的数值，有效数字位数如下：

用天平称得的物质质量	1.253 7 g	五位有效数字
标准溶液的浓度	0.100 0 mol/L	四位有效数字
滴定时消耗的标准溶液的体积	12.35 mL	四位有效数字
配合物的稳定常数	$K_稳=1.00\times 10^8$	三位有效数字
解离常数	$K_a=1.6\times 10^{-4}$	二位有效数字
pH 值	11.20	二位有效数字

对于 pH 值等对数的有效数字取决于对数的尾数。

6.2.2　有效数字的修约规则

通常的分析测定过程，往往包括几个环节，然后根据所得的数据进行计算，最后求得分析结果。但是,各个测量环节的测量精度不一定完全一样,因而几个测量数据的有效数字的位数也不相同,在计算中要对多余的数字进行修约。修约规则为:"四舍六入,五后有数就进一,五后没数看单双"。

例如:将下列数据修约到只保留一位小数

26.245 4　26.360 8　26.450 2　26.650 0　26.350 0　26.050 0

解:根据上述修约规则

(1) 修约前　　　　　　修约后
　　26.245 4　　　　26.2

只保留一位小数时,应看小数点后第二位小数,而小数点后第二位小数等于或小于 4 时应予舍弃。

(2) 修约前　　　　　　修约后
　　26.360 8　　　　26.4

小数点后第二位小数为 6,应予进一。

(3) 修约前　　　　　　修约后
　　26.450 2　　　　26.5

小数点后第二位小数为 5,应予考虑,但 5 的后面并非全部为零,应予进一。

(4) 修约前　　　　　　修约后
　　26.650 0　　　　26.6

小数点后第二位小数为 5,应予考虑,5 的后面并全部为零,则应看"5"左面的数字,6 为偶数,则不进。

(5) 修约前　　　　　　修约后
　　26.350 0　　　　26.4

小数点后第二位小数为 5,应予考虑,5 的后面并全部为零,则应看"5"左面的数字,3 为奇数,则进一。

(6) 修约前　　　　　　修约后
　　26.050 0　　　　26.0

零视为偶数,故不进。

所拟舍弃的数字若为两位以上时,不得连续进行多次修约。例如:将 17.456 5 修约成整数,应一次修约为 17,若 17.456 5→17.456→17.46→17.5→18 则是错误的。

6.2.3　有效数字的运算规则

在处理数据时,常遇到一些准确度不同的数据,对于这些数据应按照一定的规则进行计算。

下面介绍在运算过程中应遵循的规则:

(一) 加减法

当几个数字相加减时,其和或差的有效数字保留,以小数点后位数最少的数据为依据(绝对误差最大的),将多余的数字进行修约后再进行计算。

例如:$0.030 1 + 18.64 + 1.061 3 2$

正确的计算为 Sum＝0.03＋18.64＋1.06＝19.73

错误的计算为 Sum＝0.030 1＋18.64＋1.061 32＝19.731 42

上面三个数据中,18.64 的小数点后面的数字位数最少,绝对误差最大,应以 18.64 为准,保留到小数点后面第二位,并且应先修约再加减,所以,上面的计算是正确的,下面的计算是错误的。

(二) 乘除法

当几个数字相乘除时,其积或商的有效数字保留,以有效数字位数最少的数据为依据(相对误差最大的),将多余的数字进行修约后再进行计算。

例如:0.012 1×25.64×1.057 82

三个数字的相对误差分别为:

0.012 1　　相对误差(%)＝$\dfrac{\pm 0.000\ 1}{0.012\ 1} \times 100\% = \pm 0.8\%$

25.64　　相对误差(%)＝$\dfrac{\pm 0.01}{25.64} \times 100\% = \pm 0.04\%$

1.057 82　　相对误差(%)＝$\dfrac{\pm 0.000\ 01}{1.057\ 82} \times 100\% = \pm 0.000\ 9\%$

可见,0.012 1 的相对误差最大,应以此数的有效数字的位数为准将其余两个数字进行修约,25.6,1.06。

计算结果为:0.012 1×25.6×1.06＝0.032 8

另外,在计算和取舍有效数字时,还应注意以下几点:

(1) 若某一数据中第一位有效数字大于或等于 8 时,则有效数字的位数可多算一位。例如:96 可视为三位有效数字。

(2) 分析过程中遇到的倍数、分数,例如 1/3,1/5,8 等,这样的数字是十分准确的,不能只认为它是一位有效数字,计算结果应由其他数据决定。

(3) 在分析过程中对于高含量组分(＞10%)的测定,要求分析结果为四位有效数字;对于中含量组分(1%～10%)的测定,一般要求分析结果为三位有效数字;对于微量组分(＜1%)的测定,一般要求分析结果为两位有效数字。

(4) 在分析化学计算中,对于化学平衡常数的计算,一般只保留两位或三位有效数字;对于各种误差的计算,最多取两位有效数字;对于 pH 值,由于它是 $c(H^+)$ 负对数值,有效数字的位数取决于小数部分。例如:pH＝11.20,有效数字的位数是两位,而不是四位。

定量分析的结果应根据以上规则进行计算,在使用计算器的过程中,切不可照抄计算器上显示的八位数字或十位数字。

6.3　误差的产生及表示方法

定量分析的任务是测定试样中组分的含量,因此分析结果必须达到一定的准确程度。不准确的分析结果会导致生产上的损失、资源的浪费、科学上的错误结论。

在定量分析中,由于受分析方法、测量仪器、所使用的试剂和分析人员等方面因素的限制,使测得的结果不可能和真值完全一致,这种在数值上的差别就是误差。随着科学技术水平的提高和人们经验、技巧及专门知识的丰富,误差可能被控制的越来越小,但不可能减小为零。因此,分析工作者在一定条件下应尽可能减小误差,并且对分析结果做出正确的评价,找出产生误差的原因及减小误差的途径。

6.3.1 准确度与误差

准确度的高低用误差来衡量,误差表示测定结果与真实值的差异。误差越大准确度越低,误差越小准确度越高。根据表示方式的不同误差分为**绝对误差和相对误差**。测量值与真实值之差称为绝对误差,常用 E 表示:

$$E = 测定值 - 真实值 = x_i - T \qquad (6-1)$$

绝对误差在真实值中所占的比例叫相对误差,分析化学中的相对误差常用百分率来表示:

$$相对误差 \quad RE(\%) = \frac{E}{\mu} \times 100\% = \frac{x - \mu}{\mu} \times 100\% \qquad (6-2)$$

例 6 - 1 已知测得某试样中含铜量为 86.06%,其真实值为 86.02%,求其相对误差和绝对误差。

$$E = 测定值 - 真实值 = 86.06\% - 86.02\% = +0.04\%$$

$$RE(\%) = \frac{E}{\mu} \times 100\% = \frac{x - \mu}{\mu} \times 100\%$$

$$= \frac{+0.04\%}{86.02\%} \times 100\% = 0.05\%$$

绝对误差和相对误差都有正值和负值,测定值大于真实值时绝对误差为正,表示测定结果偏高;测定值小于真实值时绝对误差为负,表示测定结果偏低。由于相对误差能够反映误差在真实值中所占的比例,故常用相对误差来表示或比较各种情况下测定结果的准确度。

一个真实值要通过测量结果来获得。由于任何测量方法和测量结果都难免有误差,因此,真实值不可能准确知道,分析化学上所谓的真实值是由具有丰富经验的工作人员采用多种可靠的分析方法反复测定得出的比较准确的结果。

6.3.2 精密度与偏差

精密度是指几次平行测定结果相互接近的程度,体现了测定结果的再现性。平行测定结果越接近,分析结果的精密度越高。精密度的高低用偏差来衡量。偏差是个别测量值 (X_i) 与多次测量平均值的差,它分为绝对偏差、相对偏差、平均偏差和标准偏差等。

(1)偏差

对同一试样,在同一条件下重复测定 n 次,结果分别为:$x_1, x_2, \cdots, x_n$。其算数平均值为:

$$\bar{x} = \frac{x_1 + x_2 + \cdots + x_n}{n} = \frac{\sum x_i}{n} \qquad (6-3)$$

绝对偏差是单次测量值与平均值之差,即:

$$d_i = x_i - \bar{x} \tag{6-4}$$

相对偏差是绝对偏差与平均值之比（常用百分数表示）

$$相对偏差 \quad Rd_i = \frac{d_i}{\bar{x}} \times 100\% \tag{6-5}$$

通常以单次测量偏差的绝对值的算术平均值即平均偏差来表示精密度。

$$\bar{d} = \frac{|d_1| + |d_2| + \cdots + |d_n|}{n} = \frac{\sum |d_i|}{n} \tag{6-6}$$

相对平均偏差是平均偏差与平均值之比（用百分数来表示）

相对平均偏差
$$\overline{d_r} = \frac{\bar{d}}{\bar{x}} \times 100\% \tag{6-7}$$

例 6-2　测定钢样中铬的百分含量,得如下结果:1.11,1.16,1.12,1.15 和 1.12。计算此结果的平均偏差及相对平均偏差。

解:由式(6-3)、(6-6)可得:

$$\bar{x} = \frac{\sum x_i}{n} = 1.13(\%)$$

$$\bar{d} = \frac{\sum |d_i|}{n} = \frac{0.09}{5} = 0.02(\%)$$

相对平均偏差　$\overline{d_r} = \frac{\bar{d}}{\bar{x}} \times 100\% = \frac{0.02}{1.13} \times 100\% = 1.8\%$

例 6-3　用碘量法测定某铜合金中铜的百分含量,得到两批数据,每批有 10 个。测定的平均值为 10.0%。各次测量的偏差分别为:

第一批 d_i:+0.3,−0.2,−0.4*,+0.2,+0.1,+0.4*,±0.0,−0.3,+0.2,−0.3

第二批 d_i:±0.0,+0.1,−0.7*,+0.2,−0.1,−0.2,+0.5*,−0.2,+0.3,+0.1

试以平均偏差表示两批数据的精密度。

解:
$$\overline{d_1} = \frac{\sum |d_i|}{n} = \frac{2.4}{10} = 0.24$$

$$\overline{d_2} = \frac{\sum |d_i|}{n} = \frac{2.4}{10} = 0.24$$

两批数据平均偏差相同,但第二批数据(−0.7～+0.5)明显比第一批数据(−0.4～+0.4)分散。即第二批精度低一些。因此,平均偏差在某些情况下不能反映测定的精密度。

(2)标准偏差和相对标准偏差

在数据处理中常用标准偏差来衡量精密度。标准偏差能更好地反映测定的精密度,当测定次数趋于无穷大时,总体标准偏差表达式为:

$$\sigma = \sqrt{\frac{\sum (x_i - \mu)^2}{n}} \tag{6-8}$$

式中 μ 为总体平均值,在校正系统误差的情况下 μ 即为真值。

在一般的分析工作中,有限测定次数时的标准偏差表达式为:

$$s = \sqrt{\frac{\sum_{i=1}^{n}(x_i-\bar{x})^2}{n-1}} \qquad (6-9)$$

式中的 $n-1$ 称为自由度,一组数据中共有 n 个值,其平均值为 $\bar{x}$,而 x_n 受 $\bar{x}$,x_1,x_2,$\cdots$,x_{n-1} 的制约,它可以由 $\bar{x}$,x_1,x_2,$\cdots$,x_{n-1} 的关系中计算出来,因此 x_n 不是独立变量。所以,对于一组有 n 个数据,其独立变量只有 $(n-1)$ 个,即自由度为 $n-1$。由于标准偏差的计算中是单次测量的绝对偏差平方后再求和,所以,它可比平均偏差更灵敏地反映测量结果的离散程度。

在例题 6-3 中,计算两批测定结果的标准偏差分别为:

$$s_1 = \sqrt{\frac{\sum d_i^2}{n-1}} = \sqrt{\frac{0.3^2+0.2^2+\cdots+0.3^2}{10-1}} = 0.28$$

$$s_2 = \sqrt{\frac{\sum d_i^2}{n-1}} = \sqrt{\frac{0.1^2+0.7^2+\cdots+0.1^2}{10-1}} = 0.33$$

$s_1 < s_2$,可见第一批数据的精密度比第二批好。

用标准偏差表示精密度的优点是标准偏差更灵敏地反映出较大偏差的存在,能更确切地评价出一组数据的精密度。

相对标准偏差又称变异系数,它定义为标准偏差在 $\bar{x}$ 中所占的比例。

相对标准偏差: $$CV = \frac{s}{\bar{x}} \times 100\%$$

例 6-4 重铬酸钾法测得某铁矿中铁的百分含量为:20.03%,20.04%,20.02%,20.05% 和 20.06%。计算分析结果的平均值,标准偏差和相对标准偏差。

平均值 $$\bar{x} = \frac{\sum x_i}{n} = \frac{20.03+20.04+\cdots+20.06}{5} = 20.04(\%)$$

标准偏差: $$s = \sqrt{\frac{\sum_{i=1}^{n}(x_i-\bar{x})^2}{n-1}}$$

$$= \sqrt{\frac{0.001}{5-1}} = 0.016(\%)$$

相对标准偏差 $$CV = \frac{s}{\bar{x}} \times 100\% = \frac{0.016}{20.04} \times 100\% = 0.080\%$$

如上所述,准确度是测定值与真实值的相符程度,用误差来衡量;精密度是表示 n 次测定结果相接近的程度,用偏差来衡量,两者的含义是不同的。因此,精确度高并不一定准确度也高,精确度只能说明测定结果的偶然误差较小,只有在消除系统误差后,精确度好,准确度才高。

6.3.3 误差的种类及产生原因

误差是分析结果与真实值之差,根据性质和产生原因可将误差分为三类。

（一）系统误差

这类误差是由于在分析过程中某些经常性原因造成的,它对分析结果的影响比较恒定,会在同一条件下的重复测定中显现出来,使测定结果系统的偏高或偏低。若能找出原因,并设法加以校正,系统误差就可以消除,因而它又称为可测误差。系统误差产生的主要原因是:

① 方法误差:这是由于分析测定用的方法不够完善而引起的误差。例如,重量分析中沉淀的溶解损失,因共沉淀或后沉淀现象使沉淀带有杂质;滴定分析中指示剂选择不当,而使滴定终点与当点不符合;干扰组分的存在等等,系统地导致结果偏高或偏低。

② 仪器误差:这是由于仪器本身缺陷造成的误差。如天平、容量器皿不准确等,在使用过程中就会使测定结果产生误差。

③ 试剂不纯引起的误差:如试剂不纯,配试剂的蒸馏水不符合要求等等,就会引入干扰组分,而造成误差。

④ 操作误差:由于操作者生理特点引起的误差,如有人对颜色的变化不敏感,对滴定终点判断过迟;滴定管读数时的偏高或偏低,而造成误差。

（二）随机误差

随机误差也称偶然误差,这类误差是由一些偶然和意外的原因产生的,例如,测定时环境的温度、湿度、气压的微小变化都会引起误差,在同一条件下多次测定出现的随机误差其大小、正负不定,是非单向性的,因此,不能用校正的方法来减小或避免此项误差。但是,在同样条件下多次测定可发现偶然误差服从正态分布规律。用曲线表示时称为正态分布曲线,如图 6-1,可以看出随机误差有如下特点:

① 大小相等的正、负误差出现的机会相等。

② 小误差出现的机会多,大误差出现的机会少。

③ 随测定次数的增加,偶然误差的算术平均值将逐渐接近于零(正、负抵消),因此,多次测定的结果的平均值更接近真值。

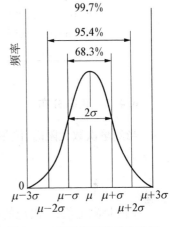

图 6-1　误差的正态分布曲线

（三）过失误差

由于分析人员工作上粗枝大叶、不遵守操作规程等导致的较大误差为过失误差。例如,器皿不清洁、试剂加错、滴定管读数读错、以及记录和计算的错误等等。含有过失误差的数据是错误的,应舍弃不用。不允许有过失误差的数据参加平均值的计算。

6.4　有限实验数据的统计处理

6.4.1　频数分布

以下是在不涉及系统误差的情况下讨论的。

频数:每组内的数据个数。

根据测量数据的组值与响应的频数(或相对频数)绘制成频率分布直方图。

$$相对频数 = \frac{频数}{样本容量}$$

由于随机误差的存在,分析数据具有分散性,又有向某个中心值集中的趋势,这种既分散又集中的特性就是随机误差分布的规律。

表 6-1 频数分布表

分组	频数	相对频数
1.265%~1.295%	1	0.01
1.295%~1.325%	4	0.04
1.325%~1.355%	7	0.07
1.355%~1.385%	17	0.17
1.385%~1.415%	24	0.24
1.415%~1.445%	24	0.24
1.445%~1.475%	15	0.15
1.475%~1.505%	6	0.06
1.505%~1.535%	1	0.01
1.535%~1.565%	1	0.01
$\sum$	100	1.00

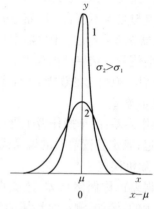

图 6-2 频数分布直方图

6.4.2 正态分布

当测量次数无限时,测量数据一般符合正态分布规律,其概论密度函数为:

$$y = f(x) = \frac{1}{\sigma\sqrt{2\pi}} e^{\frac{-(x-\mu)^2}{2\sigma^2}}$$

y 就是测定值 x_i 出现的概论大小。

μ:曲线的最高点对应的横坐标就是 μ,即总体平均值,平均值出现的概论最大,消除了系统误差。$\mu \to T$

σ:总体标准偏差,是拐点之一到直线 $x=\mu$ 的距离,表征测定值的分散程度。σ 小,峰瘦高;σ 大,峰胖矮(对于同一总体)。一旦 μ,σ 确定,正态分布曲线的位置和形状也就确定了。所以 μ,σ 是正态分布的两个基本参数。这种正态分布用 $N(\mu,\sigma^2)$ 表示。

如果用 $x \to \mu$ 代替 x,就得到了随机误差的正态分布曲线。随机误差的特征:

(1) 对称性

(2) 单峰性

(3) 有界性:绝对值很大的误差出现的概率很小。

6.4.3 标准正态分布

以标准偏差 σ 为单位表示随机误差,引入变量 u。

$$u = \frac{x-\mu}{\sigma}$$

正态分布曲线就变换为以标准偏差 σ 为单位的 u 值作横坐标的标准正态分布曲线,相

应以 u 值为变量的函数 $\varphi(u)$ 称为标准正态分布概率密度函数。

$$y = \varphi(u) = \frac{1}{\sqrt{2\pi}} e^{-\frac{u^2}{2}}$$

标准正态分布记为 $N(0,1)$，标准正态分布曲线见图 6-4。

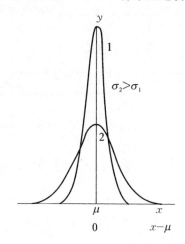

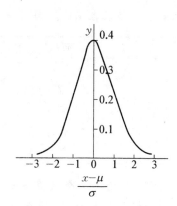

图 6-3　正态分布曲线　　　　图 6-4　标准正态分布曲线

6.4.4　随机误差概率的计算

标准正态分布曲线与横坐标 $-\infty$ 到 $+\infty$ 之间的所夹的面积，代表所有数据出现的总概率，其值为 100% 即 1。因此落在 0 到 u 范围内的测量值出现的概率，就应为其所包围的面积与总面积之比。即

$$\text{概率} = \text{面积} = \int_0^u \varphi(u)\mathrm{d}u$$

不同 u 值时所占面积已用积分方法求得，并绘成各种形式的概率积分表，供查用。

表 6-2　正态分布概率积分图

$|\mu|$	面积	$|\mu|$	面积	$|\mu|$	面积
0.0	0.000 0	1.0	0.341 3	2.0	0.477 3
0.1	0.039 8	1.1	0.364 3	2.1	0.482 1
0.2	0.079 3	1.2	0.384 9	2.2	0.486 1
0.3	0.117 9	1.3	0.403 2	2.3	0.489 3
0.4	0.155 4	1.4	0.419 2	2.4	0.491 8
0.5	0.191 5	1.5	0.433 2	2.5	0.493 8
0.6	0.225 8	1.6	0.445 2	2.6	0.495 3
0.7	0.258 0	1.7	0.455 4	2.7	0.496 5
0.8	0.288 1	1.8	0.464 1	2.8	0.497 4
0.9	0.351 9	1.9	0.471 3	2.9	0.498 7

例 6-5 计算测量值落在区间 $\mu \pm 1.64\sigma$ 内的概率。

解: 概率＝面积＝$\int_0^u \varphi(u)\mathrm{d}u$

$$u = \frac{x-\mu}{\sigma} \quad x = \mu \pm u\sigma$$

查积分表 $\mu = 1.64$ 时,面积为 0.449 5,求得测量值落在区间 $\mu \pm 1.64\sigma$ 内的概率 $P = 2 \times 0.449\,5 = 89.9\%$。

同理,可求出测量值落在其他区间的概率为:

$|\mu|$	面积	区间	概率%
1.0	0.341 3	$\mu \pm \sigma$	68.3
1.96	0.475 0	$\mu \pm 1.96\sigma$	95.0
2.0	0.477 3	$\mu \pm 2\sigma$	95.5
2.58	0.495 1	$\mu \pm 2.58\sigma$	99.0
3.0	0.498 7	$\mu \pm 3\sigma$	99.7

例 6-6 某班学生的 117 个数据基本遵从正态分布 $N(66.62, 0.212)$,求数据落在 66.20~67.08 中的概率及大于 67.08 的数据可能有几个。

解: $\mu = 66.62$　$\sigma = 0.21$

当 $x = 66.20$ 时,$\mu = \dfrac{x-\mu}{\sigma} = \dfrac{66.20-66.62}{0.21} = -2.0$

查 $|\mu| = 2.0$ 时,概率为 0.477 3

当 $x = 67.08$ 时　$\mu = \dfrac{x-\mu}{\sigma} = \dfrac{67.08-66.62}{0.21} = 2.19$

查 $|\mu| = 2.19$ 时,概率为 0.485 7

数据落在 66.20~67.08 内的概率为 0.477 3＋0.485 7＝96.3%

数据大于 67.08 的概率为 $P = 0.5 - 0.485\,7 = 0.014\,3$

可能的个数为 $117 \times 0.014\,3 \approx 2$

6.4.5　少量数据的统计处理

正态分布是无限测量数据的分布规律,而在实际工作中,只能对随机抽得的样本进行有限的测量。如何以统计的方法处理有限次测量数据,使其能合理地推断总体的特性? 这是本节讨论的问题。

（1）t 分布曲线

当测量数据不多时,总体标准偏差 σ 是不知道的,只好用样本标准偏差 s 来估计测定的分散情况。用 s 代替 σ,必然引起正态分布的偏差,这时可用 t 分布来处理,t 分布如图 6-5 所示,纵标仍为概率密度,但横坐标为统计量 t。

t 定义为:$t = x - \dfrac{x-\mu}{s}$

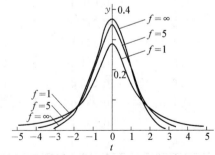

图 6-5　t 分布曲线

t 分布曲线与正态分布曲线相似，只是 t 分布曲线随自由度 f 而改变。$f \to \infty$ 时，t 分布就趋近正态分布。

与正态分布曲线一样，t 分布曲线下面一定区间内的积分面积，就是该区间内随机误差出现的概率。不同的是 t 分布曲线形状不仅随 t 值而改变。t 值已计算出来。

表 6 - 3 **t 值表**

f	置信度，显著性水准		
	$P=0.90$ $\alpha=0.10$	$P=0.95$ $\alpha=0.05$	$P=0.99$ $\alpha=0.01$
1	6.31	12.71	63.66
2	2.92	4.30	9.92
3	2.35	3.18	5.84
4	2.13	2.78	4.60
5	2.02	2.57	4.03
6	1.94	2.45	3.71
7	1.90	2.36	3.50
8	1.86	2.31	3.36
9	1.83	2.26	3.25
10	12.81	2.23	3.17
20	1.72	2.09	2.84
21	1.64	1.96	2.58

表中置信度用 P 表示，它表示在某一 t 值时，测定值落在 $(\mu \pm ts)$ 范围内的概率，落在此范围之外的概率为 $(1-P)$ 称为显著性水准，用 α 表示。由于 t 值与置信度及自由度有关，一般表示为 $t_{P,f}$。

例 $t_{0.05,10}$，表示置信度为 95%，自由度为 10 时的 t 值。

理论上，只有当 $f \to \infty$，各置信度对应的 t 值才与相应的 u 值一致，实际上，$f=20$ 时，t 值与 u 值已十分接近了。

（2）平均值的置信区间

由随机误差的区间概率可知，当用单次测量结果 (x) 来估计总体平均值 μ 的范围，则 μ 包括在 $(x \pm 1\sigma)$ 范围内的 $P=68.3\%$，在 $(x \pm 1.64\sigma)$ 范围内的概率 $P=90\%$；在 $(x \pm 1.96\sigma)$ 范围内的概率为 95%。

它的数字表达式：$\mu = x \pm u\sigma$

不同置信度的 u 值可查表得到。

若以样本平均值来估计总体平均值可能存在的区间，可按式

$$\mu = x \pm \frac{u\sigma}{\sqrt{n}}$$

对于少量数据，必须根据 t 分布进行统计处理。则有

$$\mu = \bar{x} \pm ts_{\bar{x}} = \bar{x} \pm \frac{ts}{\sqrt{n}}$$

它表示在一定置信度下,以平均值 $\bar{x}$ 为中心,包括总体平均值 μ 的范围。这个范围就叫平均值的置信区间。

对于置信区间的概念必须正确理解,如 $\mu=47.50\%\pm0.10\%$ 置信度为 95%,应当理解为在 $47.50\%\pm0.10\%$ 的区间内包括总体平均值 μ 的概率为 95%。因为 μ 是客观存在的,没有随机性,不能说它落在某一区间的概率为多少。

例 6-7 对某未知试样中 Cl^- 的质量分数进行测定,4 次结果为 47.64%、47.69%、47.52%、47.55%。计算置信度为 90%、95%、99% 时,总体平均值 μ 的置信区间。

解: $\bar{x} = 47.64\% + 47.69\% + 47.52\% + 47.55\% = 47.60\%$

$$s = \sqrt{\frac{\sum (x-\bar{x})^2}{n-1}} = 0.08\%$$

$P = 90\%$ 时　$t_{0.10,3} = 2.35$　$\mu = \bar{x} \pm \dfrac{ts}{\sqrt{n}} = 47.60\% \pm 0.01\%$

$P = 95\%$ 时　$t_{0.05,3} = 3.18$　$\mu = 47.60 \pm 0.13\%$

$P = 99\%$ 时　$t_{0.01,3} = 5.84$　$\mu = 47.60 \pm 0.23\%$

可见,置信度越高,置信区间越大,即所估计的区间包括真值的可能性越大,在分析化学中一般将 P 定在 95% 或 99%。

（3）显著性检验

在实际工作中,经常遇到这样的情况,某一分析人员对标准试样进行分析,得到的平均值与标准值不完全一致;或同一分析人员采用两种不同方法对同一试样进行分析,得到的两组数据的平均结果不一致;或两个不同分析人员对同一试样进行分析时,两组数据的平均结果存在差异。这种差异是由随机误差引起的,还是它们之间有明显的系统误差? 这类问题在统计学中属于"假设检验"。如果分析结果之间存在"显著性差异",就认为它们之间有明显的系统误差;否则就认为没有系统误差,纯属偶然误差引起的,认为是正常的。

显著性检验方法在分析化学中常用的有 t 检验法和 F 检验法。

① t 检验法

平均值与标准值的比较,目的就是检验平均值与标准之间是否有显著性差异。即检验分析方法或操作过程是否存在较大的系统误差。可对标准样品进行若干次分析,再利用 t 检验法比较分析结果的平均值与标准试样的标准值之间是否存在显著性差异。

首先按下式计算 t 值:

$$T = \bar{x} + \frac{ts}{\sqrt{n}}$$

$$t = \frac{|\bar{x} - T|}{s}\sqrt{n}$$

若 t 值大于表中的 $t_{P,f}$ 值,则认为存在显著性差异,否则不存在。通常以 95% 的置信度为检验、标准。也可以反过来理解,若 $\mu = \bar{x} \pm t\dfrac{s}{\sqrt{n}}$ 区间能将标准值 T 包括在其中,则即使 $\bar{x}$ 与 T 不完全一致,但也无显著性差异,因为按 t 分布规律这些差异是由随机误差引起的。

例6-8 采用某种新方法测定基准明矾中铝的质量分数,得到下列9个分析结果:10.74%,10.77%,10.77%,10.77%,10.81%,10.82%,10.73%,10.86%,10.81%,已知明矾中铝含量的标准值(以理论值代替)为10.77%。试问采用该新方法后,是否引起系统误差($P=95\%$)?

解:$n=9$ $f=9-1=8$

$\bar{x}=10.79\%,s=0.042\%$

$$t=\frac{|\bar{x}-\mu|}{s}\sqrt{n}=\frac{|10.79\%-10.77\%|}{0.042}\sqrt{9}=1.43$$

查 $P=0.95$,$f=8$ 时,$t_{0.05,8}=2.31$。$t<t_{0.05,8}$,故 $\bar{x}$ 与 μ 之间不存在显著差异,即采用新方法后,没有引起明显的系统误差。

② F 检验法和 t 检验法

两组数据平均值的比较。不同分析人员或同一分析人员采用不同的方法,所得到的平均值,一般是不相等的。判断这两个平均值之间是否存在显著性差异,可采用 F 检验法和 t 检验法。

设两组数据为:

n_1 s_1 $\overline{x_1}$

n_2 s_2 $\overline{x_2}$

a. 首先采用 F 检验法,判断两组数据的精密度有无明显差异。

$$F=\frac{s_{大}^2}{s_{小}^2}$$

F 检验的基本假设是如果两组测定值来自同一总体就应该具有相同或差异很小的方差,即 F 就接近于1。根据两组数据的自由度,由 F 值表查出相应的 $F_{P,f}$,与计算值 F 比较,若 $F_{计}>F_{P,f}$,则以一定的置信度认为这两组数据的精密度存在显著性差异。可以判断,其中某组数据具有较大的方差,即该组数据的精密度低,其准确度值得怀疑,因此不必再对两个 $\bar{x}$ 比较。

如果 $F_{计}<F_{P,f}$,则 s_1 与 s_2 无显著性差异,那么再进行 t 检验。

b. 用 t 检验判断两个平均值 $\overline{x_1}$ 和 $\overline{x_2}$ 之间有无显著性差异,计算合并标准偏差 s:

$$s=\sqrt{偏差平方和/总自由度}$$
$$=\sqrt{\frac{\sum(x_{1i}-\overline{x_1})^2+\sum(x_{2j}-\overline{x_2})^2}{n_1+n_2-2}}$$

计算统计量 t 值:

假设 $\overline{x_1}$ 和 $\overline{x_2}$ 属于同一总体,即 $\mu_1=\mu_2$

$$\overline{x_1}\pm\frac{t_s}{\sqrt{n_1}}=\overline{x_2}\pm\frac{t_s}{\sqrt{n_2}}$$

$$\overline{x_1}-\overline{x_2}=\pm t_s\sqrt{\frac{n_1+n_2}{n_1n_2}} \qquad t=\frac{|\overline{x_1}-\overline{x_2}|}{s}\sqrt{\frac{n_1n_2}{n_1+n_2}}$$

查表如 $t_{计}>t_{P,(n_1+n_2-2)}$(表6-3,t 值表),则认为两组数据不属于同一总体,有显著性差异。

若 $t_{计} < t_{P,(n_1+n_2-2)}$，则上述假设成立，两组数据间无系统误差。

表 6-4 置信度 95% 时 F 值（单边）

$f_{s大}$ / $f_{s小}$	2	3	4	5	6	7	8	9	10	∞
2	19.00	19.16	19.25	19.30	19.33	19.36	19.37	19.38	19.39	19.50
3	9.55	9.28	9.12	9.01	8.94	8.88	8.84	8.81	8.78	8.53
4	6.94	6.59	6.39	6.26	6.16	6.09	6.04	6.00	5.96	5.63
5	5.79	5.41	5.19	5.05	4.95	4.88	4.82	4.78	4.74	4.36
6	5.14	4.76	4.53	4.39	4.28	4.21	4.15	4.10	4.06	3.67
7	4.74	4.35	4.12	3.97	3.87	3.79	3.73	3.68	3.63	3.23
8	4.46	4.07	3.84	3.69	3.58	3.50	3.44	3.39	3.34	2.93
9	4.26	3.86	3.63	3.48	3.37	3.29	3.23	3.18	3.13	2.71
10	4.10	3.71	3.48	3.33	3.22	3.14	3.07	3.02	2.97	2.54
∞	3.00	2.60	2.37	2.21	2.10	2.01	1.94	1.88	1.83	1.00

$f_{s大}$：大方差数据的自由度；$f_{s小}$：小方差数据的自由度。

表中所列 F 值用单侧检验时，即检验某组数据的精密度是否大于或等于另一组数据的精密度，此时置信度为 95%（显著性水平为 0.05）。而用于判断两组数据的精密度是否有显著性差异时，即一组数据的精密度可能大于、等于或小于另一组数据的精密度时，显著性水平为单侧检验时的两倍，即 0.10，因而此时的置信度 $P = 1 - 0.10 = 0.90（90\%）$。

例 6-9 用两种方法测定合金中铌的质量分数，所得结果如下：

第一法 1.26% 1.25% 1.22%

第二法 1.35% 1.31% 1.33% 1.34%

试问两种方法之间是否有显著性差异（置信度 90%）？

$n_1 = 3$，$\overline{x_1} = 1.24\%$，$s_1 = 0.021\%$

$n_2 = 3$，$\overline{x_2} = 1.24\%$，$s_2 = 0.017\%$

解：$F = \dfrac{(0.021)^2}{(0.017)^2} = 1.53$ 查表 6-4，$f_{s大} = 2$ $f_{s小} = 3$ $F_{表} = 9.55$

$F < F_{表}$，说明两组数据的标准偏差没有显著性差异，故求得合并标准偏差为

$$s = \sqrt{\frac{\sum (x_{i1} - \overline{x_1})^2 + \sum (x_{i2} - \overline{x_2})^2}{n_1 + n_2 - 2}} = 0.019$$

$$t = \frac{|\overline{x_1} - \overline{x_2}|}{s} \sqrt{\frac{n_1 n_2}{n_1 + n_2}} = \frac{|1.24 - 1.33|}{0.019} \sqrt{\frac{3 \times 4}{3 + 4}} = 6.21$$

查表 6-4，当 $P = 0.90$ 时，$f = n_1 + n_2 - 2 = 5$ 时，$t_{0.10,5} = 2.02$。$t > t_{0.10,5}$，故两种分析方法之间存在显著性差异，必须找出原因，加以解决。

例 6-10 在吸光光度分析中，用一台旧仪器测定溶液的吸光度 6 次，得标准偏差 $s_1 = 0.055$；再用一台性能稍好的新仪器测定 4 次，得标准偏差 $s_2 = 0.022$。试问新仪器的精密度是否显著地优于仪器的精密度？

解:在本题中,已知新仪器的性能较好,它的精密度不会比旧仪器的差,因此这是属于单边检验问题。

$$n_1 = 6, \quad s_1 = 0.055$$
$$n_2 = 4, \quad s_2 = 0.022$$

已知 $s_{大}^2 = 0.055^2 = 0.003\,0 \quad s_{小}^2 = 0.022^2 = 0.000\,48$

$$F = \frac{s_{大}^2}{s_{小}^2} = \frac{0.003\,0}{0.000\,48} = 6.25$$

查表 6-4,当 $P = 0.90$ 时,$f = n_1 + n_2 - 2 = 5$ 时,$t_{0.10,5} = 2.02$,$t > t_{0.10,5}$,故两种器皿之间不存在显著性差异,$f_{大} = 6 - 1 = 5$,$f_{小} = 4 - 1 = 3$,$F_{表} = 9.01$,$F < F_{表}$。

例 6-11 采用两种不同的方法分析某种试样,用第一种方法分析 11 次,得标准偏差 $s_1 = 0.21\%$;用第二种方法分析 9 次,得标准偏差 $s_2 = 0.60\%$。试判断两种分析方法的精密度之间是否有显著性差异?

解:在本例中,不论是第一种方法的精密度显著地优于或劣于第二种方法的精密度,都认为它们之间有显著性差异,因此,这是属于双边检验的问题。

查表 3-4,$f_{大} = 9 - 1 = 8$,$f_{小} = 11 - 1 = 10$,$F_{表} = 3.07$,$F > F_{表}$,故可以认为两种方法的精密度之间存在显著性差异。作出此种判断的置信度为 90%。

(4) 异常值的取舍

在实验中得到一组数据,往往个别数据离群较远,这一组数据称为异常值,又称可疑或极端值。若这是由于过失造成的,如溶解试样有溶液溅出,滴定时加入了过量的滴定剂等等,则这一数据必须舍去。若并非这种情况,则对异常值不能随意取舍,特别是当测量数据较少时,异常值的取舍对分析结果产生很大的影响,必须慎重对待。对于不是因为过失而造成的异常值,应按一定的统计学方法进行处理。统计学处理异常值的方法有好几种,下面重点介绍处理方法较简单的 $4\bar{d}$ 法、Q 检验法及效果较好的格鲁布斯(Grubbs)法。

① $4\bar{d}$ 法

根据正态分布规律,偏差超过 3σ 的个别测定值的概率小于 0.3%,故这一测量值通常可以舍去。而 $\delta = 0.80\sigma$,$3\sigma = 4\delta$,即偏差超过 4δ 的个别测定值可以舍去。

对于少量实验数据,只能用 s 代替 σ,用 $\bar{d}$ 代替 δ,故可粗略地认为,偏差大于 $4\bar{d}$ 的个别测定值可以舍去。这样处理问题存在较大的误差,但是这种方法比较简单,不必查表,至今仍为人们所采用。当 $4\bar{d}$ 法与其他检验法矛盾时,应以其他法为基准。

用 $4\bar{d}$ 法判断异常值的取舍时,首先求出异常值外的其余数据的平均值 $\bar{x}$ 和平均偏差 $\bar{d}$,然后将异常值和平均值进行比较,如绝对差值大于 $4\bar{d}$,则将可疑值舍去,否则保留。

例 6-12 测定某药物中钴的含量($\mu g \cdot g^{-1}$),得结果如下:1.25,1.27,1.31,1.40。试问 1.40 这个数据是否保留?

解:首先不计异常值 1.40,求得其余数据的平均值 $\bar{x}$ 和平均偏差 $\bar{d}$ 为:

$$\bar{x} = 1.28 \quad \bar{d} = 0.023$$

异常值与平均值的差的绝对值为 $|1.40 - 1.28| = 0.12 > 4\bar{d}(0.092)$,故 1.40 这一数据应舍去。

表 6-5 $G_{P,n}$ 值表

n	置信度 P		
	95%	97.5%	99%
3	1.15	1.15	1.15
4	1.46	1.48	1.49
5	1.67	1.71	1.75
6	1.82	1.89	1.94
7	1.94	2.02	2.1
8	2.03	2.13	2.22
9	2.11	2.21	2.32
10	2.18	2.29	2.41
11	2.23	2.36	2.48
12	2.29	2.41	32.55
13	2.33	2.46	2.61
14	2.37	2.51	2.63
15	2.41	2.55	2.71
20	2.56	2.71	2.88

② 格鲁布斯(Grubbs)法

有一组数据,从小到大排列为:$x_1, x_2, \cdots, x_{n-1}, x_n$,其中 x_1 或 x_2 可能是异常值。

用格鲁布斯法判断时,首先计算出该组数据的平均值及标准偏差,再根据统计量 G 进行判断。

设 x_1 是可疑的,则 $G = \dfrac{\bar{x} - x_1}{s}$;

若 x_n 是可疑的,则 $G = \dfrac{x_n - \bar{x}}{s}$。

将计算所得 G 值与表 6-5 中相应数据比较,若 $G > G_{P,n}$,则异常值应舍去,否则保留。格鲁布斯法最大的优点,是在判断异常值的过程中,引入了正态分布中的两个最重要的两个样本参数 $\bar{x}$ 和 s,故方法的准确性较好。这种方法的缺点是需要计算 $\bar{x}$ 和 s,手续稍麻烦。

例 6-13 前一例中的实验数据,用格鲁布斯法判断时,1.40 这个数据是否保留(置信度 95%)?

解:$\bar{x} = 1.31 \quad s = 0.066$

$$G = \frac{x_n - \bar{x}}{s} = \frac{1.40 - 1.31}{0.066} = 1.36$$

查表 3-5,$G_{0.05,4} = 1.46$,$G < G_{0.05,4}$,故 1.40 这个数据应该保留。

此结论与前一例中用 $4\bar{d}$ 法判断所得结论不同。在这种情况下,一般取格鲁布斯法的结论,因为这种方法的可靠性较高。

③ Q 检验法

设一组数据,从小到大排列为:$x_1, x_2, \cdots, x_{n-1}, x_n$,设 x_n 为异常值,则统计量 $Q =$

$\dfrac{x_n-x_{n-1}}{x_n-x_1}$，若 x_1 为异常值，则 $Q=\dfrac{x_2-x_1}{x_n-x_1}$ 式中分子为异常值与其相邻的一个数值的差值，分母为整组数据的极差。Q 值越大，说明 x_n 离群越远。Q 称为"舍弃商"。统计学家已经计算出不同置信度时的 Q 值（表 6 - 6），当计算所得 Q 值大于表中的 Q 值时，该异常值即应舍去。否则应于保留。

例 6 - 14　例 6-13 中的实验数据，用 Q 检验法判断时，1.40 这个数据应保留否（置信度 90%）?

解：$Q=\dfrac{1.40-1.31}{1.40-1.25}=0.60$

已知 $n=4$，查表 3 - 6，$Q_{0.90}=0.76$，$Q<Q_{0.90}$，故 1.40 这个数据应予保留。

表 6 - 6　Q 值表

测定次数 n		3	4	5	6	7	8	9	10
	90%	0.94	0.76	0.64	0.56	0.51	0.47	0.44	0.41
置信度	95%	0.98	0.85	0.73	0.64	0.59	0.54	0.51	0.48
	99%	0.99	0.93	0.82	0.74	0.68	0.63	0.60	0.57

最后应该指出：异常值的取舍是一项十分重要的工作。在实验过程中得到一组数据后，如果不能确定个别异常值确系由于"过失"引起的，我们就不能轻易地去掉这个数据，而是要用上述统计检验方法进行判断之后，才能确定取舍。在这一步工作完成后，我们就可以计算数据的平均值标准偏差以及进行其他有关数理统计工作。

6.5　提高分析结果准确度的方法

准确度表示分析结果的正确性，决定于系统误差和偶然误差的大小，因此，要获得准确的分析结果，必须尽可能地减小系统误差和偶然误差。

6.5.1　选择适当的分析方法

化学分析的灵敏度虽然不高，但对于常量组分的测定能得到较准确的结果，一般相对误差不越过千分之几。仪器分析具有较高的灵敏度，用于微量或痕量组分含量的测定，对测定结果允许有较大的相对误差，如滴定分析测 Fe^{2+} 40.20%，方法的相对误差为 0.2%。Fe^{2+} 的含量范围：40.12%～40.28%，如用比色分析方法的相对误差为 2% Fe^{2+} 的含量范围：39.40%～41.00%，准确度较前者低，相反，微量或痕量组分含量无法用化学分析测定。

6.5.2　减小测量的相对误差

仪器和量器的测量误差也是产生系统误差的因素之一。

（1）称量

$$相对误差＝绝对误差/样品的质量$$

样品的称量质量越大，相对误差越小。

分析天平一般的绝对误差为±0.000 2 g，如人欲称量的相对误差不大于 0.1%，那么应称量的最小质量不小于 0.2 g。(0.2～0.5)

（2）体积

$$相对误差＝绝对误差/样品的体积$$

在滴定分析中，滴定管的读数误差一般为±0.02 ml。为使读数的相对误差不大于 0.1%，那么滴剂的体积就应不小于 20 ml。(20～25 ml)

称量的准确度还与分析方法的准确度一致。如光度法的误差为 2%，若称取 0.5 g 试样，那么就不必要像滴定分析法和重量法那样强调将试样称准到±0.000 1 g。

称准至±0.001 g 比较适宜。

（3）称量和体积

$$0.1\ mol \cdot L^{-1}\ HCl\quad 滴定\ Na_2CO_3\quad 相对误差为\ 0.1\%$$

分析天平的绝对误差为±0.000 3 g。

$$体积\ 20\ ml\quad 称量\ 0.7\ g$$

20 ml 0.1 mol · L^{-1} HCl 应消耗 0.1 g Na$_2$CO$_3$。(称 1 g 配成 250 ml 取 25 ml 即可)

6.5.3　检验和消除系统误差

（1）对照实验

对照实验用于检验和消除方法误差。用待检验的分析方法测定某标准试样或纯物质，并将结果与标准值或纯物质的理论值相对照。

（2）空白实验

空白实验是在不加试样的情况下，按照与试样测定完全相同的条件和操作方法进行实验所得的结果称为空白值，从试样测定结果中扣除空白值就起到了校正误差的作用。

空白实验的作用是检验和消除由试剂、溶剂和分析仪器中某些杂质引起的系统误差。

（3）校准仪器和量器

允许测定结果的相对误差大于 0.1% 时，一般不必校准仪器。

6.5.4　适当增加平行测定次数，减小随机误差

随机误差不能避免，但是可以通过增加平行测定次数使之减小。实际工作中测定次数为 4～6 次就足够了。

6.5.5　正确表示分析结果

为了正确地表示分析结果，不仅要表明其数值的大小，还应该反映出测定的准确度、精密度以及为此进行的测定次数。

因此最基本的参数为样本的平均值、样本的标准偏差和测定次数。也可以采用置信区间表示分析结果。

习　题

一、选择题

1. 下面对分析化学学科的描述中,正确的是(　　)。

A. 只是一种定量检测技术　　　　　　B. 只是一种定性检测技术

C. 获取物质化学信息的学科　　　　　D. 获取物质化学性质的学科

2. 分析化学的要求是(　　)。

A. 允许各类误差的存在　　　　　　　B. 尽量减小误差

C. 适当减小误差　　　　　　　　　　D. 不允许各类误差的存在

3. 下列属于定量分析的是(　　)。

A. 矿样中金元素的鉴定　　　　　　　B. 牛奶中三聚氰胺的鉴定

C. 头发中锌含量的测定　　　　　　　D. 烯烃的顺反异构体分离

4. 常量分析是指取样量(　　)。

A. >0.1 g　　　　B. 0.01~0.1 g　　　　C. 0.1~10 mg　　　　D. <0.1 mg

5. 微量分析是指取样量(　　)。

A. >10 mL　　　　B. 1~10 mL　　　　C. 0.01~1 mL　　　　D. <0.01 mL

6. 痕量组分分析是指被分析物含量(　　)。

A. >1%　　　　B. 0.01~1%　　　　C. <0.01%　　　　D. ~0.000 1%

7. 大米和稻谷中多菌灵农残的国家限量为 2 mg·kg^{-1},所以,其检测属于(　　)。

A. 常量组分分析　　B. 微量组分分析　　C. 痕量组分分析　　D. 超痕量组分分析

8. 对沙湖水进行分析时,取样的基本原则是(　　)。

A. 需要对全部的湖水进行分析

B. 在比较安全的湖边进取水样进行分析

C. 只需要在湖表面取水样进行分析

D. 按照环境分析要求,在不同位置不同深度取样,保证所取湖水样品具有代表性

9. 矿样中碳含量测定中,其书写方法可以是(　　)。

A. C　　　　B. CO　　　　C. CO$_2$　　　　D. H$_2$CO$_3$

10. 物质的量浓度单位是(　　)。

A. %　　　　B. mol·kg^{-1}　　　　C. mg·L^{-1}　　　　D. mol·L^{-1}

11. 固体样品中待测组分含量的表示方法一般是(　　)。

A. 物质的量浓度　　B. 质量分数　　C. 摩尔分数　　D. 体积分数

12. 化学计量点的英文缩写为(　　)。

A. ap　　　　B. ep　　　　C. sp　　　　D. pp

13. 在滴定分析中,确定滴定终点的方法有(多选题)(　　)。

A. 指示剂法　　B. 光度法　　C. 电位法　　D. 重量法

14. 在分析化学中,反应定量进行是指反应程度达到(　　)。

A. 95%以上　　　　B. 99%以上　　　　C. 99.9%以上　　　　D. 100%

15. 滴定分析法准确度高,即相对误差不大于(　　)。

A. 0.2%　　　　B. 1.0%　　　　C. 5.0%　　　　D. 10.0%

16. 滴定分析法属于(　　)。

A. 常量组分分析法　　B. 微量组分分析法　　C. 痕量组分分析法　　D. 微量分析法

17. 根据滴定反应类型不同,可以把滴定分析法分类为( )。

A. 2 类　　　　　　 B. 4 类　　　　　　 C. 6 类　　　　　　 D. 8 类

18. 以 $K_2Cr_2O_7$ 基准物质标定 $Na_2S_2O_3$ 标准溶液的浓度,属于( )。

A. 直接滴定法　　　 B. 返滴定法　　　 C. 置换滴定法　　　 D. 间接滴定法

二、判断题

1. $KMnO_4$ 和 Ca^{2+} 不发生氧化还原反应,所以,Ca^{2+} 不能用 $KMnO_4$ 法测定。（　　）

2. 滴定终点必须和化学计量点一致,才可以实现定量分析。（　　）

3. 分析化学和生物学、环境学、材料学是不同的学科,没有任何关系。（　　）

4. 化学分析是绝对定量法,绝大多数仪器分析是相对定量法。（　　）

三、计算题

1. 标定浓度约为 $0.1\ mol\cdot L^{-1}$ 的 NaOH,欲消耗 NaOH 溶液 20 mL 左右,应称取基准物质 $H_2C_2O_4\cdot 2H_2O$ 多少克? 其称量的相对误差能否达到 0.1%? 若不能,可以用什么方法予以改善? 若改用邻苯二甲酸氢钾为基准物,结果又如何?

2. 测定某铜矿试样,其中铜的质量分数为 24.87%、24.93% 和 24.69%。真实值为 25.06%,计算:(1) 测定结果的平均值;(2) 中位值;(3) 绝对误差;(4) 相对误差。

3. 测定铁矿石中铁的质量分数(以 $w_{Fe_2O_3}$ 表示),5 次结果分别为:67.48%、67.37%、67.47%、67.43% 和 67.40%。计算:(1) 平均偏差;(2) 相对平均偏差;(3) 标准偏差;(4) 相对标准偏差;(5) 极差。

4. 某铁矿石中铁的质量分数为 39.19%,若甲的测定结果(%)是:39.12、39.15、39.18;乙的测定结果(%)为:39.19、39.24、39.28。试比较甲、乙两人测定结果的准确度和精密度(精密度以标准偏差和相对标准偏差表示之)。

5. 现有一组平行测定值,符合正态分布($\mu=20.40,\sigma^2=0.04^2$)。计算:(1) $x=20.30$ 和 $x=20.46$ 时的 u 值(-2.5,1.5);(2) 测定值在 20.30~20.46 区间出现的概率。

6. 某药厂生产铁剂,要求每克药剂中含铁 48.00 mg,对一批药品测定 5 次,结果为($mg\cdot g^{-1}$):47.44、48.15、47.90、47.93 和 48.03。问这批产品含铁量是否合格($P=0.95$)?

7. 根据有效数字的运算规则进行计算:

(1) $7.9936\div 0.9967-5.02=?$

(2) $0.0325\times 5.103\times 60.06\div 139.8=?$

(3) $(1.276\times 4.17)+1.7\times 10^{-4}-(0.0021764\times 0.0121)=?$

(4) pH=1.05,$[H^+]=?$

第 7 章　酸碱平衡与酸碱滴定法

学习要求：

1. 掌握酸碱质子理论及共轭酸碱对的概念和关系。

2. 熟悉弱电解质平衡，掌握解离平衡常数、解离度的概念。

3. 掌握各种酸碱溶液 PH 的计算方法。

4. 了解酸碱缓冲溶液的组成；理解同离子效应和缓冲溶液的作用原理；掌握缓冲溶液 pH 的计算方法和缓冲溶液的选择原则。

5. 理解酸碱指示剂的变色原理和变色范围。

6. 掌握酸碱滴定法的基本原理、滴定曲线的绘制及影响突跃范围的因素。

7. 熟悉酸碱滴定法及实际应用；掌握酸碱滴定结果的计算方法。

酸和碱是两类重要的化学物质，酸碱平衡是水溶液中最重要的平衡体系，以酸碱反应为基础的酸碱滴定法是最基本、最重要的滴定分析方法，具有反应速率快；反应过程简单，副反应少；滴定终点易判断，有多种指示剂指示终点等优点。本章以酸碱质子理论为基础讨论水溶液中的酸碱平衡及其影响因素；酸碱平衡体系中有关各组分的浓度计算；缓冲溶液的性质、组成和应用；酸碱滴定法的基本原理；酸碱指示剂的选择；酸碱滴定法的应用。

7.1　酸碱理论

人们对酸和碱的认识经历了一个由浅入深、由感性到理性、由低级到高级的过程。17 世纪中叶，英国化学家波义耳(Robert Boye)从感性认识出发，把能使蓝色石蕊溶液变红的物质定义为酸；有涩味和滑腻感，能使红色石蕊溶液变蓝的物质定义为碱。随着化学研究的进一步发展，人们开始从物质的内在本质认识酸碱。1884 年，瑞典化学家阿仑尼乌斯(S. A. Arrhenius)电解质溶液理论，提出酸碱电离理论。1923 年，丹麦化学家布朗斯特(J. N. Brönsted)和英国化学家劳瑞(T. M. Lowrey)提出了酸碱质子理论。同年，美国化学家路易斯(G. N. Lewis)从化学反应过程中电子对的给予和接受提出了酸碱电子理论。

7.1.1 酸碱解离理论

阿仑尼乌斯电离理论认为,凡在水溶液中电离出的阳离子全部是 H^+ 的化合物叫作酸,凡在水溶液中电离出的阴离子全部是 OH^- 的化合物叫作碱。酸碱反应的实质是 H^+ 和 OH^- 结合生成 H_2O。电离理论虽然从本质上揭示了酸碱反应的实质,对化学的发展起到了较大的推动作用,但也有其明显的局限性:一是电离理论将酸、碱及酸碱反应仅限于以水为溶剂的体系,无法说明非水溶剂的酸碱性;二是酸碱定义只适用于含有氢原子或氢氧根的物质。另外电离理论无法说明对某些物质水溶液呈明显的酸碱性,如无法说明氨水表现的碱性。电离理论的这些不足,促使人们更进一步研究和思考酸、碱及酸碱反应的本质,在电离理论之后又相继产生了质子酸碱理论和路易斯酸碱理论。本节重点讨论酸碱质子理论。

7.1.2 酸碱质子理论

酸碱质子理论认为:凡是能给出质子的物质都是酸(布朗斯特-劳瑞酸,简称布朗斯特酸);凡是能接受质子的物质都是碱(布朗斯特-劳瑞碱,简称布朗斯特碱)。简言之,酸是质子的给予体(prpton donor),给予质子能力越强酸性越强;碱是质子的接受体(prpton acceptor),接受质子的能力越强碱性越强。它们的相互关系表示如下:

$$酸 \Longrightarrow 碱 + H^+$$

例如:

$$HAC \Longrightarrow AC^- + H^+$$
$$NH_4^+ \Longrightarrow NH_3 + H^+$$

上述关系表明,酸和碱通过给出或接受质子相互转化,我们把这种对应关系称为酸碱的共轭关系,对应的酸和碱称为共轭酸碱对。如 HAC 是 AC^- 的共轭酸,AC^- 是 HAC 的共轭碱,HAC - AC^- 称为共轭酸碱对。又如 NH_4^+ 是 NH_3 的共轭酸,NH_3 是 NH_4^+ 的共轭碱,NH_4^+ - NH_3 称为共轭酸碱对。共轭酸碱对的关系表示如下:

$$共轭酸 \Longrightarrow 共轭碱 + 质子$$

共轭酸碱对只能得、失一个质子,酸性越强,其共轭碱的碱性越弱,碱性越强,其共轭酸的酸性越弱。表 7 - 1 列举了常见的共轭酸碱对。

各个共轭酸碱对的质子得失反应,称为酸碱半反应。酸碱质子理论扩大了酸碱的范围,酸碱不仅可以是分子,也可以是离子,如 H_2S、H_2SO_4、NH_4^+、H_3PO_4 都是酸,NH_3、S^{2-}、CO_3^{2-}、OH^- 都是碱。HS^-、HCO_3^-、H_2O 等既可以给出质子作为酸,又可以接受质子作为碱,这类物质我们称之为两性物质,究竟作为酸还是作为碱要结合它们在参与的具体反应中是给予质子还是接受质子来判断。

表 7 - 1　常见的共轭酸碱对

名称	酸	共轭碱	名称
	化学式	化学式	
高氯酸	$HClO_4$	ClO_4^-	高氯酸根
硫酸	H_2SO_4	HSO_4^-	硫酸氢根
氢碘酸	HI	I^-	碘离子
氢溴酸	HBr	Br^-	溴离子
盐酸	HCl	Cl^-	氯离子
硝酸	HNO_3	NO_3^-	硝酸根
水合氢离子	H_3O^+	H_2O	水
硫酸氢根	HSO_4^-	SO_4^{2-}	硫酸根
磷酸	H_3PO_4	$H_2PO_4^-$	磷酸二氢根
亚硝酸	HNO_2	NO_2^-	亚硝酸根
醋酸	HAc	Ac^-	醋酸根
碳酸	H_2CO_3	HCO_3^-	碳酸氢根
氢硫酸	H_2S	HS^-	硫氢根
铵根离子	NH_4^+	NH_3	氨
氢氰酸	HCN	CN^-	氰根
水	H_2O	OH^-	氢氧根
氨	NH_3	NH_2^-	氨基离子

（左侧）酸性逐渐增强 ↑　（右侧）碱性逐渐增强 ↓

由于质子 H^+ 半径小,电荷密度大,它只能在水中瞬时出现,所以共轭酸碱体系不能独立存在,因而当溶液中的酸给出质子后,必定有一种碱来接受质子。例如,HAC 在水溶液中解离时,溶剂 H_2O 成了接受 H^+ 的碱,生成水合质子(H_3O^+),可简写为 H^+。它们的反应表示如下:

$$HAC \Longrightarrow H^+ + AC^-$$
$$\text{酸}_1 \qquad \qquad \text{碱}_1$$
$$H_2O + H^+ \Longrightarrow H_3O^+$$
$$\text{碱}_2 \qquad \qquad \text{酸}_2$$

$$HAC + H_2O \Longrightarrow H_3O^+ + AC^-$$
$$\text{酸}_1 \quad \text{碱}_2 \qquad \text{酸}_2 \quad \text{碱}_1$$

同样,碱在水溶液中接受质子的过程,作为溶剂的水分子起着酸的作用,比如 NH_3 和 H_2O 反应,溶剂 H_2O 成了给出 H^+ 的酸。它们的反应表示如下:

$$NH_3 + H^+ \Longrightarrow NH_4^+$$
$$\text{碱}_1 \qquad \qquad \text{酸}_1$$
$$H_2O \Longrightarrow H^+ + OH^-$$
$$\text{酸}_2 \qquad \qquad \text{碱}_2$$

$$NH_3 + H_2O \Longrightarrow NH_4^+ + OH^-$$
$$\text{碱}_1 \quad \text{酸}_2 \qquad \text{酸}_1 \quad \text{碱}_2$$

由此可见,酸碱反应的实质是质子的传递,而质子的传递是通过溶剂水的传递来实现的,质子传递的最终结果是较强碱接受较强酸的质子而转变为其共轭酸,较强酸给出质子转变为其共轭碱。酸碱反应进行的方向总是强酸与强碱作用生成弱酸和弱碱的方向进行。参加反应的酸和碱越强,反应进行得越完全。

在上述平衡中的水为两性物质,水既是酸又是碱,水分子之间能发生质子的传递作用,称为水的质子自递作用或自递反应,如:

$$H_2O + H_2O \Longrightarrow H_3O^+ + OH^-$$

简写为

$$H_2O \Longrightarrow H^+ + OH^-$$

根据化学平衡原理

$$K_w^\ominus = [H^+][OH^-] \tag{7-1}$$

式中,$K_w^\ominus$ 称为水的质子的自递常数,在 25 ℃时,$K_w^\ominus$ 又称水的离子积。$K_w^\ominus$ 与浓度、压力无关,而与温度有关,温度一定时 $K_w^\ominus$ 是一个常数。

298.15 K 时,$[H^+] = [OH^-] = 1.0 \times 10^{-7}$

所以,$K_w^\ominus = [H^+][OH^-] = 1.0 \times 10^{-14}$

7.2 酸碱溶液中 pH 的计算

7.2.1 溶液的 pH

溶液的酸碱强度是指溶液 H^+ 或 OH^- 的平衡浓度,通常用 pH 或 pOH 表示。即

$$pH = -\lg c(H^+)$$

或

$$pOH = -\lg c(OH^-) \tag{7-2}$$

式中 p 表示"负对数"。 $pH + pOH = pK_w^\ominus = 14.00$

298.15 K 时,物质水溶液中有

$$K_w^\ominus = [H^+][OH^-] = 1.0 \times 10^{-14}$$

两边同取负对数,得

即

$$-\lg K_w^\ominus = -\lg c(H^+) - \lg c(OH^-) = 14.00 \tag{7-3}$$

pH 越小,溶液中 $c(H^+)$ 愈大,酸性愈强,而碱性愈弱。

一般把 pH<7 的溶液定义为酸性溶液;pH=7 的溶液定义为中性溶液;pH>7 的溶液定义为碱性溶液,实际上这样的定义是不恰当的。因为只有在 298.15 K 时,纯水中 $c(H^+) = $

$c(OH^-)=1.0×10^{-7}$ mol·L^{-1}。关于溶液性质的严格定义应当是：

若溶液中 $c(H_3O^+)>c(OH^-)$，则溶液为酸性溶液；

若溶液中 $c(H_3O^+)=c(OH^-)$，则溶液为中性溶液；

若溶液中 $c(H_3O^+)<c(OH^-)$，则溶液为碱性溶液。

需要指出的是，pH 或 pOH 只适用于表示 $c(H^+)$ 或 $c(OH^-)<1$ mol·L^{-1}的溶液的酸碱性。即 pH 在 0～14 内。如果 $c(H^+)$ 和 $c(OH^-)$ 在该范围外，采用物质的量浓度表示更为方便。

7.2.2　酸碱强度及酸碱的解离平衡

根据酸碱质子理论，酸或碱的强弱取决于其给出质子或接受质子的能力大小。若物质给出质子的能力愈强，则其酸性也就愈强；反之酸性就愈弱。同样，若物质接受质子的能力愈强，则其碱性就愈强；反之碱性也就愈弱。酸、碱在水溶液中都会发生解离反应，HCl、H_2SO_4 等强酸，NaOH、KOH 等强碱在水中几乎完全解离，而弱酸（碱）因给出（接受）质子的能力较弱，在水溶液中存在较明显的解离平衡。如

$$HCl(aq)+H_2O(l)\Longrightarrow H_3O^+(aq)+Cl^-(aq) \tag{7-4}$$

$$NaOH(aq)\Longrightarrow Na^+(aq)+OH^-(aq) \tag{7-5}$$

$$HAc(aq)+H_2O(l)\Longrightarrow H_3O^+(aq)+Ac^-(aq) \tag{7-6}$$

$$NH_3(aq)+H_2O(l)\Longrightarrow NH_4^+(aq)+OH^-(aq) \tag{7-7}$$

式（7-4）、（7-5）是强酸、强碱的完全解离，（7-6）、（7-7）是弱酸 HAc 和弱碱 NH_3 的解离平衡。

1. 一元弱酸（碱）解离常数

为了定量地描述一种物质酸碱性的强度，通常用酸、碱在水中的解离常数大小来衡量。弱酸（或弱碱）解离平衡的平衡常数称为弱酸（或弱碱）解离常数，分别 $K_a^\ominus$ 和 $K_b^\ominus$ 表示。

一元弱酸（碱）的解离常数

一元弱酸 HA 在水溶液中的解离平衡为

$$HA(aq)+H_2O(l)\Longrightarrow H_3O^+(aq)+A^-(aq)$$

或简写为

$$HA(aq)\Longrightarrow H^+(aq)+A^-(aq)$$

根据标准平衡常数的定义可得

$$K_a^\ominus=\frac{(c_{H^+}/c^\ominus)(c_{A^-}/c^\ominus)}{(c_{HA}/c^\ominus)} \tag{7-8}$$

一元弱碱 A^- 为 HA 的共轭碱，在水溶液中的解离平衡为

$$A^-(aq)+H_2O(l)\Longrightarrow HA(aq)+OH^-(aq)$$

根据标准平衡常数的定义可得

$$K_b^\ominus=\frac{(c_{HA}/c^\ominus)(c_{OH^-}/c^\ominus)}{(c_{A^-}/c^\ominus)} \tag{7-9}$$

将式（7-8）和（7-9）相乘得

$$K_a^\ominus \times K_b^\ominus = \frac{(c_{H^+}/c^\ominus)(c_{A^-}/c^\ominus)}{(c_{HA}/c^\ominus)} \cdot \frac{(c_{HA}/c^\ominus)(c_{OH^-}/c^\ominus)}{(c_{A^-}/c^\ominus)}$$

$$= (c_{H^+}/c^\ominus) \cdot (c_{OH^-}/c^\ominus) = K_w^\ominus \qquad (7-10)$$

即
$$K_a^\ominus = \frac{K_w^\ominus}{K_b^\ominus} \qquad (7-11)$$

式(7-10)也可表示为 $pK_a^\ominus + pK_b^\ominus = pK_w^\ominus = 14.00$

弱酸(碱)解离常数的大小反映了酸(碱)的强度,K_a 越大弱酸的酸性越强,K_b 越大弱碱的碱性越强。由共轭酸碱对解离常数的关系式(7-11)可知共轭酸碱的解离常数成反比,即共轭酸的酸性愈强,其共轭碱的碱性愈弱;而共轭碱的碱性愈强,其共轭酸的酸性愈弱。例如,酸性:HCl>HAC;碱性:Cl^-<Ac^-。

附录收录了部分常见弱酸弱碱的解离常数。

例 7-1 已知 NH_4^+ 的 $K_a^\ominus = 5.64 \times 10^{-10}$,求其共轭碱 NH_3 的 $K_b^\ominus$ 值。

解 NH_3 为 NH_4^+ 的共轭碱

$$K_b^\ominus = \frac{K_w^\ominus}{K_a^\ominus} = \frac{1.0 \times 10^{-14}}{5.64 \times 10^{-10}} = 1.77 \times 10^{-5}$$

* **2. 多元弱酸(碱)解离常数**

多元弱酸(碱)的解离是分级进行的,每一级都有一个解离常数。以 H_2CO_3 为例,其解离过程按以下两步进行。

一级解离为
$$H_2CO_3(aq) \Longleftrightarrow H^+(aq) + HCO_3^-(aq)$$

$$K_{a1}^\ominus = \frac{[H^+][HCO_3^-]}{[H_2CO_3]} = 4.2 \times 10^{-7} \qquad (7-12)$$

二级解离为
$$HCO_3^-(aq) \Longleftrightarrow H^+(aq) + CO_3^{2-}(aq)$$

$$K_{a2}^\ominus = \frac{[H^+][CO_3^{2-}]}{[HCO_3^-]} = 5.6 \times 10^{-11} \qquad (7-13)$$

$K_{a1}^\ominus$ 和 $K_{a2}^\ominus$ 分别为 H_2CO_3 的一级解离常数和二级解离常数。一般而言,二元弱酸的 $K_{a2}^\ominus$ 都远远小于 $K_{a1}^\ominus$,主要有两个原因,一是二级解离是从带负电荷的 HCO_3^- 上解离出 H^+,要克服负电荷对 H^+ 的吸引力,二是依据化学平衡移动的原理,一级解离出的 H^+ 对二级解离有抑制作用。

CO_3^{2-} 可以接受两个质子,是二元碱。其解离按以下两步进行。

一级解离为
$$CO_3^{2-}(aq) + H_2O \Longleftrightarrow HCO_3^-(aq) + OH^-(aq)$$

$$K_{b1}^\ominus = \frac{[OH^-][HCO_3^-]}{[CO_3^{2-}]} \qquad (7-14)$$

二级解离为
$$HCO_3^-(aq) + H_2O \Longleftrightarrow H_2CO_3(aq) + OH^-(aq)$$

$$K_{b2}^\ominus = \frac{[OH^-][H_2CO_3]}{[HCO_3^-]} \qquad (7-15)$$

式(7-12)乘以式(7-15)

$$K_{a1}^{\ominus} \times K_{b2}^{\ominus} = \frac{[H^+][HCO_3^-]}{[H_2CO_3]} \times \frac{[OH^-][H_2CO_3]}{[HCO_3^-]} = [H^+] \times [OH^-] = K_w^{\ominus}$$

即
$$K_{a1}^{\ominus} = \frac{K_w^{\ominus}}{K_{b2}^{\ominus}} \qquad\qquad (7-16)$$

式(7-13)乘以式(7-16)

$$K_{a2}^{\ominus} \times K_{b1}^{\ominus} = \frac{[H^+][CO_3^{2-}]}{[HCO_3^-]} \times \frac{[OH^-][HCO_3^-]}{[CO_3^{2-}]} = [H^+] \times [OH^-] = K_w^{\ominus}$$

即
$$K_{a2}^{\ominus} = \frac{K_w^{\ominus}}{K_{b1}^{\ominus}} \qquad\qquad (7-17)$$

式(7-16)为共轭酸碱对 $H_2CO_3 - HCO_3^-$ 解离常数的关系式,式(7-17)为共轭酸碱对 $HCO_3^- - CO_3^{2-}$ 解离常数的关系式。

例 7-2 已知 H_2S 水溶液的 $K_{a1}^{\ominus} = 9.1 \times 10^{-8}$,$K_{a2}^{\ominus} = 1.1 \times 10^{-12}$,计算 S^{2-} 的 $K_{b1}^{\ominus}$ 和 $K_{b2}^{\ominus}$(25 ℃)。

解 H_2S 在水溶液中离解反应为

$$H_2S \Longrightarrow H^+ + HS^- \qquad HS^- \Longrightarrow H^+ + S^{2-}$$

因为 $K_{a1}^{\ominus}(H_2S) \times K_{b2}^{\ominus}(HS^-) = K_w^{\ominus}$,所以 $K_{b2}^{\ominus} = \dfrac{K_w^{\ominus}}{K_{a1}^{\ominus}} = \dfrac{1.0 \times 10^{-14}}{9.1 \times 10^{-8}} = 1.1 \times 10^{-7}$

因为 $K_{a2}^{\ominus}(HS^-) \times K_{b1}^{\ominus}(S^{2-}) = K_w^{\ominus}$,所以 $K_{b1}^{\ominus} = \dfrac{K_w^{\ominus}}{K_{a2}^{\ominus}} = \dfrac{1.0 \times 10^{-14}}{1.1 \times 10^{-12}} = 9.1 \times 10^{-3}$

7.2.3　酸碱平衡移动

酸碱平衡是动态平衡,一旦条件改变,平衡就会发生移动,并在新的条件下达到新的平衡状态。

1. 解离度

对于弱电解质来说,除了用离解常数表示电解质的强弱外,还可用解离度(α)来衡量。解离度是指某种电解质在水中解离达到平衡时,已解离的溶质分子数与溶质分子总数之比。由于解商前、后溶液体积不变,故解离度也可以表示为已解离的弱电解质浓度与弱电解质的原始浓度之比,即:

$$\alpha = \frac{\text{已解离的弱电解质浓度}}{\text{解离前弱电解质原始浓度}} \times 100\% \qquad\qquad (7-18)$$

解离度和解离常数都是用以衡量弱电解质解离程度大小的特征常数。但与 $K^{\ominus}$ 不同的是,α 不但受温度的影响,而且也受浓度的影响。

以 HAC 在水中的解离为例,设 HAC 的起始浓度为 c,解离度为 α,则

$$HAC \Longrightarrow H^+ + AC^-$$

	HAC	H⁺	AC⁻
起始浓度/mol·L⁻¹	c	0	0
平衡浓度/mol·L⁻¹	$c - c\alpha$	$c\alpha$	$c\alpha$

$$K_a^\ominus = \frac{(c_{H^+}) \cdot (c_{AC^-})}{c_{HAC}} = \frac{c\alpha \cdot c\alpha}{c - c\alpha} = \frac{c\alpha^2}{1-\alpha}$$

稀溶液中 α 很小，$1-\alpha \approx 1$，则

$$K_a^\ominus = \frac{c\alpha^2}{1-\alpha} \approx c\alpha^2$$

即

$$\alpha = \sqrt{\frac{K_a^\ominus}{c}} \qquad\qquad\qquad (7-19)$$

式(7-19)称之为稀释定律，它说明在一定温度下，弱电解质的解离度与其浓度的平方根成反比，即溶液越稀，解离度越大。由于解离度 α 随浓度而改变，所以，一般用 $K_a^\ominus$ 与 $K_b^\ominus$ 来表示酸碱的强度。

2. 同离子效应

在弱酸 HAC 水溶液中，当解离达到平衡后，加入适量与 HAC 含有相同离子的强电解质 NaAC，NaAC 在水中完全解离为 Na^+ 和 AC^-，使溶液中 AC^- 的浓度增大，促使 HAC 解离平衡将向左移动，HAC 浓度增大，而 H^+ 浓度减小，从而降低了 HAC 的解离度。

这种由于弱电解质溶液中加入含有相同离子的强电解质，使弱电解质解离度降低的现象称为同离子效应。

在弱碱 NH_3 溶液中加入强电解 NH_4Cl，由于同离子效应，NH_3 的解离度降低了。

例7-3 (1) 求 $0.10 \text{ mol} \cdot L^{-1}$ HAc 溶液的 H^+ 的浓度和解离度 α；

(2) 如果在上述溶液中加入 $0.1 \text{ mol} \cdot L^{-1}$ 固体 NaAC，求此混合溶液中 H^+ 的浓度和解离度 α。（$K_a^\ominus = 1.76 \times 10^{-5}$）

(1) 解

$$\alpha = \sqrt{\frac{K_a^\ominus}{c}} = \sqrt{\frac{1.76 \times 10^{-5}}{0.1 \text{ mol} \cdot L^{-1}}} = 1.3\%$$

$$c_{H^+} = c\alpha = 0.10 \times 1.3\% = 1.3 \times 10^{-3} \text{ mol} \cdot L^{-1}$$

(2) 解 设平衡时 H^+ 的浓度为 x。

$$HAC \Longrightarrow H^+ + AC^-$$

起始浓度/$mol \cdot L^{-1}$ 0.1   0   0.1

平衡浓度/$mol \cdot L^{-1}$ $0.1-x$ x $0.1+x$

$$K_a^\ominus = \frac{(c_{H^+}) \cdot (c_{AC^-})}{c_{HAC}} = \frac{(0.1+x)x}{0.1-x} \approx \frac{0.1x}{0.1} = 1.76 \times 10^{-5}$$

所以

$$x = c_{H^+} = 1.76 \times 10^{-5}$$

$$\alpha = \frac{c_{H^+}}{c_{HAC}} \times 100\% = \frac{1.76 \times 10^{-5}}{0.10} \times 100\% = 0.018\%$$

与纯 HAC 比较，解离度由 1.3% 减小到 0.018%，可见同离子效应使弱电解质解离度降低。

---

3. 盐效应

在弱电解质 HAc 溶液中，加入强电解质 NaCl 后，由于 NaCl 全部解离为 Na^+ 与 Cl^-，

增强了溶液中离子的浓度,离子间相互牵制作用也随之增大,从而减少了 H^+ 与 Ac^- 结合成 HAc 分子的机会,使 HAc 的解离平衡向正向移动,达到新平衡时,HAc 的解离度略有所增大。如果在 $0.10\ mol \cdot L^{-1}$ HAc 溶液中加入 $0.10\ mol \cdot L^{-1}$ NaCl 溶液,HAc 的解离度将从 1.33% 升高到 1.68%。

同离子效应和盐效应是两种完全相反的作用,而且发生同离子效应时,也伴有盐效应的发生。只是由于同离子效应的影响常常大于盐效应,因此在一般计算中,可以忽略盐效应。

7.2.4 溶液酸度的计算

溶液的酸度可以通过测试或测量以及计算获得。通过对解离平衡的分析以及解离平衡常数表达式就可以求得溶液的酸度。在此,主要讨论用酸碱质子理论求解溶液酸度的基本方法。

1. 一元弱酸、弱碱溶液 pH 的计算

一元弱酸(HA)在水溶液中的解离如下:

$$HA \rightleftharpoons H^+ + A^-$$

根据 $K_a^\ominus = \dfrac{[H^+] \cdot [A^-]}{[HA]}$ 和 $[H^+][OH^-] = K_w^\ominus$ 分别求得 $[A^-]$ 和 $[OH^-]$ 代入上式得

$$[H^+] = \frac{K_a(HA) \cdot [HA]}{[H^+]} + \frac{K_w}{[H^+]}$$

整理得

$$[H^+] = \sqrt{K_a(HA) \cdot [HA] + K_w} \tag{7-20}$$

式(7-20)即为计算 $[H^+]$ 的精确式。该式表明准确计算 $[H^+]$ 不仅要考虑酸自身的解离产生的 H^+,还需考虑水质子自递平衡所产生的 H^+。

当如果弱酸 $\alpha \leqslant 5\%$ 时,$c_a \cdot K_a^\ominus \geqslant 20 K_w^\ominus$ 且 $c_a/K_a^\ominus \geqslant 500$,$c_a - [H^+] \approx c_a$,那么

$$[H^+] = \sqrt{K_a^\ominus \cdot c_a} \tag{7-21}$$

式(7-21)为一元弱酸溶液酸度计算的最简式;同理,一元弱碱溶液的 PH 计算类似,当 $c_b \cdot K_b^\ominus \geqslant 20\ K_w^\ominus$ 且 $c_b/K_b^\ominus \geqslant 500$ 时,则

$$[OH^-] = \sqrt{K_b^\ominus \cdot c_b} \tag{7-22}$$

例 7-4 试计算 $0.1\ mol \cdot dm^{-3}$ 一氯乙酸($CH_2ClCOOH$)溶液的 pH。已知 $CH_2ClCOOH$ 的 $K_a = 1.40 \times 10^{-3}$。

解:因 $c_a \cdot K_a^\ominus \geqslant 20 K_w^\ominus$ 且 $c_a/K_a^\ominus \geqslant 500$

用最简式计算,可得:

$$[H^+] = \sqrt{K_a^\ominus c} = \sqrt{1.4 \times 10^{-3} \times 0.10} = 1.2 \times 10^{-2}$$

两者计算的误差为 $\dfrac{1.2 \times 10^{-2} - 1.1 \times 10^{-2}}{1.1 \times 10^{-2}} \times 100\% = 9\%$

即采用最简式计算与用近似式计算所得结果将引入 9% 的正误差。

例 7-5 计算 $1.0 \times 10^{-4}\ mol \cdot dm^{-3}$ 的 H_3BO_3 溶液的 pH,已知 H_3BO_3 的 $K_a = 5.8 \times 10^{-10}$。

解:因 $c_a \cdot K_a^\ominus \geqslant 20 K_w^\ominus$ 且 $c_a/K_a^\ominus \geqslant 500$

则 $[H^+] = \sqrt{K_a^\ominus c} = \sqrt{5.8 \times 10^{-10} \times 10^{-4}} = 2.4 \times 10^{-7} \ mol \cdot dm^{-3}$

$pH = 6.62$

例 7-6 298 K 时，HAc 溶液的解离平衡常数 $K_a^\ominus = 1.76 \times 10^{-5}$，计算 0.1 mol·L^{-1} 的 HAc 溶液中的 $[H^+]$ 和 α。

解：(1) 因 $c_a \cdot K_a^\ominus \geqslant 20K_w^\ominus$ 且 $c_a / K_a^\ominus \geqslant 500$

故可采用最简式进行计算。

$$[H^+] = \sqrt{K_a^\ominus \cdot c_{HAc}} = \sqrt{0.1 \times 1.76 \times 10^{-5}} = 1.3 \times 10^{-3} \ mol \cdot L^{-1}$$

$$\alpha = \frac{[H^+]}{c_{HAc}} \times 100\% = 1.3\%$$

2. 多元弱酸、弱碱溶液 pH 的计算

多元弱酸弱碱实行分级解离，二级解离远弱于一级解离，计算时二级解离可略。二元酸 H_2A 溶液的质子条件为

$$[H^+] = [OH^-] + [HA^-] + 2[A^{2-}]$$

二级解离可略则简化为

$$[H^+] = [OH^-] + [HA^-]$$

和一元弱酸的质子条件式形式相同，因此溶液中 $[H^+]$ 的计算可按一元弱酸相同的方法处理，用 K_{a_1} 代替 K_a 即可。

多元弱碱溶液中 $[OH^-]$ 的计算，只需把 $[H^+]$ 换成 $[OH^-]$，把 K_{a_1} 换成 K_{b_1} 即可。

3. 两性物质溶液 pH 的计算

以二元弱酸 H_2A 的酸式盐 NaHA 水溶液为例来推导并讨论两性物质溶液 pH 的计算公式。

NaHA 水溶液的原始组成为 Na^+、HA^- 和 H_2O，Na^+ 与质子得失没有关系，选择 HA^- 和 H_2O 为零水准物质。写出的质子条件式为：

$$[H^+] + [H_2A] = [OH^-] + [A^{2-}]$$

将 $[H_2A] = \dfrac{[H^+][HA^-]}{K_{a_1}}$、$[A^{2-}] = \dfrac{K_{a_2}[HA^-]}{[H^+]}$、$[OH^-] = \dfrac{K_w}{[H^+]}$ 代入上式，得

$$[H^+] + \frac{[H^+][HA^-]}{K_{a_1}} = \frac{K_w}{[H^+]} + \frac{K_{a_2}[HA^-]}{[H^+]}$$

上式变换可得 $\qquad [H^+] = \sqrt{\dfrac{K_{a_1}(K_{a_2}[HA^-] + K_w)}{K_{a_1} + [HA^-]}},$

此为精确式。

讨论：一般来说，HA^- 得质子和失质子的能力都比较弱，故 $[HA^-] \approx c$。

若 $K_{a_2}^\ominus c \geqslant 20K_w^\ominus$，则 $K_w^\ominus$ 可略，得近似式

$$[H^+] = \sqrt{\frac{K_{a_1}^\ominus K_{a_2}^\ominus c}{K_{a_1}^\ominus + c}}$$

若 $c \geqslant 20K_{a1}^{\ominus}$,则分母中的 $K_{a1}^{\ominus}$ 可略,得最简式

$$[H^+] = \sqrt{K_{a1}^{\ominus}K_{a2}^{\ominus}}$$

从质子条件式出发可推导不同酸碱溶液 $[H^+]$ 的计算公式,表 7-2 为各种典型简单体系 $[H^+]$ 的近似计算公式(参见武汉大学《分析化学》第五版上册,北京,高等教育出版社,119-128)。

表 7-2 各种酸碱体系 $[H^+]$ 的计算公式

酸碱溶液		计算公式	适用条件	备注
一元强酸		$[H^+] = c$		
		根据质子条件式解方程计算	$c < 10^{-6}$	极稀溶液
一元弱酸		$[H^+] = \dfrac{-K_a^{\ominus} + \sqrt{K_a^{\ominus 2} + 4cK_a^{\ominus}}}{2}$	$cK_a^{\ominus} \geqslant 20K_w^{\ominus}$	近似式
		$[H^+] = \sqrt{cK_a^{\ominus}}$	$cK_a^{\ominus} \geqslant 20K_w^{\ominus}$,且 $\dfrac{c}{K_a^{\ominus}} \geqslant 500$	最简式 浓度不低,较弱的酸
		$[H^+] = \sqrt{cK_a^{\ominus} + K_w^{\ominus}}$	$cK_a^{\ominus} < 20K_w^{\ominus}$ 且 $\dfrac{c}{K_a^{\ominus}} \geqslant 500$	极稀或极弱酸
多元弱酸		$[H^+] = \dfrac{-K_{a1}^{\ominus} + \sqrt{K_{a1}^{\ominus 2} + 4cK_{a1}^{\ominus}}}{2}$	$cK_{a1}^{\ominus} \geqslant 20K_w^{\ominus}$,且 $\dfrac{K_{a2}^{\ominus}}{\sqrt{cK_{a1}^{\ominus}}} < 0.05$	按一元弱酸处理
		$[H^+] = \sqrt{cK_{a1}^{\ominus}}$	同上,且 $\dfrac{c}{K_{a1}^{\ominus}} > 500$	最简式 浓度不低,一级离解较小
		根据质子条件式解方程计算		各级离解常数相差不大
混合弱酸		$[H^+] = $ $\sqrt{c_{HA}K_{a,HA}^{\ominus} + c_{HB}K_{a,HB}^{\ominus}}$		
弱酸+弱碱		$[H^+] = \sqrt{\dfrac{c_{HA}}{c_B}K_{a,HA}^{\ominus}K_{a,HB}^{\ominus}}$		
两性物质	酸式盐	$[H^+] = \sqrt{\dfrac{K_{a1}^{\ominus}(cK_{a2}^{\ominus} + K_w^{\ominus})}{c + K_{a1}^{\ominus}}}$		对 NaH_2PO_3、$NaHCO_3$ 等适用。对 Na_2HPO_4 要用 $K_{a2}^{\ominus}$、$K_{a3}^{\ominus}$ 计算
		$[H^+] = \sqrt{\dfrac{cK_{a1}^{\ominus}K_{a2}^{\ominus}}{c + K_{a1}^{\ominus}}}$	$cK_{a2}^{\ominus} > 20K_w^{\ominus}$	
		$[H^+] = \sqrt{K_{a1}^{\ominus}K_{a2}^{\ominus}}$	同上,且 $c > 20K_{a1}^{\ominus}$	适度稀释时 pH 不变
	弱酸弱碱盐	$[H^+] = \sqrt{\dfrac{K_a^{\ominus}(cK_a^{\ominus\prime} + K_w^{\ominus})}{c + K_a^{\ominus}}}$	同酸式盐,其中: $K_a^{\ominus}$ 为弱酸的解离常数; $K_a^{\ominus\prime}$ 为弱碱共轭酸的解离常数	NH_4Ac 这类弱酸弱碱组成比 1:1 的体系

注:表 7-2 中仅列出了酸的情况,碱的情况可以类比。对于较简单的体系,可以直接利用相应的公式,借助计算器进行计算。对于较复杂的体系,或表中未列出的情况,仍需从质子条件式出发,通过解方程进行计算。

7.3 缓冲溶液

能抵御少量外加酸、碱以及适度稀释而维持溶液 pH 不发生显著的变化的溶液叫作缓冲溶液。由于缓冲溶液的这种特性,它常被用作 pH 标准溶液以及用于控制反应介质的酸度条件等场合。

缓冲溶液的组成一般可分为以下三类:

① 弱酸及其共轭碱、弱碱及其共轭酸;(如 HAc - NaAc、NH_3 - NH_4Cl 等)

② 两性物质;(如邻苯二甲酸氢钾、氨基乙酸等)

③ 高浓度酸、高浓度碱(如浓 H_2SO_4、浓 H_3PO_4、浓 NaOH 溶液等)

最常用的是第一类缓冲溶液,本书将做重点讨论。

7.3.1 缓冲原理

弱酸及其共轭碱、弱碱及其共轭酸组成的酸碱系统是最常见的缓冲溶液,组成缓冲溶液的共轭酸碱对也称为缓冲对。下面以 HAc - NaAc 体系为例说明缓冲溶液的原理。HAc - NaAc 溶液中存在以下平衡:

$$HAc(aq) \rightleftharpoons H^+(aq) + Ac^-(aq)$$

此体系中由于强电解质 NaAc 的加入,使平衡逆向移动,降低了 HAc 的解离度,这种由于加入含有与弱电解质具有相同离子的强电解质而使弱电解质解离度降低的现象,叫作同离子效应。

上述平衡体系中,大量存在的组分是 HAc(因 HAc 是弱电解质,解离的部分很少)和 Ac^-(由 NaAc 完全电离产生)。当加入少量强酸时,外来的 H^+ 绝大部分与 Ac^- 结合生成了 HAc,使溶液中 H^+ 浓度增加很少,溶液 pH 保持相对稳定,可见溶液中的 Ac^- 为抗酸成分。当加入少量强碱时,外来的 OH^- 虽消耗了 H^+,但却能通过 HAc 的解离而得到补偿,使溶液中 H^+ 浓度也没有明显减低,溶液 pH 也保持相对稳定,可见溶液中的 HAc 是抗碱成分。

7.3.2 缓冲溶液 pH 的计算

以 HAc - NaAc 缓冲溶液为例,在水溶液中,HAc 的解离常数为:

$$K_a^\ominus = \frac{[H^+][Ac^-]}{[HAc]}$$

$$[H^+] = K_a^\ominus \frac{[HAc]}{[Ac^-]}$$

由于 HAc 解离度较小,浓度又较大(缓冲溶液为了保持一定的缓冲能力,一般组分浓度都比较大),加上 Ac^- 的同离子效应,使得 HAc 的解离度更小,解离掉的部分可忽略,因此 $[HAc] \approx c_{HAc}$;溶液中的 Ac^- 主要来源于 NaAc 的完全解离,由 HAc 解离得来的 Ac^- 可忽

略,因此 $[Ac^-] \approx c_{NaAc}$。代入上式得:

$$[H^+] = K_a^{\ominus} \frac{c_{HAc}}{c_{NaAc}}$$

$$pH = pK_a^{\ominus} + \lg \frac{c_{NaAc}}{c_{HAc}}$$

对于弱酸-共轭碱、弱碱-共轭酸组成的缓冲溶液,pH 可分别用下面两个通式进行计算:

$$pH = pK_a^{\ominus} - \lg \frac{c(酸)}{c(共轭碱)} \tag{7-23}$$

$$pOH = pK_b^{\ominus} - \lg \frac{c(碱)}{c(共轭酸)} \tag{7-24}$$

亦可统一用通式

$$pH = pK_a^{\ominus} - \lg \frac{c(酸组分)}{c(碱组分)} \tag{7-25}$$

对于 HAc‑NaAc 缓冲溶液,$pH = pK_{a,HAc}^{\ominus} - \lg \frac{c_{HAc}}{c_{Ac^-}}$;

对于 NH$_3$‑NH$_4^+$ 缓冲溶液,$pH = pK_{a(NH_4^+)}^{\ominus} - \lg \frac{c_{NH_4^+}}{c_{NH_3}}$,或 $pOH = pK_{b,NH_3}^{\ominus} - \lg \frac{c_{NH_3}}{c_{NH_4^+}}$。

式(7-25)为计算缓冲溶液 pH 最常用的公式。当弱酸及其共轭碱以浓度 1:1 配制缓冲溶液时,缓冲溶液的 pH 与弱酸的 $pK_a^{\ominus}$ 相等。改变弱酸及其共轭碱的浓度比,可以在 $pK_a^{\ominus}$ 附近的一定范围内改变缓冲溶液的 pH。这是配制某一指定 pH 缓冲溶液的依据。由式(7-25)知,当缓冲溶液被稀释时,酸组分和碱组分的浓度同程度地减低,而 $\frac{c(酸组分)}{c(碱组分)}$ 并不改变,故溶液的 pH 不变。

例7-7 将 10.0 mL 0.200 mol·L^{-1} 的 HAc 溶液与 5.5 mL 0.200 mol·L^{-1} 的 NaOH 溶液混合,估算该混合溶液的 pH。

解: 酸和碱加入同一个体系后,先发生中和反应。根据题意反应生成的 NaAc 和剩余的 HAc 构成共轭酸碱缓冲体系。

溶液中 HAc 物质的量:$0.200 \times 10.0 \times 10^{-3} = 2.0 \times 10^{-3}$ mol

加入 NaOH 物质的量:$0.200 \times 5.5 \times 10^{-3} = 1.1 \times 10^{-3}$ mol(与 HAc 生成等量的 NaAc,n_{Ac^-})反应后剩余 HAc 物质的量:$n_{HAc} = 2.0 \times 10^{-3} - 1.1 \times 10^{-3} = 0.9 \times 10^{-3}$ mol

$$pH = pK_{a,HAc}^{\ominus} + \lg \frac{c_{NaAc}}{c_{HAc}} = pK_{a,HAc}^{\ominus} + \lg \frac{n_{Ac^-}}{n_{HAc}} = 4.74 + \lg \frac{1.1 \times 10^{-3}}{0.9 \times 10^{-3}} = 4.83$$

例7-8 欲配制 pH 3.00 的 HCOOH‑HCOONa 缓冲溶液,应向 200 mL 0.20 mol·L^{-1} HCOOH 溶液中加入多少毫升 1.0 mol·L^{-1} NaOH 溶液?

解: $pH = pK_{a,HCOOH}^{\ominus} + \lg \frac{c_{HCOONa}}{c_{HCOOH}} = pK_{a,HCOOH}^{\ominus} + \lg \frac{n_{HCOONa}}{n_{HCOOH}}$

$$3.00 = 3.74 + \lg \frac{1.0 \times V_{NaOH}}{0.20 \times 200 - 1.0 \times V_{NaOH}}$$

$$V_{NaOH} = 6.1 \text{ mL}$$

7.3.3 缓冲容量和缓冲区间

任何缓冲溶液的缓冲能力都是有限的,当外加酸碱超过一定量时,则失去缓冲作用。缓冲能力可用缓冲容量来表示,缓冲容量是指维持溶液 pH 基本不变的条件下,缓冲溶液能够中和外来酸碱的量。

缓冲容量的大小与缓冲溶液的总浓度及组成比有关。

①总浓度愈大,缓冲容量越大。缓冲溶液的总浓度多数在 $0.01 \sim 1 \ mol \cdot L^{-1}$。

②总浓度一定时,缓冲对的浓度比越接近 1∶1,缓冲容量越大。因此应选择 pK_a 接近目标 pH 的酸碱缓冲对来配制缓冲溶液,以保持缓冲对的浓度比尽可能接近 1∶1。

对由共轭酸碱对组成的缓冲溶液而言,一般要求 $c(酸)/c(碱)$ 应处于 1/10 与 10 之间。根据缓冲溶液 pH 计算公式(7-25)可得缓冲区间为 $pH = pK_a^\ominus \pm 1$。

人体酸碱平衡的调节机制*

人体的酸碱平衡对维持正常的代谢水平和生理功能尤为重要。人体体液中的酸碱平衡是由血液、肺、肾和组织细胞等调节因素共同维持的。但在作用的时间和强度上是有差别的。血液缓冲系统反应迅速,但缓冲作用不能持久,肺的调节作用效能最大,缓冲作用细胞的缓冲能力虽较强。

血液中物质对酸碱平衡的缓冲调节作用:正常人的血液 pH 值约在 $7.35 \sim 7.45$ 之间,机体在这种环境中才能进行正常的新陈代谢。一般情况下,食用偏酸性或碱性的食物,导致血液 pH 值暂时性超出正常范围时,机体能够通过体液酸碱调节很快恢复正常。这就与血液的缓冲作用密切相关。血液的缓冲系统由弱酸(缓冲酸)及其相对应的缓冲碱组成。血液中的缓冲对主要有 $H_2CO_3 - NaHCO_3 - NaH_2PO_3 - NaHPO_4$ 等。其中以 $[HCO_3^-]$ 缓冲系的缓冲能力最强。当人体进行新陈代谢产生的酸(如磷酸、乳酸等)进入血液时,碳酸氢根离子便立即与它结合生成碳酸分子。碳酸被血液带到肺部并以二氧化碳的形式排出体外。当人体新陈代谢产生碱进入血液时,血液中的氢离子便立即与它生成难电离的水,氢离子的消耗,由碳酸电离来补充,血液中的氢离子浓度保持在一定的范围内。所以血液 pH 不会因为代谢产生额外的酸性或者碱性物质而发生明显的变化,而是一直维持在 $7.35 \sim 7.45$ 之间。但是血液缓冲系统的这种平衡调节并不是无限度的,只能短时间调节血液酸碱平衡。如果长期膳食不当,使体内酸度或碱度过量,超过了人体缓冲体系的缓冲能力,就会造成酸中毒或碱中毒。

肺在酸碱平衡中的调节作用:肺在酸碱平衡中的作用是通过改变肺泡通气量来控制 H_2CO_3,释放 CO_2 的排出量,从而使血浆中 $[HCO_3^-]$ 与 H_2CO_3 的比值接近正常以保持 pH 值相对稳定。血浆中 H^+ 和 CO_2 的增加能够刺激主动脉体、颈动脉体和延髓外侧的化学感受器,呼吸中枢又接受化学感受器的刺激。通过神经反射活动引起呼吸加强,呼出的 CO_2 增多,则 H_2CO_3 浓度下降。当血浆中 H^+ 和 CO_2 浓度降低时,就会通过反向的调节抑制呼吸,使 CO_2 排出减少,如此才能维持 pH 的恒定。

7.4　酸碱平衡体系中型体分布

7.4.1　分布分数及计算公式

一种弱酸或弱碱在水溶液中可能以多种型体存在。酸碱解离或酸碱反应达到平衡时,各种型体的浓度称为平衡浓度,用[ ]表示;而各种型体的平衡浓度之和称为总浓度或分析浓度,用 c 表示。某种型体的平衡浓度在其总浓度中所占的比例称为分布分数,用 δ 表示。

一元弱酸 HAc 溶液中,HAc 有 HAc 和 Ac⁻ 两种型体存在,则

$$c = [HAc] + [Ac^-]$$

$$\delta_{HAc} = \frac{[HAc]}{c} = \frac{[HAc]}{[HAc]+[Ac^-]} = \frac{1}{1+\frac{[Ac^-]}{[HAc]}} = \frac{1}{1+\frac{K_a^\ominus}{[H^+]}} = \frac{[H^+]}{[H^+]+K_a^\ominus}$$

$$\delta_{Ac^-} = \frac{[Ac^-]}{c} = 1 - \delta_{HAc} = \frac{K_a^\ominus}{[H^+]+K_a^\ominus}$$

$$\delta_{HAc} + \delta_{Ac^-} = 1$$

当[H⁺]=$K_a^\ominus$,即 pH=p$K_a^\ominus$ 时,$\delta_{HAc}=\delta_{Ac^-}=\frac{1}{2}$。

只要将一元弱酸水溶液中各种型体分布分数计算公式中的[H⁺]替换为[OH⁻],K_a 替换为 K_b,就可以得到一元弱碱水溶液中各种型体分布分数的计算公式。例如,NH₃ 水溶液中

$$\delta_{NH_3} = \frac{[OH^-]}{[OH^-]+K_b^\ominus}$$

$$\delta_{NH_4^+} = \frac{K_b}{[OH^-]+K_b^\ominus}$$

二元弱酸 H₂C₂O₄ 水溶液中

$$c = [H_2C_2O_4] + [HC_2O_4^-] + [C_2O_4^{2-}]$$

$$\delta_{H_2C_2O_4} = \frac{[H_2C_2O_4]}{c} = \frac{[H_2C_2O_4]}{[H_2C_2O_4]+[HC_2O_4^-]+[C_2O_4^{2-}]}$$

$$= \frac{1}{1+\frac{[HC_2O_4^-]}{[H_2C_2O_4]}+\frac{[C_2O_4^{2-}]}{[H_2C_2O_4]}} = \frac{1}{1+\frac{K_{a_1}^\ominus}{[H^+]}+\frac{K_{a_1}^\ominus K_{a_2}^\ominus}{[H^+]^2}}$$

$$= \frac{[H^+]^2}{[H^+]^2+[H^+]K_{a_1}^\ominus+K_{a_1}^\ominus K_{a_2}^\ominus}$$

同理

$$\delta_{HC_2O_4^-} = \frac{[H^+]K_{a_1}^\ominus}{[H^+]^2+[H^+]K_{a_1}^\ominus+K_{a_1}^\ominus K_{a_2}^\ominus}$$

$$\delta_{C_2O_4^{2-}} = \frac{K_{a_1}^\ominus K_{a_2}^\ominus}{[H^+]^2 + [H^+]K_{a_1}^\ominus + K_{a_1}^\ominus K_{a_2}^\ominus}$$

三元弱酸 H_3PO_4 水溶液中,有

$$\delta_{H_3PO_4} = \frac{[H^+]^3}{[H^+]^3 + [H^+]^2 K_{a_1}^\ominus + [H^+]K_{a_1}^\ominus K_{a_2}^\ominus + K_{a_1}^\ominus K_{a_2}^\ominus K_{a_3}^\ominus}$$

$$\delta_{H_2PO_4^-} = \frac{[H^+]^2 K_{a_1}^\ominus}{[H^+]^3 + [H^+]^2 K_{a_1}^\ominus + [H^+]K_{a_1}^\ominus K_{a_2}^\ominus + K_{a_1}^\ominus K_{a_2}^\ominus K_{a_3}^\ominus}$$

$$\delta_{HPO_4^{2-}} = \frac{[H^+]K_{a_1}^\ominus K_{a_2}^\ominus}{[H^+]^3 + [H^+]^2 K_{a_1}^\ominus + [H^+]K_{a_1}^\ominus K_{a_2}^\ominus + K_{a_1}^\ominus K_{a_2}^\ominus K_{a_3}^\ominus}$$

$$\delta_{PO_4^{3-}} = \frac{K_{a_1}^\ominus K_{a_2}^\ominus K_{a_3}^\ominus}{[H^+]^3 + [H^+]^2 K_{a_1}^\ominus + [H^+]K_{a_1}^\ominus K_{a_2}^\ominus + K_{a_1}^\ominus K_{a_2}^\ominus K_{a_3}^\ominus}$$

n 元酸的水溶液共有 $(n+1)$ 种不同的存在型体,分布分数有通式:

$$\delta_{H_{n-i}A^{i-}} = \frac{[H^+]^{n-i} \prod_{i=0}^{i} K_{a_i}^\ominus}{\sum_{i=0}^{n} \left([H^+]^{n-i} \prod_{i=0}^{i} K_{a_i}^\ominus\right)} \quad (i = 0, 1, \cdots, n)$$

其中约定 $K_{a_0}^\ominus = 1$,H_0A^{n-} 即为 A^{n-}。

弱酸及其解离产物的分布分数计算公式的规律为:

① 各种型体的分布分数其分母均相同,分母中相加的各项分别对应于各种型体的比例,以各项依次作分子,即得各种型体的分布分数。

② n 元酸及其解离产物,分布分数的分母中第一项即为 $[H^+]^n$,其后各项中 $[H^+]$ 的次方依次递减,每递减一次方,即由 $K_{a_1}^\ominus$,$K_{a_2}^\ominus$,$\cdots$,$K_{a_n}^\ominus$ 依次连乘替换。

③ 各种型体的分布分数之和为 1。

④ 分布分数的大小由弱酸弱碱所处的介质条件(pH)所决定,与总浓度 c 无关。pH 相同时,不论其初始总浓度如何,各种型体所占的比例不变。

应用分布系数能方便计算在给定 pH 条件下的各种型体的浓度,也为精确计算溶液的 pH 提供了有效的路径。

例 7-9 计算 pH 8.00 和 pH 12.00 时,0.10 mol/L KCN 溶液中 CN^- 的平衡浓度。

解:本题中 pH 既可以为 8.00,又可以为 12.00,因此除 KCN 外,溶液中一定还有其他共存的未知组分对 pH 产生了影响,而本题并未提供相关组分的信息,所以用一般化学平衡的计算方法难以进行。用总浓度乘以分布分数直接得到某种型体的平衡浓度是解决这类问题的常用方法。

$$[CN^-] = c\delta_{CN^-} = 0.10 \times \frac{K_{a,HCN}^\ominus}{[H^+] + K_{a,HCN}^\ominus}$$

pH 8.00 时,$[CN^-] = c\delta_{CN^-} = 0.10 \times \frac{10^{-9.21}}{10^{-8} + 10^{-9.21}} = 5.8 \times 10^{-3} \text{ mol} \cdot L^{-1}$

pH 12.00 时，$[CN^-] = c\delta_{CN^-} = 0.10 \times \dfrac{10^{-9.21}}{10^{-12} + 10^{-9.21}} = 0.10\ mol \cdot L^{-1}$

例 7 - 10　血气分析中测得某人全血样品 pH＝7.40，$[HCO_3^-]$＝25 mmol/L，推算该血样中碳酸 H_2CO_3 的平衡浓度。

解： 该题中并未提供碳酸 H_2CO_3 的总浓度，所以不能直接用总浓度乘以 HCO_3^- 分布分数的方法来求 $[H_2CO_3]$。根据分布分数计算公式的特点：分母相同，而分子分别对应各种型体。因此，在同一体系中，各种形体的浓度之比等于其分布分数计算公式的分子之比。

$$\frac{[H_2CO_3]}{[HCO_3^-]} = \frac{\delta_{H_2CO_3}}{\delta_{HCO_3^-}} = \frac{[H^+]^2}{[H^+]K_{a_1, H_2CO_3}^{\ominus}} = \frac{[H^+]}{K_{a_1, H_2CO_3}^{\ominus}}$$

$$[H_2CO_3] = \frac{[H^+][HCO_3^-]}{K_{a_1, H_2CO_3}^{\ominus}} = \frac{10^{-7.40} \times 25}{10^{-6.38}} = 2.4\ mmol \cdot L^{-1}$$

例 7 - 11　计算 $0.10\ mol \cdot L^{-1}$ NaAc 水溶液的 pH。

解： Ac^- 为一元弱碱，其 $K_b^{\ominus} = \dfrac{10^{-14}}{K_a^{\ominus}} = \dfrac{10^{-14}}{1.8 \times 10^{-5}} = 5.6 \times 10^{-10}$

因 $cK_b^{\ominus} = 0.10 \times 5.6 \times 10^{-10} = 5.6 \times 10^{-11} > 10K_w^{\ominus}$，且 $c/K_b^{\ominus} = 0.10/(5.6 \times 10^{-10}) > 100$

故 $[OH^-] \approx \sqrt{K_b^{\ominus}c} = \sqrt{5.6 \times 10^{-10} \times 0.10} = 7.5 \times 10^{-6}$，pOH＝5.12，pH＝14－5.12＝8.88，与精确计算的结果非常接近。一般来说，如无特别要求，根据判据结果选择适当的公式进行计算即可满足要求。

7.4.2　分布曲线

分布分数 δ 与溶液 pH 间的关系曲线称为分布曲线。学习和详细解读分布曲线，可以帮助我们深入地理解酸碱平衡和酸碱滴定中体系的变化，并对反应条件的选择和控制具有指导意义。

计算 7.4.1 中两种弱酸及其解离产物在不同 $[H^+]$ 时的分布分数 δ 并作 δ - pH 图。

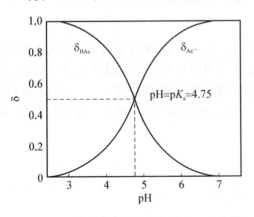

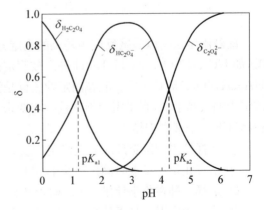

图 7 - 1　乙酸溶液中各种型体的 δ - pH 曲线　　**图 7 - 2　草酸溶液中各种型体的 δ - pH 曲线**

分布曲线直观地反映了存在型体的百分数与溶液 pH 的关系，在选择反应条件时，有时并不需要计算出分布分数的大小也能提到许多有效的信息，以下具体说明。

由图 7-3 可见,对于各级离解常数相差较大($\Delta pK_a > 5$)的多元弱酸(如磷酸的 $pK_{a_{1-3}}$ 分别为 2.12,7.20 和 12.36):

当体系的 $pH = pK_{a_i}$ 时,一对共轭酸碱的分布分数曲线相交于一点,此时两者的分布分数相等,均为约 0.5,即两者各占一半。

当体系的 pH 位于相邻的两个 pK_{a_i} 之间,即 $pH = \dfrac{1}{2}(pK_{a_i} + pK_{a_{i+1}})$ 时,一种型体的比例占绝对优势,接近 100%。

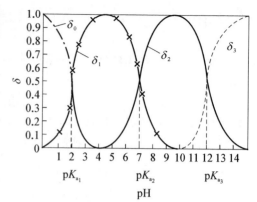

图 7-3 磷酸溶液中各种型体的 δ-pH 曲线

用 NaOH 标准溶液滴定磷酸 H_3PO_4 溶液的浓度,若以甲基橙为指示剂,变色点在 pH = 4 附近,由图 7-3 可知,此时磷酸几乎全部转化为 $H_2PO_4^-$,NaOH 与 H_3PO_4 反应的化学计量比为 1:1;若以酚酞为指示剂,变色点在 pH = 9 附近,此时磷酸几乎全部转化为 HPO_4^{2-},NaOH 与 H_3PO_4 反应的化学计量比为 2:1。

由图 7-2 可见,对于各级解离常数相差不大的多元弱酸(如草酸的 $pK_{a_{1-2}}$ 分别为 1.22 和 4.19),当 pH 位于相邻的两个 pK_{a_i} 之间时,一种型体的比例虽然占优,但达不到接近 100%,存在三种型体交叉同时存在的状况。因此做定量测定时,不能将 pH 控制在这个区间内终止滴定,否则没有简单明确的化学计量关系。

若欲用 NaOH 标准溶液滴定草酸 $H_2C_2O_4$ 溶液的浓度,可选择甲基红为指示剂滴定至 pH = 6.0 左右,此时草酸恰好全部转化为 $C_2O_4^{2-}$,NaOH 与 $H_2C_2O_4$ 反应的化学计量比为 2:1。若以 $C_2O_4^{2-}$ 为沉淀剂欲将溶液中的 Ca^{2+} 沉淀完全,则应控制溶液 $pH \geq 5.0$,此时 $C_2O_4^{2-}$ 为主要存在型体,有利于 CaC_2O_4 沉淀的形成和稳定。

7.5 酸碱滴定法及应用

酸碱滴定法是以酸碱反应为基础的滴定方法。在酸碱滴定中标准溶液一般为强酸或强碱,如 HCl、H_2SO_4、NaOH、KOH 等。被滴定的是各种具有碱性或酸性的物质,如 HNO_3、HAc、H_3PO_4、Na_2CO_3 等。酸碱滴定的关键是滴定终点的确定,确定滴定终点通常是在待测溶液中加入指示剂,利用指示剂颜色的突变来判断的,在指示剂建立酸碱滴定分析方案一般包括以下 4 个基本步骤。

① 选择恰当的滴定反应确定滴定产物;
② 估算化学计量点时滴定体系的 pH;
③ 选择一种在化学计量点 pH 附近变色的指示剂;
④ 考察滴定误差是否符合分析任务的要求。

以测定 HAc 溶液的浓度为例予以说明。

选择用 NaOH 标准溶液进行滴定,两者反应完全、迅速,化学计量比为 1:1,符合滴定分析对化学反应的基本要求,反应产物为 NaAc,即化学计量点时,滴定体系为一定浓度的

NaAc 水溶液。

估算该浓度 NaAc 水溶液的 pH。

若经估算得到 NaAc 溶液 pH 为 8.9,查相关手册可知,酚酞的理论变色点为 pH＝9.1 (实际变色范围是 pH＝8.0～9.6),可用作该滴定反应的指示剂。

由于指示剂的理论变色点与滴定反应的化学计量点不完全一致所造成的误差称为滴定误差(是系统误差,与不同的人进行的具体滴定操作无关)。计算滴定误差,若其小于等于分析任务的允许误差,则该方法可行,否则需做出改进。

解决了上述 4 个问题,就解决了滴定分析方法设计的主要问题。

7.5.1　酸碱指示剂

由于多数酸碱反应到达化学计量点时,溶液的外观没有任何变化,因此需要借助于酸碱指示剂来确定反应的滴定终点。在酸碱滴定中用来指示滴定终点的物质叫酸碱指示剂。酸碱指示剂之所以能指示滴定终点主要依据其在滴定过程中的颜色突变。

1. 酸碱指示剂的作用原理

酸碱指示剂本身就是有机弱酸或弱碱,其酸式与共轭碱式具有不同的结构,且颜色不同。当溶液 pH 改变时,指示剂因得失质子而发生结构和颜色的变化,要求这种变化是可逆的,而且能迅速完成,形成易观察的突变。

下面以有机弱酸指示剂 HIn 为例,讨论指示剂颜色的变化与溶液 pH 的关系。

HIn 在水溶液中存在下列离平衡:

$$HIn \Longrightarrow H^+ + In^-$$

$$K_{HIn}^\ominus = \frac{[H^+][In^-]}{[HIn]}$$

$$\frac{[In^-]}{[HIn]} = \frac{K_{HIn}^\ominus}{[H^+]}$$

$$[H^+] = \frac{K_{HIn}^\ominus[HIn]}{[In^-]}$$

$$pH = pK_{HIn}^\ominus + \lg\frac{[In^-]}{[HIn]}$$

指示剂所呈现的颜色由其两种形式的浓度比 $\frac{[In^-]}{[HIn]}$ 决定,因为 $K_{HIn}^\ominus$ 为常数,所以颜色取决于 $[H^+]$。pH 变化时,$\frac{[In^-]}{[HIn]}$ 发生变化,溶液的颜色相应改变。人眼对颜色过渡变化的分辨能力是有限的,当某种颜色占有较大优势后,就不易观察出总体色调的变化。一般地,若指示剂的酸型与碱型浓度相差 10 倍后,就只能看到浓度大的型式的颜色,即:$\frac{[In^-]}{[HIn]} = \frac{1}{10}$ 时,$[In^-]$ 的颜色基本消失,观察到的仅是 HIn 的颜色;$\frac{[In^-]}{[HIn]} = \frac{10}{1}$ 时,$[HIn]$ 的颜色基本消失,观察到的仅是 In$^-$ 的颜色。$\frac{[In^-]}{[HIn]} = 1$ 时,即 pH＝$pK_{a,HIn}^\ominus$ 称为指示剂的理论变色点。pH＝$pK_{HIn}^\ominus \pm 1$ 称为指示剂的理论变色范围。

指示剂的理论变色范围为 2 个 pH 单位。但由于人眼对各种颜色的敏感程度不同以及指示剂两色之间的相互掩盖，一般人眼实际观察到的大多数指示剂的颜色变化范围小于 2 个 pH 单位，所以各种指示剂实际变色范围与理论变色范围会有些差别。

2. 常见酸碱指示剂及选择原则

常用酸碱指示剂的特性及配制方法见表 7-3。

表 7-3　常用酸碱指示剂

指示剂	变色范围	颜色		$pK_{HIn}^{\ominus}$	浓度
		酸色	碱色		
百里酚蓝(第一次变色)	1.2~2.8	红	黄	1.6	0.1%的 20%乙醇溶液
甲基黄	2.9~4.0	红	黄	3.3	0.1%的 90%乙醇溶液
甲基橙	3.1~4.4	红	黄	3.4	0.05%的水溶液
溴酚蓝	3.1~4.6	黄	紫	4.1	0.1%的 20%乙醇溶液或其钠盐的水溶液
溴甲酚绿	3.8~5.4	黄	蓝	4.9	0.1%水溶液,每 100 mL 指示剂加 0.05 mol·L^{-1} NaOH 9 mL
甲基红	4.4~6.2	红	黄	5.2	0.1%的 60%乙醇溶液或其钠盐的水溶液
溴百里酚蓝	6.0~7.6	黄	蓝	7.3	0.1%的 20%乙醇溶液或其钠盐的水溶液
中性红	6.8~8.0	红	黄橙	7.4	0.1%的 60%乙醇溶液
苯酚红	6.7~8.4	黄	红	8.0	0.1%的 60%乙醇溶液或其钠盐的水溶液
酚酞	8.0~10.0	无	红	9.1	0.1%的 90%乙醇溶液
百里酚蓝(第二次变色)	8.0~9.6	黄	蓝	8.9	0.1%的 20%乙醇溶液
百里酚酞	9.4~10.6	无	蓝	10.0	0.1%的 90%乙醇溶液

在很多要求较高的滴定分析中，尤其是在很多标准方法中，为了尽可能减小系统误差，需要将滴定终点控制在很窄的 pH 范围内，以提高分析的准确度。此时可采用混合指示剂。

常见的混合指示剂有两类组合：一类是由两种或两种以上指示剂按一定比例混合而成，利用颜色的互补作用，使指示剂的变色范围变窄。例如甲基红($pK_a = 5.2$)和溴甲酚绿($pK_a = 4.9$)按 2:3(质量比)配制的混合指示剂，pH 5.0 以下为酒红色，pH 5.1 为灰绿色，pH 5.2 以上为绿色(pH 增大 0.2，即从酒红色变为绿色，变色非常敏锐)。另一类混合指示剂是在指示剂中加入某种惰性染料，以惰性染料作为衬色而使变色范围变窄。例如：中性红与亚甲基蓝按 1:1(质量比)配制的混合指示剂，在 pH 7.0 呈紫蓝色，其酸色为紫蓝色，碱色为绿色，只有 0.2 个 pH 单位的变色范围，比单独使用中性红(pH 6.8~8.0 由红变黄)范围要窄得多。

表 7-4 所列为一些常用的酸碱混合指示剂。

表 7-4　常用的酸碱混合指示剂

混合指示剂溶液的组成	变色点 pH	颜色		备注
		酸色	碱色	
一份 0.1％甲基黄乙醇溶液 一份 0.1％次甲基蓝乙醇溶液	3.25	蓝紫	绿	pH 3.4 绿色,pH 3.2 蓝紫色
一份 0.1％甲基橙水溶液 一份 0.25％靛蓝二磺酸水溶液	4.1	紫	黄绿	
一份 0.1％溴甲酚绿钠盐水溶液 一份 0.02％甲基橙水溶液	4.3	橙	蓝绿	pH 3.5 黄色,pH 4.05 绿色, pH 4.8 浅绿
一份 0.1％溴甲酚绿乙醇溶液 一份 0～2％甲基红乙醇溶液	5.1	酒红	绿	
一份 0.1％溴甲酚绿钠盐水溶液 一份 0.1％氯酚红钠盐水溶液	6.1	黄绿	蓝紫	pH 5.4 蓝绿色,pH 5.8 蓝色, pH 6.0 蓝带紫,pH 6.2 蓝紫
一份 0.1％中性红乙醇溶液 一份 0.1％亚甲基蓝乙醇溶液	7.0	蓝紫	绿	pH 7.0 蓝紫
一份 0.1％甲酚红钠盐水溶液 三份 0.1％百里酚蓝钠盐水溶液	8.3	黄	紫	pH 8.2 玫瑰红,pH 8.4 清晰 的紫色
一份 0.1％百里酚蓝 50％乙醇 溶液 三份 0.1％酚酞 50％乙醇溶液	9.0	黄	紫	从黄到绿再到紫
一份 0.1％酚酞乙醇溶液 一份 0.1％百里酚酞乙醇溶液	9.9	无	紫	pH 9.6 玫瑰红,pH 10.0 紫色
二份 0.1％百里酚酞乙醇溶液 一份 0.1％茜素黄 R 乙醇溶液	10.2	黄	紫	

　　酸碱滴定过程中,溶液的 pH 在化学计量点前后很小的范围内会发生突变。我们把化学计量点(100％被滴定)之前(99.9％被滴定)和之后(100.1％被滴定)的区间内发生的 pH 变化叫滴定突跃。一般要求酸碱指示剂的变色范围全部或部分与滴定突跃重叠。

　　在实际工作中,对于同一酸碱反应体系,用酸滴定碱和用碱滴定酸时,同一指示剂的实际使用效果有时会有明显差别。例如酚酞由酸式变为碱式,即由无色到红色,变化明显,易于辨别;反之观测红色褪去,由于视觉暂留,则变化不明显,非常容易滴定过量。同样,甲基橙由黄变红,比由红变黄更易于辨别。因此用强酸滴定强碱,一般用甲基橙作指示剂;用强碱滴定强酸,更宜用酚酞作指示剂。

　　此外指示剂的变色点还与指示剂用量、温度、溶剂、溶液中的盐类等有关。

　　3. pH 试纸

　　将各种酸碱指示剂按照特定的配方和工艺预先浸渍和干燥于滤纸上即得 pH 试纸。广泛 pH 试纸可以在 pH=1～14 范围内随 pH 不同而呈现出由暗红到深蓝的 14 个不同色阶，生产该试纸时浸渍液的配方为每升水溶液中含 1 g 溴甲酚绿、1 g 百里酚蓝和 2 g 甲基红。精密 pH 试纸可以在较小的 pH 范围内呈现出比广泛 pH 试纸更多的色阶。如某种精密 pH 试纸其浸渍液的配方为每升水溶液中含 0.03 g 甲基红、0.6 g 溴百里香酚蓝，在 pH=6～9 范围内随 pH 不同而呈现出浅黄绿、黄绿、绿、深绿、蓝绿、深蓝共 6 个不同色阶。pH 试纸的正确使用方法是：取一小块试纸在表面皿或玻片上，用洁净干燥的玻棒蘸取待测试液点滴于试纸中部，观察变化稳定后的颜色，与标准比色卡对照读取相应的数值。不可将试纸直接浸渍于溶液中读数，非水溶液中慎用。

7.5.2 酸碱滴定曲线

滴定过程中随着滴定剂的加入，溶液 pH 不断发生变化，pH 可依据有关公式进行计算。以溶液 pH 为纵坐标，滴定剂加入量（通常用滴定百分数表示，滴定反应化学计量点时滴定百分数为 100%）为横坐标作图得到滴定曲线。

根据指示剂的颜色突变而终止滴定时的滴定百分数，称为滴定终点（end poind，ep）。

滴定百分数在化学计量点前后 0.1% 之间，溶液 pH 的变化范围称为滴定突跃。滴定突跃与酸碱强度及浓度有关。滴定稀酸稀碱或弱酸弱碱时，滴定突跃较小。只要在滴定突跃内终止实验，滴定终点与化学计量点的误差就在 ±0.1% 以内。

由于滴定分析中移取溶液时最常使用的是 25 mL 移液管，考虑到滴定体积的读数误差（±0.02 mL），滴定剂的消耗量不宜低于 20 mL，最好在 25 mL 左右，因此在滴定分析中，滴定剂与被滴定物质的实际浓度一般总是接近 1:1 的，否则易出现滴定剂消耗体积过少，或用完 1 整支滴定管里的滴定剂而终点还未达到的情况，这两种情况均会增加实验误差。

下面以 $0.10 \, mol \cdot L^{-1}$ NaOH 溶液滴定 $0.10 \, mol \cdot L^{-1}$ 20.00 mL HCl 溶液为例说明滴定过程中 pH 的变化。

滴定前，HCl 溶液的初始浓度决定溶液的 pH：

$$[H^+] = c(HCl) = 0.10 \, mol \cdot L^{-1} \quad pH = 1.00$$

滴定开始到化学计量点之前，随着滴定剂 NaOH 的加入，剩余的 HCl 越来越少，HCl 的剩余量和溶液的体积决定了溶液的 pH。例如加入 18.00 mL NaOH 时（滴定百分数为 90%）

$$[H^+] = \frac{0.10 \, mol \cdot L^{-1} \times (20.00 - 18.00) \times 10^{-3} \, L}{(20.00 + 18.00) \times 10^{-3} \, L}$$

$$= 5.3 \times 10^{-3} \, mol \cdot L^{-1}$$

$$pH = 2.28$$

当加入 19.98 mL NaOH 时（滴定百分数为 99.9%），用同样的方法算得的 pH 为 4.30。

在化学计量点时，即加入 20.00 mL NaOH 时，HCl 全部被中和生成 NaCl 溶液（滴定百分数为 100%），此时 pH=7.00。

化学计量点之后，由过剩的 NaOH 和溶液的体积决定溶液的 pH。例如加入 20.02 mL NaOH 时（滴定百分数为 100.1%）

$$[OH^-] = \frac{0.10 \text{ mol} \cdot L^{-1} \times (20.02 - 20.00) \times 10^{-3} \text{ L}}{(20.02 + 20.00) \times 10^{-3} \text{ L}}$$

$$= 5.0 \times 10^{-5} \text{ mol} \cdot L^{-1}$$

$$pOH = 4.30$$

$$pH = 9.70$$

任意一点都可以参照上述方法逐一计算,计算结果列于表 7-5。以 pH 为纵坐标,滴定百分数为横坐标作图即得酸碱滴定曲线,见图 7-3。

表 7-5　用 0.10 mol · L^{-1} NaOH 溶液滴定 20.00 mL 0.10 mol · L^{-1} HCl 溶液 pH 变化

加入 NaOH 体积/cm³	滴定百分数	过量 NaOH 体积/cm³	[H$^+$]/mol · dm^{-3}	pH	
0.00	0.00		1.00×10^{-1}	1.00	
18.00	90.00		5.26×10^{-3}	2.28	
19.80	99.00		5.02×10^{-4}	3.30	
19.96	99.80		1.00×10^{-4}	4.00	
19.98	99.90		5.00×10^{-5}	4.30	突跃范围
20.00	100.0		1.00×10^{-7}	7.00	
20.02	100.1	0.02	2.00×10^{-10}	9.70	
20.04	100.2	0.04	1.00×10^{-10}	10.00	
20.20	101.0	0.20	2.00×10^{-11}	10.70	
22.00	110.0	2.00	2.10×10^{-12}	11.70	
40.00	200.0	20.00	3.33×10^{-13}	12.52	

从表 7-5 和图 7-4 可以看出,从滴定开始到加入 19.80 mL NaOH 溶液,溶液的 pH 只改变了 2.3 个单位(pH 变化比较缓慢)。再加入 0.18 mL(共滴入 19.98 mL)NaOH 溶液,pH 就改变了 1 个单位,变化速度加快了。再滴入 0.02 mL(约半滴,共滴入 20.00 mL)NaOH 溶液,正好达到化学计量点,此时 pH 迅速增加到 7.0。再滴入 0.02 mL NaOH 溶液,pH 为 9.7。此后过量 NaOH 溶液所引起 pH 的变化又变得比较缓慢。

由此可见,在化学计量点前后,从剩余 0.02 mL HCl 到过量 0.02 mL NaOH,即滴定不足 0.1% 到过量 0.1%,溶液的 pH 从 4.3 增加到 9.7,变化了 5.4 个单位,从而形成了滴定曲线中的突跃部分。

酸碱指示剂的选择主要依据滴定曲线的突跃范围,变色范围全部或部分与滴定突跃范围重叠的指示剂都可选用。

不同类型的酸碱滴定曲线具有不同的特点,下面分别讨论。

1. 强碱滴定强酸

用 1 mol · L^{-1}、0.1 mol · L^{-1} 和 0.01 mol · L^{-1} 的 NaOH 标准溶液分别滴定相同浓度的 HCl 溶液时,滴定曲线如图 7-4 所示。pH 在滴定开始阶段上升平缓,而化学计量点附近曲线非常陡直,之后又趋于平缓,滴定突跃前后的曲线平缓说明强酸强碱也具有缓冲作用。三种不同浓度酸碱的滴定突跃范围分别为 pH 3.3 至 10.7(ΔpH＝7.4)、4.3 至 9.7(ΔpH＝5.4)、5.3 至 8.7(ΔpH＝3.4),浓度每降低 10 倍,滴定突跃减小约 2 个 pH 单位。

对于 1 mol·L^{-1}、0.1 mol·L^{-1} 浓度的酸碱滴定,酚酞、甲基红、甲基橙三个常见酸碱指示剂变色范围均在突跃范围内,可用作滴定的指示剂。对于 0.01 mol·L^{-1} 浓度的酸碱滴定,仍可用酚酞和甲基红作指示剂,但如选择甲基橙为指示剂将造成较大的滴定误差。

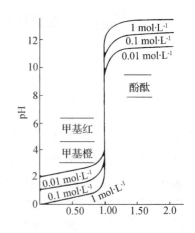

图 7-4　强碱滴定不同浓度强酸的滴定曲线

2. 强碱滴定弱酸

用 0.1 mol·L^{-1} NaOH 标准溶液滴定相同浓度的 HAc 溶液和 HCl 溶液时,滴定曲线如图 7-5 所示。与 HCl 的滴定曲线相比,HAc 的滴定曲线起点 pH 较高,突跃较小,化学计量点前后滴定曲线不对称。化学计量点前也有一个相对平缓的阶段,这是因为生成的 NaAc 与剩余的 HAc 构成了缓冲溶液。化学计量点后两者基本相同。由于突跃范围较小,强碱滴定强酸中使用的某些指示剂(如甲基橙和甲基红)不再适用。

用 0.1 mol·L^{-1} NaOH 标准溶液滴定相同浓度的 HCl 溶液和几种不同强度的一元弱酸溶液时,滴定曲线如图 7-6 所示。酸越弱,滴定曲线起点的 pH 越高,突跃越小。当 K_a 降至 10^{-9} 数量级时,滴定曲线上不再出现明显的突跃了,很难找到一种变色范围落在突跃范围里的酸碱指示剂。

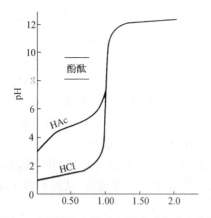

图 7-5　强碱滴定强酸和弱酸时的滴定曲线

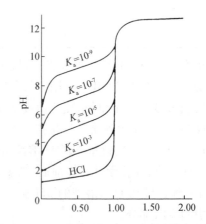

图 7-6　强碱滴定不同强度弱酸时的滴定曲线

例 7-12　用 0.10 mol·L^{-1} HCl 溶液滴定 20.00 mL 0.10 mol·L^{-1} NH$_3$ 溶液。计算此滴定体系的化学计量点即突跃范围,并选择合适的指示剂。

解:化学计量点前,溶液中含有剩余的 NH$_3$ 及反应生成的 NH$_4$Cl,它们组成了 NH$_3$-NH$_4^+$ 缓冲溶液。故其 pH 应按缓冲溶液 pH 计算公式计算,查知 NH$_3$ 的 K_b(NH$_3$)＝1.8×10^{-5}。当加入 19.98 mL HCl 时,

$$pH = pK_{NH_4^+}^\Theta - \lg \frac{c(NH_4^+)}{c(NH_3)}$$

$$= -\lg \frac{10^{-14}}{1.8 \times 10^{-5}} - \lg \frac{19.98 \times 0.10}{20.00 \times 0.10 - 19.98 \times 0.10}$$

$$= 6.26$$

化学计量点时，体系为 $0.050\ mol \cdot L^{-1}$ 的 NH_4Cl 溶液，故

$$[H^+] = \sqrt{K_{NH_4^+}^\Theta c} = \sqrt{\frac{10^{-14}}{1.8 \times 10^{-5}} \times 0.050} = 5.3 \times 10^{-6} (mol \cdot dm^{-3})$$

$$pH = 5.28$$

化学计量点后，溶液为 NH_4Cl 和过量的 HCl 的混合溶液，溶液酸度主要由 HCl 决定。当加入 HCl 溶液 20.02 mL 时

$$[H^+] = \frac{20.02 \times 0.10 - 20.00 \times 0.10}{20.02 + 20.00} = 5.0 \times 10^{-5} (mol \cdot dm^{-3})$$

$$pH = 4.30$$

即此滴定化学计量点 pH=5.28，突跃范围为 pH=6.26~4.30，故选择甲基红（变色范围:4.2~6.4）较为合适。

3. 强碱滴定多元弱酸

用 $0.1\ mol \cdot L^{-1}$ NaOH 标准溶液滴定相同浓度的三元酸（磷酸）溶液时，滴定曲线如图 7-7 所示。在滴定分数 1 和 2 处，滴定曲线上有两个可以分辨的突跃。

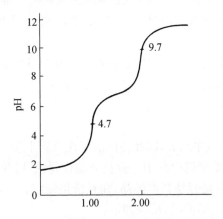

图 7-7　强碱滴定多元弱酸时的滴定曲线

7.5.3　准确滴定和分步滴定的判据

由图 7-4 至图 7-7 可见，影响滴定曲线及滴定突跃的主要因素是酸碱的浓度和强度。强度越大，浓度越高，滴定突跃越大；反之则越小。一般来说，如果允许的终点误差在 $\pm 0.1\%$ 以内，弱酸或弱碱能准确滴定的判据为：

$$cK_a^\Theta \geqslant 10^{-8} \quad 或 \quad cK_b^\Theta \geqslant 10^{-8}$$

多元弱酸、弱碱是分步解离的,因此除去要判断每步解离能否被准确滴定,还要判断相邻两级解离出的 H^+ 或 OH^- 能否被分步滴定。多元弱酸、弱碱能够进行分步滴定的判据分别为:

$$K_{a,n}/K_{a,n+1} \geqslant 10^4 \text{ 和 } K_{b,n}/K_{b,n+1} \geqslant 10^4$$

H_3PO_4 在水溶液中存在三步解离:

$$H_3PO_4(aq) \Longrightarrow H^+(aq) + H_2PO_4^-(aq) \qquad K_{a_1} = 7.5 \times 10^{-3}$$
$$H_2PO_4^-(aq) \Longrightarrow H^+(aq) + HPO_4^{2-}(aq) \qquad K_{a_2} = 6.2 \times 10^{-8}$$
$$HPO_4^{2-}(aq) \Longrightarrow H^+(aq) + PO_4^{3-}(aq) \qquad K_{a_3} = 2.2 \times 10^{-13}$$

当用 $0.1 \text{ mol} \cdot L^{-1}$ NaOH 溶液滴定同浓度的 H_3PO_4 溶液时,由上述判据式可得:$cK_{a_1}^\ominus = 7.5 \times 10^{-4} > 10^{-8}$;$cK_{a_2}^\ominus = 6.2 \times 10^{-9} \approx 10^{-8}$;$cK_{a_3}^\ominus = 2.2 \times 10^{-14} < 10^{-8}$。

$K_{a_1}^\ominus/K_{a_2}^\ominus = 1.2 \times 10^5 > 10^4$;$K_{a_2}^\ominus/K_{a_3}^\ominus = 2.8 \times 10^5 > 10^4$。

根据计算结果可判断,H_3PO_4 在水溶液中一级和二级解离出的 H^+ 可以被准确滴定,三级解离太弱,所解离出的 H^+ 不能被准确滴定。一级解离和二级解离可以分步滴定,图 7 - 7 中可见两个明显的突跃,两个突跃范围分别与甲基橙和酚酞的变色区间相重叠。

7.5.4 酸碱标准溶液的配制与标定

1. 酸标准溶液的配制与标定

酸碱滴定法测定某种物质的含量,必须配制成酸或碱的标准溶液。标准溶液即已知准确浓度的溶液。最常用的酸标准溶液是 HCl 溶液,有时也用 H_2SO_4。酸标准溶液的浓度常配成 $0.1 \text{ mol} \cdot L^{-1}$。

由于市售盐酸的浓度不确定,加之盐酸的挥发性,所以盐酸标准溶液一般是用间接法进行配制的,即先配成近似所需浓度,然后用基准物质标定。标定盐酸用的基准物质,常用无水碳酸钠和硼砂。

(1) 无水碳酸钠

无水碳酸钠易被吸收空气中水分,因此使用前应在烘箱中于 $180 \sim 200 \ ℃$ 下干燥 $2 \sim 3 \text{ h}$,然后密封于瓶内,保存在干燥器皿中备用。称量时动作要快,以免再吸收空气中的水分而引起误差。无水碳酸钠的优点是容易获得纯品,而且价格便宜。

用无水碳酸钠标定 HCl 溶液,其反应如下:

$$NaCO_3 + 2HCl \Longrightarrow 2NaCl + \underset{\llcorner\to CO_2\uparrow + H_2O}{H_2CO_3}$$

化学计量点时 pH = 3.89,可用甲基橙作指示剂,终点时溶液颜色由黄色变为橙色。

HCl 标准溶液准确浓度的计算公式为:

$$c(HCl) = \frac{2m(Na_2CO_3)}{M(Na_2CO_3) \cdot V(HCl) \times 10^{-3}}$$

（2）硼砂（$Na_2B_4O_7 \cdot 10H_2O$）

硼砂（$Na_2B_4O_7 \cdot 10H_2O$）较易得纯品，不易吸水，比较稳定，摩尔质量较大（381.37 g·mol^{-1}），故由称量造成的相对误差较小。但当空气中的相对湿度小于 39% 时，易失去结晶水，因此需要保存于 60% 相对湿度的恒湿器中（干燥器里放食盐和蔗糖的饱和溶液）。

硼砂（$Na_2B_4O_7 \cdot 10H_2O$）标定 HCl 溶液的反应如下：

$$B_4O_7^{2-} + 5H_2O + 2HCl \rightleftharpoons 4H_3BO_3 + 2Cl^-$$

化学计量点时 pH＝5.27，可选用甲基红作指示剂。

2. 碱标准溶液的配制与标定

碱标准溶液一般用强碱配制，常用强碱有 NaOH、KOH，中强碱 $Ba(OH)_2$ 也可用。但 KOH 价格较贵，应用不普遍。实际当中以 NaOH 为主，最常用的浓度为 0.1 mol·L^{-1}。NaOH 易吸潮，也易吸收空气中的 CO_2，故常含有 Na_2CO_3，而且 NaOH 还可能含有硫酸盐、硅酸盐、氯化物等杂质，因此应采用间接法配制其标准溶液，即先配制成近似浓度的碱溶液，然后加以标定。

含 Na_2CO_3 的标准溶液在用甲基橙作指示剂滴定强酸时，不会因 Na_2CO_3 的存在而引入误差；但如果用来滴定弱酸，用酚酞指示剂，滴到酚酞出现浅红色时，Na_2CO_3 仅交换 1 个质子，即作用到生成 $NaHCO_3$，这样就会引起一定的误差。因此应配制和使用不含 Na_2CO_3 的标准溶液。

标定 NaOH 溶液的基准物质有草酸、邻苯二甲酸氢钾和苯甲酸等。但最常用的是邻苯二甲酸氢钾。这种基准物可用重结晶法制得纯品，不含结晶水，不吸潮，容易保存。标定时由于称量而造成的相对误差也较小，因而是一种良好的基准物。

（1）草酸（$H_2C_2O_4 \cdot 2H_2O$）

草酸（$H_2C_2O_4 \cdot 2H_2O$）相当稳定，相对湿度在 5%～95% 时不会因风化而失水，也不吸水。它是二元弱酸，$K_{a1}=5.9 \times 10^{-2}$，$K_{a2}=6.4 \times 10^{-5}$，$\dfrac{K_{a1}}{K_{a2}}<10^5$，因此只能一次滴定到 $C_2O_4^{2-}$，用酚酞作指示剂。

（2）邻苯二甲酸氢钾（$KHC_8H_4O_4$）

邻苯二甲酸氢钾（$KHC_8H_4O_4$）是有机弱酸盐，易溶于水，水溶液呈酸性，可用 NaOH 滴定。标定反应如下：

$$\text{COOH/COOK} + NaOH \rightleftharpoons \text{COONa/COOK} + H_2O$$

由于邻苯二甲酸氢钾（$KHC_8H_4O_4$）的 $K_{a2}=3.9 \times 10^{-6}$，化学计量点是 $c=0.1/2=0.05$ mol·L^{-1}，$[OH^-]=\sqrt{cK_{b1}}=\sqrt{\dfrac{cK_w}{K_{a2}}}=\sqrt{\dfrac{0.05 \times 10^{-14}}{3.9 \times 10^{-6}}}=1.3 \times 10^{-5}$ mol·L^{-1}，pH＝9.12，可用酚酞作指示剂。

NaOH 标准溶液准确浓度的计算公式为：

$$c(NaOH)=\frac{m(KHP)}{M(KHP) \cdot V(NaOH) \times 10^{-3}}$$

7.5.5 酸碱滴定的应用

酸碱滴定法在生产实际中应用广泛。根据测定对象的不同可以采用不同的滴定方式，下面列举一些酸碱滴定的实例。

1. 混合碱的分析

工业品烧碱($NaOH$)中常含有少量纯碱 Na_2CO_3，纯碱 Na_2CO_3 中也常含有少量 $NaHCO_3$，这两种工业品都称为混合碱。

(1) 烧碱中 $NaOH$ 和 Na_2CO_3 的测定

采用双指示剂法测定。称取试样质量为 m_s(mg)溶解于水，用 HCl 标准溶液滴定，先用酚酞作指示剂，滴定至溶液由红色变为无色(第一化学计量点)，此时 $NaOH$ 全部被中和，而 Na_2CO_3 被中和一半(转化为 $NaHCO_3$)，所消耗 HCl 标准溶液体积记为 V_1。然后加入甲基橙，继续用 HCl 标准溶液滴定，使溶液由黄色恰变为橙色(第二化学计量点)，此时溶液中 $NaHCO_3$ 被完全中和，所消耗的 HCl 标准溶液体积记为 V_2。因 Na_2CO_3 被中和至 $NaHCO_3$ 以及继续转化为 H_2CO_3 两步所需 HCl 的量相等，故 V_1-V_2 为中和 $NaOH$ 所消耗 HCl 的体积，$2V_2$ 为滴定 Na_2CO_3 所需 HCl 的体积。分析结果计算公式为：

$$w_{NaOH} = \frac{c_{HCl}(V_{1,HCl} - V_{2,HCl})M_{NaOH}}{m_s \times 10^3} \times 100\%$$

$$w_{Na_2CO_3} = \frac{c_{HCl}V_{2,HCl}M_{Na_2CO_3}}{m_s \times 10^3} \times 100\%$$

(2) 纯碱中 Na_2CO_3 和 $NaHCO_3$ 的测定

工业纯碱中常含有 $NaHCO_3$，可参照上述方法测定。但需注意，此时滴定 Na_2CO_3 所消耗的体积为 $2V_1$，而滴定 $NaHCO_3$ 所消耗的体积为 V_2-V_1。分析结果计算公式为：

$$w_{Na_2CO_3} = \frac{c_{HCl}V_{1,HCl}M_{Na_2CO_3}}{m_s \times 10^3} \times 100\%$$

$$w_{NaHCO_3} = \frac{c_{HCl}(V_{2,HCl} - V_{1,HCl})M_{NaHCO_3}}{m_s \times 10^3} \times 100\%$$

$NaOH$ 和 $NaHCO_3$ 不能共存，若某试样中可能含有 $NaOH$、Na_2CO_3、$NaHCO_3$ 或由它们组成的混合物，假若以酚酞和甲基橙双指示剂法滴定，终点时用去 HCl 的体积分别为 V_1、V_2，则未知试样的组成与 V_1、V_2 的关系见表 7-6。

表 7-6 V_1、V_2 的大小与试样组成的关系

V_1 和 V_2 的大小关系	$V_1 \neq 0, V_2 = 0$	$V_1 = 0, V_2 \neq 0$	$V_1 = V_2 \neq 0$	$V_1 > V_2 > 0$	$V_2 > V_1 > 0$
试样的组成	OH^-	HCO_3^-	CO_3^{2-}	$OH^- + CO_3^{2-}$	$HCO_3^- + CO_3^{2-}$

2. 食品中苯甲酸钠的测定

苯甲酸钠是碳酸饮料、腌制食品、方便食品等当中最常见的食品防腐剂之一。测定时一般在食品试样中加入盐酸，使苯甲酸钠转化成苯甲酸，再向溶液中加入乙醚萃取苯甲酸，加热萃取液除去乙醚，用中性乙醇溶解，最后用 $NaOH$ 标准溶液滴定，以酚酞作指示剂，滴定至呈现粉红色即为终点。苯甲酸钠的质量百分含量可用下式计算。

$$w_{C_7H_5O_2Na} = \frac{c_{NaOH}V_{NaOH}M_{C_7H_5O_2Na}}{m_s \times 10^3} \times 100\%$$

式中 m_s 为试样的质量(g),体积单位为 mL。

3. 醋精中总酸的测定

醋精是一种重要的农产加工品,也是合成多种有机农药的重要原料。醋精中的主要成分是 HAc,也有少量其他弱酸,如乳酸等。测定时,将醋精用不含 CO_2 的蒸馏水适当稀释后,用 NaOH 标准溶液滴定。以酚酞作指示剂,滴定至呈现粉红色即为终点。

由消耗的标准溶液的体积及浓度计算总酸度。

4. 硼酸的测定

对于许多极弱的酸碱,不满足直接滴定的条件,可以通过一些特定反应产生可以滴定的酸碱,或增强其酸碱性后予以滴定。

硼酸(H_3BO_4)的 $pK_a = 9.24$,它是极弱的酸,不能用 NaOH 直接滴定。但在 H_3BO_4 中加入乙二醇、丙三醇、甘露醇等与之反应形成配合酸,配合酸的 $pK_a = 4.26$,强于醋酸,使弱酸得到了强化。可选用酚酞或百里酚酞作为指示剂,用 NaOH 标准溶液直接滴定。

5. 氮的测定

肥料或土壤试样中常需要测定氮的含量,如硫酸铵化肥中含氮量的测定。由于铵盐作为酸太弱,$pK_a = 9.26$,不能直接用碱标准溶液滴定,需采用间接的测定方法,常用的方法有两种:

(1) 蒸馏法

将一定质量的铵盐溶液中加入过量的 NaOH 溶液,加热煮沸。

若将蒸出的 NH_3 用一定量过量的硫酸或盐酸标准溶液吸收,过量的酸以甲基红或甲基橙作指示剂,用 NaOH 标准溶液回滴。

若将蒸出 NH_3 用过量的硼酸吸收,生成的 $H_2BO_3^-$ 是较强的碱,$pK_b = 4.76$,可用甲基红和溴甲酚绿混合指示剂,以 HCl 标准溶液滴定。测定过程反应和计算公式如下:

$$NH_3 + H_3BO_3 \rightleftharpoons NH_4H_2BO_3$$

$$HCl + H_2BO_3^- \rightleftharpoons H_3BO_3 + Cl^-$$

$$w_N = \frac{c_{HCl}V_{HCl}Ar(N)}{m_s} \times 100\%$$

(2) 甲醛法

铵盐在水中全部解离,甲醛与 NH_4^+ 的反应如下:

$$4NH_4^+ + 6HCHO = (CH_2)_6N_4H^+ + 3H^+ + 6H_2O$$

滴定前溶液为酸性,生成物$(CH_2)_6N_4H^+$是六亚甲基四胺$(CH_2)_6N_4$的共轭酸,其$pK_a = 5.15$,可用 NaOH 直接滴定。在用 NaOH 滴定至终点时,仍被中和成$(CH_2)_6N_4$。以酚酞作指示剂,终点为粉红色。

$$w_N = \frac{c_{NaOH}V_{NaOH}Ar(N)}{m_s} \times 100\%$$

若试样中含有游离酸,须事先用甲基红作指示剂,用 NaOH 中和。

蒸馏法操作较烦琐,分析流程长,但准确度高。甲醛法简便、快速,准确度比蒸馏法稍差,但基本可以满足实用需求,应用较广。

习题

1. 判断题。

(1) 强酸的共轭碱一定很弱。　　　　　　　　　　　　　　　　　　　　　　　　　(　　)

(2) 酸性缓冲溶液可以抵抗少量的外来酸对 pH 的影响,而不能抵抗少量外来碱的影响。　(　　)

(3) 水的离子积在 18 ℃时为 6.4×10^{-5},25 ℃时为 1.00×10^{-14},则 18 ℃时水的 pH 大于 25 ℃时水的 pH。　　　　　　　　　　　　　　　　　　　　　　　　　　　　　　　　　　(　　)

(4) H^+ 与 OH^- 是一对共轭酸碱对。　　　　　　　　　　　　　　　　　　　　　(　　)

(5) 酸碱指示剂用量的多少不会影响变色范围。　　　　　　　　　　　　　　　　　(　　)

(6) 酸式滴定管一般用于盛放酸性溶液,但不能盛放碱性溶液。　　　　　　　　　　(　　)

(7) 各种类型的酸碱滴定,其化学计量点的位置均为突跃范围的中点。　　　　　　　(　　)

(8) 强酸滴定强碱的滴定曲线,其突跃范围大小只与浓度有关。　　　　　　　　　　(　　)

(9) 酸碱滴定中,化学计量点时溶液的 pH 值与指示剂理论变色点 pH 相等。　　　　(　　)

(10) 同一物质不能既作酸又作碱。　　　　　　　　　　　　　　　　　　　　　　(　　)

2. 计算下列水溶液的 pH。

(1) 0.050 mol·L^{-1} HCl 溶液　　　　　　　(2) 0.100 mol·L^{-1} HAc 溶液

(3) 0.100 mol·L^{-1} NH_3·H_2O 溶液　　　(4) 0.150 mol·L^{-1} NH_4Cl 溶液

3. 用质子理论判断下列物质哪些是酸,并写出它的共轭碱。哪些是碱,并写出它的共轭酸。其中哪些既是酸又是碱。

$$H_2PO_4^- ; CO_3^{2-} ; NH_3 ; NO_3^- ; H_2O ; HSO_4^- ; HS^- ; HCl_{\circ}$$

4. 配制 1.0 L pH=9.80,$c(NH_3)$=0.10 mol·L^{-1} 的缓冲溶液。需 6.0 mol·L^{-1} NH_3·H_2O 多少毫升和固体$(NH_4)_2SO_4$多少克? 已知$(NH_4)_2SO_4$的摩尔质量为 132 g·mol^{-1}。

5. 以 0.10 mol·L^{-1} 的 NaOH 溶液滴定 20 mL 0.1 mol·L^{-1} 的 HAc 溶液,计算化学计量点的 pH 和滴定突跃范围。可选用哪些酸碱指示剂?

6. 欲配制 pH=7.00 的缓冲溶液 500 mL,应选用 HCOOH - HCOONa,HAc - NaAc,NaH_2PO_4 - Na_2HPO_4,NH_3 - NH_4Cl 中的哪一缓冲对? 如果上述各物质溶液的浓度均为 1.00 mol·L^{-1},应如何配制?

7. 下列多元弱酸、弱碱的初始浓度均为 0.10 mol·L^{-1},能否用酸碱滴定法直接滴定? 如果能滴定,有几个突跃? 应选择什么作指示剂?

(1) 邻苯二甲酸　　　　(2) H_2NNH_2　　　　(3) $Na_2C_2O_4$

(4) Na_3PO_4　　　　　(5) Na_2S　　　　　(6) $H_2C_2O_4$

8. 用邻苯二甲酸氢钾标定氢氧化钠溶液。用电子天平准确称取邻苯二甲酸氢钾 4.084 4 g 于小烧杯中，加蒸馏水溶解后，转移至 250.0 mL 的容量瓶中定容。用移液管移取 25.00 mL 放入锥形瓶中，再加 2 滴酚酞指示剂，用待标定的氢氧化钠溶液滴定至终点，消耗氢氧化钠溶液 20.00 mL，计算氢氧化钠溶液的准确浓度。

9. 用硼砂标定盐酸溶液。准确称取硼砂试样 0.381 4 g 于锥形瓶中，加蒸馏水溶解，加甲基红指示剂，用待标定的盐酸滴定至终点，消耗盐酸 20.00 mL，计算盐酸溶液的准确浓度。

10. 称取纯的碳酸钙 0.500 0 g，溶于 50.00 mL HCl 溶液中，剩余的酸用氢氧化钠溶液回滴，消耗氢氧化钠溶液 6.20 mL。1 mL 氢氧化钠溶液相当于 1.010 mL HCl 溶液。求此二溶液的浓度。已知：$CaCO_3$ 相对分子质量为 100.0。

11. 某一含惰性杂质的混合碱试样 0.602 8 g，加水溶解，用 0.202 2 mol·L^{-1} HCl 溶液滴定至酚酞终点，用去 HCl 溶液 20.30 mL；加入甲基橙，继续滴定至甲基橙变色，又用去 HCl 溶液 22.45 mL。问试样由何种碱组成？各组分的质量分数为多少？

12. 称取混合碱试样 0.482 6 g，用 0.176 2 mol·L^{-1} 的 HCl 溶液滴定至酚酞变为无色，用去 HCl 溶液 30.18 mL，再加入甲基橙指示剂滴定至终点，又用去 HCl 溶液 18.27 mL，求试样的组成及各组分的质量分数。

13. 人体中的 CO_2 在血液中以 H_2CO_3 和 HCO_3^- 存在，若血液的 pH 为 7.4，求血液中 H_2CO_3 与 HCO_3^- 的摩尔分数 $x(H_2CO_3)$、$x(HCO_3^-)$。

14. 称取某含有 Na_2HPO_4 和 Na_3PO_4 的试样 1.200 g，溶解后以酚酞为指示剂，用 0.300 8 mol·L^{-1} HCl 溶液 17.92 mL 滴定至终点，再加入甲基红指示剂继续滴定至终点，又用去了 HCl 溶液 19.95 mL。求试样中 Na_2HPO_4 和 Na_3PO_4 的质量分数。

15. 某溶液中可能含有 H_3PO_4 或 NaH_2PO_4 或 Na_2HPO_4，或是它们不同比例的混合溶液。酚酞为指示剂时，以 1.000 mol·L^{-1} NaOH 标准溶液滴定至终点用去 46.85 mL，接着加入甲基橙，再以 1.000 mol·L^{-1} HCl 溶液回滴至甲基橙终点用去 31.96 mL，该混合溶液组成如何？试计算各组分物质的量。

16. 称取纯 $CaCO_3$ 0.501 3 g 溶于 50.00 mL HCl 溶液中，多余的 HCl 用 NaOH 滴定，用去 NaOH 溶液 5.87 mL；另取 25.00 mL 该 HCl 溶液，用上述 NaOH 溶液滴定，用去 NaOH 溶液 26.35 mL，求 HCl 溶液和 NaOH 溶液的浓度。

17. 用酸碱滴定法测定某试样中的含磷量。称取试样 0.965 7 g，经处理后使 P 转化为 H_3PO_4，再在 HNO_3 介质中加入钼酸铵，即生成磷钼酸铵沉淀，其反应式如下：

$$H_3PO_4 + 12MoO_4^{2-} + 2NH_4^+ + 22H^+ = (NH_4)_2HPO_4 \cdot 12\ MoO_3 \cdot H_2O \downarrow + 11H_2O$$

将黄色的磷钼酸铵沉淀过滤，洗至不含游离酸，溶于 30.48 mL 0.201 6 mol·L^{-1} 的 NaOH 溶液中，其反应式如下：

$$(NH_4)_2HPO_4 \cdot 12\ MoO_3 \cdot H_2O + 24\ OH^- = 12\ MoO_4^{2-} + HPO_4^{2-} + 2\ NH_4^+ + 13\ H_2O$$

用 0.198 7 mol·L^{-1} HNO_3 标准溶液回滴过量的碱至酚酞变色，耗去 15.74 mL。求试样中的 P 含量。

第 8 章　氧化还原反应

8.1　氧化还原反应的基本概念

化学反应按是否得失电子可分成两大类——氧化还原反应和非氧化还原反应。在氧化还原反应中将失去电子的过程叫作氧化；将得到电子的过程叫还原。但是按照有无电子的得失或偏移来判断是否属于氧化还原反应，有时会遇到困难。为了便于讨论氧化还原反应，需引入元素的氧化数的概念。

8.1.1　氧化数

1970 年国际纯粹和应用化学联合会（IU−PAC）较严格地定义了氧化数的概念：氧化数是指某元素一个原子的表观电荷数。这种表观电荷数是假设把共用电子指定给电负性较大的原子而求得。例如，在 HCl 中，由于氯的电负性较大，成键电子划归给氯，所以氯的氧化数为−1，氢为+1。但是用这种方法确定原子的氧化数有时会遇到困难。因为有一些化合物，特别是一些结构复杂的化合物，它们的电子结构式本身就不易给出，更谈不上电子的划分了。为了避开这些困难，人们从经验中总结出一套规则，可方便地用来确定氧化数。它包括以下五条：

（1）在单质（如 Cu、O_2 等）中，原子的氧化数为零。

（2）在中性分子中，所有原子的氧化数代数和应等于零。

（3）在复杂离子中，所有原子的氧化数代数和应等于离子的电荷数。单原子离子的氧化数等于它所带的电荷数。

（4）在多数化合物中氢原子的氧化数为+1；只有在活泼金属氢化物（NaH、CaH_2 等）中氢原子的氧化数为−1。

（5）氧在正常氧化物中的氧化数为−2；在过氧化物（H_2O_2、Na_2O_2）中氧原子的氧化数为−1。在超氧化物（KO_2）中氧原子的氧化数为−1/2；在氧的氟化物（OF_2）中，氧原子的氧化数为+2。

根据这些规则,就可确定化合物中其他元素原子的氧化数。

例 8 - 1 计算 SO_2、$KClO_3$、MnO_4^-、Fe_3O_4 中 S、Cl、Mn、Fe 各元素的氧化数。

解:设在 SO_2 中 S 的氧化数为 x,则

$x+2\times(-2)=0,x=4$,S 的氧化数为+4。

同样,设在 $KClO_3$ 中 Cl 的氧化数为 y,则

$1+y+3\times(-2)=0,y=5$,Cl 的氧化数为+5。

设在 MnO_4^- 中 Mn 的氧化数为 z,则

$z+4\times(-2)=-1,z=7$,Mn 的氧化数为+7。

设在 Fe_3O_4 中 Fe 的氧化数为 m,则

$3\times m+4\times(-2)=0,m=8/3$,Fe 的氧化数为+8/3。

由上述可知,氧化数可以是负数,正数,也可以是分数。

8.1.2 氧化和还原

还原(reduction)是物质获得电子的作用;氧化(oxidation)是物质失去电子的作用。例如反应:

$$还原作用 \quad Cu^{2+}+2e^- \longrightarrow Cu$$

$$氧化作用 \quad Zn \longrightarrow Zn^{2+}+2e^-$$

以上两种皆为半反应(half-reaction),因为电子有得必有失。因此,还原作用和氧化作用这两种半反应必须联系在一起才能进行。如果将以上两个半反应合并,就成为全反应:

$$Zn+Cu^{2+}=\!=\!=Zn^{2+}+Cu$$

这类全反应称为氧化还原反应(redox reaction)。

在氧化还原反应中,得电子者称为氧化剂(如 Cu^{2+}),氧化剂自身被还原;失电子者为还原剂(如:Zn),还原剂自身被氧化。氧化剂得到的电子数必等于还原剂失去的电子数。

在上述的例子中,氧化剂得电子和还原剂失电子都很明显。然而,客观事物是复杂的。例如反应:

$$H_2(g)+Cl_2(g)=\!=\!=2HCl(g)$$

在氯化氢分子里,氢并不失电子,氯也不得电子,仅由于氯的电负性大于氢,它们之间的一对共用电子偏向氯的一方而已。此类反应也属于氧化还原反应。由此可见,氧化还原反应的本质在于电子的得失与偏移。

8.2 氧化还原反应方程式的配平

氧化还原反应往往比较复杂,参加反应的物质也比较多,配平这类方程式不如其他反应方程式那样容易,所以,有必要介绍一下氧化还原方程式的配平方法。

配平氧化还原方程式的常用方法有两种:氧化数法和离子电子法。氧化数法比较简便,人们乐于选用,但离子电子法却能更清楚地反映水溶液中氧化还原反应的本质。

8.2.1 氧化数法

配平依据:一是求元素氧化值的变化;二是调整系数,使氧化值的变化值相等;三是配平反应前后氧化值未发生变化的原子个数以及电荷数。

下面以 $HClO$ 把 Br_2 氧化成 $HBrO_3$ 而本身被还原成 HCl 为例,说明氧化数法配平的步骤。

(1) 在箭号左边写反应物的化学式,右边写生成物的化学式。

$$HClO + Br_2 \longrightarrow HBrO_3 + HCl$$

(2) 计算氧化剂中原子氧化数的降低值及还原剂中原子氧化数的升高值,并根据氧化数降低总值和升高总值必须相等的原则,找出氧化剂和还原剂的化学计量数。

$$Cl: \quad +1 \longrightarrow -1 \quad 氧化数降低 2(\downarrow 2) \quad | \times 5$$

$$2Br: \quad 2(0 \longrightarrow +5) 氧化数升高 10(\uparrow 10) | \times 1$$

(3) 配平除氢和氧元素外各种原子的原子数(先配平氧化数有变化元素的原子数,后配平氧化数没有变化元素的原子数)。

$$5HClO + Br_2 \longrightarrow 2HBrO_3 + 5HCl$$

(4) 配平氢,并找出参加反应(或生成)水的分子数。

$$5HClO + Br_2 + H_2O \Longrightarrow 2HBrO_3 + 5HCl$$

(5) 最后核对氧,确定该方程式是否配平。

等号两边都有 6 个氧原子,证明上面的方程式确已配平。

例 8-2 配平下列反应式:

$$Cu_2S + HNO_3 \longrightarrow Cu(NO_3)_2 + H_2SO_4 + NO$$

解:
$$2Cu: \quad 2(+1 \longrightarrow +2) \qquad \uparrow 2 \left. \begin{array}{c} \\ \end{array} \right\} | \times 3$$
$$S: \quad -2 \longrightarrow +6 \qquad \uparrow 8 \left. \uparrow 10 \right\} | $$
$$N: \quad +5 \longrightarrow +2 \qquad \downarrow 3 \quad | \times 10$$

$$3Cu_2S + 10HNO_3 \longrightarrow 6Cu(NO_3)_2 + 3H_2SO_4 + 10NO$$

上面方程式中元素 Cu 和 S 的原子数都已配平,对于 N 原子,发现生成 6 个 $Cu(NO_3)_2$,还需消耗 12 个 HNO_3,于是 HNO_3 的系数变为 22。

$$3Cu_2S + 22HNO_3 \longrightarrow 6Cu(NO_3)_2 + 3H_2SO_4 + 10NO$$

配平 H,找出 H_2O 的分子数。

$$3Cu_2S + 22HNO_3 \Longrightarrow 6Cu(NO_3)_2 + 3H_2SO_4 + 10NO + 8H_2O$$

最后核对方程式两边氧原子数,可知方程式确已配平。

例 8-3　配平下列反应式：

$$Cl_2 + KOH \longrightarrow KClO_3 + KCl$$

解：从反应式可看出，Cl_2 中一部分氯原子氧化数升高，一部分氯原子氧化数降低，即 Cl_2 在同一反应中既作氧化剂又作还原剂。这类反应称作歧化反应（disproportion reaction），对于这类反应，确定氧化数的变化后，从逆反应着手配平较为方便。

$$Cl(KClO_3)：+5 \longrightarrow 0 \quad \downarrow 5 \mid \times 1$$
$$Cl(KCl)：-1 \longrightarrow 0 \quad \uparrow 1 \mid \times 5$$

配平 Cl、K：　　$$3Cl_2 + 6KOH \longrightarrow KClO_3 + 5KCl$$

配平 H：　　　$$3Cl_2 + 6KOH \Longrightarrow KClO_3 + 5KCl + 3H_2O$$

8.2.2　离子电子法

配平依据：一是反应中氧化剂所得到的电子数，必须等于还原剂所失去的电子数；二是反应前、后各元素的原子总数相等。

现在以稀 H_2SO_4 溶液中，$KMnO_4$ 氧化 $H_2C_2O_4$ 为例，说明离子电子法配平步骤。

(1) 把氧化剂中起氧化作用的离子及其还原产物，还原剂中起还原作用的离子及其氧化产物，分别写成两个未配平的离子方程式。

$$MnO_4^- \longrightarrow Mn^{2+}$$
$$C_2O_4^{2-} \longrightarrow CO_2$$

将原子数配平。关键在于氧原子数的配平。根据反应式左、右两边氧原子数目和溶液酸碱度的不同，应采取不同的配平方法，具体见下表：

表 8-1　几种配平方法

介质	反应式左边比右边多一个氧原子	反应式左边比右边少一个氧原子
酸性	$2H^+ + "O^{2-}" \longrightarrow H_2O$	$H_2O \longrightarrow "O^{2-}" + 2H^+$
碱性	$H_2O + "O^{2-}" \longrightarrow 2OH^-$	$2OH^- \longrightarrow "O^{2-}" + H_2O$
中性	$H_2O + "O^{2-}" \longrightarrow 2OH^-$	$H_2O \longrightarrow "O^{2-}" + 2H^+$

即在**酸性介质**中，在反应式两边，哪边 O 多，就在哪边加双倍 H^+，在另一边加相应数目的 H_2O，在**碱性介质**中，哪边 O 少，就在哪边加双倍 OH^-，在另一边加相应数目的 H_2O。因此可得

$$MnO_4^- + 8H^+ \longrightarrow Mn^{2+} + 4H_2O$$
$$C_2O_4^{2-} \longrightarrow 2CO_2 \uparrow$$

(2) 将电荷数配平。反应式两边的电荷数如不相等，可在反应式左边或右边加若干个电子

$$MnO_4^- + 8H^+ + 5e^- \longrightarrow Mn^{2+} + 4H_2O$$
$$C_2O_4^{2-} \longrightarrow 2CO_2 \uparrow + 2e^-$$

这种配平了的半反应式常称为离子电子式。

（3）两离子电子式各乘以适当系数，使得、失电子数相等，将两式相加，消去电子，必要时消去重复项，即得到配平的离子反应式。

$$2\times(MnO_4^- +8H^+ +5e^- \longrightarrow Mn^{2+} +4H_2O)$$
$$+\qquad 5\times(C_2O_4^{2-} \longrightarrow 2CO_2\uparrow +2e^-)$$
$$\overline{2MnO_4^- +16H^+ +5C_2O_4^{2-} == 2Mn^{2+} +8H_2O +10CO_2\uparrow}$$

（4）检查所得反应式两边的各种原子数或电荷数是否相等。

两边各种原子数都相等，且电荷数均为+4，故上式已配平。如果需要，再写成分子反应方程式：

$$2KMnO_4 +5H_2C_2O_4 +3H_2SO_4 == 2MnSO_4 +K_2SO_4 +10CO_2\uparrow +8H_2O$$

例8-4 用离子电子法配平下列反应式（在碱性介质中）：

$$ClO^- +CrO_2^- \longrightarrow Cl^- +CrO_4^{2-}$$

解：

（1）写出两个半反应的离子电子式
$$ClO^- \longrightarrow Cl^-$$
$$CrO_2^- \longrightarrow CrO_4^{2-}$$

（2）哪边O少就在哪边加双倍OH^-
$$ClO^- +H_2O \longrightarrow Cl^- +2OH^-$$
$$CrO_2^- +4OH^- \longrightarrow CrO_4^{2-} +2H_2O$$

（3）配平两边电荷数
$$ClO^- +H_2O +2e^- \longrightarrow Cl^- +2OH^-$$
$$CrO_2^- +4OH^- \longrightarrow CrO_4^{2-} +2H_2O +3e^-$$

（4）使得、失电荷数相等

$$3\times(ClO^- +H_2O +2e^- \longrightarrow Cl^- +2OH^-)$$

两式相加 $$+\quad 2\times(CrO_2^- +4OH^- \longrightarrow CrO_4^{2-} +2H_2O +3e^-)$$

$$\overline{3ClO^- +3H_2O +2CrO_2^- +8OH^- \longrightarrow 3Cl^- +6OH^- +2CrO_4^{2-} +4H_2O}$$

消去重复项：

$$3ClO^- +2CrO_2^- +2OH^- == 3Cl^- +2CrO_4^{2-} +H_2O$$

以上两种配平方法中可任选一种来配平氧化还原方程式。但是其中的离子电子式必须掌握，因为在以后的学习中会经常用到它。

例8-5 写出下列半反应分别在酸性介质和碱性介质中的离子电子式。
（1）$ClO^- \longrightarrow Cl^-$
（2）$SO_3^{2-} \longrightarrow SO_4^{2-}$

解：（1）酸性介质 $$ClO^- +2H^+ +2e^- \longrightarrow Cl^- +H_2O$$

碱性介质 $$ClO^- +H_2O +2e^- \longrightarrow Cl^- +2OH^-$$

（2）酸性介质　　　　$SO_3^{2-} + H_2O \longrightarrow SO_4^{2-} + 2H^+ + 2e^-$

碱性介质　　　　$SO_3^{2-} + 2OH^- \longrightarrow SO_4^{2-} + H_2O + 2e^-$

在酸性介质中配平时，在箭头的两边用 H^+ 和 H_2O 来配平（不允许出现 OH^-），在碱性介质中，在箭头的两边用 OH^- 和 H_2O 来配平（不允许出现 H^+）。

8.3　电极电势[①]

8.3.1　原电池

Zn 和 $CuSO_4$ 的置换反应为

$$Zn + Cu^{2+} = Zn^{2+} + Cu$$

反应的实质是 Zn 失去电子变成 Zn^{2+}，Cu^{2+} 得到电子变成 Cu。电子从 Zn 流向 Cu^{2+}。既然反应中有电子流动，通过图 8-1 的装置，可以利用产生的电能来做功。

如图 8-1 所示，在容器(a)中注入 $ZnSO_4$ 溶液，其中插入 Zn 棒作电极；在容器(b)中注入 $CuSO_4$ 溶液，插入 Cu 棒作电极，两种溶液用叫作盐桥的 U 形管连接起来。这时 Zn 和 $CuSO_4$ 分隔在两个容器中，互不接触，当然不发生反应。但如用导线将 Zn 和 Cu 棒相连接，反应立即发生，Zn 逐渐溶解，Cu 棒上有 Cu 析出。如果在导线上接一个检流计，指针就会偏转，证明导线中有电流通过。从指针偏转的方向，可以断定电流是从 Cu 极流向 Zn 极（电子从 Zn 极流向 Cu 极）。因此，Zn 是负极，发生氧化反应：

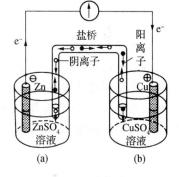

图 8-1　原电池

$$Zn \longrightarrow Zn^{2+} + 2e^-$$

Cu 是正极，发生还原反应

$$Cu^{2+} + 2e^- \longrightarrow Cu$$

而铜锌原电池的总反应为

$$Zn + Cu^{2+} = Cu + Zn^{2+}$$

这类使化学能直接变为电能的装置叫**原电池**（galvanic cell）。

为了简明起见，通常采用下列符号表示铜锌原电池：

$$(-)Zn\,|\,Zn^{2+}\,(c_1)\,\|\,Cu^{2+}\,(c_1)\,|\,Cu\,(+)$$

---

① 随着氧化还原反应的进行，溶解下来的 Zn^{2+} 使 Zn 极附近的溶液带上正电；而 Cu 极附近的溶液由于 Cu 的析出，Cu^{2+} 减少了，带上负电。这都将阻碍电子从 Zn 传到 Cu。通常盐桥内盛饱和的 KCl 溶液，Cl^- 移向 $ZnSO_4$ 溶液，K^+ 移向 $CuSO_4$ 溶液，使两溶液一直接近电中性，反应就可以进行了。

电池符号书写有如下规定：

（1）习惯上把负极写在左边，正极写在右边。

（2）用"‖"表示盐桥，"|"表示物质间有一界面，不存在界面用","表示。

（3）用化学式表示电池物质的组成，并要注明物质的状态，气体要注明分压，溶液要相应浓度。如不注明，一般指 1 mol·L^{-1} 或 100 kPa。

对于某些电极的电对自身不是金属导体时，则需要外加一个能导电而不参与电极反应的惰性电极，通常用铂作惰性电极。

原电池由两个半电池组成。每一半电池由还原态物质和氧化态物质组成，如 $Zn - Zn^{2+}$，$Cu - Cu^{2+}$，常称之为电对，以 Zn^{2+}/Zn 或 Cu^{2+}/Cu（氧化态在上，还原态在下）表示。电对不一定由金属和金属离子组成，同一金属不同氧化态的离子（如 Fe^{3+}/Fe^{2+}，MnO_4^-/Mn^{2+} 等）或非金属与相应的离子（如 H^+/H_2，Cl_2/Cl^-，O_2/OH^- 等）都可组成电对。

8.3.2　电极电势

连接原电池两极的导线有电流通过，说明两电极之间有电势差存在。这电势差是怎样产生的呢？

金属晶体是由金属原子、金属离子和一定数量的自由电子组成。当把金属棒插入它的盐溶液中，金属表面上的金属离子受到极性水分子的吸引，有溶解到溶液中形成水合离子的倾向。金属越活泼，盐溶液浓度越稀，这种倾向越大。同时，溶液中的水合离子有从金属表面获得电子，沉积在金属表面上的倾向。金属越不活泼，溶液越浓，这种倾向越大。因此，在金属(M)及其盐溶液之间存在如下平衡：

$$M(s) \underset{\text{沉积}}{\overset{\text{溶解}}{\rightleftharpoons}} M^{z+}(aq) + ze^-$$

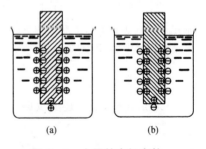

图 8-2　金属的电极电势

如果溶解的倾向大于沉积的倾向，金属带负电，溶液带正电，如图 8-2(a)所示；反之，金属带正电，溶液带负电，如图 8-2(b)所示。不论何种情况，金属与其盐溶液间都会形成双电层。由于双电层存在，使金属与其盐溶液之间产生了电势差，这个电势差叫作该金属的电极电势（electrode potential）。

金属电极电势的高低主要取决于金属的本性、金属离子的浓度和溶液的温度。在指定温度（通常为 298 K）下，金属同该金属离子浓度为 1 mol·L^{-1}（严格说是单位活度）的溶液所产生的电势称为该金属的标准电极电势（standard electrode potential），常用符号 $\varphi^\ominus$ 表示。目前电极电势的绝对值还没有办法测定。但可人为地规定一个相对标准来测定它的相对值。这就像把海平面的高度定为零，以测定各山峰相对高度一样。用来测定电极电势的相对标准是标准氢电极。

标准氢电极如图 8-3 所示。将铂片镀上一层疏松的铂（称铂

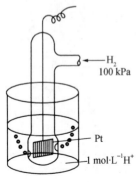

图 8-3　标准氢电极

黑,它具有很强的吸附 H_2 的能力),并插在 H^+ 浓度为 $1\ mol \cdot L^{-1}$ 的 H_2SO_4 溶液中,在指定温度下不断地通入压力 $100\ kPa$ 的纯氢气流冲击铂片,使它吸附氢气并达到饱和。吸附在铂黑上的氢气和溶液中 H^+ 间存在着下式所表示的平衡:

$$2H^+(aq) + 2e^- \rightleftharpoons H_2(g)$$

这就是氢电极的电极反应。国际上规定,标准氢电极的电极电势为零,即

$$\varphi^\ominus(H^+/H_2) = 0$$

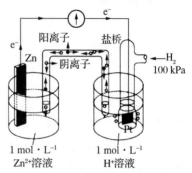

有了标准氢电极作基准,就可测量其他电极的电极电势。例如,欲测量 Zn 电极的标准电极电势,只要把 Zn 棒插在 $1\ mol \cdot L^{-1}$ ZnSO$_4$ 溶液中组成标准锌电极,把它与标准氢电极用盐桥连接起来组成原电池,如图 8-4 所示。在 298 K 时用电位计测量该电池的电动势($E^\ominus$)时发现,氢电极为正极,锌电极为负极,电池电动势为 0.763 V,锌电极在 298 K 时的标准电极电势[$\varphi^\ominus(Zn^{2+}/Zn)$]可由下式求得

图 8-4　测定锌电极的标准电极电势的装置

$$E^\ominus = \varphi^\ominus_{正} - \varphi^\ominus_{负}$$
$$E^\ominus = \varphi^\ominus(H^+/H_2) - \varphi^\ominus(Zn^{2+}/Zn)$$
$$0.763\ V = 0\ V - \varphi^\ominus(Zn^{2+}/Zn)$$

所以
$$\varphi^\ominus(Zn^{2+}/Zn) = -0.763\ V$$

如果要测定铜电极的标准电极电势,同样可用盐桥把标准铜电极和标准氢电极连接起来,组成铜氢原电池。测量结果发现铜为正极、氢为负极,电动势为 0.337 V,则

$$E^\ominus = \varphi^\ominus(Cu^{2+}/Cu) - \varphi^\ominus(H^+/H_2)$$
$$0.337\ V = \varphi^\ominus(Cu^{2+}/Cu) - 0\ V$$
$$\varphi^\ominus(Cu^{2+}/Cu) = 0.337\ V$$

比较各个电对的标准电极电势代数值的大小,可以得知:(1) $\varphi^\ominus$ 越小,表明电对的还原态越易给出电子,即该还原态就是越强的还原剂;$\varphi^\ominus$ 值越大,表明电对的氧化态越易得到电子,即该氧化态就是越强的氧化剂。因此,电势表左边的氧化态物质的氧化能力从上到下逐渐增强;右边的还原态物质的还原能力从下到上逐渐增强。(2) $\varphi^\ominus$ 值反映物质得失电子倾向的大小,它具有强度性质,与物质的数量无关。因此,电极反应式乘以任何常数时,$\varphi^\ominus$ 值不变。另外,电对的氧化态和还原态不会因电极反应进行的方向改变而改变,因此,将电极反应颠倒过来写,$\varphi^\ominus$ 值也不变。例如:

$$Zn^{2+} + 2e^- \rightleftharpoons Zn \qquad \varphi^\ominus = -0.736\ V$$
$$2Zn^{2+} + 4e^- \rightleftharpoons 2Zn \qquad \varphi^\ominus = -0.736\ V$$
$$Zn \rightleftharpoons Zn^{2+} + 2e^- \qquad \varphi^\ominus = -0.736\ V$$

详细的标准电极电势见附录。

8.3.3 能斯特方程

标准电极电势是在标准态及温度通常为 298 K 时测得的。如果浓度和温度改变了,电极电势也就跟着改变。电极电势 φ 与浓度、温度间的定量关系可由能斯特方程给出。对电极反应:

$$^a\text{氧化态} + z\text{e}^- \Longleftrightarrow {}^b\text{还原态}$$

^{b}能斯特方程为

$$\varphi = \varphi^\ominus - \frac{RT}{zF}\ln\frac{\alpha^b(\text{还原态})}{\alpha^a(\text{氧化态})} \tag{8-1}$$

或

$$\varphi = \varphi^\ominus - \frac{2.303RT}{zF}\lg\frac{\alpha^b(\text{还原态})}{\alpha^a(\text{氧化态})} \tag{8-2}$$

式中:R 为摩尔气体常数;F 为法拉第常数($96\,485\text{ C}\cdot\text{mol}^{-1}$);$T$ 为热力学温度;z 为电极反应得失的电子数;α(还原态)和 α(氧化态)分别表示电极反应式中还原态物质和氧化态物质的活度。如果是稀溶液,$\alpha = c/c^\ominus$(因 $c^\ominus = 1\text{ mol}\cdot\text{L}^{-1}$,它不会影响计算值,为了便于计算,在能斯特方程中可不必列入);如果是压力较低的气体,$\alpha = p/p^\ominus$;如果是固体或纯液体,$\alpha = 1$。另外,活度的方次应等于该物质在电极反应式中的化学计量数。

当温度为 298 K 时,将各常数值代入式(8-2),可得

$$\varphi = \varphi^\ominus - \frac{0.059\,2\text{ V}}{z}\lg\frac{\alpha^b(\text{还原态})}{\alpha^a(\text{氧化态})} \tag{8-3}$$

一般情况下不考虑离子强度和副反应的影响,式(8-1,2,3)中的活度 α 可以用浓度来代替,故在温度为 298 K 时采用式(8-4)

$$\varphi = \varphi^\ominus - \frac{0.059\,2\text{ V}}{z}\lg\frac{c^b(\text{还原态})}{c^a(\text{氧化态})} \tag{8-4}$$

由式(8-4)可见,温度一定时(298 K),电极电势的数值大小,除了与电极的本性有关外,还与氧化态物质和还原态物质的浓度(或分压)有关。

例 8-6 列出下列电极反应在 298 K 时的电极电势计算式。

(1) $I_2(s) + 2e^- \Longleftrightarrow 2I^-$ $\varphi^\ominus = 0.534\,5\text{ V}$

(2) $Cr_2O_7^{2-} + 14H^+ + 6e^- \Longleftrightarrow 2Cr^{3+} + 7H_2O$ $\varphi^\ominus = 1.33\text{ V}$

(3) $PbCl_2(s) + 2e^- \Longleftrightarrow Pb + 2Cl^-$ $\varphi^\ominus = -0.268\text{ V}$

(4) $O_2(g) + 4H^+ + 4e^- \Longleftrightarrow 2H_2O$ $\varphi^\ominus = 1.229\text{ V}$

解:代入式(8-4),可得

$$\varphi_1 = 0.534\,5\text{ V} - \frac{0.059\,2\text{ V}}{2}\lg c^2(I^-)$$

$$\varphi_2 = 1.33\text{ V} - \frac{0.059\,2\text{ V}}{6}\lg\frac{c^2(Cr^{3+})}{c(Cr_2O_7^{2-})\cdot c^{14}(H^+)}$$

$$\varphi_3 = -0.268\ \text{V} - \frac{0.059\ 2\ \text{V}}{2}\lg c^2(\text{Cl}^-)$$

$$\varphi_4 = 1.229\ \text{V} - \frac{0.059\ 2\ \text{V}}{4}\lg \frac{1}{[p(\text{O}_2)/p^\ominus]\cdot c^4(\text{H}^+)}$$

例 8 - 7　已知电极反应

$$\text{NO}_3^- + 4\text{H}^+ + 3\text{e}^- \Longleftrightarrow \text{NO} + 2\text{H}_2\text{O}$$

$$\varphi^\ominus(\text{NO}_3^-/\text{NO}) = 0.96\ \text{V}$$

求：$c(\text{NO}_3^-) = 1.0\ \text{mol}\cdot\text{L}^{-1}$，$p(\text{NO}) = 100\ \text{kPa}$，$c(\text{H}^+) = 1.0\times10^{-7}\ \text{mol}\cdot\text{L}^{-1}$ 时的 $\varphi(\text{NO}_3^-/\text{NO})$。

解：$\varphi(\text{NO}_3^-/\text{NO}) = \varphi^\ominus(\text{NO}_3^-/\text{NO}) - \dfrac{0.059\ 2\ \text{V}}{3}\lg\dfrac{p(\text{NO})/p^\ominus}{c(\text{NO}_3^-)\cdot c^4(\text{H}^+)}$

$$= 0.96\ \text{V} - \frac{0.059\ 2\ \text{V}}{3}\lg\frac{100/100}{1.0\times(1.0\times10^{-7})^4}$$

$$= 0.96\ \text{V} - 0.55\ \text{V} = 0.41\ \text{V}$$

可见，NO_3^- 的氧化能力随酸度的降低而降低。所以浓 HNO_3 氧化能力很强，而中性的硝酸盐(如 KNO_3)溶液氧化能力很弱。但是，对于没有 H^+(或 OH^-)参加的电极反应(如 $\text{I}_2 + 2\text{e}^- \Longleftrightarrow 2\text{I}^-$)，溶液的酸度就不会影响其电极电势。

8.4　电极电势的应用

电极电势应用很广，除上一节介绍的用来测定氧化还原反应的外，它还用于以下几个方面。

8.4.1　计算原电池的电动势

应用标准电极电势表和能斯特方程，可算出原电池的电动势，并由此推出电池反应式。

例 8 - 8　计算下列原电池在 298 K 时的电动势，并标明正负极，写出电池反应式。

$$\text{Cd}\ |\ \text{Cd}^{2+}(0.10\ \text{mol}\cdot\text{L}^{-1})\ \|\ \text{Sn}^{2+}(0.10\ \text{mol}\cdot\text{L}^{-1}),\text{Sn}^{4+}(0.001\ 0\ \text{mol}\cdot\text{L}^{-1})\ |\ \text{Pt}$$

解：与该原电池有关的电极反应及其标准电极电势为

$$\text{Cd}^{2+} + 2\text{e}^- \Longleftrightarrow \text{Cd} \qquad \varphi^\ominus(\text{Cd}^{2+}/\text{Cd}) = -0.403\ \text{V}$$

$$\text{Sn}^{4+} + 2\text{e}^- \Longleftrightarrow \text{Sn}^{2+} \qquad \varphi^\ominus(\text{Sn}^{4+}/\text{Sn}^{2+}) = 0.154\ \text{V}$$

将各物质相应的浓度代入能斯特方程：

$$\varphi(\text{Cd}^{2+}/\text{Cd}) = \varphi^\ominus(\text{Cd}^{2+}/\text{Cd}) - \frac{0.059\ 2\ \text{V}}{2}\lg\frac{1}{c(\text{Cd}^{2+})}$$

$$= -0.403\ \text{V} - \frac{0.059\ 2\ \text{V}}{2}\lg\frac{1}{0.1} = -0.433\ \text{V}$$

$$\varphi(Sn^{4+}/Sn^{2+}) = \varphi^{\ominus}(Sn^{4+}/Sn^{2+}) - \frac{0.059\ 2\ V}{2}lg\frac{c(Sn^{2+})}{c(Sn^{4+})}$$

$$= 0.154\ V - \frac{0.059\ 2\ V}{2}lg\frac{0.10}{0.001\ 0} = 0.094\ 8\ V$$

由于，$\varphi(Sn^{4+}/Sn^{2+}) > \varphi(Cd^{2+}/Cd)$，所以电对 Sn^{4+}/Sn^{2+} 为正极，电对 Cd^{2+}/Cd 为负极。电池电动势 E 为

$$E = \varphi_{正} - \varphi_{负} = 0.094\ 8\ V - (-0.433\ V) = 0.528\ V$$

正极发生还原反应：$\qquad\qquad Sn^{4+} + 2e^- \longrightarrow Sn^{2+}$

负极发生氧化反应：$\qquad\qquad Cd \longrightarrow Cd^{2+} + 2e^-$

两电极反应相加，消去电子，即得电池反应：

$$Sn^{4+} + Cd \longrightarrow Sn^{2+} + Cd^{2+}$$

例 8 - 9 把下列反应排成原电池，并计算该原电池的电动势。

$2Fe^{3+}(0.10\ mol \cdot L^{-1}) + Sn^{2+}(0.01\ mol \cdot L^{-1}) \longrightarrow 2Fe^{2+}(0.10\ mol \cdot L^{-1}) + Sn^{4+}(0.20\ mol \cdot L^{-1})$

解 电池符号为：

$(-)Pt \mid Sn^{2+}(0.010\ mol \cdot L^{-1}), Sn^{4+}(0.20\ mol \cdot L^{-1}) \parallel Fe^{3+}(0.10\ mol \cdot L^{-1}),$
$Fe^{2+}(0.10\ mol \cdot L^{-1}) \mid Pt(+)$

由能斯特方程得：$E = E^{\ominus} - \frac{0.059\ 2\ V}{2}lg\frac{c^2(Fe^{2+}) \cdot c(Sn^{4+})}{c^2(Fe^{3+}) \cdot c(Sn^{2+})}$

$$= (0.771 - 0.154)\ V - \frac{0.059\ 2\ V}{2}lg\frac{0.10^2 \times 0.20}{0.10^2 \times 0.01}$$

$$= 0.617\ V - 0.039\ V$$

$$= 0.578\ V$$

8.4.2 判断氧化还原反应进行的方向

上述例子已经为判断氧化还原反应进行的方向提供了方法。这就是把氧化还原反应排成原电池，并计算原电池的电动势。如果 $E > 0$，说明该氧化还原反应可以按原指定的方向进行；如果 $E < 0$，说明该氧化还原反应是按逆方向进行。

实际上用氧化剂和还原剂相对强弱来判断氧化还原反应的方向更为方便。例如，欲判断例 8 - 9 的反应能否自左向右进行，只要比较它们有关的电极电势，因为 $\varphi(Fe^{3+}/Fe^{2+}) > \varphi(Sn^{4+}/Sn^{2+})$，这说明在该反应系统中作为氧化剂的 Fe^{3+} 和 Sn^{4+} 中，Fe^{3+} 是较强的氧化剂；作为还原剂的 Fe^{2+} 和 Sn^{2+} 中，Sn^{2+} 是较强的还原剂。在氧化还原反应中，总是较强的氧化剂和较强的还原剂相互作用，生成较弱的氧化剂和较弱的还原剂。所以，在该反应中是 Sn^{2+} 给出电子，而 Fe^{3+} 接受电子，故上述反应能自发地自左向右进行。

由于电势表是按 $\varphi^{\ominus}$ 值由低到高依次排列的，如果在电势表上找出任意两电对，并令它们 $\varphi^{\ominus}$ 值高低排列的次序与电势表一致：

则可发现,凡是符合所标示的对角线关系的物质之间反应都能自发进行。因此,可以得出这样的结论:如果反应系统各物质都处于标准态时,从热力学上讲电势表左下方的物质(相对地讲,是较强的氧化剂)能和右上方的物质(相对地讲,是较强的还原剂)发生反应,亦即在表中凡符合上述对角线关系的物质都能互相发生反应。不符合此对角线关系的物质就不能自发地反应。

例 8-10　判断下列反应能否在标准态下进行。

$$I_2 + 2Fe^{2+} \Longrightarrow 2Fe^{3+} + 2I^-$$

解　从电势表上查出电对 Fe^{3+}/Fe^{2+} 和 I_2/I^- 的 $\varphi^\ominus$ 值。并由小到大排列如下:

$$I_2 + 2e^- \Longrightarrow 2I^- \qquad\qquad 0.54\ V$$

$$Fe^{3+} + e^- \Longrightarrow Fe^{2+} \qquad\qquad 0.77\ V$$

可见 I_2 和 Fe^{2+} 不符合对角线关系,上述反应不能自发进行。但是 Fe^{3+} 和 I^- 符合对角线关系,则说明其逆反应可自发进行。

上例反应的方向是用 $\varphi^\ominus$ 去判断的,但 $\varphi^\ominus$ 只适用于标准态。实际上大部分的反应条件是非标准态,因此严格地说,应该用 φ 而不是用 $\varphi^\ominus$ 去判断反应的方向。不过,浓度对 φ 的影响是很小的,因浓度取对数后,再乘上一个很小的系数(0.059 2/z)才影响 φ 值。所以,当两标准电极电势差大于 0.2 V 时,就可以直接用 $\varphi^\ominus$ 去判断,只有当差值小于 0.2 V 时,才需要考虑浓度的影响。但应注意,如果电极反应中还包含 H^+ 或 OH^- 时,介质的酸碱性对 φ 影响很显著,这时,应当用 φ 而不应当用 $\varphi^\ominus$ 去判断反应进行的方向。

例 8-11　判断反应

$$Pb^{2+} + Sn \Longrightarrow Pb + Sn^{2+}$$

能否在下列条件下进行。

(1) $c(Pb^{2+}) = c(Sn^{2+}) = 1.0\ mol \cdot L^{-1}$

(2) $c(Pb^{2+}) = 0.1\ mol \cdot L^{-1}, c(Sn^{2+}) = 2.0\ mol \cdot L^{-1}$

解:(1) $Sn^{2+} + 2e^- \Longrightarrow Sn \qquad \varphi^\ominus = -0.14\ V$

$$Pb^{2+} + 2e^- \Longrightarrow Pb \qquad \varphi^\ominus = -0.13\ V$$

因 Sn 和 Pb^{2+} 符合对角线关系,所以上述反应可自发进行。

(2) $\varphi(Pb^{2+}/Pb) = -0.13\ V - \dfrac{0.059\ 2\ V}{2} \lg \dfrac{1}{0.10} = -0.16\ V$

$\varphi(Sn^{2+}/Sn) = -0.14\ V - \dfrac{0.059\ 2\ V}{2} \lg \dfrac{1}{2.0} = -0.13\ V$

即 $Pb^{2+} + 2e^- \rightleftharpoons Pb$ $\varphi^\ominus = -0.16\ V$

$Sn^{2+} + 2e^- \rightleftharpoons Sn$ $\varphi^\ominus = -0.13\ V$

Pb^{2+} 和 Sn 不符合对角线关系,故不能反应。

8.4.3 选择合适的氧化剂和还原剂

在实验室中常会遇到这种情况,在一混合系统中,需对其中某一组分进行选择性氧化(或还原),而要求不氧化(或还原)其他组分,这时只有选择适当的氧化剂(或还原剂)才能达到目的。

例如,在标准态下,什么氧化剂可以氧化 I^-,而不氧化 Br^- 和 Cl^-?

从电极电势表中查得有关电对的电极电势:

$$\varphi^\ominus(I_2/I^-) = 0.54\ V;$$
$$\varphi^\ominus(Br_2/Br^-) = 1.07\ V;$$
$$\varphi^\ominus(Cl_2/Cl^-) = 1.36\ V.$$

如果要使某一氧化剂,只能氧化 I^-,而不能氧化 Cl^- 和 Br^-,则该氧化剂的电极电势在 $0.54\ V \sim 1.07\ V$ 之间,如果小于 $0.54\ V$,那么不但不能氧化 Br^- 和 Cl^-,而且也不能氧化 I^-;如果大于 $1.07\ V$,那么 Br^- 也会被氧化;如果大于 $1.36\ V$,那么 Br^- 和 Cl^- 都会被氧化。电极在 $0.54 \sim 1.07\ V$ 之间的氧化剂有 Fe^{3+} $[\varphi^\ominus(Fe^{3+}/Fe^{2+}) = 0.77\ V]$,$HNO_2$ $[\varphi^\ominus(HNO_2/NO) = 1.00\ V]$ 等。实际上在实验室里,I^-,Br^- 和 Cl^- 同时存在时,氧化 I^- 常选用 $Fe_2(SO_4)_3$ 或 $NaNO_2$ 加酸作为氧化剂。

例 8-12 已知 $(MnO_4^-/Mn^{2+}) = 1.51\ V$,$\varphi^\ominus(Br_2/Br^-) = 1.07\ V$,$\varphi^\ominus(Cl_2/Cl^-) = 1.36\ V$,欲使 Br^- 和 Cl^- 混合液中 Br^- 被 MnO_4^- 氧化,而 Cl^- 不被氧化,溶液的 pH 值应控制在什么范围(假定系统中除 H^+ 外,其他物质均处于标准态)?

解: MnO_4^- 的电极反应为

$$MnO_4^- + 8H^+ + 5e^- \rightleftharpoons Mn^{2+} + 4H_2O$$

所以它的 φ 与 $c(H^+)$ 的关系为

$$\varphi = \varphi^\ominus - \frac{0.059\ 2\ V}{z}\lg\frac{c(Mn^{2+})}{c(MnO_4^-) \cdot c^8(H^+)}$$

$$= 1.51\ V + \frac{0.059\ 2\ V \times 8}{5}\lg c(H^+)$$

如果 MnO_4^- 氧化 Br^-,那么要求 $\varphi(MnO_4^-/Mn^{2+}) > 1.07\ V$,即

$$1.51\ V + \frac{0.059\ 2\ V \times 8}{5}\lg c(H^+) > 1.07\ V$$

$$\lg c(H^+) > -4.54 \qquad pH < 4.54$$

如果 MnO_4^- 不氧化 Cl^-,那么要求 $\varphi(MnO_4^-/Mn^{2+}) < 1.36\ V$。

同理可得 $pH > 1.58$

所以,应控制 $pH = 1.58 \sim 4.54$。

8.4.4 判断氧化还原反应进行的次序

从实验中知道 I^- 和 Br^- 都能被 Cl_2 氧化。假如逐滴加氯水于含有 I^- 和 Br^- 的混合液中,哪一种先被氧化? 实验事实告诉我们:Cl_2 先氧化 I^-,后氧化 Br^-。查电极电势表可得

$$\varphi^{\ominus}(I_2/I^-)=0.54 \text{ V}$$

$$\varphi^{\ominus}(Br_2/Br^-)=1.07 \text{ V}$$

$$\varphi^{\ominus}(Cl_2/Cl^-)=1.36 \text{ V}$$

对照它们的电极电势差可知,差值越大,越先被氧化。所以,一种氧化剂可以氧化几种还原剂时,首先氧化最强的还原剂。同理,还原剂首先还原最强的氧化剂。必须指出,上述判断只有在有关的氧化还原反应速率足够快的情况下才正确。这也就是说,当氧化还原反应的产物是由化学平衡而不是由反应速率控制的情况下,才能做出这样的判断。

8.4.5 判断氧化还原反应进行的程度

水溶液中的氧化还原反应都是可逆反应,反应进行到一定程度就可达到平衡。例如反应:

$$Cu^{2+}+Zn \Longleftrightarrow Zn^{2+}+Cu$$

在达到平衡时,生成物的浓度和反应物的浓度存在如下关系:

$$\frac{[Zn^{2+}]}{[Cu^{2+}]}=K^{\ominus}$$

$K^{\ominus}$ 为氧化还原反应的标准平衡常数。它可由相应原电池的标准电动势算得。

因为

$$\Delta_r G^{\ominus}=-RT\ln K^{\ominus}=-2.303RT\lg K^{\ominus}$$

$$\Delta_r G^{\ominus}=-zFE^{\ominus}$$

两式合并,得

$$-zFE^{\ominus}=-2.303RT\lg K^{\ominus}$$

$$\lg K^{\ominus}=\frac{zFE^{\ominus}}{2.303RT}$$

若反应在 298 K 时进行,并把有关常数代入,可得

$$\lg K^{\ominus}=\frac{zE^{\ominus}}{0.059\ 2 \text{ V}} \tag{8-5}$$

求得氧化还原反应的平衡常数,就可以判断氧化还原反应进行的程度。

例 8-13 在 $0.10 \text{ mol} \cdot L^{-1} CuSO_4$ 溶液中投入 Zn 粒,求反应达到平衡后溶液中 Cu^{2+} 的浓度。

解 反应 $Cu^{2+}+Zn \Longleftrightarrow Zn^{2+}+Cu$ 由于 $\varphi^{\ominus}(Cu^{2+}/Cu)=0.337 \text{ V}$,为正极;$\varphi^{\ominus}(Zn^{2+}/Zn)=-0.763 \text{ V}$,为负极。所以

$$E^{\ominus}=\varphi^{\ominus}_{正}-\varphi^{\ominus}_{负}=0.337 \text{ V}-(-0.763 \text{ V})=1.100 \text{ V}$$

$$\lg K^{\ominus}=\frac{zE^{\ominus}}{0.059\ 2 \text{ V}}=\frac{2\times 1.100 \text{ V}}{0.059\ 2 \text{ V}}=37.2$$

$$K^{\ominus} = 2 \times 10^{37}$$

$K^{\ominus}$ 值如此之大，说明该反应进行得很完全，在平衡时$[Zn^{2+}]=0.10 \ mol \cdot L^{-1}$。

因为 $K^{\ominus}=\dfrac{[Zn^{2+}]}{[Cu^{2+}]}=2 \times 10^{37}$，所以$[Cu^{2+}]=\dfrac{0.10 \ mol \cdot L^{-1}}{2 \times 10^{37}}=5 \times 10^{-39}$

8.5 元素电势图及其应用

如果一种元素具有多种氧化态，就可形成多对氧化还原电对。例如，铁有 0、+2 和 +3 等氧化态，因此，有下列一些电对及相应的电极电势：

$$Fe^{2+} + 2e^- \Longrightarrow Fe \quad \varphi^{\ominus} = -0.440 \ V$$
$$Fe^{3+} + e^- \Longrightarrow Fe^{2+} \quad \varphi^{\ominus} = 0.771 \ V$$
$$Fe^{3+} + 3e^- \Longrightarrow Fe \quad \varphi^{\ominus} = -0.036 \ 3 \ V$$

为了便于比较各种氧化态的氧化还原性质，可以把它们的 $\varphi^{\ominus}$ 从高氧化态到低氧化态以图解的方式表示出来：

横线上的数字是电对 $\varphi^{\ominus}$ 值，横线左端是电对的氧化态，右端是电对的还原态。这种表明元素各种氧化态之间标准电极电势的图叫作元素电势图。

根据溶液酸碱性不同，元素电势图可分为：酸性介质（$[H^+]=1 \ mol \cdot L^{-1}$）电势图 $\varphi_A^{\ominus}$（下标 A 代表酸性介质）和碱性介质（$[OH^-]=1 \ mol \cdot L^{-1}$）电势图 $\varphi_B^{\ominus}$（下标 B 代表碱性介质）两类。例如，锰元素在酸、碱性介质中的电势图为酸性介质（$\varphi_A^{\ominus}/V$）

碱性介质（$\varphi_B^{\ominus}/V$）

元素电势图在无机化学中主要应用有如下几方面。

（1）比较元素各氧化态的氧化还原能力。例如，从锰电势图可见，在酸性介质中，

MnO_4^-,MnO_4^{2-},MnO_2,Mn^{3+} 都是较强的氧化剂。因为它们作为电对的氧化态时 $\varphi^\ominus$ 值都较大。但在碱性介质中,它们的 $\varphi^\ominus$ 值都较小,表明它们在碱性溶液中氧化能力都较弱。在酸性介质中,电对氧化态以 MnO_4^{2-} 的 $\varphi^\ominus$ 值最大(2.26 V),是最强的氧化剂;电对还原态以 Mn 的 $\varphi^\ominus$ 值最小(-1.18 V),是最强的还原剂。

(2) 判断元素某氧化态能否发生歧化反应。设电势图上某氧化态 B 右边的电极电势为 $\varphi_{右}^\ominus$,左边的电极电势为 $\varphi_{左}^\ominus$,即

$$A \underline{\quad \varphi_{左}^\ominus \quad} B \underline{\quad \varphi_{右}^\ominus \quad} C$$

如果 $\varphi_{右}^\ominus > \varphi_{左}^\ominus$,那么氧化态 B 在水溶液中会发生歧化反应:

$$B \longrightarrow A + C$$

如果 $\varphi_{右}^\ominus < \varphi_{左}^\ominus$,那么则会发生反歧化反应(亦称同化反应):

$$A + C \longrightarrow B$$

例如,在酸性介质中,MnO_4^{2-} 的 $\varphi_{右}^\ominus$ 和 $\varphi_{左}^\ominus$ 分别为 2.26 V 和 0.56 V,$\varphi_{右}^\ominus > \varphi_{左}^\ominus$,所以,它会发生如下的歧化反应:

$$3MnO_4^{2-} + 4H^+ =\!=\!= 2MnO_4^- + MnO_2 + 2H_2O$$

(3) 用来自几个相邻电对已知的 $\varphi^\ominus$,求算电对未知的 $\varphi^\ominus$。例如,从电势图

$$MnO_4^- \underline{\quad 0.56 \quad} MnO_4^{2-} \underline{\quad 2.26 \quad} MnO_2$$

求电对 MnO_4^-/MnO_2 的 $\varphi^\ominus$。

这三个电对的电极反应及其标准电极电势分别为

$$MnO_4^- + e^- \rightleftharpoons MnO_4^{2-} \quad \varphi^\ominus = 0.56 \text{ V}$$
$$MnO_4^{2-} + 4H^+ + 2e^- \rightleftharpoons MnO_2 + 2H_2O \quad \varphi^\ominus = 2.26 \text{ V}$$
$$MnO_4^- + 4H^+ + 3e^- \rightleftharpoons MnO_2 + 2H_2O \quad \varphi^\ominus = ?$$

将该三电对分别与标准氢电极组成原电池,这三个电池反应及相应的电动势分别为

(1) $MnO_4^- + \dfrac{1}{2} H_2 \longrightarrow MnO_4^{2-} + H^+$

$E_1^\ominus = \varphi^\ominus(MnO_4^-/MnO_4^{2-}) - \varphi^\ominus(H^+/H_2) = \varphi^\ominus(MnO_4^-/MnO_4^{2-}) = 0.56 \text{ V}$

(2) $MnO_4^{2-} + 2H^+ + H_2 \longrightarrow MnO_2 + 2H_2O$

$E_2^\ominus = \varphi^\ominus(MnO_4^{2-}/MnO_2) - \varphi^\ominus(H^+/H_2) = \varphi^\ominus(MnO_4^{2-}/MnO_2) = 2.26 \text{ V}$

(3) $MnO_4^- + H^+ + \dfrac{3}{2} H_2 \longrightarrow MnO_2 + 2H_2O$

$E_3^\ominus = \varphi^\ominus(MnO_4^-/MnO_2) - \varphi^\ominus(H^+/H_2) = \varphi^\ominus(MnO_4^-/MnO_2)$

这三个电池反应的标准吉布斯自由能变分别为 $\Delta_r G_1^\ominus$、$\Delta_r G_2^\ominus$、$\Delta_r G_3^\ominus$。因为

$$反应(3) = 反应(1) + 反应(2)$$
$$\Delta_r G_3^\ominus = \Delta_r G_1^\ominus + \Delta_r G_2^\ominus$$
$$-z_3 F E_3^\ominus = -z_1 F E_1^\ominus - z_2 F E_2^\ominus$$

$$E_3^\ominus = \frac{z_1 E_1^\ominus + z_2 E_2^\ominus}{z_3}$$

将 $E_1^\ominus = 0.56\,V, E_2^\ominus = 2.26\,V, E_3^\ominus = \varphi^\ominus(MnO_4^{2-}/MnO_2), z_3 = z_1 + z_2 = 1 + 2$，代入上式，得

$$\varphi^\ominus(MnO_4^-/MnO_2) = \frac{1 \times 0.56\,V + 2 \times 2.26\,V}{1 + 2} = 1.69\,V$$

由此可得如下的电势图：

$$MnO_4^- \underline{\quad 0.56 \quad} MnO_4^{2-} \underline{\quad 2.26 \quad} MnO_2$$
$$\underline{\qquad\qquad 1.69 \qquad\qquad}$$

通过以上的算式推广至一般，可得如下通式：

$$\varphi^\ominus = \frac{z_1\varphi_1^\ominus + z_2\varphi_2^\ominus + z_3\varphi_3^\ominus + \cdots}{z_1 + z_2 + z_3 + \cdots} \tag{8-6}$$

$\varphi_1^\ominus, \varphi_2^\ominus, \varphi_3^\ominus, \cdots$ 依次代表相邻电对的标准电极电势，$z_1, z_2, z_3, \cdots$ 依次代表相邻电对转移的电子数，$\varphi^\ominus$ 代表两端电对的标准电极电势。

例 8-14 已知氯在酸性介质中电势图($\varphi_A^\ominus/V$)为

$$ClO_4^- \underline{\quad 1.23 \quad} ClO_3^- \underline{\quad 1.21 \quad} HClO_2 \underline{\quad 1.64 \quad} HClO \underline{\quad 1.63 \quad} Cl_2 \underline{\quad 1.36 \quad} Cl^-$$
$$\underline{\qquad\qquad \varphi_1^\ominus \qquad\qquad}$$
$$\underline{\qquad\qquad\qquad \varphi_2^\ominus \qquad\qquad\qquad}$$

(1) $\varphi_1^\ominus$ 和 $\varphi_2^\ominus$；

(2) 哪些氧化态能发生歧化？

解 (1)
$$\varphi_1^\ominus = \frac{2 \times 1.21\,V + 2 \times 1.64\,V}{2 + 2} = 1.43\,V$$

$$\varphi_2^\ominus = \frac{4 \times 1.43\,V + 1 \times 1.63\,V}{4 + 1} = 1.47\,V$$

(2) 能发生歧化反应的有 $HClO_2$、ClO_3^- 和 $HClO$。

8.6 氧化还原滴定法

8.6.1 氧化还原滴定法概述

氧化还原滴定法是以氧化还原反应为基础的滴定分析方法，能直接或间接测定很多无机物和有机物，应用范围广。氧化还原反应是基于电子转移的反应，反应机理比较复杂，有些反应虽可进行得完全，但反应速率却很慢；有时由于副反应的发生使反应物间没有确定的

计量关系等。因此,在氧化还原滴定中要注意控制反应条件,加快反应速率,防止副反应的发生以满足滴定反应的要求。

关于氧化还原反应的基本原理,如标准电极电势,能斯特方程,氧化还原反应的方向、程度等前面已做初略介绍。现在对条件电极电势做简要介绍。

对于可逆氧化还原电对的电极电势与氧化态和还原态的活度之间的关系可用能斯特方程表示。即

$$Ox + ze^- \rightleftharpoons Red$$

$$\text{氧化态} \qquad\qquad \text{还原态}$$

$$\varphi = \varphi^\ominus + \frac{0.059\ 2\ \text{V}}{z} \lg \frac{\alpha(Ox)}{\alpha(Red)} \tag{8-7}$$

式中:$\alpha(Ox)$ 和 $\alpha(Red)$ 分别为氧化态和还原态的活度;$\varphi^\ominus$ 是电对的标准电极电势,它仅随温度变化。

实际上通常知道的是溶液中氧化剂或还原剂的浓度,而不是活度。当溶液中离子强度较大时,用浓度代替活度进行计算,会引起较大的误差。此外,当氧化态或还原态与溶液中其他组分发生副反应,如酸度的影响、沉淀与配合物的形成等都会使电极电势发生变化。

若以浓度代替活度,应该引入相应的活度系数 γ_{Ox},γ_{Red}。考虑到副反应的发生,还必须引入相应的副反应系数 α_{Ox},α_{Red}。此时

$$\alpha(Ox) = [Ox] \cdot \gamma_{Ox} = \frac{c(Ox) \cdot \gamma_{Ox}}{\alpha_{Ox}}$$

$$\alpha(Red) = [Red] \cdot \gamma_{Red} = \frac{c(Red) \cdot \gamma_{Red}}{\alpha_{Red}}$$

式中:$c(Ox)$ 和 $c(Red)$ 分别表示氧化态和还原态的分析浓度。将以上关系代入式(8-7),得

$$\varphi = \varphi^\ominus + \frac{0.059\ 2\ \text{V}}{z} \lg \frac{\gamma_{Ox}\alpha_{Red}}{\gamma_{Red}\alpha_{Ox}} + \frac{0.059\ 2\ \text{V}}{z} \lg \frac{c(Ox)}{c(Red)} \tag{8-8}$$

当 $c(Ox) = c(Red) = 1\ \text{mol} \cdot \text{L}^{-1}$ 时,得到

$$\varphi^{\ominus\prime} = \varphi^\ominus + \frac{0.059\ 2\ \text{V}}{z} \lg \frac{\gamma_{Ox}\alpha_{Red}}{\gamma_{Red}\alpha_{Ox}} \tag{8-9}$$

$\varphi^{\ominus\prime}$ 称为条件电极电势或条件电位(conditional potential)。它表示在一定介质条件下,氧化态和还原态的分析浓度都为 $1\ \text{mol} \cdot \text{L}^{-1}$ 时的实际电极电势。它在一定条件下为常数,因此称为条件电极电势。它反映了离子强度与各种副反应影响的总结果。用它来处理问题,才比较符合实际情况。各种条件下的 $\varphi^{\ominus\prime}$ 值都是由实验测定的。附录七中列出一些氧化还原电对的 $\varphi^{\ominus\prime}$ 值。若没有相同条件的 $\varphi^{\ominus\prime}$ 值,可采用条件相近的 $\varphi^{\ominus\prime}$ 值,对于没有条件电极电势的氧化还原电对,则只能采用标准电极电势。

引入条件标准电极电势后,能斯特方程表示成

$$\varphi = \varphi^{\ominus\prime} + \frac{0.059\ 2\ \text{V}}{z} \lg \frac{c(Ox)}{c(Red)} \tag{8-10}$$

8.6.2 氧化还原滴定法基本原理

1. 滴定曲线

在氧化还原滴定过程中被测试液的特征变化是电极电势的变化,因此,滴定曲线的绘制是以电极电势为纵坐标,以滴定剂体积或滴定分数为横坐标。电极电势可以用实验的方法测得,也可用能斯特方程计算得到,但后一种方法只有当两个半反应都是可逆时,所得曲线才与实际测得结果一致。

图 8-5 为 $0.100\ 0\ mol \cdot L^{-1}\ Ce(SO_4)_2$ 溶液滴定在不同介质条件下 $0.100\ 0\ mol \cdot L^{-1}\ FeSO_4$ 溶液的滴定曲线。滴定反应为

$$Ce^{4+} + Fe^{2+} = Ce^{3+} + Fe^{3+}$$

某氧化还原反应的通式为

$$z_2 Ox_1 + z_1 Red_2 = z_2 Red_1 + z_1 Ox_2$$

对应的两个半反应和条件电极电势分别是

$$Ox_1 + z_1 e^- = Red_1 \quad \varphi_1^{\ominus'}$$
$$Ox_2 + z_2 e^- = Red_2 \quad \varphi_2^{\ominus'}$$

化学计量点时电极电势计算通式分别是

$$\varphi_{计} = \frac{z_1 \varphi_1^{\ominus'} + z_2 \varphi_2^{\ominus'}}{z_1 + z_2} 。$$

滴定突跃范围

$$\varphi_2^{\ominus'} + \frac{3 \times 0.059\ 2\ V}{z_2} \rightarrow \varphi_1^{\ominus'} - \frac{3 \times 0.059\ 2\ V}{z_1} 。$$

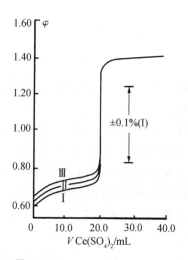

图 8-5　用 $0.100\ 0\ mol \cdot L^{-1}\ Ce(SO_4)_2$ 溶液在不同介质中滴定 $20.00\ ml\ 0.100\ 0\ mol \cdot L^{-1}\ FeSO_4$ 溶液的滴定曲线。

1. $1\ mol \cdot L^{-1}\ H_2SO_4$ 溶液中($\varphi^{\ominus'} = +0.68\ V$)
2. $1\ mol \cdot L^{-1}\ HCl$ 溶液中($\varphi^{\ominus'} = +0.70\ V$)
3. $1\ mol \cdot L^{-1}\ HClO_4$ 溶液中($\varphi^{\ominus'} = +0.73\ V$)

在 $1\ mol \cdot L^{-1}\ FeSO_4$ 介质中,用 Ce^{4+} 滴定 Fe^{2+},计量点时溶液的电极电势为 $1.06\ V$,滴定突跃为 $0.86 \sim 1.26\ V$。

氧化还原滴定突跃的大小取决于反应中两电对的电极电势值的差。相差越大,突跃越大。根据滴定突跃的大小可选择指示剂。若要使滴定突跃明显,可设法降低还原剂电对的电极电势。如加入配位剂,可使生成稳定的配离子,以使电对的浓度比值降低,从而增大突跃,反应进行得更完全。

2. 氧化还原滴定中的指示剂

氧化还原滴定法中的指示剂有以下几类。

(1) **自身指示剂**　利用滴定剂或被测物质本身的颜色变化来指示滴定终点,无须另加指示剂。例如,用 $KMnO_4$ 溶液滴定 $H_2C_2O_4$ 溶液,滴定至化学计量点后只要有很少过量的 $KMnO_4$(约 $2 \times 10^{-6}\ mol \cdot L^{-1}$)就能使溶液呈现浅红色,指示终点的到达。

(2) **特殊指示剂**　有些物质本身并不具有氧化还原性,但它能与滴定剂或被测物产生特殊的颜色以指示终点。例如,碘量法中,利用可溶性淀粉与 I_3^- 生成深蓝色的吸附化合物,反应特效且灵敏,以蓝色的出现或消失指示终点。

(3) **氧化还原指示剂**　这类指示剂具有氧化还原性质,其氧化态和还原态具有不同的

颜色。在滴定过程中,因被氧化或还原而发生颜色变化以指示终点。

氧化还原指示剂的半反应和相应的能斯特方程为

$$In(Ox) + ze^- \Longrightarrow In(Red)$$

$$\varphi_{In} = \varphi_{In}^{\ominus} + \frac{0.059\ 2\ V}{z} \lg \frac{c\{In(Ox)\}}{c\{In(Red)\}}$$

在滴定过程中,随着溶液电极电势的改变,$c\{In(Ox)\}/c\{In(Red)\}$ 随之变化,溶液的颜色也发生变化。当 $c\{In(Ox)\}/c\{In(Red)\}$ 从 $10\sim1/10$,指示剂由氧化态颜色转变为还原态颜色。相应的指示剂变色范围为 $\varphi_{In}^{\ominus} + \frac{0.059\ 2\ V}{z}$。

表 8-2 列出的是常用的氧化还原指示剂。在氧化还原滴定中选择这类指示剂的原则是,指示剂变色点的电极电势应处于滴定体系的电极电势突跃范围内。

表 8-2 常用的氧化还原指示剂

指示剂	颜色变化		$\varphi_{In}^{\ominus}/V$ $[c(H^+) = 1\ mol \cdot L^{-1}]$	配制方法
	还原态	氧化态		
亚甲基蓝	无色	蓝色	+0.53	质量分数为 0.05% 的水溶液
二苯胺	无色	紫色	+0.76	0.25 g 指示剂与 3 ml 水混合溶于 100 ml 浓 H_2SO_4 或浓 H_3PO_4
二苯胺磺酸钠	无色	紫红色	+0.85	0.8 g 指示剂加 2 g Na_2CO_3,用水溶解并稀释至 100 ml
邻苯氨基苯甲酸	无色	紫红色	+0.89	0.1 g 指示剂溶于 30 ml 质量分数为 0.6% 的 Na_2CO_3 溶液中,用水稀释至 100 ml,过滤,保存在暗处
邻二氮菲-亚铁	红色	淡蓝色	+1.06	1.49 g 邻二氮菲加 0.7 $FeSO_4 \cdot 7H_2O$ 溶于水,稀释至 100 ml

8.6.3 氧化还原预处理

氧化还原滴定时,被测物的价态往往不适于滴定,需进行氧化还原滴定前的预处理。例如,用 $K_2Cr_2O_7$ 法测定铁矿中的含铁量,Fe^{2+} 在空气中不稳定,易被氧化成 Fe^{3+},而 $K_2Cr_2O_7$ 溶液不能与 Fe^{3+} 反应,必须预先将溶液中的 Fe^{3+} 还原至 Fe^{2+},才能用 $K_2Cr_2O_7$ 溶液进行直接滴定。预处理时所用的氧化剂或还原剂应满足下列条件:

(1) 须将欲测组分定量地氧化或还原;

(2) 预氧化或预还原反应要迅速;

(3) 剩余的预氧化剂或预还原剂应易于除去;

(4) 预氧化或预还原反应具有好的选择性,避免其他组分的干扰。

预处理中常用的氧化剂、还原剂列于表 8-3。

表 8-3　常用的预氧化还原剂

氧化剂	反应条件	主要应用	过量试剂除去方法
$(NH_4)_2S_2O_3$	酸性	$Mn^{2+} \longrightarrow MnO_4^-$ $Cr^{3+} \longrightarrow Cr_2O_7^{2-}$ $VO^{2+} \longrightarrow VO^{3+}$	煮沸分解
$NaBiO_3$	HNO_3 介质	同上	过滤
H_2O_2	碱性	$Cr^{3+} \longrightarrow CrO_4^{2-}$	煮沸分解
Cl_2、Br_2 液	酸性或中性	$I^- \longrightarrow IO_3^-$	煮沸或通空气
还原剂	反应条件	主要应用	过量试剂除去方法
$SnCl_2$	酸性加热	$Fe^{3+} \longrightarrow Fe^{2+}$	$HgCl_2$ 氧化
$TiCl_3$	酸性	$As(V) \longrightarrow As(Ⅲ)$ $Fe^{3+} \longrightarrow Fe^{2+}$	稀释,Cu^{2+} 催化空气
联胺		$As(V) \longrightarrow As(Ⅲ)$ $Fe^{3+} \longrightarrow Fe^{2+}$	氧化加浓 H_2SO_4 煮沸
锌汞还原剂	酸性	$Sn(Ⅳ) \longrightarrow Sn(Ⅱ)$ $Ti(Ⅳ) \longrightarrow Ti(Ⅲ)$	

8.6.4　氧化还原滴定法的分类及应用示例

根据所用滴定剂的种类不同,氧化还原滴定法可分为高锰酸钾法、重铬酸钾法、碘量法、铈量法等。各种方法都有其特点和应用范围,应根据实际测定情况选用。

1. 高锰酸钾法

高锰酸钾法是以高锰酸钾为氧化剂的氧化还原滴定法。$KMnO_4$ 是一种强氧化剂,在不同酸度条件下,其氧化能力不同。在强酸中 MnO_4^- 还原为 Mn^{2+}:

$$MnO_4^- + 8H^+ + 5e^- = Mn^{2+} + 4H_2O \quad \varphi^\ominus = 1.51 \text{ V}$$

在中性或碱性溶液中,还原为 MnO_2

$$MnO_4^- + 2H_2O + 3e^- = MnO_2 + 4OH^- \quad \varphi^\ominus = 0.59 \text{ V}$$

反应后生成棕褐色 MnO_2 沉淀,妨碍滴定终点的观察,这个反应在定量分析中很少使用。所以高锰酸钾法一般在强酸条件下使用。但用高锰酸钾法测定有机物含量时,大都在碱性条件下进行,因为高锰酸钾氧化有机质在碱性条件下的反应速度比在酸性条件下的速度更快。在 NaOH 浓度大于 $2 \text{ mol} \cdot \text{L}^{-1}$ 的碱性溶液中,很多有机物与高锰酸钾反应。此时 MnO_4^- 还原为 MnO_4^{2-}

$$MnO_4^- + e^- = MnO_4^{2-} \quad \varphi^\ominus = 0.56 \text{ V}$$

$KMnO_4$ 法的优点是氧化能力强,可直接、间接测定多种无机物和有机物;本身可作指示剂。缺点是 $KMnO_4$ 标准溶液不够稳定,滴定的选择性较差。

(1) $KMnO_4$ 标准溶液的配制和标定

市售的 $KMnO_4$ 试剂常含有少量 MnO_2 和其他杂质及蒸馏水中常有微量的还原性物质等。因此 $KMnO_4$ 标准溶液不能直接配制。其配制方法为:称取略多于理论计算量的固体 $KMnO_4$,溶解于一定体积的蒸馏水中,加热煮沸约 1 h,或在暗处放置 7~10 天。使还原性物质完全氧化。冷却后用微孔玻璃漏斗过滤除去 $MnO(OH)_2$ 沉淀。过滤后的 $KMnO_4$ 溶液贮存于棕色瓶中,置于暗处,避光保存。

$KMnO_4$ 溶液可用还原剂作为基准物质来标定,$H_2C_2O_4 \cdot H_2O$,$Na_2C_2O_4$,As_2O_3 和 $(NH_4)_2Fe(SO_4)_2 \cdot 6H_2O$ 等都可用作基准物质。其中最常用的是 $Na_2C_2O_4$,它易提纯、稳定、不含结晶水。在酸性溶液中,$KMnO_4$ 与 $Na_2C_2O_4$ 的反应为

$$2MnO_4^- + 5C_2O_4^{2-} + 16H^+ \rightleftharpoons 2Mn^{2+} + 10CO_2 + 8H_2O$$

为使反应定量进行,需注意以下滴定条件。

① 温度。此反应在室温下速率缓慢,需加热至 70~80 ℃,但高于 90 ℃,$H_2C_2O_4$ 会分解:

$$H_2C_2O_4 \xrightarrow{\triangle} CO_2(g) + CO(g) + H_2O$$

② 酸度。酸度过低,MnO_4^- 会部分被还原成 MnO_2,酸度过高,会促使 $H_2C_2O_4$ 分解,一般滴定开始的最宜酸度为 $1\ mol \cdot L^{-1}$。为防止诱导氧化 Cl^- 的反应发生,应在稀 H_2SO_4 介质中进行。

③ 滴定速度。若开始滴定速度太快,使滴入的 $KMnO_4$ 来不及和 $C_2O_4^{2-}$ 反应,而发生分解反应:

$$4MnO_4^- + 12H^+ \rightleftharpoons 4Mn^{2+} + 5O_2 \uparrow + 6H_2O$$

导致结果偏低。

终点后稍微过量的 MnO_4^- 使溶液呈现粉红色而指示终点的到达,该终点不太稳定,这是由于空气中的还原性气体及尘埃等落入溶液中能使高锰酸钾缓慢还原,而使粉红色消失,所以经过半分钟不褪色即可认为终点已到。

(2) $KMnO_4$ 法应用示例

① 直接滴定法测定 H_2O_2

在酸性溶液中 H_2O_2 被 $KMnO_4$ 定量氧化,其反应为

$$2MnO_4^- + 5H_2O_2 + 6H^+ \rightleftharpoons 2Mn^{2+} + 5O_2(g) + 8H_2O$$

可加入少量 Mn^{2+} 加速反应。

② 间接滴定法测定 Ca^{2+}

先用 $C_2O_4^{2-}$ 将 Ca^{2+} 全部沉淀为 CaC_2O_4:

$$Ca^{2+} + C_2O_4^{2-} \rightleftharpoons CaC_2O_4(s)$$

沉淀经过滤、洗涤后溶于稀 H_2SO_4,然后用 $KMnO_4$ 标准溶液滴定,间接测得 Ca^{2+} 的含量。

③ 返滴定法测定 MnO_2 和有机物

在含 MnO_2 试液中加入过量、计量的 $C_2O_4^{2-}$,在酸性介质中发生反应:

$$MnO_2 + C_2O_4^{2-} + 4H^+ \xLongequal{} Mn^{2+} + 2CO_2(g) + 2H_2O$$

待反应完全后,用 $KMnO_4$ 标准溶液返滴定剩余的 $C_2O_4^{2-}$,可求得 MnO_2 含量。此法也可用于测定 PbO_2 的含量。

2. 重铬酸钾法

$K_2Cr_2O_7$ 是一种常用的氧化剂,在酸性介质中的半反应为

$$Cr_2O_7^{2-} + 14H^+ + 6e^- \xLongequal{} 2Cr^{3+} + 7H_2O \qquad \varphi^{\ominus} = 1.33 \text{ V}$$

$K_2Cr_2O_7$ 法与 $KMnO_4$ 法相比有如下特点:① $K_2Cr_2O_7$ 易提纯、较稳定,在 $140\sim150 ℃$ 干燥后,可作为基准物质直接配制标准溶液;② $K_2Cr_2O_7$ 标准溶液非常稳定,可以长期保存在密闭容器内,溶液浓度不变;③ 在室温下,$K_2Cr_2O_7$ 不与 Cl^- 反应,故可以在 HCl 介质中作滴定剂;④ $K_2Cr_2O_7$ 法需用指示剂。

$K_2Cr_2O_7$ 法应用示例

铁的测定:将含铁试样用 HCl 溶解后,先用 $SnCl_2$ 将大部分 Fe^{3+} 还原至 Fe^{2+},然后在 Na_2WO_4 存在下,以 $TiCl_3$ 还原剩余的 Fe^{3+} 至 Fe^{2+},而稍过量的 $TiCl_3$ 使 Na_2WO_4 被还原为钨蓝,使溶液呈现蓝色,以指示 Fe^{3+} 被还原完毕。然后以 Cu^{2+} 作催化剂,利用空气氧化或滴加稀 $K_2Cr_2O_7$ 溶液使钨蓝恰好褪色。再于 H_3PO_4 介质中(也可用 $H_2SO_4 - H_3PO_4$ 介质),以二苯胺磺酸钠为指示剂,用 $K_2Cr_2O_7$ 标准溶液滴定 Fe^{2+}。加 H_3PO_4 的作用是:① 提供必要的酸度;② H_3PO_4 与 Fe^{3+} 形成稳定的且无色的 $Fe(HPO_4)_2^-$,即使 Fe^{3+}/Fe^{2+} 电对的电极电势降低,使二苯胺磺酸钠变色点的电极电势落在滴定的电极电势突跃范围内,又掩蔽了 Fe^{3+} 的黄色,有利于终点的观察。

土壤中腐殖质含量的测定:腐殖质是土壤中复杂的有机物质,其含量大小反映土壤的肥力。测定方法是将土壤试样在浓硫酸存在下与已知过量的 $K_2Cr_2O_7$ 溶液共热,使其中的碳被氧化,然后以邻二氮菲-亚铁作指示剂,用 Fe^{2+} 标准溶液滴定剩余的 $K_2Cr_2O_7$。最后通过计算有机碳的含量再换算成腐殖质的含量。反应为

$$2Cr_2O_7^{2-} + 3C + 16H^+ \xLongequal{} 4Cr^{3+} + 3CO_2(g) + 8H_2O$$
$$Cr_2O_7^{2-}(余量) + 6Fe^{2+} + 14H^+ \xLongequal{} 2Cr^{3+} + 6Fe^{3+} + 7H_2O$$

空白测定可用纯砂或灼烧过的土壤代替土样。

$$\omega(\text{腐殖质}) = \frac{\frac{1}{4}(V_0 - V)c(Fe^{2+})}{m} \times 0.021 \times 1.1$$

式中:V_0 为空白试验所消耗的 Fe^{2+} 标准溶液的体积;V 为土壤试样所消耗的 Fe^{2+} 标准溶液的体积,m 为土样质量。由于土壤中腐殖质氧化率平均仅为 90%,故需乘以校正系数 $1.1\left(\frac{100}{90}\right)$;且因反应 1 mmol C 质量为 0.012 g,土壤中腐殖质中碳平均含量为 58%,则 1 mmol 碳相当于 $0.012 \times \frac{100}{58}$,即约 0.021 g 的腐殖质。

3. 碘量法

碘量法是基于 I_2 的氧化性及 I^- 的还原性进行测定的方法。固体碘在水中溶解度很小

且易于挥发,通常将 I_2 溶解于 KI 以配成碘液。此时 I_2 以 I_3^- 形式存在,其半反应为

$$I_3^- + 2e^- \Longrightarrow 3I^- \qquad \varphi^\ominus = 0.54 \text{ V}$$

为简化并强调化学计量关系,一般仍简写成 I_2。

由 I_3^-/I^- 电对的标准电极电势值可见,I_3^- 是较弱的氧化剂,I^- 则是中等强度的还原剂。用碘标准溶液直接滴定 SO_3^{2-},As(Ⅲ),$S_2O_3^{2-}$ 和维生素 C 等强还原剂,这种方法称为直接碘量法或碘滴定法(iodimetry)。而利用 I^- 的还原性,使它与许多氧化性物质如 $Cr_2O_7^{2-}$、MnO_4^-、BrO_3^- 和 H_2O_2 等反应,定量地析出 I_2,然后用 $Na_2S_2O_3$ 标准溶液滴定 I_2,以间接地测定这些氧化性物质,这种方法称间接碘量法或滴定碘法(iodometry)。

碘量法采用淀粉作指示剂,灵敏度高。当溶液呈现蓝色(直接碘量法)或蓝色消失(间接碘量法)即为终点。

碘量法中两个主要误差来源是 I_2 的挥发及在酸性溶液中 I^- 易被空气氧化。为防止 I_2 挥发,应加入过量的 KI 使 I_2 形成 I_3^-;析出 I_2 的反应应在碘量瓶中进行,且置于暗处;滴定时勿剧烈摇动等。为防止 I^- 被氧化,一般反应后应立即滴定,且滴定是在中性或弱酸性溶液中进行。

I_3^-/I^- 电对的可逆性好,其电极电势在很宽的 pH 范围内(pH<9)不受溶液酸度及其他配位剂的影响,且副反应少,因此碘量法应用非常广泛。

（1）标准溶液的配制与标定

碘量法中使用的标准溶液是硫代硫酸钠溶液和碘液。

由于 $Na_2S_2O_3 \cdot 5H_2O$ 纯度不够高,易风化和潮解,因此 $Na_2S_2O_3$ 不能用直接法配制,配好的 $Na_2S_2O_3$ 溶液也不稳定,易分解,其原因是:① 遇酸分解,水中的 CO_2 使水呈弱酸性:$S_2O_3^{2-} + CO_2 + H_2O \Longrightarrow HCO_3^- + HSO_3^- + S(s)$;② 受水中微生物的作用使 $S_2O_3^{2-} \longrightarrow SO_3^{2-} + S(s)$;③ 空气中氧的作用使 $S_2O_3^{2-} \rightarrow SO_4^{2-} + S(s)$;④ 见光分解。另外,蒸馏水中可能含有的 Fe^{3+}、Cu^{2+} 等会催化 $Na_2S_2O_3$ 溶液的氧化分解。

配制 $Na_2S_2O_3$ 溶液的方法是:称取比计算用量稍多的 $Na_2S_2O_3 \cdot 5H_2O$ 试剂,溶于新煮沸(除去水中的 CO_2 并灭菌)并已冷却的蒸馏水中,加入少量的 Na_2CO_3 使溶液呈弱碱性,以抑制微生物的生长。溶液储于棕色瓶中放置数天后进行标定。若发现溶液变浑,需要滤后再标定,严重时应弃去重新配制。

标定 $Na_2S_2O_3$ 溶液的基准物有 $K_2Cr_2O_7$,$KBrO_3$,KIO_3 和纯铜等。$K_2Cr_2O_7$ 最常用,标定实验的主要步骤是在酸性溶液中 $K_2Cr_2O_7$ 与过量 KI 反应,生成与 $K_2Cr_2O_7$ 计量相当的 I_2,在暗处放置 3~5 min 使反应完全,然后加蒸馏水稀释以降低酸度,在弱酸性条件下用待标定的 $Na_2S_2O_3$ 溶液滴定析出的 I_2,近终点时溶液呈现稻草黄色(I_3^- 黄色与 Cr^{3+} 绿色)时,加入淀粉指示剂(若滴定前加入,由于碘-淀粉吸附化合物,不易与 $Na_2S_2O_3$ 反应,给滴定带来误差),继续滴定至蓝色消失即为终点。最后准确计算 $Na_2S_2O_3$ 溶液的浓度。

碘标准溶液虽然可以用纯碘直接配制,但由于 I_2 的挥发性强,很难准确称量。一般先称取一定量的碘溶于少量 KI 溶液中,待溶解后稀释到一定体积。溶液保存于棕色磨口瓶中。碘液可以用基准物 As_2O_3 标定,也可用已标定的 $Na_2S_2O_3$ 溶液标定。

（2）应用示例

维生素 C 含量的测定

用 I_2 标准溶液直接滴定维生素 C。维生素 C 分子中的二烯醇基可被 I_2 氧化成二酮基。

维生素 C 在碱性溶液中易被空气氧化,因此滴定在 HAc 介质中进行。

$$\begin{matrix} O \!-\! & & & H \\ | & | & | & | \\ C\!-\!C\!-\!C\!-\!C\!-\!C\!-\!CH_2OH + I_2 \end{matrix} = \begin{matrix} O\!-\! & & & H \\ | & | & | & | \\ C\!-\!C\!-\!C\!-\!C\!-\!C\!-\!CH_2OH + 2HI \end{matrix}$$

$$\overset{\|}{O}\ \overset{|}{OH}\overset{|}{OH}\overset{|}{H}\ \overset{|}{OH} \qquad \overset{\|}{O}\ \overset{\|}{O}\ \ \overset{|}{O}\ \overset{|}{H}\ \overset{|}{OH}$$

Cu^{2+} 的测定　　在弱酸性溶液中 Cu^{2+} 与 KI 反应:

$$2Cu^{2+} + 4I^- = 2CuI(s) + I_2$$

然后用 $Na_2S_2O_3$ 标准溶液滴定析出的 I_2,间接法求出 Cu^{2+} 含量。为减少 CuI 对 I_2 的吸附,可在近终点时加入 KSCN 溶液,使 CuI 转化为溶解度更小且对 I_2 吸附力弱的 CuSCN。

葡萄糖含量的测定　　葡萄糖分子中的醛基在碱性条件下用过量 I_2 氧化成羧基:

$$I_2 + 2OH^- = IO^- + I^- + H_2O$$

$$CH_2OH(CHOH)_4CHO + IO^- = CH_2OH(CHOH)_4COOH + I^-$$

剩余的 IO^- 在碱性溶液中歧化:

$$3IO^- = IO_3^- + 2I^-$$

溶液经酸化后又析出的 I_2:

$$IO_3^- + 5I^- + 6H^+ = 3I_2 + 3H_2O$$

最后用 $Na_2S_2O_3$ 标准溶液滴定析出的 I_2。

卡尔-费休(kerl-fischer)法测定水

原理:I_2 氧化 SO_2 时需要一定量的 H_2O:

$$I_2 + SO_2 + 2H_2O = H_2SO_4 + 2HI$$

加入吡啶(C_5H_5N)以中和生成的 H_2SO_4,使反应能定量地向右进行。其总反应为:

$$C_5H_5N \cdot I_2 + C_5H_5N \cdot SO_2 + C_5H_5N + H_2O \rightarrow C_5H_5N \cdot SO_3 + 2C_5H_5N \cdot HI$$

而生成的 $C_5H_5N \cdot SO_3$ 也能与水反应,为此需加入甲醇以防止副反应的发生,即

$$C_5H_5N \cdot SO_3 + CH_3OH = C_5H_5NHOSO_2OCH_3$$

因此该方法测定水时,所用的标准溶液是含有 I_2,SO_2,C_2H_5N 和 CH_3OH 的混合液,称为费休试剂。试剂呈深棕色,与水作用后呈黄色。滴定时溶液由浅黄色变为红棕色即为终点。测定时所用器皿必须干燥。费休试剂常用标准的纯水-甲醇溶液进行标定。卡尔-费休法不仅可测定水分含量,还可根据反应中生成或消耗水的量,间接测定某些有机功能团。

习 题

1. 指出下列物质中划线原子的氧化数。

(1) $\underline{Cr}_2O_7^{2-}$　(2) $\underline{N}_2O$　(3) $\underline{N}H_3$　(4) $H\underline{N}_3$　(5) $\underline{S}_8$　(6) $\underline{S}_2O_3^{2-}$

2. 用氧化数法或离子电子法配平下列方程式:

(1) $As_2O_3 + HNO_3 + H_2O \longrightarrow H_3AsO_4 + NO$

(2) $K_2Cr_2O_7 + H_2S + H_2SO_4 \longrightarrow K_2SO_4 + Cr_2(SO_4)_3 + S + H_2O$

(3) $KOH + Br_2 \longrightarrow KBrO_3 + KBr + H_2O$

(4) $K_2MnO_4 + H_2O \longrightarrow KMnO_4 + MnO_2 + KOH$

(5) $Zn + HNO_3 \longrightarrow Zn(NO_3)_2 + NH_4NO_3 + H_2O$

(6) $I_2 + Cl_2 + H_2O \longrightarrow HCl + HIO_3$

(7) $MnO_4^- + H_2O_2 + H^+ \longrightarrow Mn^{2+} + O_2 + H_2O$

(8) $MnO_4^- + SO_3^{2-} + OH^- \longrightarrow MnO_4^{2-} + SO_4^{2-} + H_2O$

3. 写出下列电极反应的离子电子式。

(1) $Cr_2O_7^{2-} \longrightarrow Cr^{3+}$（酸性介质）

(2) $I_3^- \longrightarrow IO_3^-$（酸性介质）

(3) $MnO_2 \longrightarrow Mn(OH)_2$（碱性介质）

(4) $Cl_2 \longrightarrow ClO_3^-$（碱性介质）

4. 下列物质：$KMnO_4$、$K_2Cr_2O_7$、$CuCl_2$、$FeCl_3$、I_2 和 Cl_2，在酸性介质中它们都能作为氧化剂。试把这些物质按氧化能力的大小排列，并注明它们的还原产物。

5. 下列物质：$FeCl_2$、$SnCl_2$、H_2、KI、Li、Al，在酸性介质中它们都能作为还原剂。试把这些物质按还原能力的大小排列，并注明它们的氧化产物。

6. 当溶液中 $c(H^+)$ 增加时，下列氧化剂的氧化能力是增强、减弱还是不变？

(1) Cl_2　(2) $Cr_2O_7^{2-}$　(3) Fe^{3+}　(4) MnO_4^-

7. 计算下列电极在 298 K 时的电极电势：

(1) $Pt \mid H^+(1.0 \times 10^{-2} \ mol \cdot L^{-1}), Mn^{2+}(1.0 \times 10^{-4} \ mol \cdot L^{-1}), MnO_4^-(0.10 \ mol \cdot L^{-1})$

(2) $Ag, AgCl(s) \mid Cl^-(1.0 \times 10^{-2} \ mol \cdot L^{-1})$ [提示：电极反应为 $AgCl(s) + e^- \rightleftharpoons Ag(s) + Cl^-$]

(3) $Pt, O_2(10.0 \ kPa) \mid OH^-(1.0 \times 10^{-2} \ mol \cdot L^{-1})$

8. 写出下列原电池的电极反应式和电池反应式，并计算原电池的电动势（298 K）：

(1) $Fe \mid Fe^{2+}(1.0 \ mol \cdot L^{-1}) \parallel Cl^-(1.0 \ mol \cdot L^{-1}) \mid Cl_2(100 \ kPa), Pt$

(2) $Pt \mid Fe^{2+}(1.0 \ mol \cdot L^{-1}), Fe^{3+}(1.0 \ mol \cdot L^{-1}) \parallel Ce^{4+}(1.0 \ mol \cdot L^{-1}), Ce^{3+}(1.0 \ mol \cdot L^{-1}) \mid Pt$

(3) $Pt, H_2(100 \ kPa) \mid H^+(1.0 \ mol \cdot L^{-1}) \parallel Cr_2O_7^{2-}(1.0 \ mol \cdot L^{-1}), Cr^{3+}(1.0 \ mol \cdot L^{-1}), H^+(1.0 \times 10^{-2} \ mol \cdot L^{-1}) \mid Pt$

(4) $Pt \mid Fe^{2+}(1.0 \ mol \cdot L^{-1}), Fe^{3+}(0.10 \ mol \cdot L^{-1}) \parallel NO_3^-(1.0 \ mol \cdot L^{-1}), HNO_2(0.010 \ mol \cdot L^{-1}), H^+(1.0 \ mol \cdot L^{-1}) \mid Pt$

9. 根据标准电极电势，判断下列反应能否进行。

(1) $Zn + Pb^{2+} \longrightarrow Pb + Zn^{2+}$

(2) $2Fe^{3+} + Cu \longrightarrow Cu^{2+} + 2Fe^{2+}$

(3) $I_2 + 2Fe^{2+} \longrightarrow 2Fe^{3+} + 2I^-$

(4) $Zn + 2OH^- \longrightarrow ZnO_2^{2-} + H_2$

10. 先查出下列电极反应的 $\varphi^\ominus$ 值：

$$MnO_4^- + 8H^+ + 5e^- \rightleftharpoons Mn^{2+} + 4H_2O$$
$$Ce^{4+} + e^- \rightleftharpoons Ce^{3+}$$
$$Fe^{2+} + 2e^- \rightleftharpoons Fe$$
$$Ag^+ + e \rightleftharpoons Ag$$

假设上述有关物质都处于标准态，试回答：

(1) 上述物质中，哪一个是最强的还原剂？哪一个是最强的氧化剂？

(2) 上述物质中，哪些可以将 Fe^{2+} 还原成 Fe？

(3) 上述物质中,哪些可以将 Ag 氧化成 Ag^+?

11. 利用电极电势表,计算下列反应在 298 K 时的 $\Delta_r G$。

(1) $Cl_2 + 2Br^- \mathrel{=\!=} 2Cl^- + Br_2$

(2) $I_2 + Sn^{2+} \mathrel{=\!=} 2I^- + Sn^{4+}$

(3) $MnO_2 + 4H^+ + 2Cl^- \mathrel{=\!=} Mn^{2+} + Cl_2 + 2H_2O$

12. 如果下列反应:

(1) $H_2 + \dfrac{1}{2}O_2 \mathrel{=\!=} H_2O$ $\Delta_r G^\ominus = -237\ kJ \cdot mol^{-1}$

(2) $C + O_2 \mathrel{=\!=} CO_2$ $\Delta_r G^\ominus = -394\ kJ \cdot mol^{-1}$

都可以设计成原电池,试计算它们的电动势 $E^\ominus$。

13. 利用电极电势表,计算下列反应在 298 K 时的标准平衡常数。

(1) $Zn + Fe^{2+} \mathrel{=\!=} Zn^{2+} + Fe$

(2) $2Fe^{3+} + 2Br^- \mathrel{=\!=} 2Fe^{2+} + Br_2$

14. 过量的铁屑置于 $0.050\ mol \cdot L^{-1}\ Cd^{2+}$ 溶液中,平衡后 Cd^{2+} 的浓度是多少?

15. 已知

$$PbSO_4 + 2e^- \mathrel{\rightleftharpoons} Pb^{2+} + SO_4^{2-} \quad \varphi^\ominus = -0.355\ 3\ V$$

$$Pb^{2+} + 2e^- \mathrel{\rightleftharpoons} Pb \quad \varphi^\ominus = -0.126\ V$$

求 $PbSO_4$ 的溶度积。

16. 已知 $\varphi^\ominus(Ag^+/Ag) = 0.799\ V$,$K_{sp}^\ominus(AgBr) = 7.7 \times 10^{-13}$。求下列电极反应的 $\varphi^\ominus$:

$$AgBr + e^- \mathrel{\rightleftharpoons} Ag^+ + Br^-$$

17. 已知氯在碱性介质中的电势图($\varphi_B^\ominus/V$)为:

$$
\begin{array}{ccccccccccc}
ClO_4^- & \underline{\ 0.36\ } & ClO_3^- & \underline{\ 0.33\ } & ClO_2^- & \underline{\ \varphi_1^\ominus\ } & ClO^- & \underline{\ +0.42\ } & Cl_2 & \underline{\ 1.36\ } & Cl^-
\end{array}
$$

$$ClO_3^- \underline{\quad 0.50 \quad} ClO^- \qquad Cl_2 \underline{\quad \varphi_2^\ominus \quad} Cl^-$$

试求:(1) $\varphi_1^\ominus$ 和 $\varphi_2^\ominus$;

(2) 哪些氧化态能歧化。

18. 用一定体积(mL)的 $KMnO_4$ 溶液恰能氧化一定质量的 $KHC_2O_4 \cdot H_2C_2O_4 \cdot 2H_2O$,同样质量的 $KHC_2O_4 \cdot H_2C_2O_4 \cdot 2H_2O$ 恰恰能被所需 $KMnO_4$ 体积(mL)一半的 $0.200\ 0\ mol \cdot L^{-1}\ NaOH$ 中和,计算 $KMnO_4$ 的浓度。

19. 称取含 Pb_2O_3 试样 1.234 0 g,用 20.00 mL $0.250\ 0\ mol \cdot L^{-1}\ H_2C_2O_4$ 溶液处理,Pb(Ⅳ)还原至 Pb(Ⅱ)。调节溶液 pH,使 Pb(Ⅱ)定量沉淀为 PbC_2O_4。过滤,滤液酸化后,用 $0.040\ 00\ mol \cdot L^{-1}\ KMnO_4$ 溶液滴定,用去 10.00 mL;沉淀用酸溶解后,用同浓度的 $KMnO_4$ 溶液滴定,用去 30.00 mL,计算试样中 PbO 和 PbO_2 的含量。

20. 称取 1.000 g 卤化物的混合物,溶解后配制在 500 mL 的容量瓶中。吸取 50.00 mL,加入过量的溴水将 I^- 氧化至 IO_3^-,煮沸除去过量溴。冷却后加入过量 KI,然后用了 19.26 mL $0.050\ 00\ mol \cdot L^{-1}\ Na_2S_2O_3$ 溶液滴定,计算 KI 的含量。

第9章 沉淀溶解平衡与沉淀滴定法

学习要求：

  1. 掌握溶度积原理、溶度积规则及有关计算,掌握溶度积与溶解度之间的换算关系。

  2. 了解影响难溶电解质溶解度的因素,学会利用溶度积原理判断沉淀的生成与溶解。

  3. 掌握银量法的基本原理和特点。

  4. 掌握沉淀滴定法的实际应用和计算。

    沉淀的生成与溶解是一类常见并且实用的化学平衡,其特征在于反应过程中伴随着物相的生成或消失,与酸碱平衡不同,沉淀溶解平衡是一种多相平衡体系。如,$AgNO_3$溶液与 $NaCl$ 溶液混合产生白色沉淀,称为沉淀反应;而石灰石(主要成分为 $CaCO_3$)放入过量的盐酸溶液中,固相消失,称为溶解反应。在科学研究和工农业生产中,经常需要利用沉淀的生成或溶解来进行物质制备、分离和提纯等。怎样判断沉淀能否生成或溶解? 如何使沉淀或溶解反应进行完全? 如何在含有几种离子的溶液中只使某一种或几种离子沉淀完全,而其余离子保留在溶液中? 这些都是沉淀溶液平衡中经常遇到的问题。最后我们将在理论基础上,介绍沉淀滴定法的原理与实际应用。

9.1 难溶电解质的溶解平衡

    电解质在水中有不同的溶解度,通常将在 100 g 水中溶解量大于 0.1 g 的电解质称为易溶电解质(溶解度＞0.1 g/100 g(H_2O)),把 100 g 水中溶解量小于 0.01 g 的物质称为难溶电解质:(溶解度＜0.01 g/100 g(H_2O)),介于两者之间的则称为微溶电解质(溶解度在 0.01～0.1 g/100 g(H_2O))。通常难溶电解质也有强弱之分,一部分是难溶的强电解质,如 $BaSO_4$、$AgCl$ 等,虽然它们在水中的溶解度极小,但由于皆为离子晶体,溶解的物质在极性水分子的作用下完全电离;而另一部分难溶电解质则是弱电解质,如多数重金属的氢氧化物和硫化物等,由于它们是难溶的物质,所以在水溶液中的浓度极低,而弱电解质的浓度越小则电离度越大。因此,不管是难溶的强电解质还是弱电解质,都可以认为溶解的部分完全电离,完全以水合离子的状态存在于水溶液中,这是我们讨论沉淀溶解平衡的前提。

9.1.1 溶度积常数

    在一定温度下,将难溶电解质放入水中,将发生溶解和沉淀两个相反的过程。例如将

AgCl 固体放入水中时,在极性水分子的作用下,表面上的部分 Ag^+、Cl^- 脱离固体表面进入溶液成为水合离子,这个过程即为溶解;同时,进入溶液的水合 Ag^+、水合 Cl^- 在不断的无规则运动中互相碰撞,并返回到固体表面,以 AgCl 晶体的形式析出,这一过程即为沉淀。当溶液达到饱和时,未溶解的电解质固体与溶液中的水合 Ag^+、Cl^- 建立起一种动态平衡,这时沉淀与溶解的速率相等,这两个方向相反的可逆过程达到了平衡状态。因为平衡建立在固体和溶液中离子之间,所以是一类多相离子平衡,称为难溶电解质的沉淀溶解平衡。AgCl 的沉淀溶解平衡可表示为:

$$AgCl(s) \underset{沉淀}{\overset{溶解}{\rightleftharpoons}} Ag^+(aq) + Cl^-(aq)$$

平衡时溶液为饱和溶液,根据化学平衡原理,溶液中各离子浓度与未溶解的固体浓度间存在下列关系:

$$K_{sp}^{\ominus} = \frac{c(Ag^+)/c^{\ominus} \cdot c(Cl^-)/c^{\ominus}}{c(AgCl)/c^{\ominus}}$$

上式中 $c(Ag^+)$、$c(Cl^-)$ 分别为饱和溶液中水合 Ag^+、Cl^- 的浓度,$c(AgCl)$ 为未溶解的 AgCl 固体浓度,其浓度可视为常数,$c^{\ominus}$ 为标准溶液浓度 $1 \ mol \cdot L^{-1}$,化简后上式可改写为

$$K_{sp}^{\ominus} = [Ag^+][Cl^-]$$

对于一般的难溶电解质,如果在一定温度下建立沉淀溶解平衡,都应遵循溶度积常数的表达式。即

$$A_nB_m \underset{沉淀}{\overset{溶解}{\rightleftharpoons}} nA^{m+} + mB^{n-}$$

$$K_{sp}^{\ominus} = [A^{m+}]^n[B^{n-}]^m \tag{9-1}$$

式中 n 和 m 分别代表水合离子 A^{m+} 和 B^{n-} 在沉淀溶解平衡式中的化学计量系数,公式 9-1 表明,在一定温度下,难溶电解质的饱和溶液中,不论各种离子的浓度如何变化,其浓度以计量系数为幂的乘积为常数,该常数称为溶度积常数,简称溶度积(solubility product),用符号 $K_{sp}^{\ominus}$ 表示。在书写某一具体物质的溶度积时,常在 $K_{sp}^{\ominus}$ 后面括号里标出其化学式(或分子式)。例如:

$$PbCl_2(s) \rightleftharpoons Pb^{2+}(aq) + 2Cl^-(aq)$$
$$K_{sp}^{\ominus}(PbCl_2) = [Pb^{2+}][Cl^-]^2$$
$$Ca_3(PO_4)_2(s) \rightleftharpoons 3Ca^{2+}(aq) + 2PO_4^{3-}(aq)$$
$$K_{sp}^{\ominus}(Ca_3(PO_4)_2) = [Ca^{2+}]^3[PO_4^{3-}]^2$$

$K_{sp}^{\ominus}$ 在一定温度下的大小既可以反映难溶电解质在溶液中的溶解程度($K_{sp}^{\ominus}$ 值大,难溶电解质溶解趋势大;$K_{sp}^{\ominus}$ 值小,难溶电解质溶解趋势小);也可表示难溶电解质在溶液中生成沉淀的难易($K_{sp}^{\ominus}$ 小易沉淀,$K_{sp}^{\ominus}$ 大难沉淀)。

$K_{sp}^{\ominus}$ 的大小由难溶电解质的本性决定,与温度有关,而与沉淀量的多少和溶液中离子浓度的变化无关。溶液中离子浓度的变化只能使平衡移动,并不改变溶度积。通常温度对

$K_{sp}^{\ominus}$ 值影响不大,在实际工作中常采用 298 K(25 ℃)时的溶度积数值(由实验测得)。一些常见难溶电解质的 $K_{sp}^{\ominus}$ 值参见附录六。

9.1.2　溶度积与溶解度的相互换算

难溶电解质的溶解度定义为:在一定温度下,1 L 难溶电解质的饱和溶液中难溶电解质溶解的量,用 s(solubility)表示。通常讲某物质的溶解度是指在纯水中的溶解度,由于溶度积表达式中,离子的浓度用物质的量浓度表示,而溶解度则有不同的量度单位,所以在计算两者之间的换算关系时,先要把溶解度换算成为物质的量浓度,单位为 mol·L^{-1}。溶度积 $K_{sp}^{\ominus}$ 和溶解度 s 虽然都能反映难溶电解质溶解的难易,但 $K_{sp}^{\ominus}$ 反映的是难溶电解质溶解的热力学本质——溶解作用进行的倾向,$K_{sp}^{\ominus}$ 与难溶电解质的离子浓度无关,若温度一定,便是一个定值。而溶解度 s 除与难溶电解质的本性和温度有关外,还与溶液中难溶电解质离子浓度有关,如在 NaCl 溶液中,AgCl 的溶解度就会降低。根据溶度积 $K_{sp}^{\ominus}$ 的表达式,难溶电解质的溶度积 $K_{sp}^{\ominus}$ 和溶解度 s 可以互相换算。

例 9-1　已知 298 K 时,AgCl 的 $K_{sp}^{\ominus}$ 为 1.8×10^{-10},求 AgCl 的溶解度 s。

解:AgCl 的电离平衡为

$$AgCl(s) \Longrightarrow Ag^+(aq) + Cl^-(aq)$$
$$c/mol \cdot L^{-1} \quad\quad s \quad\quad\quad\quad s$$
$$K_{sp}^{\ominus}(AgCl) = [Ag^+][Cl^-] = s^2$$
$$s = \sqrt{K_{sp}^{\ominus}(AgCl)} = \sqrt{1.8 \times 10^{-10}} = 1.3 \times 10^{-5}$$
$$s = 1.3 \times 10^{-5} \text{ mol} \cdot L^{-1}$$

例 9-2　在 25 ℃时,Ag_2CrO_4 的溶解度为 0.021 7 g·L^{-1},问 Ag_2CrO_4 的溶度积是多少?(Ag_2CrO_4 的摩尔质量为 331.8 g·mol^{-1}。)

解:首先将溶解度单位 g·L^{-1} 换算为 mol·L^{-1}

$$s(Ag_2CrO_4) = \frac{0.021\,7 \text{ g} \cdot L^{-1}}{331.8 \text{ g} \cdot mol^{-1}} = 6.54 \times 10^{-5} \text{ mol} \cdot L^{-1}$$

Ag_2CrO_4 的电离平衡为

$$Ag_2CrO_4(s) \Longrightarrow 2Ag^+(aq) + CrO_4^{2-}(aq)$$

1 mol Ag_2CrO_4 溶解电离出 2 mol Ag^+ 和 1 mol CrO_4^{2-},故

$$c(CrO_4^{2-}) = 6.54 \times 10^{-5} \text{ mol} \cdot L^{-1}$$
$$c(Ag^+) = 2 \times 6.54 \times 10^{-5} \text{ mol} \cdot L^{-1} = 1.31 \times 10^{-4} \text{ mol} \cdot L^{-1}$$
$$K_{sp}^{\ominus}(Ag_2CrO_4) = [Ag^+]^2 \cdot [CrO_4^{2-}]$$
$$= (1.31 \times 10^{-4})^2 \times 6.65 \times 10^{-5}$$
$$= 1.12 \times 10^{-12}$$

归纳以上两种类型的难溶电解质,可得出 $K_{sp}^{\ominus}$ 与 s 的关系如下:

(1) AB 型:$K_{sp}^{\ominus} = [A^+][B^-] = s^2$;

(2) $A_2B(AB_2)$ 型:$K_{sp}^{\ominus} = [A^+]^2[B^{2-}] = 4s^3$。

对于同一类型的电解质:$K_{sp}^{\ominus}$ 越大,溶解度越大。值得注意的是,上面所列溶解度与溶度积常数的换算关系只是一种近似关系,计算的值与实验结果很可能有一定的差距。它们之间的相互换算是有条件的:第一,难溶电解质的离子在溶液中应不发生水解、聚合、配位等反应;第二,难溶电解质要一步完全解离,只有符合这两个条件的难溶电解质的 s 和 $K_{sp}^{\ominus}$ 之间才存在以上的简单数学关系。

关于溶解度和溶度积的关系,一般来讲,溶解度愈大的难溶电解质其溶度积也愈大。但绝对不能笼统讲溶解度愈大,溶度积就一定愈大。通过以下分析,就可弄清这个问题。

表 9 - 1   比较 AgCl、AgBr、Ag_2CrO_4 的溶度积和溶解度

难溶电解质	溶度积	溶解度
AgCl	1.8×10^{-10}	1.3×10^{-5}
AgBr	5.4×10^{-13}	7.3×10^{-7}
Ag_2CrO_4	1.1×10^{-12}	6.5×10^{-5}

从表 9 - 1 所列数据可以看出,AgCl 和 AgBr 相比,AgCl 的溶度积比 AgBr 大,AgCl 的溶解度也大;AgCl 和 Ag_2CrO_4 相比,AgCl 的溶度积比 Ag_2CrO_4 大,但 AgCl 的溶解度反而比 Ag_2CrO_4 的小。这是由于 AgCl 的溶度积表示式与 Ag_2CrO_4 不同,后者与 Ag^+ 浓度的平方成正比。因此,不能笼统地认为溶度积大的难溶电解质的溶解度一定也大。只有对同一类型的难溶电解质才可以通过溶度积来比较它们溶解度的大小。对不同类型的难溶电解质,只有通过实际计算才能知道它们溶解度的大小。

9.1.3   溶度积规则

在一定条件下,难溶电解质的沉淀能否生成或溶解,可以根据溶度积规则来进行判断。

在某难溶电解质溶液中,其离子浓度系数方的乘积称为离子积,用符号 Q_c 表示,对于 A_nB_m 型难溶电解质,存在如下关系式:

$$Q_c = c^n(A^{m+})c^m(B^{n-}) \tag{9-2}$$

例如 $Mg(OH)_2$ 溶液的离子积 $Q_c = c(Mg^{2+})c^2(OH^-)$。$Q_c$ 和 $K_{sp}^{\ominus}$ 的表达式相同,但两者的概念是有区别的。$K_{sp}^{\ominus}$ 表示难溶电解质沉淀溶解平衡时,饱和溶液中离子浓度的乘积,对某一难溶电解质,在一定温度下,$K_{sp}^{\ominus}$ 为一常数;而 Q_c 则表示任何情况下离子浓度的乘积,其数值不定,$K_{sp}^{\ominus}$ 仅是 Q_c 的一个特殊情况。

在任何给定的溶液中,离子积 Q_c 与溶度积的关系存在以下三种情况:

(1) 当 $Q_c > K_{sp}^{\ominus}$ 时,溶液为过饱和溶液,平衡向生成沉淀的方向移动,有沉淀析出,直至饱和,达到新的平衡为止。所以 $Q_c > K_{sp}^{\ominus}$ 是沉淀形成的条件。

(2) 当 $Q_c = K_{sp}^{\ominus}$ 时,溶液为饱和溶液,处于平衡状态。

(3) 当 $Q_c < K_{sp}^{\ominus}$ 时,为不饱和溶液,此时沉淀溶解,直至饱和。所以 $Q_c < K_{sp}^{\ominus}$ 是沉淀溶解的条件。

以上称为溶度积规则(solubility product principle),它是难溶电解质多相离子平衡移动规律的总结。据此可以控制离子的浓度,使之产生沉淀或使沉淀溶解。

例9-3 将等体积的 4.0×10^{-3} mol·L^{-1}的 $AgNO_3$ 和 4.0×10^{-3} mol·L^{-1} K_2CrO_4 混合,是否会有 Ag_2CrO_4 沉淀产生?(已知 $K_{sp}^{\ominus}(Ag_2CrO_4) = 1.1 \times 10^{-12}$)

解 等体积混合后,浓度为原来的一半。

$$c(Ag^+) = c(CrO_4^{2-}) = 2.0 \times 10^{-3} \text{ mol·}L^{-1}$$

$$\begin{aligned} Q_c &= c^2(Ag^+) \cdot c(CrO_4^{2-}) \\ &= (2.0 \times 10^{-3})^2 \times 2.0 \times 10^{-3} \\ &= 8.0 \times 10^{-9} > K_{sp}^{\ominus}(Ag_2CrO_4) = 1.1 \times 10^{-12} \end{aligned}$$

所以有沉淀析出

9.2 沉淀溶解平衡的移动

和弱电解质溶液的解离平衡一样,在难溶电解质的沉淀溶解平衡系统中,加入相同离子、不同离子都会引起多相离子平衡的移动,改变难溶电解质的溶解度。

9.2.1 影响难溶电解质溶解度的因素

1. 同离子效应

在难溶电解质的溶液中加入含有相同离子的强电解质,难溶电解质的多相平衡将发生移动。例如在 AgCl 的饱和溶液中加入 NaCl 溶液时,在原来澄清的 AgCl 饱和溶液中仍会有 AgCl 沉淀析出。这是因为 AgCl 饱和溶液中存在着下列平衡:

$$AgCl(s) \rightleftharpoons Ag^+(aq) + Cl^-(aq)$$

此时 $c(Ag^+)c(Cl^-) = K_{sp}^{\ominus}$,当向溶液中加入与 AgCl 含有相同阴离子的 KCl 时,溶液中 Cl^- 浓度逐渐增大,因此出现 $c(Ag^+)c(Cl^-) > K_{sp}^{\ominus}$ 的情况,平衡向生成 AgCl 沉淀的方向移动,即有白色沉淀析出。直到溶液中 $c(Ag^+)c(Cl^-)$ 回到等于 $K_{sp}^{\ominus}$,建立新的平衡时,沉淀才停止析出。这时 Cl^- 浓度大于 AgCl 溶解在纯水中的 Cl^- 浓度,这是由于加入了 KCl 溶液所造成,而 Ag^+ 浓度则小于 AgCl 溶解在纯水时 Ag^+ 的浓度。AgCl 的溶解度可用达到平衡时的 Ag^+ 的浓度来表示,因此,AgCl 在 KCl 溶液中的溶解度小于在纯水中的溶解度。这种因加入含有相同离子的易溶强电解质,从而导致难溶电解质溶解度降低的效应,称为同离子效应,与酸碱平衡中的同离子效应相同。

例9-4 已知室温下 $BaSO_4$ 在纯水中的溶解度为 1.05×10^{-5} mol·L^{-1},$BaSO_4$ 在 0.010 mol·L^{-1} Na_2SO_4 溶液中的溶解度比在纯水中小多少?已知 $K_{sp}^{\ominus}(BaSO_4) = 1.1 \times 10^{-10}$。

解: 设 $BaSO_4$ 在 0.010 mol·L^{-1} Na_2SO_4 溶液中的溶解度为 x mol·L^{-1},则溶解平衡时

$$BaSO_4(s) \rightleftharpoons Ba^{2+}(aq) + SO_4^{2-}(aq)$$

平衡时浓度/mol·L^{-1} x $0.010 + x$

$$K_{sp}^{\ominus}(BaSO_4) = [Ba^{2+}][SO_4^{2-}] = x(0.010+x) = 1.1 \times 10^{-10}$$

因为溶解度 x 很小，所以

$$0.010 + x \approx 0.010$$
$$0.010x = 1.1 \times 10^{-10}$$
$$x = 1.1 \times 10^{-8}(\text{mol} \cdot L^{-1})$$

计算结果与 $BaSO_4$ 在纯水中的溶解度相比较，溶解度由原来的 1.05×10^{-5} 降为 1.1×10^{-8}，即约为原来的 0.1%。

由以上计算可以看出，$BaSO_4$ 在 Na_2SO_4 溶液中的溶解度比在纯水中溶解度小，这就是同离子效应的结果。

2. 盐效应

实验表明，在一定温度下，$AgCl$ 等难溶电解质在 KNO_3 溶液中的溶解度比在纯水中大，并且 KNO_3 浓度越大，难溶电解质的溶解度也越大。例如 $AgBrO_3$ 在 $0.01\ \text{mol} \cdot L^{-1}\ KNO_3$ 溶液中的溶解度要比在纯水中大 15%，这种因加入强电解质而使难溶电解质溶解度增大的效应，称为盐效应。

不但加入不同离子的电解质能使沉淀的溶解度增大，而且加入具有相同离子的电解质，在产生同离子效应的同时，也能产生盐效应。但盐效应都要比同离子效应的影响小很多，所以一般可以只考虑同离子效应而不考虑盐效应。

9.2.2 沉淀的溶解

降低难溶强电解质饱和溶液中阴离子或阳离子的浓度，使难溶电解质的离子积小于溶度积，导致难溶电解质的沉淀溶解，直到建立新的平衡状态，溶解反应停止。通常使沉淀溶解的方法有以下几种：

1. 生成弱电解质使沉淀溶解

难溶的弱酸盐、氢氧化物等都能溶于酸而生成弱电解质。例如，在含有固体 $CaCO_3$ 的饱和溶液中加入盐酸，系统存在下列平衡的移动：

$$CaCO_3(s) \rightleftharpoons Ca^{2+} + CO_3^{2-}$$
$$+$$
$$HCl \longrightarrow Cl^- + \qquad H^+$$
$$\Updownarrow$$
$$HCO_3^- + H^+ \rightleftharpoons H_2CO_3 \longrightarrow CO_2 \uparrow + H_2O$$

由于 H^+ 与 CO_3^{2-} 结合生成弱酸 H_2CO_3，后者稳定性差，可分解为 CO_2 和 H_2O，使 $CaCO_3$ 饱和溶液中的 CO_3^{2-} 浓度大大减小，从而使 $c(Ca^{2+})c(CO_3^{2-}) < K_{sp}^{\ominus}$，因而 $CaCO_3$ 固体溶解。这种加酸生成弱电解质从而使沉淀溶解的方法，称为沉淀的酸溶解。

金属硫化物也是弱酸盐，在酸溶解时，H^+ 和 S^{2-} 先生成 HS^-，HS^- 又进一步和 H^+ 结合成 H_2S 分子，使得 S^{2-} 减少，使 $Q_c < K_{sp}^{\ominus}$，金属硫化物开始溶解。例如 FeS 的酸溶解可用下列的平衡表示：

$$FeS(s) \rightleftharpoons Fe^{2+} + S^{2-}$$
$$+$$
$$HCl \longrightarrow Cl^- + H^+$$
$$\Downarrow$$
$$HS^- + H^+ \rightleftharpoons H_2S$$

例9-5 要使 0.1 mol FeS 完全溶于 1.0 L 盐酸中,求所需盐酸的最低浓度。

解:当 0.10 mol FeS 完全溶于 1.0 L 盐酸时,即溶液中 $c(Fe^{2+}) = 0.10$ mol·L^{-1}, $c(H_2S) = 0.10$ mol·L^{-1},反应如下:

$$FeS(s) + 2H^+(aq) \rightleftharpoons Fe^{2+}(aq) + H_2S(aq)$$

根据 $K_{sp}^{\ominus}(FeS) = [Fe^{2+}][S^{2-}]$,则,溶液中 S^{2-} 的浓度应为:

$$[S^{2-}] = \frac{K_{sp}^{\ominus}(FeS)}{[Fe^{2+}]} = \frac{6.3 \times 10^{-18}}{0.10} = 6.3 \times 10^{-17} \text{ mol/L}$$

多余的 S^{2-} 则与 HCl 反应生成 H_2S,生成 H_2S 需要 H^+ 0.20 mol。

根据:

$$K_{a,1}^{\ominus} K_{a,2}^{\ominus} = \frac{[H^+]^2 [S^{2-}]}{[H_2S]}, \text{ 则}$$

$$[H^+] = \sqrt{\frac{K_{a,1}^{\ominus} K_{a,2}^{\ominus} [H_2S]}{[S^{2-}]}} = 4.8 \times 10^{-3} (\text{mol} \cdot L^{-1})$$

生成 H_2S 时消耗掉 0.20 mol 盐酸,故所需的盐酸的最初浓度为:$0.004\ 8 + 0.20 = 0.205$ mol/L。

难溶的金属氢氧化物,如 $Mg(OH)_2$,$Mn(OH)_2$,$Fe(OH)_3$,$Al(OH)_3$ 等都能溶于酸,这是由于 H^+ 与 OH^- 生成 H_2O,使得 OH^- 浓度不断减小,导致金属氢氧化物不断溶解。金属氢氧化物溶于强酸的总反应式为:

$$M(OH)_n + nH^+ \rightleftharpoons M^{n+} + nH_2O$$

反应平衡常数为:

$$K = \frac{[M^{n+}]}{[H^+]^n} = \frac{[M^{n+}] \cdot [OH^-]^n}{[H^+]^n \cdot [OH^-]^n} = \frac{K_{sp}}{(K_w)^n} \tag{9-3}$$

室温时,水的离子积常数 $K_w^{\ominus} = 1 \times 10^{-14}$,而一般 MOH 的 $K_{sp}^{\ominus}$ 大都大于 1×10^{-14}(即 $K_w^{\ominus}$),$M(OH)_2$ 的 $K_{sp}^{\ominus}$ 大于 1×10^{-28}(即 $K_w^{\ominus 2}$),$M(OH)_3$ 的 $K_{sp}^{\ominus}$ 大于 1×10^{-42}(即 $K_w^{\ominus 3}$),所以式 9-3 的平衡常数 K 大都大于 1,表明金属氢氧化物一般都能溶于强酸。

2. 通过氧化还原反应使沉淀溶解

有些金属硫化物的 $K_{sp}^{\ominus}$ 数值特别小,因而不能用盐酸溶解。如 CuS 的 $K_{sp}^{\ominus}$ 为 1.27×10^{-36},如需使其溶解,则 $c(H^+)$ 需达到 1×10^6 mol·L^{-1},现在强酸的最大浓度也不超过 20 mol·L^{-1},可以说 CuS 在酸中是不溶的。但 CuS 在硝酸中却是可以溶解的,发生下列氧化还原反应：

$$CuS(s) \Longrightarrow Cu^{2+} + S^{2-}$$
$$+$$
$$HNO_3 \longrightarrow S\downarrow + NO\uparrow + H_2O$$

这是因为其中不仅包含了溶解反应，还含有氧化还原反应。更难溶的 HgS 溶度积更小，为 $K_{sp}^{\ominus} = 6.44 \times 10^{-53}$，在硝酸中也不溶，只能用王水来溶解，即利用浓硝酸的氧化作用使 S^{2-} 的浓度降低，同时利用浓盐酸 Cl^- 的配位作用使 Hg^{2+} 的浓度也降低，反应如下：

$$3HgS + 2HNO_3 + 12HCl \Longrightarrow 3H_2[HgCl_4] + 3S\downarrow + 2NO\uparrow + 4H_2O$$

3. 生成配合物使沉淀溶解

许多难溶电解质因其解离出的金属离子能生成更为稳定的配合物而在含有配位体的溶液中发生溶解。溶液中存在与构晶离子形成可溶性配合物的配位剂，会使沉淀的溶解度增大，甚至完全溶解，这一现象称为配位效应。配位效应对沉淀溶解度的影响与配位剂的浓度及配合物的稳定性有关。配位剂的浓度越高，生成的配合物越稳定，则难溶电解质的溶解度越大。

例如 AgCl 不溶于酸，但可溶于 NH_3 溶液，其反应如下：

$$AgCl(s) \Longrightarrow Ag^+ + Cl^-$$
$$+$$
$$2NH_3 \Longrightarrow [Ag(NH_3)_2]^+$$

由于 NH_3 和 Ag^+ 结合而生成稳定的配离子 $[Ag(NH_3)_2]^+$ 降低了 Ag^+ 的浓度，使 $Q_c < K_{sp}^{\ominus}$，则 AgCl 固体开始溶解。AgCl 在 0.01 mol·L^{-1} 氨水中的溶解度比在纯水中溶解度大 40 倍。若氨水的浓度足够大，则不能生成 AgCl 沉淀。

难溶卤化物还可以与过量的卤素离子形成配离子而溶解，例如，

$$AgI + I^- \Longrightarrow AgI_2^-$$
$$PbI_2 + 2I^- \Longrightarrow PbI_4^{2-}$$
$$HgI_2 + 2I^- \Longrightarrow HgI_4^{2-}$$
$$CuI + I^- \Longrightarrow CuI_2^-$$

而两性氢氧化物在强碱性溶液中能生成羟合配离子而溶解，如 $Al(OH)_3$ 与 OH^- 反应，生成配离子 $Al(OH)_4^-$。

由此可以看出，如果外界条件发生变化，如酸度的变化，配位剂的存在等，都会使金属离子浓度或沉淀剂浓度发生变化，从而影响沉淀的溶解度。

9.3 溶度积规则的应用

9.3.1 沉淀的生成

在沉淀反应中，根据溶度积规则可以推测沉淀能否生成。一定温度下，当溶液中电解质的离子浓度乘积（简称离子积）大于该物质的溶度积常数时，则该物质将沉淀析出。

由于没有绝对不溶于水的物质，所以任何一种沉淀的析出实际上都不是绝对完全的，因

为溶液中沉淀溶解平衡总是存在的,即溶液中总会含有极少量的待沉淀的离子。定量分析中,当残留在溶液中的某种离子浓度小于 10^{-5} mol·L^{-1} 时,就可认为这种离子沉淀完全。

用沉淀反应分离溶液中的某种离子时,要使离子沉淀完全,一般应采取以下几种措施:

(1) 选择适当的沉淀剂,使沉淀的溶解度尽可能小。例如,Ca^{2+} 可以沉淀为 $CaSO_4$ 和 CaC_2O_4,它们的 $K_{sp}^{\ominus}$ 分别为 9.1×10^{-6} 和 2.5×10^{-9},都属于同类型的难溶电解质。因此,常选用 $C_2O_4^{2-}$ 作为 Ca^{2+} 的沉淀剂,从而可使 Ca^{2+} 沉淀得更加完全。

(2) 可加入适当过量的沉淀剂。这实际上是根据同离子效应,加入过量的沉淀剂使沉淀更加完全。但沉淀剂的用量不是越多越好,否则就会引起其他效应(盐效应、配位效应等)。一般情况下,沉淀剂过量 50%～100% 是合适的,如果沉淀剂不是易挥发的,那么以过量 20%～25% 为宜。

(3) 对于某些离子沉淀时,还必须控制溶液的 pH,才能确保沉淀完全。如在化学试剂生产中,控制 Fe^{3+} 的含量是衡量产品质量的重要标志之一,要除去 Fe^{3+},一般都要通过控制溶液的 pH,使 Fe^{3+} 转化为 $Fe(OH)_3$ 沉淀析出。

9.3.2　分步沉淀

当溶液中含有两种或两种以上可被同一种试剂沉淀的离子时,由于不同沉淀溶度积的差别而按一定顺序先后沉淀的现象,这种先后沉淀的现象,称为分步沉淀。从溶度积原理可以得知,首先满足溶度积原理的离子先被沉淀出来。如果几种离子同时满足溶度积,那么可同时沉淀出来。

例如,在含有 0.010 mol·L^{-1} I^- 和 0.010 mol·L^{-1} Cl^- 溶液中逐渐滴加 $AgNO_3$,开始只生成黄色的 AgI 沉淀,加入一定量的 $AgNO_3$ 时,才出现白色的 AgCl 沉淀。开始生成两种沉淀时所分别需要的 Ag^+ 浓度可以通过如下计算:

已知:

$$K_{sp}^{\ominus}(AgCl) = [Ag^+][Cl^-] = 1.8 \times 10^{-10}$$
$$K_{sp}^{\ominus}(AgI) = [Ag^+][I^-] = 8.7 \times 10^{-17}$$

当 Ag^+ 浓度达到:$[Ag^+] = \dfrac{K_{sp}^{\ominus}(AgI)}{[I^-]} = 8.7 \times 10^{-15}$ mol/L

溶液中开始生成 AgI 沉淀,随着 Ag^+ 不断加入,溶液中 I^- 越来越少,Ag^+ 越来越多。

当 Ag^+ 浓度达到:$[Ag^+] = \dfrac{K_{sp}^{\ominus}(AgCl)}{[Cl^-]} = 1.8 \times 10^{-8}$ mol/L

溶液中开始生成 AgCl 沉淀,此时溶液中 I^- 的浓度为:

$$[I^-] = \frac{K_{sp}^{\ominus}(AgI)}{[Ag^+]} = 4.8 \times 10^{-9} \text{ mol/L} \ll 1 \times 10^{-6} \text{ mol/L}$$

当 AgCl 开始沉淀时溶液中的 I^- 已经沉淀完全,Cl^-、I^- 被分离。

例 9-6　溶液中 Ba^{2+} 浓度为 0.10 mol·L^{-1},Pb^{2+} 浓度为 0.0010 mol·L^{-1},向溶液中慢慢加入 Na_2SO_4。哪一种沉淀先生成? 当第二种沉淀开始生成时,先生成沉淀的那种离子的剩余浓度是多少? (不考虑 Na_2SO_4 溶液加入所引起的体积变化)

解 开始生成 $BaSO_4$ 沉淀所需 SO_4^{2-} 的最低浓度：

$$[SO_4^{2-}] = \frac{K_{sp}^{\ominus}(BaSO_4)}{[Ba^{2+}]}$$

$$= \frac{1.1 \times 10^{-10}}{0.10} = 1.1 \times 10^{-9} (mol \cdot L^{-1})$$

开始生成 $PbSO_4$ 沉淀所需 SO_4^{2-} 的最低浓度：

$$[SO_4^{2-}] = \frac{K_{sp}^{\ominus}(PbSO_4)}{[Pb^{2+}]}$$

$$= \frac{1.6 \times 10^{-8}}{0.0010} = 1.6 \times 10^{-5} (mol \cdot L^{-1})$$

由于生成 $BaSO_4$ 沉淀所需 SO_4^{2-} 的最低浓度较小，所以先生成 $BaSO_4$ 沉淀。在继续加入 Na_2SO_4 溶液的过程中，随着 $BaSO_4$ 不断沉淀出来，溶液中 Ba^{2+} 浓度不断下降，SO_4^{2-} 的浓度必须不断上升，当 SO_4^{2-} 的浓度达到 1.6×10^{-5} mol $\cdot$ L^{-1} 时，同时满足 $PbSO_4$ 和 $BaSO_4$ 两种沉淀生成的条件，两种沉淀同时生成。但在 $PbSO_4$ 沉淀开始生成时，溶液中剩余 Ba^{2+} 浓度为

$$[Ba^{2+}] = \frac{K_{sp}^{\ominus}(BaSO_4)}{[SO_4^{2-}]} = \frac{1.1 \times 10^{-10}}{1.6 \times 10^{-5}} = 6.9 \times 10^{-6} (mol \cdot L^{-1})$$

实际上在 $PbSO_4$ 开始沉淀时，Ba^{2+} 已经沉淀得相当完全了，后生成的 $PbSO_4$ 沉淀中基本不含有 $BaSO_4$ 沉淀。

9.3.3 沉淀的转化

在某一沉淀的溶液中，加入适当的试剂，使之转化为另一种沉淀的反应，称为沉淀的转化。如将少量的 AgCl 粉末加入 KI 溶液中，溶液中白色 AgCl 粉末消失，溶液从无色变为浅黄色，发生如下反应：

$$AgCl + I^- \rightleftharpoons AgI \downarrow + Cl^-$$

一般沉淀转化反应由溶解度较大的难溶电解质转化为溶解度较小的物质，两沉淀的溶度积相差越大，沉淀越易转化。

有些沉淀不溶于水也不溶于酸，也不能用配位溶解和氧化还原的方法将它溶解。这时，可以先将难溶强酸盐转化为难溶弱酸盐，然后再用酸来溶解。如锅炉中的锅垢主要成分为 $CaSO_4$，$CaSO_4$ 不溶于酸，难以除去。若用 Na_2CO_3 溶液处理，可将 $CaSO_4$ 转化为疏松的、溶于酸的 $CaCO_3$，便于清除锅垢。

9.4 沉淀滴定法

沉淀滴定法是以沉淀反应为基础的一种滴定分析方法。虽然能形成沉淀的反应很多，但并不是所有的沉淀反应都能用于沉淀滴定分析。用于沉淀滴定法的沉淀反应必须符合下列几个条件：

（1）反应必须具有确定的化学计量关系，即沉淀剂与被测组分之间有确定的化合比。

（2）沉淀反应可以迅速、定量地完成。

（3）生成的沉淀溶解度必须足够小。

（4）有确定终点的简单方法。

9.4.1　滴定曲线

沉淀滴定法的滴定过程中，溶液中离子浓度的变化情况与酸碱滴定法相似，可以用滴定曲线表示。

$$Ag^+(aq) + Cl^-(aq) \Longrightarrow AgCl(s)$$

以 $AgNO_3$ 溶液（$0.100\ mol \cdot L^{-1}$）滴定 $20.00\ mL\ NaCl$ 溶液（$0.100\ mol \cdot L^{-1}$）为例：随着 $AgNO_3$ 溶液的滴入，Cl^- 浓度不断变化。

从滴定开始到化学计量点前，Cl^- 浓度由溶液中剩余的 Cl^- 计算。例如，加入 $AgNO_3$ 溶液 $18.00\ mL$ 时，溶液中氯离子浓度为：$c(Cl^-) = \dfrac{0.100\ 0 \times 2.00}{20.00 + 18.00} = 5.26 \times 10^{-3}\ (mol \cdot L^{-1})$。

化学计量点时，溶液中银离子浓度与氯离子浓度相同，$[Ag^+] = [Cl^-] = \sqrt{K_{sp}^{\ominus}}$。

化学计量点后，溶液中 Ag^+ 过量时，溶液中 Ag^+ 浓度由过量的 $AgNO_3$ 浓度决定，氯离子浓度则由过量的 Ag^+ 和 $K_{sp}^{\ominus}$ 计算；例如当加入 $AgNO_3$ 溶液 $20.02\ mL$ 时，

$$c(Ag^+) = \frac{0.100 \times 0.02}{20.00 + 20.02} = 5.0 \times 10^{-5}\ (mol \cdot L^{-1})$$

$$c(Cl^-) = \frac{K_{sp}^{\ominus}}{c(Ag^+)} = 3.11 \times 10^{-6}\ (mol \cdot L^{-1})$$

滴定过程中离子浓度的变化曲线如图 9-1：

与酸碱滴定相似，滴定开始时溶液中 Cl^- 浓度较大，滴入 Ag^+ 所引起的 Cl^- 浓度改变不大，曲线比较平坦，接近化学计量点时，溶液中 Cl^- 浓度已经很小，再滴入少量的 Ag^+ 即引起 Cl^- 浓度发生很大的变化而形成突跃。

突跃范围的大小，取决于溶液的浓度和沉淀的溶度积常数。溶液浓度越大，则突跃范围越大。如：$AgNO_3$ 滴定同浓度 $NaCl$，其突跃范围与浓度的关系见下表。

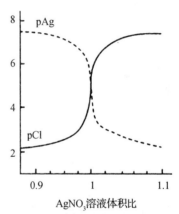

图 9-1　$AgNO_3$ 溶液（$0.100\ mol \cdot L^{-1}$）滴定 $20.00\ mL\ NaCl$（$0.100\ mol \cdot L^{-1}$）溶液的滴定曲线

表 9-2　$AgNO_3$ 浓度与突跃范围关系

Ag^+ 初始浓度	1.000 mol/L	0.100 0 mol/L
突跃范围 ΔpAg	3.1	1.1

沉淀的 $K_{sp}^{\ominus}$ 越小，突跃范围越大。例如，相同浓度的 Cl^-、Br^-、I^- 与 Ag^+ 的沉淀滴定，由于 $K_{sp}^{\ominus}(AgI) < K_{sp}^{\ominus}(AgBr) < K_{sp}^{\ominus}(AgCl)$，所以其滴定曲线和突跃范围见图 9-2 与表 9-3。

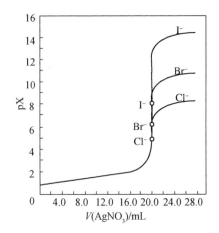

图 9-2　AgNO₃ 溶液(0.100 mol·L⁻¹)滴定 20.00 mL NaCl(0.100 mol·L⁻¹)、
NaBr(0.100 mol·L⁻¹)和 KI(0.100 mol·L⁻¹)溶液的滴定曲线

表 9-3　$K_{sp}^{\ominus}$ 与突跃范围关系

AgX	K_{sp}	pAg	ΔpAg
AgCl	1.8×10^{-10}	5.4~4.3	1.1
AgBr	5.0×10^{-13}	7.4~4.3	3.1
AgI	9.3×10^{-17}	11.7~4.3	7.4

9.4.2　银量法

由于很多沉淀的组成不恒定,或溶解度较大,或易形成过饱和溶液,或达到平衡的速度慢,或共沉淀现象严重等,使得能用于沉淀滴定的反应并不多。目前,比较有实际意义的是生成难溶性银盐的沉淀反应,称为银量法。

$$Ag^+ + X^- = AgX\downarrow$$
$$Ag^+ + SCN^- = AgSCN\downarrow$$

银量法可以测定 Cl^-、Br^-、I^-、SCN^- 和 Ag^+,如在农业上可以测定土壤中水溶性氯化物,农药中的氯化物等。其他方法也可以用于沉淀滴定但不及银量法普遍。如:$K_4[Fe(CN)_6]$ 与 Zn^{2+},Ba^{2+} 与 SO_4^{2-} 等等。

根据指示终点的不同,可分为直接法和间接法两大类。根据所用指示剂的不同,按照创立者的名字命名,可将银量法分为三种方法:莫尔法、佛尔哈德法和法扬斯法。

1.莫尔法(以铬酸钾为指示剂)

(1)原理

莫尔(Mohr)法是以铬酸钾为指示剂,在中性溶液或弱碱性溶液中,加入适量的 K_2CrO_4 作指示剂,以 $AgNO_3$ 标准溶液滴定 Cl^-,溶液中的 Cl^- 与 CrO_4^{2-} 能和 Ag^+ 形成白色的 AgCl 及砖红色的 Ag_2CrO_4 沉淀,由于两者的溶度积不同,根据分步沉淀的原理,首先生成卤化银沉淀,随着 Ag^+ 的不断加入,溶液中的卤素离子浓度越来越小,Ag^+ 浓度相应增大,当卤化银定量沉淀后,过量的滴定剂与指示剂反应,生成砖红色的铬酸银沉淀,指示终点。具体反应如下：

$$Ag^+ + Cl^- \Longrightarrow AgCl \downarrow (白色) \qquad K_{sp}^\ominus = 1.8 \times 10^{-10}$$

$$2Ag^+ + CrO_4^{2-} \Longrightarrow Ag_2CrO_4 \downarrow (砖红色) \quad K_{sp}^\ominus = 2.0 \times 10^{-12}$$

（2）滴定条件

① 指示剂用量

指示剂 CrO_4^{2-} 的浓度必须合适，若浓度太大将会引起终点提前，且 CrO_4^{2-} 本身的黄色会影响对终点的观察；若浓度太小又会使终点滞后，会影响滴定的准确度。实际滴定时，通常在反应液总体积为 50～100 mL 的溶液中，加入 5% 铬酸钾指示剂约 1～2 mL。

② 溶液的酸度

滴定应该在中性或微碱性介质中进行。若酸度过高，$2CrO_4^{2-} + 2H^+ \Longrightarrow Cr_2O_7^{2-} + H_2O$，$CrO_4^{2-}$ 将因酸效应致使其浓度降低，导致 Ag_2CrO_4 沉淀出现过迟甚至不沉淀；但溶液的碱性太强，又将生成 Ag_2O 沉淀，故适宜的酸度范围为 pH=6.5～10.5。

如果溶液中有铵盐存在，溶液呈碱性时会产生 NH_3，生成的 NH_3 与 Ag^+ 形成配离子，致使 AgCl 和 Ag_2CrO_4 沉淀出现过迟甚至不沉淀。当铵盐浓度比较低时（<0.05 mol·L^{-1}），采用控制溶液 pH=6.5～7.2 范围内可消除铵根离子的影响，若铵根离子浓度$>$0.15 mol·L^{-1} 时，仅仅通过控制溶液酸度已经不能消除其影响，此时需要在滴定前将大量铵盐除去。

③ 滴定时应剧烈振摇，使被 AgCl 或 AgBr 沉淀吸附的 Cl^- 或 Br^- 及时释放出来，防止终点提前。

（3）应用范围

铬酸钾指示剂法主要用于 Cl^-、Br^- 和 CN^- 的测定，不适用于滴定 I^- 和 SCN^-。这是因为 AgI、AgSCN 沉淀对 I^- 和 SCN^- 有强烈的吸附作用，致使终点过早出现。

铬酸钾指示剂法也不适用于以 NaCl 直接滴定 Ag^+。因为 Ag^+ 溶液中加入指示剂，立刻形成 Ag_2CrO_4 沉淀，用 NaCl 溶液滴定时，Ag_2CrO_4 转化成 AgCl 的速度非常慢，致使终点推迟。如用铬酸钾指示剂法测定 Ag^+，必须采用返滴定法。

莫尔法的选择性比较差，凡能与银离子生成沉淀的阴离子（如 S^{2-}、CO_3^{2-}、PO_4^{3-}、SO_3^{2-}、$C_2O_4^{2-}$ 等），能与铬酸根离子生成沉淀的阳离子（如 Ba^{2+}、Pb^{2+} 等），能与银或氯配位的离子（如 $S_2O_3^{2-}$、NH_3、EDTA、CN^- 等），能发生水解的高价金属离子（如 Fe^{3+}、Al^{3+}、Bi^{3+}、Sn^{4+} 等），均对测定有干扰。此外，大量的 Cu^{2+}、Co^{2+}、Ni^{2+} 等有色离子的存在，对终点的颜色的观察也有影响。以上干扰应预先除去，如 S^{2-} 可在酸性溶液中使生成 H_2S 加热除去，SO_3^{2-} 氧化为 SO_4^{2-} 后不再产生干扰，Ba^{2+} 可通过加入过量的 Na_2SO_4 使生成 $BaSO_4$ 沉淀。

莫尔法的优点是操作简便，方法的准确度也较好，不足之处是干扰较多，且只能直接测定氯、溴、硫氰酸根离子，想直接测定银离子，除了刚才讲的用返滴定法外，可采用另一种方法。

2. 佛尔哈德法（以铁铵矾为指示剂）

在酸性（HNO_3）介质中，以 $NH_4Fe(SO_4)_2 \cdot 12H_2O$ 作指示剂，用 NH_4SCN 或（KSCN）滴定 Ag^+ 的银量法称佛尔哈德（Volhard）法：

$$Ag^+ + SCN^- \longrightarrow AgSCN(白色) \qquad K_{sp}^{\ominus} = 1.0 \times 10^{-12}$$
$$Fe^{3+} + SCN^- \longrightarrow [FeSCN]^{2+}(红色) \qquad K = 138$$

当 AgSCN 定量沉淀后,稍过量的 SCN^- 便与 Fe^{3+} 生成红色的配离子$[FeSCN]^{2+}$指示终点。

（2）滴定条件

① 溶液的酸度

由于指示剂是 Fe^{3+},滴定必须在酸性溶液中进行,通常在 $0.1 \sim 1 \ mol \cdot L^{-1} HNO_3$介质中进行滴定,$Fe^{3+}$ 以$[Fe(H_2O)_6]^{3+}$存在,颜色较浅,如果酸度较低,Fe^{3+} 发生水解,以羟基化合物或多羟基化合物$[Fe(H_2O)_5(OH)]^{2+}$、$[Fe(H_2O)_4(OH)_2]^+$的形式存在,呈棕色,影响终点观察,如果酸度更低,甚至产生 $Fe(OH)_3$ 沉淀。

在酸性溶液中进行滴定是佛尔哈德法的最大优点,一些在中性或弱碱性介质中能与 Ag^+ 产生沉淀的阴离子都不能干扰滴定,选择性比较好。

② 指示剂用量

当滴定至计量点时,$c(SCN^-) = c(Ag^+) = 1.0 \times 10^{-6} \ mol \cdot L^{-1}$,要求此时正好生成$[FeSCN]^{2+}$ 以确定终点,故此时 $c(Fe^{3+}) = \dfrac{c(FeSCN^{2+})}{138 \times c(SCN^-)}$。一般说来,要能观察到$[FeSCN]^{2+}$的颜色,$c(FeSCN^{2+})$要达到 $6 \times 10^{-6} \ mol \cdot L^{-1}$,则 $c(Fe^{3+}) = 0.04 \ mol \cdot L^{-1}$,这样高浓度的 Fe^{3+} 使溶液呈较深的橙黄色,影响终点的观察,故通常保持在 $0.015 \ mol \cdot L^{-1}$,引起的误差很小,小于$\pm 0.1\%$。

③ 充分摇动,减少吸附。

（3）应用范围

采用直接滴定法可以测定 Ag^+ 等;在硝酸介质中,以铁铵矾作指示剂,用 NH_4SCN 或 KSCN 标准溶液滴定,当 AgSCN 定量沉淀后,稍过量的 SCN^- 与 Fe^{3+} 生成的红色配合物可指示终点的到达,为了防止 AgSCN 吸附 Ag^+,使终点提早到达,所以需要剧烈地摇晃溶液,使沉淀解析。为了防止 Fe^{3+} 水解,滴定反应需在硝酸溶液中进行,而且是强酸性溶液（$[H^+] = 0.2 \sim 0.5 \ mol \cdot L^{-1}$）。

采用返滴定法则可以测定 Cl^-、Br^-、I^- 和 SCN^- 等离子。在含有卤素的硝酸溶液中,加入一定量过量的 $AgNO_3$,然后以铁铵矾为指示剂,用 NH_4SCN 标准溶液返滴定过量的 $AgNO_3$（由于在硝酸介质中,许多弱酸盐如 PO_4^{3-}、AsO_4^{3-}、S^{2-} 等都不干扰卤素离子的测定,故此法选择性较高）。

$$Cl^- + Ag^+（过量）\longrightarrow AgCl \downarrow + Ag^+（剩余）+ SCN^-$$
$$AgCl \downarrow + Ag^+（剩余）+ SCN^- \longrightarrow AgSCN \downarrow + AgCl \downarrow$$

从中我们可以看到,在用此法测定 Cl^- 时,终点的判断会遇到困难。这是因为 AgSCN 的溶解度（$1.8 \times 10^{-4} \ mol \cdot L^{-1}$）小于 AgCl 的溶解度（$1.9 \times 10^{-3} \ mol \cdot L^{-1}$）。接近终点时,加入的 NH_4SCN 将与 AgCl 发生沉淀转化。

$$AgCl + SCN^- \longrightarrow AgSCN \downarrow + Cl^-$$

沉淀转化的速度较慢,滴加 NH_4SCN 形成的红色随溶液的摇动而消失。即

$$AgCl + [Fe(SCN)]^{2+} \Longrightarrow AgSCN + Fe^{3+} + Cl^-$$

显然到达终点时,无疑多消耗了 NH_4SCN 标准溶液,引入较大的滴定误差。为了避免上述现象的发生,通常采用下列措施:

(1) 试液中加入过量的 $AgNO_3$ 溶液后,将溶液加热煮沸,使 AgCl 沉淀凝聚,以减少 AgCl 沉淀对 Ag^+ 的吸附,滤去沉淀,并用稀硝酸洗涤沉淀,洗涤液并入滤液中,然后用 NH_4SCN 标准溶液返滴定滤液中过量的 $AgNO_3$。

(2) 在滴加标准溶液 NH_4SCN 前,加入有机溶剂如硝基苯 $1\sim2$ mL,用力摇动之后,硝基苯将 AgCl 沉淀包住,使它与溶液隔开,不再与滴定溶液接触。这就阻止了上述现象的发生,此法很方便,但硝基苯较毒。

(3) 提高 Fe^{3+} 的浓度以减少终点时 SCN^- 的浓度,从而减少上述误差。席夫特(Shift)等人经实验证实,若溶液中的 $[Fe^{3+}] = 0.2$ mol·L^{-1},终点误差将小于 0.1%。

用返滴定法测定溴化物或碘化物时,由于 AgBr 和 AgI 的溶解度比 AgSCN 小,所以,不会发生沉淀转化反应,不必采取上述措施。

3. 法扬斯法(吸附指示剂)

(1) 滴定原理

用吸附指示剂指示终点的银量法称为法扬斯(Fajans)法。

吸附指示剂一般是有机染料,它的阴离子在溶液中容易被正电荷的胶状沉淀所吸附,当它被吸附后,会因为结构的改变而引起颜色的变化,从而指示滴定的终点。吸附指示剂可以分为两类,一类是酸性染料,如荧光黄及其衍生物,它们是有机弱酸,解离出指示剂阴离子;另一类是碱性染料,如甲基紫、罗丹明 6G 等,解离出指示剂阳离子。吸附指示剂种类很多,现将常用的列于表 9-4 中。

表 9-4　常用吸附指示剂

指示剂名称	待测离子	滴定剂	适用的 pH 范围
荧光黄	Cl^-, Br^-, I^-, SCN^-	Ag^+	$7\sim10$
二氯荧光黄	Cl^-, Br^-, I^-, SCN^-	Ag^+	$4\sim6$
曙红	Br^-, I^-, SCN^-	Ag^+	$2\sim10$
甲基紫	SO_4^{2-}, Ag^+	Ba^{2+}, Cl^-	$2.5\sim3.5$

如用 $AgNO_3$ 滴定 Cl^- 时,用荧光黄作指示剂。荧光黄是一种有机弱酸(用 HFIn 表示),在溶液中解离为黄绿色的阴离子。计量点前,溶液中剩余 Cl^-,生成的 AgCl 先吸附 Cl^- 而带负电荷,荧光黄阴离子受排斥而不被吸附,溶液呈黄绿色;计量点后,Ag^+ 过量,AgCl 沉淀胶粒因吸附过量 Ag^+ 而带正电荷,它将强烈吸附荧光黄阴离子。荧光黄阴离子被吸附后,因结构变化而呈粉红色,从而指示滴定终点。

$$AgCl \cdot Cl^- + FIn^- \Longrightarrow AgCl \cdot Ag^+ FIn^- \text{(粉红色)}$$

如果用 NaCl 滴定 Ag^+,那么颜色变化正好相反。

(2) 滴定条件

① 由于颜色的变化发生在沉淀表面,欲使终点变色明显,应尽量使沉淀的比表面大一

些。为此,常加入一些保护胶体(如糊精、淀粉),阻止卤化银聚沉,使其保持胶体状态,使沉淀微粒处于高度分散状态,使更多的沉淀表面暴露在外面,以利于对指示剂的吸附,变色敏锐。

此法不适宜用于测定浓度过低的溶液,否则由于生成的沉淀量太少,使终点不明显。测氯离子时,其浓度要求在 $0.005\ mol \cdot L^{-1}$ 以上,测溴、碘、硫氢根离子时灵敏度稍高,0.001 摩尔每升仍可准确滴定。

② 溶液的酸度要恰当。常用的吸附指示剂大都是有机弱酸,而起指示作用的主要是它们的阴离子,因此必须控制适宜的酸度,使指示剂在溶液中保持阴离子状态。

③ 胶体颗粒对指示剂的吸附能力应略小于对被测离子的吸附能力,否则指示剂将在化学计量点前变色。但也不能太小,否则终点出现过迟。卤化银对卤化物和几种常见吸附指示剂的吸附能力次序为 $I^- > SCN^- > Br^- > 曙红 > Cl^- > 荧光黄$。因此,滴定 Cl^- 时应选用荧光黄,滴定 Br^- 选曙红为指示剂。

④ 滴定应避免在强光照射下进行,因为吸附着指示剂的卤化银胶体对光极为敏感,遇光易分解析出金属银,溶液很快变成灰色或黑色。

(3) 应用范围

法扬斯法可测定氯、溴、碘、硫氢根、银离子,一般在弱酸性到弱碱性下进行,方法简便,终点亦明显,较为准确,但反应条件较为严格,要注意溶液的酸度、浓度及胶体的保护等。

实际工作需要根据测定对象选合适的测定方法,如银合金中银测定,由于用硝酸溶解试样,用佛尔哈德法;测氯化钡中氯离子的含量,用佛尔哈德法或用法扬斯法,不能用莫尔法,因会生成铬酸钡沉淀,天然水中氯含量的测定,用莫尔法。

习 题

1. 单项选择:

(1) 25 ℃时 $CaCO_3$ 的 s 为 $9.3 \times 10^{-5}\ mol \cdot L^{-1}$,则 $CaCO_3$ 的溶度积为　　　　(　　)

A. 9.3×10^{-5}　　　B. 8.6×10^{-9}　　　C. 1.9×10^{-6}　　　D. 9.6×10^{-2}

(2) 某溶液中含有 Pb^{2+} 和 Ba^{2+},它们的浓度都为 $0.010\ mol \cdot L^{-1}$。逐滴加入 K_2CrO_4 溶液,已知 $K_{sp}(PbCrO_4) = 2.8 \times 10^{-13}$,$K_{sp}(BaCrO_4) = 1.2 \times 10^{-10}$,则先沉淀的是　　　　(　　)

A. Pb^{2+}　　　B. Ba^{2+}　　　C. H_2CrO_4　　　D. 不能沉淀

(3) 莫尔法测定 Cl^-,控制 pH=4,其滴定终点将　　　　(　　)

A. 提前到达　　　B. 推迟到达　　　C. 不受影响　　　D. 刚好等于化学计量点

(4) 莫尔法不能测定 KI 中的 I^-,主要原因是　　　　(　　)

A. AgI 吸附能力太强　　　　　　　B. AgI 溶解度太小

C. AgI 沉淀慢　　　　　　　　　　D. 没有合适指示剂

(5) 莫尔法测定 Cl^- 含量时,要求介质的 pH 在 6.5～10.5 范围内,若碱性过强,则　　　　(　　)

A. AgCl 沉淀不完全　　　　　　　B. AgCl 吸附增强

C. K_2CrO_4 沉淀难以形成　　　　　D. 生成 Ag_2O 沉淀

2. 设 AgCl 在纯水中、在 $0.01\ mol \cdot L^{-1} CaCl_2$ 中、在 $0.01\ mol \cdot L^{-1}$ NaCl 中以及在 $0.05\ mol \cdot L^{-1}$ $AgNO_3$ 中的溶解度分别为 s_1、s_2、s_3 和 s_4,请比较它们溶解度的大小。

3. 已知 CaF_2 的溶解度为 $2.0 \times 10^{-4}\ mol \cdot L^{-1}$,求其溶度积常数 $K_{sp}^{\ominus}$。

4. 已知 $Ca(OH)_2$ 的 $K_{sp}=5.5\times10^{-6}$，计算其饱和溶液的 pH 值。

5. (1) 10 mL0.10 mol $\cdot$ L^{-1} 的 $MgCl_2$ 和 10 mL0.010 mol $\cdot$ L^{-1} 的氨水溶液混合时，是否有 $Mg(OH)_2$ 沉淀产生？(2) 0.02 mol $\cdot$ L$^{-1}Ba(OH)_2$ 溶液与 0.01 mol $\cdot$ L^{-1} Na_2CO_3 溶液等体积混合，是否有 $BaCO_3$ 沉淀产生？

6. 根据 K_{sp} 值计算下列各难溶电解质的溶解度：(1) $Mg(OH)_2$ 在纯水中，(2) $Mg(OH)_2$ 在 0.01 mol $\cdot$ L$^{-1}MgCl_2$ 溶液中。

7. 已知 $K_{sp}^{\ominus}(LiF)=3.8\times10^{-3}$，$K_{sp}^{\ominus}(MgF_2)=6.5\times10^{-9}$。在含有 0.10 mol $\cdot$ L^{-1} Li^+ 和 0.10 mol $\cdot$ L$^{-1}Mg^{2+}$ 的溶液中，滴加 NaF 溶液。(1) 通过计算判断首先产生沉淀的物质；(2) 计算当第二种沉淀析出时，第一种被沉淀的离子浓度。

8. 在下列情况下，分析结果是偏高、偏低，还是无影响？为什么？(1) 在 pH=4 时用莫尔法测定 Cl^-，(2) 用佛尔哈德法测定 Cl^- 时，既没有滤去 AgCl 沉淀，又没有加有机溶剂，(3) 在(2)的条件下测定 Br^-。

9. 称取 NaCl 基准试剂 0.117 3 g，溶解后加入 30.00 mL $AgNO_3$ 标准溶液，过量的 Ag^+ 需要 3.20 mL NH_4SCN 标准溶液滴定至终点。已知 20.00 mL $AgNO_3$ 标准溶液与 21.00 mL NH_4SCN 标准溶液能完全作用，计算 $AgNO_3$ 和 NH_4SCN 溶液的浓度各为多少。

10. 称取银合金试样 0.300 0 g，溶解后加入铁铵矾指示剂，用 0.100 0 mol $\cdot$ L$^{-1}NH_4SCN$ 标准溶液滴定，用去 23.80 mL，计算银的质量分数。

11. 称取可溶性氯化物试样 0.226 6 g，用水溶解后，加入 0.112 1 mol/L $AgNO_3$ 标准溶液 30.00 mL。过量的 Ag^+ 用 0.118 5 mol/L NH_4SCN 标准溶液滴定，用去 6.50 mL，计算试样中氯的质量分数。

第 10 章　配位化合物与配位滴定

学习要求：

　　1. 掌握配位化合物的组成、定义、类型和结构特点。

　　2. 理解配位化合物价键理论的主要论点，了解晶体场理论的基本要点。

　　3. 掌握配位平衡和配位平衡常数的意义及有关计算。

　　4. 掌握配位滴定的基本原理与实际应用。

　　配位化合物(coordination compound)，简称配合物，是一类组成复杂、应用广泛的化合物。就数量来说，大约有 75% 的无机化合物属于配合物。配位化合物简称配合物或络合物，最早见于文献的配合物是 1704 年德国涂料工人迪士巴赫(Diesbach)在研制美术颜料时合成的普鲁士蓝 $Fe_4[Fe(CN)_6]_3$。配合物的研究始于 1789 年法国化学家塔赦特(Tassert B M)关于 $CoCl_3 \cdot 6NH_3$ 的发现，之后 1893 年瑞士化学家维尔纳(Werner A)提出配位理论，奠定了配位化学的基础。如今配位化学已发展成为一门独立的学科，并与其他学科一起紧密联系、共同发展。工业分析、催化、金属的分离和提取、电镀、环保、医药工业、印染工业、化学纤维工业以及生命科学、人体健康等，无一不与配位化合物密切相关。

　　当前，这门新兴的化学学科不但是国际上十分活跃的前沿学科，且在国民经济和人民生活各个方面，在新材料、尖端科技等重要领域已有了广泛的应用。随着科学技术的发展，它将更广泛地渗透到生物化学、有机化学、分析化学、量子化学等领域中去。

10.1　配位化合物的组成和定义

10.1.1　配位化合物的组成

　　历史上有记载的、最早发现的第一个配合物是 $Fe_4[Fe(CN)_6]_3$(普鲁士蓝)，不论在其晶体中，还是在溶液中，均不存在游离的 CN^-，仅有 $[Fe(CN)_6]^{4-}$ 存在。在配合物 $CoCl_3 \cdot 6NH_3$ 的结构中，每一个 NH_3 中的 N 提供一对孤对电子，填入 Co^{3+} 的空轨道，形成 4 个配位键，3 个 Cl^- 作为抗衡阴离子，整个化合物为 $[Co(NH_3)_6]Cl_3$。又如将氨水加到硫酸铜溶液中，开始生成蓝色沉淀 $Cu_2(OH)_2SO_4$，当氨水过量时，蓝色沉淀消失，溶液变成深蓝色，用乙醇处理，可以析出蓝色晶体 $[Cu(NH_3)_4]SO_4$。实验证明，在纯的 $[Cu(NH_3)_4]SO_4$ 溶液中，除了水合的 SO_4^{2-} 和深蓝色的 $[Cu(NH_3)_4]^{2+}$ 外，Cu^{2+} 和 NH_3 分子的浓度极小，几乎检测不出来。所以 $[Cu(NH_3)_4]SO_4$ 也是一种配合物。

上述三种化合物都含有稳定的难解离的复杂的离子存在,这些复杂离子被称为配离子。配离子分为配阳离子(如$[Co(NH_3)_6]^{3+}$)和配阴离子(如$[Fe(CN)_6]^{4-}$)。多数配合物都存在配离子,但有些配合物本身就是中性配位分子,比如抗癌药物顺铂($[Pt(NH_3)_2Cl_2]$),氨分子的氮原子和氯离子中各提供一个电子对与Pt^{2+}形成 4 个配位键。因此,配合物和配离子在概念上应有所不同。配合物包括含有配离子的化合物和电中性配合物,但使用上对此常不严加区分,有时把配离子也称为配合物。配合物都必含有由阳离子(也包括中性原子)和一定数目的阴离子或中性分子(称为配位体)通过配位键形成的复杂部分,这是配合物的特征部分,称为配合物的内界(inner),也叫内配位层,写化学式时要用方括号($[\quad]$)标示。距离中心离子(或原子)较远、没有键合作用的其他离子称为外界离子,构成配合物的外界(outer),通常写在方括号的外面。有些配合物不存在外界,如$[Pt(NH_3)_2Cl_2]$,$[Co(NH_3)_6Cl_3]$等。还有些配合物是由中心原子与配体构成,如$[Ni(CO)_4]$和$[Fe(CO)_5]$。

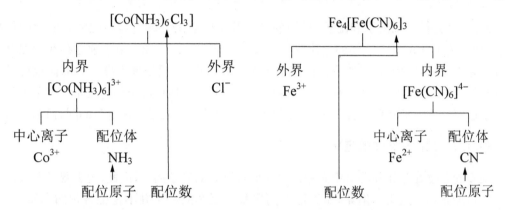

图 10 - 1　$[Co(NH_3)Cl_3]_6$ 和 $Fe_4[Fe(CN)_6]_3$ 结构示意图

1. 配位体(简称配体)

配位体(ligand)是含有孤对电子的分子或阴离子,如NH_3,H_2O,CN^-,X^-(卤素阴离子)等。配位体中直接与中心离子作用形成配位键的原子称为配位原子。当配位原子和中心离子作用时,配位原子提供孤对电子,中心离子提供空轨道,两者之间的键合作用力称为配位键。除极少数例外,配位原子至少含有一对未键合的孤对电子,它们大多是位于元素周期表中Ⅴ、Ⅵ、Ⅶ主族的元素,如 N、O、S、C、P 和卤素等原子。此外,负氢离子(H^-)和能够提供 π 键电子的有机分子或离子(如乙烯和环戊二烯)也可作为配位体。

在配合物中,一个配位体和中心离子(或原子)只以一个配位键相结合的称为单齿配体。若一个配位体和中心离子(或原子)以两个或两个以上的配位键相结合,则称为多齿配体。

2. 中心离子和中心原子

中心离子和中心原子也有称为配合物的形成体。中心离子一般是金属离子,特别是过渡金属离子,例如 Fe、Co 和 Cu 等。一些非金属元素的原子也可以作为中心离子,如 B,Si 和 P 形成$[BF_4]^-$,$[SiF_6]^{2-}$和$[PF_6]^-$等配离子。也有中性原子作配合物形成体的,如$[Ni(CO)_4]$,$[Fe(CO)_5]$中的 Ni 和 Fe 都是电中性的原子。

3. 配位数

直接同中心离子(或原子)配位的配位原子的数目,称为该中心离子(或原子)的配位数。

中心离子(或原子)的配位数一般为 2,4,8(较少见)。配位数的多少决定于中心离子(或原子)和配位体的电荷、体积、彼此间的极化作用,以及配合物生成时的条件,包括反应温度、溶剂、酸碱性等。一般来说,中心离子(或原子)的电荷越高,半径越大,越有利于形成高配位数的配合物。在计算中心离子(或原子)的配位数时,首先确定配合物中的中心离子和配位体,再找出配位原子的数目。如果是单齿配体,那么配位数就是配体的数目。比如,配合物 $[Pt(NH_3)_4]Cl_2$ 和 $[Co(NH_3)_5(H_2O)]Cl_3$ 的中心离子分别为 Pt^{2+} 和 Co^{3+},而配位体前者是 NH_3,后者是 NH_3 和 H_2O。这些配体都是单齿的,所以配位数分别为 4 和 6。如果配位体是多齿的,那么配位体的数目显然不等于中心离子的配位数,此时配位数应该是配体的数目与配位原子的乘积,比如在 $[Co(en)_3]Cl_3$ 的配位数不是 3,而是 6,因为乙二胺(en)是双齿配体。

4. 配离子的电荷

配离子(包括配阳离子和配阴离子)的电荷等于中心离子的电荷与配体总电荷的代数和,比如配离子 $[Cu(OH)_4]^{2-}$ 的电荷数 $=(+2)+(-1)\times4=-2$。由于独立存在的配合物必须是电中性的,因此,还必须有抗衡离子作为外界。同时,根据外界离子的电荷也可以决定配离子的电荷,比如 $K[PtCl_5(NH_3)]$ 的外界是一个 K^+,所以配离子一定带 1 个单位负电荷。不过有时中心离子和配体的电荷代数和为零,则其本身就是不带电荷的配合物。

10.1.2 配位化合物的定义

很多配合物在晶体和溶液中有稳定存在的难解离的复杂离子,因此,过去曾经有人以此为依据给配合物下定义。但是,是否能电离出稳定复杂的离子并不是配合物的本质特点。某些电中性配合物在水溶液中并不能电离出复杂的离子,比如配合物 $[Co(NH_3)_3Cl_3]$ 在水溶液中就以 $[Co(NH_3)_3Cl_3]$ 这样一个整体分子存在,并不能电离出复杂离子。配合物与其他化合物的本质区别是存在配位键。因此,我们可以将配合物定义为:以可以给出孤对电子或多个不定域电子的一定数目的离子或分子为配位体,以具有接受孤对电子或多个不定域电子的空轨道的原子或离子为中心(统称中心原子),两者按照一定的组成和空间构型形成以配位个体为特征的化合物,叫作配位化合物。

10.2 配位化合物的类型和命名

10.2.1 配位化合物的类型

各种类型的配位体和中心离子(或原子)形成了种类繁多的配位化合物。按照不同的分类标准,有不同分类方法。按照中心离子(或原子)的数目,可以分为单核配合物、多核配合物(二核以上)和配位聚合物(无限多核)。按照配体种类,可以分为水合配合物、卤合配合物、氨合配合物、氰合配合物和羰基配合物等;按成键类型,可以分为经典配合物(σ 配键)、簇状配合物(金属-金属键),此外还有夹心配合物和穴状配合物(不定域键)等。在本教材中将配合物分为简单配合物、螯合物、多核配合物和特殊配合物四种。

1. 简单配合物

简单配合物是一类由单齿配体与中心离子(或原子)直接配位形成的配合物,是一类常见的配合物。比如由 NH_3、H_2O、CN^-、卤素离子等单齿配体和中心原子形成的简单配合物:$[Ag(NH_3)_2]Cl$、$[Cu(NH_3)_4]SO_4$、$[Cu(H_2O)_4]SO_4 \cdot H_2O$(即 $CuSO_4 \cdot 5H_2O$),$K_3[Fe(CN)_6]$、和 $K_2[PtCl_4]$ 等。

2. 螯合物

螯合物也称内配合物,是同一配体以自身两个或两个以上的配位原子和同一中心原子配位而形成的一种具有环状结构的配合物。这个名称是因为同一配体的双齿好像一对螃蟹螯住中心原子的缘故。比如将乙二胺 $NH_2—CH_2—CH_2—NH_2$ 或氨基乙酸 $NH_2—CH_2—COOH$ 分别与 Cu(Ⅱ)盐在一定条件下发生配位反应时,可以生成具有环状结构的螯合物,在结构式中常以"→"表示金属原子与配位原子之间的配位键。

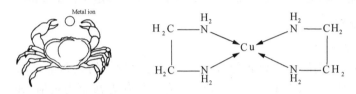

图 10-2　铜盐螯合物

能形成螯合物的配位体称为螯合剂。螯合物中,中心离子与螯合剂分子(或离子)数目之比称为螯合比。螯合物的环上有几个原子就称为几元环。螯合物的稳定性和它的环状结构(环的大小和环的多少)有关。一般是以五元环和六元环最为稳定(即螯合剂中两个配位原子之间间隔为两个或三个原子)。少于五元环或多于六元环的配合物一般是不稳定的,而且很少见。一个配合物中含有的五元环或六元环越多,则越稳定。比如乙二胺四乙酸二钠(EDTA)可以和很多金属离子形成非常稳定的含有五个五元环的螯合物,因而常用作测定金属离子含量的配位滴定剂。

金属螯合物与具有相同配位原子的非螯合物相比,具有特殊的稳定性。这种稳定性是由于环状结构的形成而产生的。我们把这种由于螯合环的形成而使螯合物具有的特殊稳定性称为螯合效应。螯合效应可从螯合物生成过程中系统的熵值增大来解释。这是由于螯合剂中含有多个配位原子,相比于具有相同配位原子的非螯合物,形成螯合物以后自由运动的粒子总数增加,因而系统的熵值增加了,所以螯合效应实际上是熵效应。

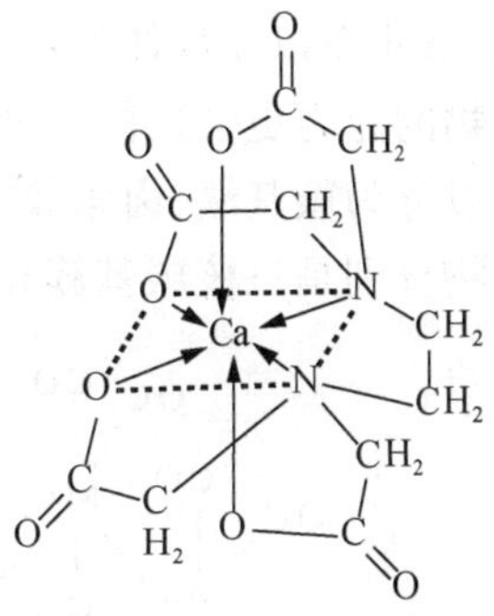

图 10-3　EDTA-Ca 螯合物的结构示意图

3. 多核配合物

两个或两个以上的金属离子可以通过配体桥联形成多核配合物。联结两个中心原子的配体称为桥联配体或桥联基团,简称桥基。多齿配体的配位原子离得太远或太近就不容易形成环状螯合物,多个配位原子可以与不同金属离子配位,形成多核配合物。比如联氨 NH_2—NH_2 的两个配位原子离得太近,如果形成螯合物将是三元环,张力太大不稳定。所以容易形成每个配位氮原子各连接一个金属离子的双核配合物(M^{n+}—NH_2—NH_2—M^{n+})。如果这种桥连无限进行下去,可以形成配位聚合物(—NH_2—NH_2—M^{n+}—NH_2—NH_2—M^{n+}—NH_2—NH_2—M^{n+}—)$_n$。

有些配体虽然只有一个配位原子,但是具有多对孤对电子,也可能键合两个或多个金属原子。比如 Cl^-(4 对),O^{2-}(4 对),OH^-(3 对),H_2O(2 对),它们都含有一对以上的孤对电子,皆有可能形成多核配合物,在一定条件下甚至可能形成配位聚合物。

与单核配合物相比,多核配合物具有更多性能和应用。比如含有未成对电子的金属配合物往往表现出顺磁性,但是在多核含有未成对电子的金属配合物中,相邻的金属离子之间会存在着磁相互作用,使得整个金属配合物表现出不同于单核配合物的磁性。而且配合物的结构不同,其磁性亦会发生改变,这对寻找新型磁性材料是非常重要的。

4. 特殊配合物

(1) 金属羰基配合物

这是一类以 CO 为配体的金属配合物。这类配合物中的金属都是低氧化态的过渡金属,有些氧化态为零,如 $Ni(CO)_4$ 和 $Fe(CO)_5$;有些氧化态甚至为负值,如 $Na[Co(CO)_4]$。除了单核羰基化合物,还有含两个或两个以上中心原子的金属羰基配合物,如 $Fe_2(CO)_3$ 和 $Fe_3(CO)_{12}$ 等。金属羰基配合物可以用来制备纯金属,此外还可以作为催化剂用于许多有机合成反应。

(2) 原子簇状配合物

含有两个或两个以上的金属中心,金属原子除了与配体结合外,还存在金属原子之间直接结合的金属-金属键的配合物叫原子簇状配合物(简称簇合物)。如 $CH_3N_2[Mn(CO)_4]_3$ 和 $K_2[Re_2Cl_8]$。生成簇合物的金属原子主要是过渡金属,它们生成的趋势与该金属在周期表中位置、氧化态以及配体的性质等有关。相比于第一过渡系金属,第二、第三过渡系金属生成簇合物的能力更强。同一种金属原子,低氧化态比高氧化态更易形成簇合物。簇合物按配体可以分为羰基簇、卤素簇等;按照金属原子数可分为二核簇、三核簇、四核簇等。上述两个簇合物分别是三核羰基簇和两核卤簇。

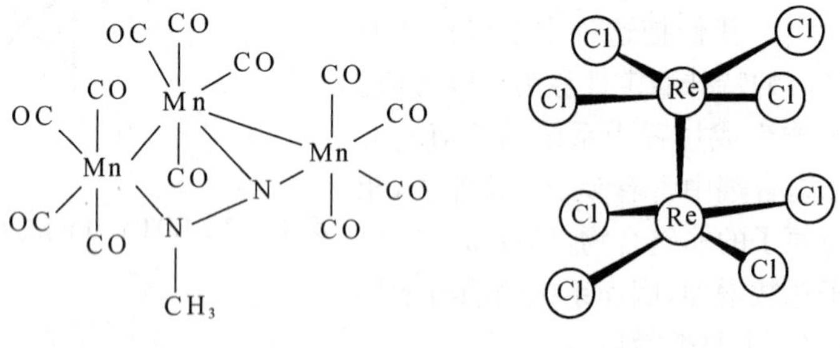

图 10 - 4　$CH_3N_2[Mn(CO)_4]_3$ 和 $K_2[Re_2Cl_8]$ 结构示意图

某些金属簇合物具有催化性能,其主要优点是金属簇中的原子与反应物分子的作用表现出与单核配合物不同的键合方式,引起分子结构改变而表现出催化性能。同时它又可作为多相催化中研究表面结构和催化过程的一种模型。此外,某些簇合物具有生物活性,例如固氮酶的活性中心——铁钼蛋白即是簇合物。因此,簇合物在催化、生物医学和材料等领域具有广阔的应用前景。

（3）金属有机配合物

也称有机金属配合物。配位体为有机物或有机基团,并且与金属原子之间形成碳-金属键的化合物为金属有机配合物。这样的配合物按照成键类型可以分为两种:① 金属与碳直接以 σ 键合的配合物,包括烷基金属(如丁基锂 C_4H_9Li)、芳基金属(如 C_6H_5MgBr)、乙炔基金属($AgC\equiv CAg$)等。② 金属与碳形成离域配键的配合物。如烯烃、炔烃、芳香烃、环戊二烯等含有离域 π 电子的配体和过渡金属形成的配合物。比如 Zeise 盐 $K[PtCl_3(C_2H_4)]$ 中,在 Pt^{2+} 和 $CH_2=CH_2$ 双键 π 电子之间存在这种离域 π 配键。

此外,环戊二烯和苯等具有平面结构的配体可以形成两个平行的平面分子将金属离子夹在中间的配合物,其形状像"夹心三明治",所以也称为夹心配合物。二茂铁$[Fe(C_5H_5)_2]$ 和二茂铬$[Cr(C_5H_5)_2]$ 都属于夹心配合物。Ti,V,Zr,Mn 等过渡金属也能形成这类夹心配合物。

（4）大环配合物

这类大环配合物是通过分子骨架上含有多个 N、O、S、P 等配位原子的多齿配体和金属离子反应而得到的化合物。用于合成大环配合物的配体结构比较复杂,包括环状的冠醚、三维空间的穴醚和具有不同孔径的球醚等,分别对应冠醚配合物、穴醚配合物和球醚配合物。大环配合物有很多的重要应用。冠醚配合物可以用于很多有机反应中,例如它们能使 KOH 或 $KMnO_4$ 溶于苯或其他的有机溶剂中。大环配合物还存在于许多生物体中,例如人体血液中具有载氧功能的血红素是含有卟啉环的铁的配合物,在植物光合作用中起光能捕集作用的叶绿素是含有卟啉环的镁配合物。

10.2.2　配位化合物的命名

配合物的名称有少数用习惯名称,如 $K_4[Fe(CN)_6]$ 叫黄血盐或亚铁氰化钾,$K_3[Fe(CN)_6]$ 叫红血盐或铁氰化钾。多数配合物的命名法服从一般无机化合物的命名原则,如果配合物的酸根是一个简单的阴离子,那么称某化某,如$[Zn(NH_3)_4]Cl_2$,称氯化四氨合锌(Ⅱ)。如酸根是一个复杂的阴离子,则称为某酸某,如$[Cu(NH_3)_4]SO_4$ 则称为硫酸四氨合铜(Ⅱ),$Cu[SiF_6]$ 称为六氟合硅(Ⅳ)酸铜。

配合物的命名比一般无机化合物命名更复杂的地方在于配合物的内界。配合物的内界的命名一般地依照如下顺序:配位体数—配位体名称—合—中心离子名称—中心离子的氧化值(加括号,用罗马数字表示)。若配合物中含有多种配体时,中间要加圆点"·"分开。在命名时配体按照先阴离子,后中性分子的顺序。如果含有多种阴离子或中性分子,一般都按照先简单后复杂的顺序命名,阴离子按照:简单阴离子—复杂阴离子—有机酸根离子的顺序,中性分子配体则按照配位原子元素符号的英文字母顺序。下面具体举些例子加以说明:

（1）配阴离子配合物

$K[PtCl_5(NH_3)]$ 五氯·一氨合铂(Ⅳ)酸钾

$Na[Co(CO)_4]$ 四羰基合钴(Ⅰ)酸钠

$K_2[Co(SO_4)_2]$ 二硫酸根合钴(Ⅱ)酸钾

$K_2[Fe(CN)_5(NO)]$ 五氰·亚硝酰合铁(Ⅲ)酸钾

若配阴离子配合物的外界是氢离子,则在配阴离子名称之后用酸字结尾。如 $H_2[SiF_6]$ 称为六氟合硅(IV)酸。

(2) 配阳离子配合物

$[Pt(NH_3)_6]Cl_4$ 四氯化六氨合铂(IV)

$[Ag(NH_3)_2]OH$ 氢氧化二氨合银(I)

$[Co(NH_3)_5(H_2O)]Cl_3$ 三氯化五氨·一水合钴(III)

$[Co(ONO)(NH_3)_5]SO_4$ 硫酸亚硝酸根·五氨合钴(III)

(3) 中性配合物

$[Pt(NH_3)_2Cl_2]$ 二氯·二氨合铂(II)

$[Ni(CO)_4]$ 四羰基合镍(0)

$[Co(NH_3)_3(NO_2)_3]$ 三硝基·三氨合钴(III)

10.3　配位化合物的化学键理论

在配合物中,中心离子和配体之间是如何通过配位键的作用结合在一起的? 配合物的空间结构是如何排布的? 有何规律性? 配合物的稳定性和哪些因素有关? 这些问题可以用配合物的化学键理论来解释,主要包括价键理论、晶体场理论和分子轨道理论。配合物的化学键理论还可以用来解释配合物的一般性质,如磁性、光谱等。

10.3.1　价键理论

1. 配位键的本质

配位化合物的价键理论是美国化学家鲍林(Pauling)在电子对配键理论和杂化轨道理论基础上,把轨道杂化理论应用到配合物结构而形成的,它可以解释大多数情况下配合物的空间构型和磁性。但是对配合物的吸收光谱、配合物的稳定性和结构畸变等问题解释不好。价键理论的主要内容如下:

(I) 配合物的中心原子(或离子)M 同配体 L 之间以配位键结合,其本质是中心原子(或离子)提供与配位数相同数目的空轨道,来接受配位体上的孤对电子而形成的 M←L 键合作用。比如在配离子 $[Ag(NH_3)_2]^+$ 中,两个 NH_3 分子各提供一对孤对电子与 Ag^+ 形成两个配位键。

配位键分为 σ 配键和 π 配键。形成 σ 配键时孤对电子由配体一方提供,配合物中常含有这种 σ 配键。σ 配键的数目就是中心原子(或离子)的配位数。σ 配键的特征是电子云围绕着中心离子和配位原子的两个原子核的连接线(称键轴)呈圆柱形对称。有些配离子中含未成键的 π 电子的配体与具有 π 空轨道的中心原子(或离子)键合而形成的配体→金属 π 配键,这样的 π 配键称为给予 π 配键。如在 $K[(CH_2=CH_2)PtCl_3]$ 中,配位体乙烯分子中确实没有孤电子对,只具有能形成 π 配键的电子,乙烯分子就是通过 π 电子和 Pt^{2+} 配位的。这种给予 π 配键减少了金属离子的正电荷,对形成配合物有利,并可稳定金属离子的较高氧化态。另一种 π 配键在配合物中极为重要。如若中心原子(或离子)和配体已形成稳定的

σ 配键,而中心原子(或离子)有自由的 d 电子,配体也有空的 p 或 d 轨道,则此时可以形成反馈 π 配键,它能使负电荷从中心原子上减少,从而使配合物更加稳定。

（Ⅱ）为了增强成键能力,中心离子可以用能量相近的轨道(如第一过渡系金属元素的 3d,4s,4p,4d 轨道)杂化,以杂化的空轨道来接受配体提供的孤对电子形成配位键。中心离子的杂化轨道除了 sp、sp^2、sp^3 型之外,在许多配离子中都有 d 轨道参与成键。配合物不同的几何构型、配位数、稳定性均是由于中心离子采用不同的杂化轨道与配体配位造成的结果。

2. 外轨型和内轨型配合物

价键理论根据中心原子(或离子)参与轨道杂化的能级不同,将配合物分为外轨型配合物和内轨型配合物。如果配体中配位原子的电负性很大(如 F^- 和水分子中的氧等),不易给出孤对电子,中心离子或原子的内层电子结构不发生变化,仅用其外层的空轨道 ns、np、nd 与配位体结合。这样形成的配合物称为外轨型配合物。以配离子 $[Fe(H_2O)_6]^{2+}$ 为例,未配位的 Fe^{2+} 的外层电子结构为 $3s^2 3p^6 3d^6$,6 个 d 电子占据 5 个 d 轨道,d 轨道并未填满电子,d 电子的分布服从洪特规则,而 Fe^{2+} 的 4s、4p、4d 轨道是空的。在形成 $[Fe(H_2O)_6]^{2+}$ 时,六个 H_2O 中配位氧原子的孤对电子进入 4s、4p、4d 轨道,形成 6 个等价的 $sp^3 d^2$ 杂化轨道,而 Fe^{2+} 的 $3s^2 3p^6 3d^6$ 结构则不受影响。

外轨型配合物的结构特征是在形成配合物时中心金属离子仍保持其自由离子状态的电子结构,配体的孤对电子仅进入 ns、np、nd 等外层空轨道而形成 sp、sp^2、sp^3 或 $sp^3 d^2$ 等外层杂化轨道。配合物 $[Zn(NH_3)_4]^{2+}$、$[Ni(H_2O)_4]^{2+}$、$[FeF_6]^{3-}$、$[Co(NH_3)_6]^{2+}$、$[Mn(H_2O)_6]^{2+}$ 等等都属于外轨型配合物。

如果配位原子的电负性很小(如 CN^- 中的 C 和—NO_2 中的 N),就比较容易给出孤对电子,对中心离子的影响较大使其结构发生变化,$(n-1)d$ 轨道上的未成对电子被强行配对,空出内层能量较低的空轨道来接受配体的孤电子对,以 $(n-1)d$、ns、np 轨道组成杂化轨道。由于 $(n-1)d$ 是内层轨道,故称此类结构配合物为内轨型配合物。以配离子 $[Fe(CN)_6]^{4-}$ 为例,相比于 H_2O,CN^- 是一种强配位剂,对 Fe^{2+} 的 d 电子的排斥力特别强,能将 6 个 d 电子强行"挤入" 3 个 3d 轨道并均成对,六个 CN^- 中配位碳原子的孤对电子进入两个空的 3d 轨道和外层的 4s 和 4p 轨道,形成 6 个等价的 $d^2 sp^3$ 杂化轨道。

内轨型配合物的结构特征是在形成配合物时中心金属离子的电子结构受到配体的影响,结构发生改变。配体的孤对电子仅进入内层的 $(n-1)d$ 和外层的 ns、np 等空轨道而形成 dsp^2、dsp^3、$d^2 sp^3$ 杂化轨道。配合物 $[Ni(CN)_4]^{2-}$、$[Fe(CN)_6]^{3-}$、$[Co(NH_3)_6]^{3+}$、$[Mn(CN)_6]^{4-}$ 等都属于内轨型配合物。

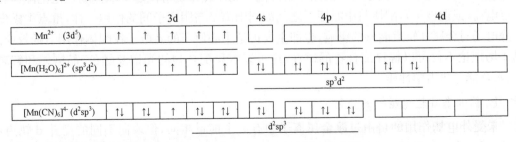

判断一种配合物是内轨型还是外轨型,往往采用测定磁矩的方法。因为物质的磁性与组成物质的原子(或分子)中的电子运动有关。未成对电子较多,则磁矩 μ 较大;未成对电子较少,则磁矩 μ 较小;没有未成对电子,则磁矩 μ 为零。磁矩 μ 的理论值与未成对电子数目 n 之间具有下列近似关系式:

$$\mu \approx \sqrt{n(n+2)}$$

μ 单位为波尔磁子(μ_B)。将测得磁矩的实验值和理论值比较,即可求出未成对电子数目,从而判断出配合物是内轨型还是外轨型。但上述公式仅适用于第一过渡系列金属离子形成的配合物,而对于第二、第三过渡系列金属配合物和稀土金属配合物偏差较大,一般不适用。

金属和配体反应时到底形成内轨型还是外轨型配合物不仅取决于配位原子的电负性,还和中心金属离子的价电子层结构和所带电荷有关。对于内层轨道已经填满的离子,其 $(n-1)d$ 轨道不可能参与杂化成键,如 Zn^{2+} 和 Cu^+,故只能与配体形成外轨型配合物。对于不饱和电子构型的离子,如 Mn^{2+}、Fe^{2+}、Fe^{3+}、Co^{2+}、Co^{3+}、Ni^{2+} 等,既可以形成内轨型也可以形成外轨型配合物。对于同种元素不同价态离子,如 Co^{2+}、Co^{3+} 和 NH_3 形成配合物时,前者是外轨型的 $[Co(NH_3)_6]^{2+}$,后者是内轨型的 $[Co(NH_3)_6]^{3+}$。说明增加中心离子电荷,有利于形成内轨型。

价键理论把外轨型配合物看成是高自旋态型,把内轨型配合物看成是低自旋型。价键理论成功地解释了配合物的配位数和空间构型,而且解释了高、低自旋配合物的磁性和稳定性差别。

但是,价键理论还只是一个定性理论,不能定量地说明配合物的性质,如第四周期过渡金属在与相同配体形成八面体型配合物时的稳定性常与金属所含的 d 电子数目有关,稳定性顺序大约是:$d^0<d^1<d^2<d^3<d^4>d^5<d^6<d^7<d^8<d^9>d^{10}$,而这样的稳定性变化规律价键理论不能解释。价键理论不能解释配合物的紫外光谱和可见吸收光谱,不能说明配合物为何都有自己的特征光谱,也无法解释过渡金属配合物为何有不同的颜色。

此外,价键理论无法解释夹心配合物,如二茂铁、二茂铬等的结构。对于含二价铜离子配合物(如 $[Cu(NH_3)_4]^{2+}$ 和 $[Cu(H_2O)_4]^{2+}$)的结构也不能作出很合理的解释。

由于价键理论存在上述的局限,自 20 世纪 50 年代开始晶体场理论和分子轨道理论逐渐成为主流,比较圆满地解决了价键理论中未能很好解决的问题。

10.3.2 晶体场理论

晶体场理论(crystal field theory,CFT)最早是在 1929 年,与价键理论处于同一时期。但是直到 20 世纪 50 年代才被广泛用于解释配合物中化学键等问题。晶体场理论把配体看作点电荷(或偶极子),配体与中心原子之间如同阳离子与阴离子间的作用一样,重点考虑配体静电场对金属 d 轨道能量的影响,也即主要讨论中心原子的 d 电子在配体作用下的效应。晶体场理论不仅可以解释配合物的磁性,还可以解释配合物的光谱及颜色、晶格能和解离能、水合能等热力学性质。

1. 简并态 d 轨道能级的分裂

未受外电场作用的自由过渡金属离子中有 5 个能量相同,但取向不同的简并 d 轨道:$d_{x^2-y^2}$、d_{z^2}、d_{xy}、d_{yz} 和 d_{xz}。如果金属离子处于一个球形负电场中,d 轨道能量都增高了,但是球形负电场对 5 个 d 轨道的影响程度一样,d 轨道并不会分裂,仍为简并态。当金属离子与配体作用生成配合物时,由于受到来自配体的非球形负电场的影响,原来简并的 d 轨道会发生分裂,有的能量升高,有的能量降低,形成能级不同的 d 轨道。具体的分裂大小及分裂方式与配体的负电场的强弱有关,此外还与金属离子的配位构型(配位数)有关。

(1) 八面体场(Oh 场,Octahedral field)对 d 轨道的分裂作用

在配位数为 6 的八面体配合物[ML_6]中,六个配体 L 所造成的晶体场叫八面体场。在八面体场的作用下,金属原子 M 的 5 个简并态 d 轨道分裂成两组:一组为能量较高的二重简并的 $d_{x^2-y^2}$、d_{z^2},用 e_g 表示;另一组为能量较低的三重简并的 d_{xy}、d_{yz} 和 d_{xz},用 t_{2g} 表示。具体的分裂情况是由于 $d_{x^2-y^2}$ 和 d_{z^2} 轨道正好沿着 $\pm x$、$\pm y$、$\pm z$ 6 个方向,受到配体 L 的静电排斥最大,因此能量升高,而 d_{xy}、d_{yz} 和 d_{xz} 轨道则处于配体 L 之间,受到其静电排斥作用相对较小,因此能量较低。

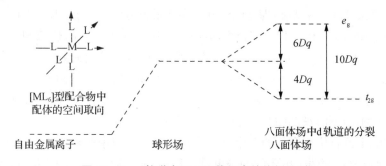

图 10 - 5　d 轨道在正八面体场内的能级分裂

(2) 四面体场(Td 场,Tetrahedral field)对 d 轨道的分裂作用

在配位数为 4 的四面体配合物[ML_4]中,四个配体 L 所造成的晶体场叫四面体场。在配合物[ML_4]中,金属原子 M 处于四面体的中心位置,四个配体 L 分别位于一个立方体的四个相互错开的顶点位置。d_{xy}、d_{yz} 和 d_{xz} 轨道与这些位置因靠的较近而能量较高,用 t_2 表示,而 $d_{x^2-y^2}$ 和 d_{z^2} 轨道则与这些位置因靠的较远而能量较低,用 e 表示。因此,5 个简并 d 轨道在四面体场下发生与八面体场时相反的分裂情况。

2. 晶体场分裂能

金属中心原子的 d 轨道在配体的负电场作用下发生分裂,产生能量高低不同的轨道,分裂的程度可用分裂能 Δ 表示,分裂能大小等于高能级和低能级之间的能量差。八面体场分裂能用 Δ_0 表示,并且人为规定 $\Delta_0 = E_{e_g} - E_{t_{2g}} = 10\,Dq$,四面体场分裂能用 Δ_t 表示,Δ_t 比 Δ_0 要小,$\Delta_t = E_{t_2} - E_e = (4/9)\Delta_0 = 4.45\,Dq$。

根据量子力学原理,在外电场作用下,d 轨道在分裂过程中应保持总能量不变。因此可得出 $2E_{e_g} + 3E_{t_{2g}} = 0$ 和 $3E_{t_2} + 2E_e = 0$ 两个方程式,和上述的两个方程联立可以得出两个二元一次方程,可以计算出八面体场中 e_g 和 t_{2g} 轨道的相对能量,$E_{e_g} = 6\,Dq$、$E_{t_{2g}} = -4Dq$,四面体场中 e 和 t_2 轨道的相对能量 $E_e = -2.67\,Dq$、$E_{t_2} = 1.78\,Dq$。

分裂能越大,说明配体对中心离子的影响越大。对于相同的金属离子的八面体场而言,配体对 Δ_0 的影响大致按以下顺序:$I^- < Br^- < Cl^- < SCN^-$(S 配位)$< F^- < OH^- < ONO^-$(O 配位)$< C_2O_4^{2-} < H_2O < SCN^-$(N 配位)$< EDTA < NH_3 < en$(乙二胺)$< NO_2^-$(N 配

位)＜CN⁻～CO(均为 C 配位)。这个顺序称为"光谱化学序(spectrochemical series)",即晶体场强度的顺序,这实际上是配体场强度增加的顺序。通常将 CO 和 CN⁻ 称为强场配体,将 I⁻,Br⁻,Cl⁻ 等称为弱场配体。

此外,中心离子的电荷越高、d 轨道主量子数 n 越大则其分裂能 Δ 越大,比如 $[Fe(H_2O)_6]^{3+}$ 的分裂能比 $[Fe(H_2O)_6]^{2+}$ 要大。配位几何构型也与分裂能 Δ 有关:$\Delta_t < \Delta_0 < \Delta_d$($d$ 代表平面正方形 D_{4h})。

3. 晶体场稳定化能

由于配体场的作用中心金属离子的 d 轨道产生了分裂。d 电子进入分裂轨道后比在未分裂轨道前总能量降低的值称为晶体场稳定化能(crystal field stabilization energy,CFSE)。这个能量越大,该配合物越稳定。以八面体场为例讨论配合物的 CFSE,根据 e_g 和 t_{2g} 轨道的相对能量和进入其中电子数,就可以计算出八面体配合物的 CFSE。对于 d^1、d^2、d^3 的配合物,电子填充只有一种情况,即 d 电子进入到能量较低的 t_{2g} 轨道,其 CFSE 分别为 $-4Dq$、$-8Dq$、$-12Dq$;同样 d^8、d^9 和 d^{10} 的配合物,电子也只有一种填充方式,其 CFSE 分别为 $-12Dq$、$-6Dq$ 和 $0Dq$。对于 d 电子数在 3～7 之间的配合物,则存在低自旋和高自旋两种排列方式。比如在高自旋配合物 $[FeF_6]^{3-}$ 中的 5 个 d 电子有 3 个排在能量较低的 t_{2g} 轨道,2 个排在能量较高的 e_g 轨道,此时 $CFSE=(-4Dq)\times3+(6Dq)\times2=0$。如果在低自旋配合物 $[Fe(CN)_6]^{3-}$ 中,5 个 d 电子均排在能量较低的 t_{2g} 轨道,此时 $CFSE=(-4Dq)\times5=-20Dq$。

可以看出,d^5 低自旋配合物的 5 个 d 电子排在 3 个轨道中明显违背 Hund 规则,两个电子进入同一轨道要克服两个电子间的静电排斥作用,需要消耗一定的能量,这种能量被称为电子成对能,用 P 表示。对于 d^4、d^5、d^6 和 d^7 的配合物的电子究竟是按高自旋排列还是按低自旋排列,取决于分裂能 Δ_0 与成对能的相对大小。若配体场较弱如 F⁻,Δ_0 相对较小,即 $\Delta_0 < P$,这种情况下 d 电子进入到能量较高的 e_g 轨道,即配合物为高自旋,反之若配体场较强如 CN⁻,Δ_0 相对较大,即 $\Delta_0 > P$,电子克服静电排斥作用形成电子对,进入能量较低的 t_{2g} 轨道形成低自旋配合物。

4. 晶体场理论的应用

晶体场理论对于过渡金属配合物的磁性和颜色(电子光谱)具有较好的解释。

对于简单的金属配合物而言,若不考虑金属离子间的相互作用,其磁性质是由中心金属离子 d 轨道上的未成对电子数决定的,而未成对电子数又取决于 d 电子的排列方式,即和高自旋还是低自旋有关。价键理论尽管也可以解释配合物的磁性,但是其并不能判断配合物在何种情况下生成高自旋型的,何种情况下生成低自旋型的,只能根据中心原子的电子结构和配合物的磁矩定性推测。在晶体场理论中,d 电子是高自旋还是低自旋排布取决于分裂能 Δ 和成对能 P 的相对大小。因此晶体场理论不仅可以解释配合物的磁性,还可以通过测定分裂能 Δ 和成对能 P 的方式定量预测配合物的磁性。

含 d^1 到 d^9 电子的过渡金属配合物一般是有颜色的,如 $[Cu(H_2O)_6]^{2+}$ 和 $[Co(H_2O)_6]^{2+}$ 分别是蓝色和粉红色的。晶体场理论认为由于这些配合物的 d 轨道没有全充满,d 电子吸收与分裂能 Δ 能量相当的光后会从 t_{2g} 轨道跃迁到 e_g 轨道。这种跃迁称为 d—d 跃迁。d—d 跃迁所需的能量恰好等于 t_{2g} 和 e_g 轨道之间的分裂能 Δ。配合物中 d 轨道的分裂能 Δ 的大小刚好落在可见光范围内,当可见光的一部分被吸收之后,观察到的光即配合物透射出或反射出的光就是有颜色的。被吸收的颜色和观察到的颜色之间是互补色光关系。

d−d 跃迁不仅解释了配合物的电子吸收光谱和颜色,同时也可以解释为什么具有 d^{10} 电子构型的金属配合物常常是无色的,如 Ag(Ⅰ)、Zn(Ⅱ)、Cd(Ⅱ)、Hg(Ⅱ) 等配合物。因为在 d 轨道完全充满时,不能发生 d−d 跃迁。

10.4　配合物的解离平衡

含有配离子的可溶性配合物在水中解离分为两种:一是像普通强电解质一样,完全解离生成外界离子和内界的离子;另一种类似于弱电解质,发生在配离子的中心离子和配体之间的部分解离现象。比如将配合物 $[Cu(NH_3)_4]SO_4 \cdot H_2O$ 的固体溶于水中,会完全解离生成 $[Cu(NH_3)_4]^{2+}$ 和 SO_4^{2-},$[Cu(NH_3)_4]^{2+}$ 还会部分解离生成浓度很小的 Cu^{2+} 和 NH_3。在溶液中滴加少量 NaOH 并不会生成 $Cu(OH)_2$ 沉淀,但是如果滴加 Na_2S 溶液会生成溶度积很小的 CuS 沉淀。

10.4.1　配位平衡常数

$[Cu(NH_3)_4]^{2+}$、Cu^{2+}、NH_3 三者之间存在着类似于弱电解质的解离平衡。

$$[Cu(NH_3)_4]^{2+} \Longrightarrow Cu^{2+} + 4NH_3 \qquad K_{不稳} = \frac{c(Cu^{2+}) \times c^4(NH_3)}{c([Cu(NH_3)_4]^{2+})}$$

$$Cu^{2+} + 4NH_3 \Longrightarrow [Cu(NH_3)_4]^{2+} \qquad K_{稳定} = \frac{c([Cu(NH_3)_4]^{2+})}{c(Cu^{2+}) \times c^4(NH_3)}$$

上述两个平衡反应,前者称为配离子的解离反应,后者称为配离子的生成反应。与之相应的标准平衡常数称为配合物的不稳定常数 $K_{不稳}$ 和稳定常数 $K_{稳定}$。$K_{不稳}$ 是配离子的不稳定性的量度,不同配离子具有不同的不稳定常数 $K_{不稳}$,对配位数相同的配离子来说,$K_{不稳}$ 越大,表示配离子越易解离。稳定常数 $K_{稳定}$ 是配离子的稳定性的量度,$K_{稳定}$ 越大,表示该配离子在水中越稳定。很明显,任意一个配合物的 $K_{不稳}$ 和 $K_{稳定}$ 之间互为倒数关系。

10.4.2　逐级稳定常数

在溶液中配离子的生成一般是分步进行的,每一步都存在着配位平衡,对应于这些平衡也有一系列稳定常数,这类稳定常数称为逐级稳定常数(或分步稳定常数)。很明显,将配离子的各个逐级稳定常数依次相乘,即得配离子的稳定常数,$K_{稳定} = K_1 \times K_2 \times K_3 \times \cdots \times K_n$。本教材中对逐级稳定常数的意义和应用不做更多的描述。

$$M + L \Longrightarrow ML \qquad K_1 = \frac{c([ML])}{c(M) \times c(L)}$$

$$ML + L \Longrightarrow ML_2 \qquad K_2 = \frac{c([ML_2])}{c([ML]) \times c(L)}$$

$$ML_2 + L \Longrightarrow ML_3 \qquad K_3 = \frac{c([ML_3])}{c([ML_2]) \times c(L)}$$

$$\cdots \qquad\qquad \cdots$$

$$ML_{n-1}+L \rightleftharpoons ML_n \qquad K_n = \frac{c([ML_n])}{c([ML_{n-1}]) \times c(L)}$$

10.4.3 配合物稳定常数的应用

一、计算配合物溶液中有关离子的浓度

虽然配离子存在逐级配位现象,但是在实际中,配合物溶液中大多含有过量的配位剂。过量的配体使中心离子基本处于最高配位状态,而低级配离子的浓度可以忽略不计,因此,在绝大多数情况下,可以用总的稳定常数 $K_{稳定}$ 进行相关计算。

例 10-1 将 $0.04\ mol \cdot L^{-1}$ 的硝酸银溶液和 $2\ mol \cdot L^{-1}$ 的 NH_3 溶液等体积混合,计算达到配位平衡后溶液中 Ag^+ 的浓度。

解: 由于是等体积混合,硝酸银和 NH_3 的浓度都减少一半,分别为 $0.02\ mol \cdot L^{-1}$ 和 $1\ mol \cdot L^{-1}$。

设平衡后 Ag^+ 的浓度 $c(Ag^+)=x\ mol \cdot L^{-1}$,则 $c([Ag(NH_3)_2]^+)=(0.02-x)mol \cdot L^{-1}$,$c(NH_3)=1-2\times(0.02-x)=(0.96+2x)mol \cdot L^{-1}$。

$$Ag^+ + 2NH_3 \rightleftharpoons [Ag(NH_3)_2]^+$$

平衡浓度/$mol \cdot L^{-1}$ \qquad x \qquad $0.96+2x$ \qquad $0.02-x$

NH_3 大大过量,可以近似认为全部 Ag^+ 都生成 $[Ag(NH_3)_2]^+$,x 值极小,即 $0.02-x \approx 0.02$,$0.96+2x \approx 0.96$。

$$K_{稳定} = \frac{c([Ag(NH_3)_2]^+)}{c^2(NH_3) \times c(Ag^+)} = \frac{0.02}{x \times 0.96^2} = 1.7 \times 10^7$$

$$c(Ag^+) = x = 1.28 \times 10^{-9}\ mol \cdot L^{-1}$$

二、判断沉淀生成或溶解的可能性

有些难溶盐因为形成配合物而溶解,比如 $AgCl$ 溶解于 NH_3 溶液是由于形成了 $[Ag(NH_3)_2]^+$。利用稳定常数可以计算难溶物质在有配位剂存在时的溶解度及达到溶解平衡时所需配位剂的量。在含有配离子的溶液中加入一定浓度的其他离子时会有新的沉淀生成,比如在含有 $[Ag(NH_3)_2]^+$ 的溶液中加入 Br^-,会生成 $AgBr$ 沉淀。

例 10-2 计算 AgI 在 1 升 $2\ mol \cdot L^{-1}$ 氨水中的溶解度。

解: 设在 $1\ L\ 2\ mol \cdot L^{-1}$ 氨水中能溶解 $AgI\ x$ 摩尔,因为 $[Ag(NH_3)_2]^+$ 的稳定常数较大,且 NH_3 大大过量,可以近似认为全部 Ag^+ 都生成 $[Ag(NH_3)_2]^+$。

$$AgI + 2NH_3 \rightleftharpoons [Ag(NH_3)_2]^+ + I^-$$

平衡浓度/$mol \cdot L^{-1}$ \qquad $2-2x$ \qquad x \qquad x

$$K^\ominus = \frac{c([Ag(NH_3)_2]^+) \times c(I^-)}{c^2(NH_3)} = \frac{c([Ag(NH_3)_2]^+) \times c(I^-) \times c(Ag^+)}{c^2(NH_3) \times c(Ag^+)}$$

$$= K_{稳定}([Ag(NH_3)_2]^+) \times K_{sp}(AgI) = 1.7 \times 10^7 \times 8.3 \times 10^{-17}$$

$$= 1.41 \times 10^{-9} = \frac{x^2}{(2-2x)^2}$$

因为 NH_3 大大过量,所以 $2-2x\approx2$,$x=7.51\times10^{-4}$ mol,即 AgI 在 1 升 2 mol·L^{-1} 氨水中的溶解度为 7.51×10^{-4} mol。

例 10-3 在 $[Ag(NH_3)_2]^+$ 浓度为 0.10 mol·L^{-1} 的溶液中,逐滴加入 KBr 溶液,当 KBr 浓度达到 0.10 mol·L^{-1} 时是否有 AgBr 沉淀生成?

解:设 $[Ag(NH_3)_2]^+$ 解离生成的 Ag^+ 浓度为 x mol·L^{-1},因为 $[Ag(NH_3)_2]^+$ 的稳定常数较大,解离度较小,平衡时 $[Ag(NH_3)_2]^+$ 的浓度近似等于 0.10 mol·L^{-1}。

$$Ag^+ + 2NH_3 \rightleftharpoons [Ag(NH_3)_2]^+$$

平衡浓度/mol·L^{-1} $\qquad x \qquad 2x \qquad\qquad 0.10$

$$K_{稳定}=\frac{c([Ag(NH_3)_2]^+)}{c^2(NH_3)\times c(Ag^+)}=\frac{0.10}{x\times(2x)^2}=1.7\times10^7$$

解得 $x=1.5\times10^{-3}$ mol·L^{-1}。

$Q=c(Ag^+)\times c(Br^-)=1.5\times10^{-3}\times0.10=1.5\times10^{-4}>K_{sp}(AgBr)=5.0\times10^{-13}$。

所以有 AgBr 沉淀生成。

三、计算金属和配离子间的电极电势值

金属离子形成稳定配离子后,浓度会急剧下降,根据能斯特(Nernst)方程,氧化还原电对的电极电势随着配合物的形成会发生改变。

例 10-4 已知 $E^{\ominus}(Ag^+/Ag)=0.799$ V,求 $[Ag(NH_3)_2]^+ + e^- \rightleftharpoons Ag + 2NH_3$ 体系的标准电极电势值 $E^{\ominus}([Ag(NH_3)_2]^+/Ag)$。

解:按照题意,$[Ag(NH_3)_2]^+$ 和 NH_3 浓度均应为 1 mol·L^{-1}。设达到平衡时 Ag^+ 浓度为 x mol·L^{-1}。

$$Ag^+ + 2NH_3 \rightleftharpoons [Ag(NH_3)_2]^+$$

平衡浓度/mol·L^{-1} $\qquad x \qquad 1 \qquad\qquad 1$

$$K_{稳定}=\frac{c([Ag(NH_3)_2]^+)}{c^2(NH_3)\times c(Ag^+)}=\frac{1}{x\times1}=1.7\times10^7$$

解得 $x=5.9\times10^{-8}$ mol·L^{-1}。

根据能斯特方程,$E^{\ominus}([Ag(NH_3)_2]^+/Ag)=E(Ag^+/Ag)=0.799+0.059\ 2\lg c(Ag^+)=0.38$ V。

四、判断配离子转化反应的方向

配离子之间的转化反应向着生成更稳定配离子的方向进行,如在 $[Fe(SCN)_6]^{3-}$ 溶液中加入 F^-,血红色会逐渐消失,这是因为生成了无色的、更稳定的配离子 $[FeF_6]^{3-}$,两种配离子的稳定常数相差越大,转化越完全。转化反应的方向和限度可以通过平衡常数来确定。

例 10-5 计算配位反应:$[Ag(NH_3)_2]^+ + 2CN^- \rightleftharpoons [Ag(CN)_2]^- + 2NH_3$ 平衡常数,并判断配位反应进行的方向。

解:根据题意,该转化反应的标准平衡常数为

$$K^{\ominus}=\frac{c([Ag(CN)_2]^-)\times c^2(NH_3)}{c([Ag(NH_3)_2]^+)\times c^2(CN^-)}=\frac{c([Ag(CN)_2]^-)\times c^2(NH_3)}{c([Ag(NH_3)_2]^+)\times c^2(CN^-)}\times\frac{c(Ag^+)}{c(Ag^+)}$$

$$=K_{稳定}([Ag(CN)_2]^-)/K_{稳定}([Ag(NH_3)_2]^+)=\frac{1.0\times10^{21}}{1.7\times10^7}=5.9\times10^{13}$$

平衡常数 $K^{\ominus}$ 很大,所以反应向正方向,即生成 $[Ag(CN)_2]^-$ 方向进行。

10.5 配位滴定法

10.5.1 配位滴定法概述

配位滴定法是以金属离子和配位剂反应生成配合物为基础的滴定分析法。例如，Ag^+ 和 CN^- 可以反应生成稳定的 $[Ag(CN)_2]^-$ 配离子，当到化学点时 Ag^+ 与 CN^- 反应的物质的量之比为 $1:2$，此时若再加入 1 滴 Ag^+ 溶液就可以生成白色的 $Ag[Ag(CN)_2]$ 沉淀，指示到达滴定终点。利用这个反应可以测定 Ag^+ 或 CN^- 含量。用于配位滴定的反应必须符合完全、定量、快速的要求，形成的配合物要相当稳定，配位数必须固定，此外还必须要有适当指示剂指示终点。无机配位剂（如 NH_3、Cl^-、SCN^- 等）可以和很多金属离子发生配位反应，但是能像上述那样的用于配位滴定的反应却极为有限。因为大多数无机配合物的稳定性差，配位数不固定，往往同时生成好几种配位数的配合物，使金属离子与配位剂之间没有明确的计量关系，有些反应没有合适的指示剂，难以判断终点，所以无机配位剂在配位滴定中使用的较少。

广泛使用的配位滴定剂是含有 $-N(CH_2COOH)_2$ 基团的有机物，称为氨羧配位剂。目前已知的氨羧配位剂有几十种，其中应用最广的是乙二胺四乙酸（ethylene diamine tetraacetic acid），简称 EDTA。其结构式如下：

$$HOOCH_2C \qquad \qquad \overset{H}{\underset{+}{N}} \qquad CH_2COO^-$$
$$HN^+ - CH_2 - CH_2 - N$$
$$^-OOCH_2C \qquad \qquad CH_2COOH$$

EDTA 是一种有机四元酸，通常用 H_4Y 表示，分子中含有两个氨基和四个羧基，在实际中通常用溶解度较大的二钠盐，也简称 EDTA，用 $Na_2H_2Y \cdot H_2O$ 表示。EDTA 能与大

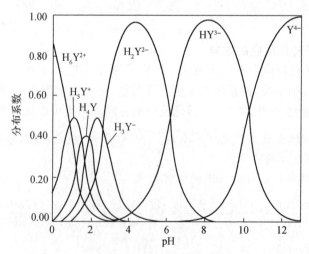

图 10-6 EDTA 各种型体的分布系数与溶液 pH 的关系

多数金属离子配位,生成含有五个五元环的稳定性很高的螯合物,除去极少数情况,它与金属离子的配位比都是 1∶1。通常所说的配位滴定主要指以 EDTA 为滴定剂的滴定分析方法。

　　EDTA(H_4Y)还可以再接受两个质子,形成 H_6Y^{2+},相当于六元酸的形式。在水溶液中,EDTA 总是以 H_6Y^{2+},H_5Y^+,H_4Y,H_3Y^-,H_2Y^{2-},HY^{3-}、Y^{4-} 等七种形式同时存在的,七种型体之间存在六级解离平衡,有六个解离平衡常数。当溶液 pH 不同时,各个型体的分布分数 δ 也不相同。在 pH<1 的强酸性溶液中,EDTA 主要以 H_6Y^{2+} 型体存在;在 pH>10.34 的溶液中主要以 Y^{4-} 形式存在。在 EDTA 的多种型体中,只有 Y^{4-} 可以与金属进行配位,所以溶液酸度对配位滴定有很大影响。

10.5.2　配合物的条件稳定常数

　　配位滴定中所涉及的化学平衡比较复杂。除了被测金属离子与滴定剂 EDTA 之间的主反应:M+Y====MY(略去电荷)之外,还存在许多副反应。配位剂 Y 可以与溶液中 H^+ 离子和其他干扰金属离子 N 发生副反应;金属离子可以与溶液中 OH^- 和其他配位剂 L 发生副反应;配合物 MY 在酸度较高的情况下会与 H^+ 发生副反应,形成 MHY,在碱度较高时会与 OH^- 反应生成 MOHY,但是酸式配合物和碱式配合物一般都不太稳定,计算时可以忽略不计。引入副反应系数(α),就可以定量地表示副反应进行的程度,下面分别讨论金属 M 和配位剂 Y 的副反应及副反应系数。

　　1. 滴定剂 Y 的副反应系数 α_Y

　　在 EDTA 的多种型体中,只有 Y^{4-} 可以与金属离子进行配位,滴定剂的副反应系数定义为 $\alpha_Y = \dfrac{c(Y')}{c(Y^{4-})}$,它表示未与 M 配位的 EDTA 各种存在型体的总浓度 $c(Y')$ 与能直接参与主反应的 Y^{4-} 的平衡浓度 $c(Y^{4-})$ 之比。α_Y 值越大,表示滴定剂发生的副反应越严重。$c(Y') = c(Y^{4-})$ 时,$\alpha_Y = 1$,表示滴定剂未发生副反应。通常情况下,副反应总是存在的,所以 $c(Y') > c(Y^{4-})$,α_Y 总是大于 1。滴定剂 Y 与溶液中 H^+ 和其他干扰金属离子 N 发生副反应;分别用 $\alpha_{Y(H)}$ 和 $\alpha_{Y(N)}$ 表示,起主要作用的是 $\alpha_{Y(H)}$,若溶液中仅有 H^+ 与 Y 发生副反应,则 $\alpha_Y = \alpha_{Y(H)}$。因为 H^+ 与 Y 反应而使 EDTA 与 M 配位能力下降的现象称为酸效应,$\alpha_{Y(H)}$ 也称为酸效应系数。必须注意,滴定混合离子时,必须要考虑 $\alpha_{Y(N)}$。

$$\alpha_Y = \frac{c(Y')}{c(Y^{4-})}$$

$$= \frac{c(Y^{4-}) + c(HY^{3-}) + c(H_2Y^{2-}) + c(H_3Y^-) + c(H_4Y) + c(H_5Y^+) + c(H_6Y^{2+})}{c(Y^{4-})}$$

$$= 1 + \frac{c(HY^{3-})}{c(Y^{4-})} + \frac{c(H_2Y^{2-})}{c(Y^{4-})} + \frac{c(H_3Y^-)}{c(Y^{4-})} + \frac{c(H_4Y)}{c(Y^{4-})} + \frac{c(H_5Y^+)}{c(Y^{4-})} + \frac{c(H_6Y^{2+})}{c(Y^{4-})}$$

$$= 1 + \beta_1 c(H^+) + \beta_2 c^2(H^+) + \beta_3 c^3(H^+) + \beta_4 c^4(H^+) + \beta_5 c^5(H^+) + \beta_6 c^6(H^+)$$

在上式中 β_n 为 EDTA 的积累质子化常数,随着溶液酸度的升高,酸效应系数 $\alpha_{Y(H)}$ 增大,表明由酸效应引起的副反应也越大,EDTA 与金属离子的配位能力就越小。为了应用方便,将不同 pH 时 $\lg \alpha_{Y(H)}$ 计算出来列成表。

表 10 - 1　EDTA 在不同 pH 条件时的酸效应系数

pH	$\lg \alpha_{Y(H)}$	pH	$\lg \alpha_{Y(H)}$	pH	$\lg \alpha_{Y(H)}$	pH	$\lg \alpha_{Y(H)}$
0.0	23.64	3.8	8.85	7.4	2.88	11.0	0.07
0.4	21.32	4.0	8.44	7.8	2.47	11.5	0.02
0.8	19.08	4.4	7.64	8.0	2.27	11.6	0.02
1.0	18.01	4.8	6.84	8.4	1.87	11.7	0.02
1.4	16.02	5.0	6.45	8.8	1.48	11.8	0.01
1.8	14.27	5.4	5.69	9.0	1.28	11.9	0.01
2.0	13.51	5.8	4.98	9.4	0.92	12.0	0.01
2.4	12.19	6.0	4.65	9.8	0.59	12.1	0.01
2.8	11.09	6.4	4.06	10.0	0.45	12.2	0.005
3.0	10.60	6.8	3.55	10.4	0.24	13.0	0.000 8
3.4	9.80	7.0	3.32	10.8	0.11	13.9	0.000 1

2. 金属离子 M 的副反应系数 α_M

配位滴定系统中如果存在其他的配位剂 L(可能来自指示剂、掩蔽剂、缓冲剂等),或者在 pH 较大的溶液中进行滴定时,金属离子 M 会与 L 或 OH^- 发生干扰主反应的副反应,干扰程度可用副反应系数 α_M 表示。α_M 的定义是 $\alpha_M = \dfrac{c(M')}{c(M)}$,表示未与滴定剂 Y 配位的金属离子 M 的各种物种总浓度 $c(M')$ 是游离金属离子浓度 $c(M)$ 的多少倍。α_M 值越大,副反应越严重。

当仅考虑 M 与配位剂 L 的副反应时,副反应系数用 $\alpha_{M(L)}$ 表示

$$\alpha_M = \frac{c(M')}{c(M)} = \frac{c(M) + c(ML_1) + c(ML_2) + \cdots + c(ML_n)}{c(M)}$$
$$= 1 + \frac{c(ML_1)}{c(M)} + \frac{c(ML_2)}{c(M)} + \cdots + \frac{c(ML_n)}{c(M)}$$
$$= 1 + \beta_1 c(L) + \beta_2 c^2(L) + \cdots + \beta_n c^n(L)$$

$\alpha_{M(L)}$ 是游离 L 浓度的函数。如果 L 也有酸效应,那么溶液的 pH 还会影响 $c(L)$ 值,进而影响 $\alpha_{M(L)}$ 值。

在酸度较低时,OH^- 的浓度较高,可以与金属离子 M 发生副反应形成羟基配合物,其副反应系数称为羟合效应系数,用 $\alpha_{M(OH)}$ 表示。一些金属离子在不同 pH 下的 $\lg \alpha_{M(OH)}$ 值可以通过查表得知。

实际中往往是金属离子 M 同时发生多种副反应,因此 $\alpha_M \approx \alpha_{M(OH)} + \alpha_{M(L1)} + \alpha_{M(L2)} + \alpha_{M(L3)} + \cdots + \alpha_{M(Ln)}$

3. 配合物的条件稳定常数

在配位滴定中,由于各种副反应的存在,配合物的实际稳定性下降,配合物的稳定常数 $K_{稳定}$ 就不能真实反映主反应进行的程度。应该用未参与配位的金属离子 M 各种存在型体的总浓度 $c(M')$ 代替游离金属离子浓度 $c(M)$;用未参与配位的 EDTA 各存在型体的总浓

度 $c(Y')$ 代替游离的 Y^{4-} 浓度 $c(Y^{4-})$。此时配合物的稳定性可表示为：

$$K'_{稳定}=\frac{c(MY)}{c(M')c(Y')}=\frac{c(MY)}{\alpha_M c(M)\times\alpha_Y c(Y)}=\frac{K_{稳定}}{\alpha_M\alpha_Y}$$

即　$\lg K'_{稳定}=\lg K_{稳定}-\lg\alpha_M-\lg\alpha_Y$

在一定条件下，α_M 和 α_Y 均为定值，因此 $K'_{稳定}$ 在一定条件下是常数，称为条件稳定常数。条件稳定常数是用副反应系数校正后的配合物的实际稳定常数。

10.5.3　配位滴定曲线

在配位滴定中，随着滴定剂 EDTA 的加入，金属离子 M 不断被配位，浓度逐渐减小。到达化学计量点附近时，溶液的 $pM(-\lg c(M))$ 发生急剧变化，产生滴定突跃。选择合适的指示剂可以指示滴定终点。如果以滴定剂 EDTA 的加入量为横坐标，以 pM 为纵坐标作图，可得配位滴定曲线。

以 $0.010\,00\ mol\cdot L^{-1}$ 的 EDTA 溶液滴定 $20.00\ mL\ 0.010\,00\ mol\cdot L^{-1}$ 的 Ca^{2+} 溶液为例，讨论滴定过程中金属离子浓度的变化情况，滴定是在 $pH=12$ 的缓冲体系中进行，假定不存在其他配位剂。

查表可知，$\lg K_{稳定}(CaY)=10.69$，$\lg\alpha_{Y(H)}=0.01$。

$\lg K'_{稳定}(CaY)=\lg K_{稳定}(CaY)-\lg\alpha_{Y(H)}=10.69-0.01=10.68$。

滴定前，$c(Ca^{2+})$ 为原始浓度决定。$c(Ca^{2+})=0.010\,00\ mol\cdot L^{-1}$，$pCa=2.00$。

滴定开始至化学计量点前，近似地以剩余的 Ca^{2+} 浓度来计算 pCa。

当加入 EDTA 的体积为 $19.98\ mL$（即被滴定 99.90%）时，溶液中 Ca^{2+} 的浓度为：

$$c(Ca^{2+})=\frac{0.010\,00\times0.02}{20.00+19.98}=5.0\times10^{-6}(mol\cdot L^{-1})$$

化学计量点时，由于配合物 CaY 比较稳定，几乎全部配位成配合物 CaY，$c(Ca^{2+})=c(Y)$，$c(CaY)=5.000\times10^{-3}\ mol\cdot L^{-1}$，根据配位平衡来计算 Ca^{2+} 的浓度。

$$K'_{稳定(CaY)}=\frac{c(CaY)}{c(Ca^{2+})\times c(Y)}=\frac{c(CaY)}{c^2(Ca^{2+})}=10^{10.68}$$

所以，$c(Ca^{2+})=3.3\times10^{-7}$，$pCa=6.48$。

化学计量点后，当加入的滴定剂为 $20.02\ mL$ 时，EDTA 过量 $0.02\ mL$，其浓度为：

$$c(Y)=\frac{0.02\times0.010\,00}{20.00+20.02}=5.0\times10^{-6}(mol\cdot L^{-1})$$

同时，可以近似认为 $c(CaY)=5.0\times10^{-3}\ mol\cdot L^{-1}$，

所以，$c(Ca^{2+})=\dfrac{5.0\times10^{-3}}{10^{10.68}\times5.0\times10^{-6}}=2.0\times10^{-8}(mol\cdot L^{-1})$，$pCa=7.70$。

如此逐一计算，以 pCa 为纵坐标，加入 EDTA 标准溶液的百分数（或体积）为横坐标作图，即得用 EDTA 标准溶液滴定 Ca^{2+} 的滴定曲线。

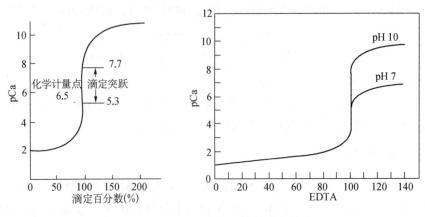

图 10-7　EDTA 滴定 Ca^{2+} 的滴定曲线

滴定突跃的大小是决定配位滴定准确度的重要依据,突跃越大,准确度越高。配位滴定的突跃大小取决于两个因素:一是条件稳定常数 $K'_{稳定}$ 的大小,条件一定时,条件稳定常数越大,突跃范围越大,因为 $K'_{稳定}$ 和酸碱性有关,所以滴定突跃会随着 pH 变化而变化,如 EDTA 滴定 Ca^{2+} 时,从 pH 等于 7、10、12 时,突跃范围越来越大;二是被滴定金属离子起始浓度的大小,金属离子起始浓度越小,滴定曲线的起点越高,因而其突跃部分就越短,从而使滴定突跃变小。

配位滴定所需要的条件取决于允许误差范围和检测终点的准确度。若允许误差为 $\pm 0.1\%$,而配位滴定目测终点的 ΔpM 值一般会有 ± 0.2 的误差,要想用 EDTA 成功滴定金属离子 M,则要求 $\lg[c(M) \times K'_{稳定}] \geqslant 6.0$。若当金属离子浓度 $c(M) = 0.01\ mol \cdot L^{-1}$,则要求配合物的条件稳定常数 $K'_{稳定} \geqslant 10^8$。

10.5.4　配位滴定中酸度的控制

酸度对配位滴定的影响非常大,因为与金属离子直接配位的是 Y^{4-},而溶液的酸度影响 Y^{4-} 的浓度大小,因此 pH 不能太低。同时,pH 不能太高,否则金属离子会发生水解。

配位滴定最高允许酸度或最低 pH 可以通过 $\lg[c(M) \times K'_{稳定}] \geqslant 6.0$ 这一条件来确定。若 $c(M) = 0.01\ mol \cdot L^{-1}$,则要求 $K'_{稳定} \geqslant 10^8$,即 $K'_{稳定} = [K_{稳定} - \alpha_{Y(H)}] \geqslant 10^8$,也即 $\lg\alpha_{Y(H)} \leqslant \lg K_{稳定} - 8$。根据不同 pH 时所对应的 $\lg\alpha_{Y(H)}$ 值可以计算出滴定该 M 离子的最高允许酸度或最低 pH。

以 $pH - \lg\alpha_{Y(H)}$ 作图所得曲线称酸效应曲线,如图 10-8 所示。图中有两个横坐标,除了 $\lg\alpha_{Y(H)}$ 还有 $\lg K_{稳定}$,这是根据 $\lg\alpha_{Y(H)} \leqslant \lg K_{稳定} - 8$ 这一关系式得出的。从曲线上可以直接查得 EDTA 滴定各金属离子的最高允许酸度。对稳定性高的配合物(如 BiY),可在较高酸度的条件下滴定;对于稳定性较差的配合物(如 MgY),则必须在酸度较低条件下滴定。

配位滴定还必须要考虑最低酸度,否则金属离子会发生水解,这可以由 $M(OH)_n$ 的溶度积求得。

配位滴定最佳酸度必然在最高和最低酸度之间,但是还必须要考虑使用的指示剂。不

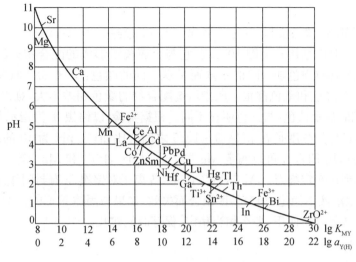

图 10 - 8　EDTA 的酸效应曲线

同的指示剂有其各自的酸度要求。因此直接滴定金属离子的 pH 范围应根据具体情况而定。

在滴定过程中,EDTA 的其他型体会逐渐转化成 Y^{4-},并不断释放出 H^+,使溶液酸度不断增高,从而降低 $K'_{稳定}(MY)$ 值,因此,配位滴定常加入一定量的缓冲溶液来控制酸度,加入何种缓冲溶液取决于配位滴定的最佳酸度。

10.5.5　配位滴定的指示剂

配位滴定分析中常使用金属指示剂(metallochromic indicator)指示终点。金属指示剂是一种有机染料,它能与金属离子形成与其本身颜色显著不同的有色配合物。配位滴定之前,将几滴指示剂 In 加到被测金属离子 M 的溶液中,并和少量金属离子 M 形成配合物 MIn,这时溶液颜色为配合物 MIn 的颜色。滴定开始后,金属离子 M 不断被配位,接近到化学计量点时,指示剂形成的配合物 MIn 中的金属离子 M 被 EDTA 夺取,释放出指示剂 In,此时溶液颜色为指示剂 In 的颜色。通过颜色的变化判断终点的到达。

作为金属指示剂应具备的主要条件是:

1. 指示剂与金属离子的反应要迅速,要有一定的选择性,一定条件下只对某一种(或几种)离子发生显色反应;指示剂要稳定,以利于储存和使用。

2. 金属指示剂配合物与指示剂的颜色必须要有明显的区别,这样终点的变化才明显,便于判断。

3. 金属指示剂配合物 MIn 的稳定性应略低于滴定剂配合物 M - EDTA,一般稳定常数要小两个数量级,否则 EDTA 不能夺取 MIn 中的 M,在化学计量点时将看不到溶液颜色的变化,这种现象称为指示剂的封闭现象。当然 MIn 的稳定性不能太低,否则终点会过早出现。

4. 金属指示剂配合物 MIn 必须要易溶于水,若溶解度小,会使 EDTA 与 MIn 的交换反应进行缓慢,从而使终点拖长,这种现象称为指示剂的僵化。

金属指示剂有很多种,其中最常见的有铬黑 T 和钙指示剂。

1. 铬黑 T

铬黑 T 是弱酸性偶氮染料,其化学名称为 1-(1-羟基-2-萘偶氮)-6-硝基-2-萘酚-4-磺酸钠,简称 EBT,结构式见图 10-9。它与金属离子形成的配合物显红色。而未配位的铬黑 T 的水溶液的颜色随 pH 的不同而呈现不同的颜色:pH<6.3 时显紫红色,pH>11.5 时显橙色,紫红色和橙色都跟金属指示剂配合物的颜色相差不大,难以判断;当 pH 在 6.3~11.5 之间时显示蓝色,与红色明显不同。根据实验,以铬黑 T 为指示剂,用 EDTA 进行直接滴定时,最佳的酸度是在 pH=9~10.5 之间。比如,在 pH 为 10 的缓冲体系中,以铬黑 T 为指示剂,用 EDTA 可以滴定 Mg^{2+},Zn^{2+},Cd^{2+},Pb^{2+} 和 Mn^{2+} 等,当溶液颜色有红色变为蓝色时,到达滴定终点。Al^{3+},Fe^{3+},Cu^{2+} 等离子对铬黑 T 有封闭作用。

铬黑 T 的水溶液不稳定,很容易因聚合而失效,如果与固体 NaCl(或 KCl)以 1:100 比例混合,配成固体混合物使用,那么相当稳定,保存时间较长。

2. 钙指示剂

钙指示剂的化学名称是 2-羟基-1-(2-羟基-4-磺酸基-1-萘偶氮)-3-萘甲酸,简称 NN,结构见图 10-9。此指示剂的金属配合物颜色为酒红色,而它的水溶液在 pH<8 时显示酒红色,在 pH 为 8~13.5 时显示蓝色,故主要用于 pH 在 12~13 时滴定 Ca^{2+} 的指示剂。Al^{3+},Fe^{3+},Mn^{2+},Cu^{2+} 等离子对钙指示剂有封闭作用。

钙指示剂的水溶液和乙醇溶液均不稳定,通常以干燥的 NaCl 或 KCl 作稀释剂把它配成固体混合物使用。

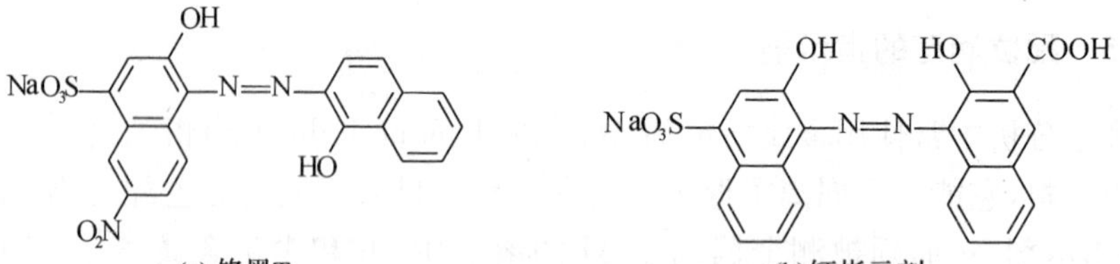

(a) 铬黑 T   (b) 钙指示剂

图 10-9 铬黑 T 和钙指示剂的结构式

10.5.6 配位滴定的方式和应用示例

1. 配位滴定方式

配位滴定法主要用于测定各种金属离子的含量。在滴定中采用不同的滴定方式,不但能提高配位滴定的选择性,而且能扩大配位滴定的应用范围。常用的滴定方式有以下几种。

（1）直接滴定法

它是配位滴定中常用的基本方法,如果金属离子与 EDTA 反应满足滴定分析的要求时就可以直接滴定。直接滴定法具有方便、快速的优点,可能引入的误差也较少。大多数金属离子(如 Mg^{2+},Ca^{2+},Cd^{2+},Zn^{2+},Cu^{2+},Pb^{2+},Ni^{2+},Fe^{3+},Hg^{2+},Bi^{3+},Th^{4+} 等)都可用 EDTA 直接进行滴定,根据 EDTA 标准溶液的浓度和所消耗的体积,计算试样中被测组分的含量。

例如,用 EDTA 可以在 pH 为 10 的缓冲体系中测定水中 Ca^{2+} 和 Mg^{2+} 的总含量。含有较多钙、镁离子的水称为硬水,通常将水中 Ca^{2+} 和 Mg^{2+} 的总含量折合为 $CaCO_3$(或 CaO)来计算水的硬度。当缓冲体系 pH 升高至 12 时，Mg^{2+} 形成沉淀而被掩蔽，可以单独测定 Ca^{2+} 的含量，两者之差即为 Mg^{2+} 的含量。

（2）返滴定法

若被测离子与 EDTA 反应缓慢，被测离子在滴定条件下会发生水解等副反应，EDTA 无合适的指示剂或指示剂存在封闭现象，具有上述情况时可采用返滴定法。返滴定法是加入过量的 EDTA 标准溶液，使被测离子完全反应，然后用另一种金属离子的标准溶液返滴定过量的 EDTA，根据两种标准溶液消耗量之差，即可求得被测物质的含量。

用 EDTA 测定 Al^{3+} 就属于上述情况，Al^{3+} 与 Y^{4-} 反应速度较慢慢，在 pH 较大时 Al^{3+} 会水解，而且 Al^{3+} 还会封闭指示剂，因此需要用返滴定法测定 Al^{3+}。在含 Al^{3+} 的酸性待测液中加入过量的 EDTA 标准溶液，调节 pH 至 $3\sim4$，加热煮沸溶液使反应充分进行。由于溶液酸性较强，且配位剂过量，所以 Al^{3+} 并不会水解，且由于浓度小并不会封闭指示剂。待溶液冷却后，以二甲酚橙为指示剂，用 Zn^{2+} 标准溶液滴定过量的 EDTA 至终点，从而可以求出 Al^{3+} 的含量。

（3）置换滴定法

置换滴定法可以分为两种情况。一是将被测离子和干扰离子先与 EDTA 标准溶液完全反应，然后加入另一类选择性高的配体夺取被测离子而释放出等当量的 EDTA，用金属离子标准溶液滴定置换出的 EDTA，根据前后两次所用 EDTA 标准溶液的体积即可计算出金属的含量。如测 Al^{3+} 和 Zn^{2+} 混合液中的 Al^{3+}，先在混合液中加入过量的 EDTA 标准溶液，使其充分反应，用 Zn^{2+} 标准溶液滴定过量的 EDTA。然后加入 NH_4F 生成 AlF_6^{3-} 并释放出等当量的 EDTA，用 Zn^{2+} 标准溶液滴定 EDTA 就可以测出 Al^{3+} 含量。

另一种情况是用过量的配合物 NL 和被测离子 M 反应置换出金属离子 N，用 EDTA 标准溶液滴定 N 离子，即可求得金属 M 的含量。例如 Ag^+ 和 EDTA 形成的配合物稳定性不高，不能用 EDTA 直接滴定 Ag^+。若在含 Ag^+ 的溶液中加入过量的 $[Ni(CN)_4]^{2-}$ 配离子，会置换出与 Ag^+ 等当量的 Ni^{2+}，然后用 EDTA 标准溶液滴定置换出的 Ni^{2+}，可以求得 Ag^+ 的含量。

（4）间接滴定法

有些金属离子（如 Li^+，Na^+，K^+ 等）与 EDTA 的配合物稳定性很小，有些非金属离子（如 SO_4^{2-} 和 PO_4^{3-} 等）不能和 EDTA 反应，可以利用间接滴定法测定它们的含量。比如 K^+ 可以 $K_2Na[Co(NO_2)_6] \cdot 6H_2O$ 形式沉淀下来，将沉淀洗涤并再次溶解形成溶液后，可以用 EDTA 滴定溶液中含有的 Co^{2+}。又如 PO_4^{3-} 可以沉淀为 $MgNH_4PO_4 \cdot 6H_2O$，将沉淀分离出来，洗涤并用 HCl 溶液调节 pH 后，用 EDTA 标准溶液滴定溶液中的 Mg^{2+}，即可求得 PO_4^{3-} 的含量。

10.5.7　提高配位滴定选择性的方法

在实际滴定中，会经常遇到多种金属离子共存的情况，由于 EDTA 能与大多数金属离子生成稳定的配合物，所以如何在含有多种金属离子的溶液中进行选择性滴定显得非常重要。所谓选择性滴定指的是当溶液中存在几种金属离子时，EDTA 只滴定其中的一种离子，而其他离子对该离子的滴定没有影响。提高配位滴定选择性的方法主要有以下几种。

1. 控制酸度

溶液的酸度对 EDTA 配合物的稳定性有很大影响。故在某些情况下，适当控制酸度可以提高滴定的选择性。例如在 pH=10 时 Mg^{2+} 会干扰 Zn^{2+} 的滴定,但是在 pH=5 时则不会干扰。又比如含有 Fe^{3+}、Zn^{2+}、Mg^{2+}、Ca^{2+} 等离子共存的混合溶液,可在 pH=2 时以磺基水杨酸为指示剂,用 EDTA 直接滴定 Fe^{3+},其他离子对滴定没有影响。一般两种离子的 $K_{稳定}$ 相差 10^6 以上,就可以用控制酸度的方法来达到选择性测定某一离子的目的。

2. 使用掩蔽剂法

当存在干扰离子时,若能加入与干扰离子起反应的试剂(掩蔽剂),使干扰离子生成更为稳定的配合物,或发生氧化还原反应,或生成沉淀等方式以消除其对滴定的干扰,这些消除干扰的方法称为掩蔽法。按照发生反应类型的不同,可分类如下:

(1) 配位掩蔽法

在溶液中加入配位剂(掩蔽剂),利用配位反应降低干扰离子的浓度以消除干扰的方法叫作配位掩蔽法,这是用得最广泛的方法。例如,pH=10 时,用 EDTA 测定水中的 Ca^{2+} 和 Mg^{2+} 时,Fe^{3+} 和 Al^{3+} 等离子的干扰可加入三乙醇胺掩蔽。又如,pH=10 时,用 EDTA 滴定 Mg^{2+} 时,Zn^{2+} 的干扰可用 KCN 掩蔽。常用的无机掩蔽剂有 NaF 和 NaCN 等;有机掩蔽剂有柠檬酸、酒石酸、草酸、三乙醇胺、二巯基丙醇等;EDTA 本身也可用作掩蔽剂。

(2) 氧化还原掩蔽法

利用氧化还原反应来改变干扰物质的价态,以达到消除干扰的方法叫作氧化还原掩蔽法。例如,用 EDTA 滴定 Hg^{2+} 时,Fe^{3+} 会有干扰,若用盐酸羟胺或抗坏血酸将 Fe^{3+} 还原成 Fe^{2+},由于 Fe^{2+}-EDTA 配合物的稳定性较差,对 Hg^{2+} 的滴定就没有干扰了。

(3) 沉淀掩蔽法

利用生成沉淀,降低干扰离子浓度,以消除干扰的方法叫作沉淀掩蔽法。例如,在 pH=10 时,Ca^{2+} 和 Mg^{2+} 会被同时滴定。当加入 NaOH,使溶液的 pH$\geqslant$12。此时 Mg^{2+} 形成 $Mg(OH)_2$ 沉淀而不干扰 Ca^{2+} 的滴定。但是由于一些沉淀反应不够完全,特别是过饱和现象使沉淀效率不高,沉淀会吸附被测离子而影响测定的准确度。此外一些沉淀颜色深、体积庞大妨碍终点观察,因此只有在其他掩蔽方法都不适用时才使用此法。

3. 选用其他氨羧配位剂的方法

在配位滴定中,主要是选用氨羧配位剂 EDTA 作配位剂,但也还有其他的滴定剂能与金属离子形成稳定的配合物。比如乙二醇二乙醚二胺四乙酸(EGTA)就是一种,EGTA 与 Mg^{2+} 形成的配合物 Mg-EGTA 稳定性很差,但与 Ca^{2+} 形成的配合物却很稳定,EGTA 可以准确滴定 Ca^{2+},而不受 Mg^{2+} 干扰。

习题

一、单项选择题

1. 配位化合物中一定含有 　　　　　　　　　　　　　　　　　　　　　　　(　　)
A. 金属键　　　　B. 离子键　　　　C. 氢键　　　　D. 范德华作用力　　E. 配位键

2. 在 $[Co(en)_2Cl_2]Cl$ 中,中心原子的配位数是 　　　　　　　　　　　　　(　　)
A. 2　　　　　　B. 4　　　　　　C. 5　　　　　　D. 6　　　　　　E. 3

3. $K_4[Fe(CN)_6]$ 中配离子电荷数和中心原子的氧化数分别为 　　　　　　　(　　)
A. $-2,+4$　　　B. $-4,+2$　　　C. $+3,-3$　　　D. $-3,+3$　　　E. $+2,-3$

4. $K_4[HgI_4]$ 的正确命名是　　　　　　　　　　　　　　　　　　　（　　）

A. 碘化汞钾　　　　B. 四碘化汞钾　　　　C. 四碘合汞（Ⅱ）酸钾

D. 四碘一汞二钾　　E. 四碘合汞（Ⅱ）化钾

5. 配位滴定中为维持溶液的 pH 在一定范围内需加入　　　　　　　　　　（　　）

A. 酸　　　　　　B. 碱　　　　　　C. 盐　　　　　　D. 缓冲溶液　　　E. 胶体溶液

6. 下列物质中，能作螯合剂的是　　　　　　　　　　　　　　　　　　（　　）

A. NH_3　　　　B. HCN　　　　C. HCl　　　　D. EDTA　　　E. H_2O

7. 在 EDTA 的各种存在形式中，直接与金属离子配位的是　　　　　　　（　　）

A. Y^{4-}　　　　B. H_6Y^{2+}　　　　C. H_4Y　　　　D. H_2Y^{2-}　　　E. H_3Y^-

8. 在 $Cu^{2+}+4NH_3 =\!=\!= [Cu(NH_3)_4]^{2+}$ 平衡体系中加稀 HCl，可产生的结果是　（　　）

A. 沉淀析出　　B. 配离子解离　　C. 有 NH_3 放出　　D. 颜色加深　　E. 平衡不受影响

9. 在 pH＞11 的溶液中，EDTA 的主要存在形式是　　　　　　　　　　（　　）

A. Y^{4-}　　　　B. H_6Y^{2+}　　　　C. H_4Y　　　　D. H_2Y^{2-}　　　E. H_3^-

10. 在 Cu^{2+}、Mg^{2+} 混合液中，用 EDTA 滴定 Cu^{2+}，要消除 Mg^{2+} 的干扰，宜采用　（　　）

A. 控制酸度法　　B. 沉淀掩蔽法　　C. 配位掩蔽法　　D. 氧化还原掩蔽法

E. 解蔽法

11. 在 pH＜1 的溶液中，EDTA 的主要存在型体是　　　　　　　　　　（　　）

A. H_6Y^{2+}　　　B. H_2Y^{2-}　　　C. $H4Y$　　　D. H_3Y^-　　　E. Y^{4-}

12. 在 pH＝10 的缓冲溶液中，以 EBT 为指示剂，可用 EDTA 直接滴定的是　（　　）

A. Fe^{3+}　　　　B. Al^{3+}　　　　C. Hg^{2+}　　　　D. Bi^{3+}　　　E. Mg^{2+}

13. 对金属指示剂叙述错误的是　　　　　　　　　　　　　　　　　　（　　）

A. 指示剂本身颜色与其生成的配合物颜色应显著不同

B. 指示剂应在一适宜 pH 范围内使用

C. MIn 稳定性要略小于 MY 的稳定性

D. MIn 的稳定性要大于 MY 的稳定性

E. 指示剂与金属离子的显色反应有良好的可逆性

14. EDTA 滴定 Ca^{2+}、Mg^{2+} 总量时，以 EBT 作指示剂，指示终点颜色的物质是　（　　）

A. Mg - EBT　　　B. Ca - EBT　　　C. EBT　　　D. MgY　　　E. CaY

15. EDTA 在酸度很高的水溶液中的主要型体是　　　　　　　　　　　（　　）

A. H_2Y^{2-}　　　B. H_6Y^{2+}　　　C. H_5Y^+　　　D. H_3Y^-　　　E. Y^{4-}

16. 有关 EDTA 叙述正确的是　　　　　　　　　　　　　　　　　　（　　）

A. EDTA 在溶液中总共有 7 种型体存在

B. EDTA 是一个二元有机弱酸

C. 在水溶液中 EDTA 一共有 5 级电离平衡

D. EDTA 不溶于碱性溶液中

E. EDTA 易溶于酸性溶液中

17. 以二甲酚橙为指示剂，用 EDTA 直接滴定金属离子时终点颜色变化应为　（　　）

A. 由无色变为红色　　　　　　　　B. 由红色变蓝色

C. 由蓝色变亮黄色　　　　　　　　D. 由红色变亮黄色

E. 由亮黄色变无色

18. EDTA 不能直接滴定的金属离子是　　　　　　　　　　　　　　　（　　）

A. Fe^{3+}　　　　B. Na^+　　　　C. Zn^{2+}　　　　D. Mg^{2+}　　　E. Ca^{2+}

19. 配位滴定中溶液酸度将影响 （　　）

A. EDTA 的离解　　　　　　　　　B. 金属指示剂的电离

C. 金属离子的水解　　　　　　　　D. A+C

E. A+B+C

20. 用 EDTA 返滴定法测 Al^{3+} 时,以二甲酚橙为指示剂,调节溶液 pH 的是 （　　）

A. $NH_3 \cdot H_2O \sim NH_4Cl$　　　　B. HCl　　　　C. $HAc \sim NaAc$　　　　D. NaOH

E. HNO_3

21. EDTA 与无色金属离子生成的配合物颜色是 （　　）

A. 颜色加深　　B. 无色　　C. 紫红色　　D. 纯蓝色　　E. 亮黄色

22. EDTA 与有色金属离子生成的配合物颜色是 （　　）

A. 颜色加深　　B. 无色　　C. 紫红色　　D. 纯蓝色　　E. 亮黄色

23. EDTA 与金属离子刚好能生成稳定的配合物时溶液的酸度称为 （　　）

A. 最佳酸度　　B. 最高酸度　　C. 适宜酸度　　D. 水解酸度　　E. 最低酸度

24. 标定 EDTA 滴定液的浓度应选择的基准物质是 （　　）

A. 氧化锌　　　　　　　　　　　　B. 硼砂

C. 邻苯二甲酸氢钾　　　　　　　　D. 碳酸钠

E. 重铬酸钾

25. 下列关于条件稳定常数叙述正确的是 （　　）

A. 条件稳定常数是经副反应系数校正后的实际稳定常数

B. 条件稳定常数是经酸效应系数校正后的实际稳定常数

C. 条件稳定常数是经配位效应系数校正后的实际稳定常数

D. 条件稳定常数是经水解效应系数校正后的实际稳定常数

E. 条件稳定常数是经最低 pH 校正后的实际稳定常数

26. 配位滴定中能够准确滴定的条件是 （　　）

A. 配合物稳定常数 $K_{MY} \geqslant 108$　　　　B. 配合物条件稳定常数 $K'_{MY} \geqslant 106$

C. 配合物稳定常数 $K_{MY} \geqslant 106$　　　　D. 配合物条件稳定常数 $K'_{MY} \geqslant 108$

E. 配合物条件稳定常数 $K'_{MY} = 108$

27. 影响配位滴定突跃大小的因素是 （　　）

A. 配合物条件稳定常数　　　　　　B. 金属离子浓度

C. 金属指示剂　　　　　　　　　　D. A+B

E. A+B+C

28. 铬黑 T 指示剂在纯水中的颜色是 （　　）

A. 橙色　　B. 红色　　C. 蓝色　　D. 黄色　　E. 无色

29. EDTA 中含有配位原子的数目的是 （　　）

A. 2 个氨基氮　　　　　　　　　　B. 8 个羧基氧原子

C. 4 个羧基氧原子　　　　　　　　D. 2 个氨基氮与 8 个羧基氧原子共 10 个

E. 2 个氨基氮与 4 个羧基氧原子共 6 个

30. 乙二胺四乙酸二钠盐的分子简式可以表示为 （　　）

A. Na_2Y^{2-}　　　　　　　　　　B. H_4Y

C. $Na_2H_4Y^{2+}$　　　　　　　　D. $Na_2H_2Y \cdot 2H_2O$

E. H_6Y^{2+}

31. 用 ZnO 标定 EDTA 溶液浓度时,以 EBT 作指示剂,调节溶液酸度应用 （　　）

A. 六次甲基四胺　　　　　　　　　B. 氨水

C. 氨-氯化铵缓冲溶液　　　　　　D. A+B

E. B+C

32. EDTA 滴定 Ca^{2+} 时,以铬黑 T 为指示剂,则需要加入少量镁盐,是因为　　　　(　　)

A. 为使滴定反应进行完全　　　　B. 为使 CaY 的稳定性更高

C. 为使终点显色更加敏锐　　　　D. 为使配合物 CaIn 更加稳定

E. 为了控制溶液的酸度

二、多项选择题

1. 对金属指示剂叙述错误的是　　　　　　　　　　　　　　　　　　(　　)

A. MIn 的变色原理与酸碱指示剂相同　B. 指示剂应在一适宜的 pH 范围内使用

C. MIn 的稳定性要大于 MY100 倍　　D. MIn 的稳定性要小于 MY100 倍

E. 指示剂本身颜色与其生成的配合物颜色明显不同

2. 下列有关酸效应的叙述正确的是　　　　　　　　　　　　　　　　(　　)

A. pH 越大,酸效应系数越大　　　　B. pH 越大,酸效应系数越小

C. 酸效应系数越大,配合物越稳定　　D. 酸效应系数越大,配合物越不稳定

E. 酸效应系数越大,配位滴定的突跃范围越大

3. 下列说法正确的是　　　　　　　　　　　　　　　　　　　　　　(　　)

A. 配位数就是配位体的数目

B. 只有金属离子才能作中心原子

C. 配合物中内界与外界电荷的代数和为零

D. 配离子电荷数等于中心原子的电荷数

E. 配合物中配位键的数目称为配位数

4. 下列物质中,配位数为六的配合物是　　　　　　　　　　　　　　(　　)

A. $[CaY]^{2-}$　　　B. $[FeF_6]^{3-}$　　　C. $[Ag(CN)_2]^-$　　D. $[Zn(NH_3)_4]^{2-}$　　E. $[Ni(CN)_4]^{2-}$

5. 标定 EDTA 滴定液常用的基准物是　　　　　　　　　　　　　　(　　)

A. Zn　　　B. $K_2Cr_2O_7$　　　C. ZnO　　　D. $AgNO_3$　　　E. Na_2CO_3

6. 影响条件稳定常数大小的因素是　　　　　　　　　　　　　　　　(　　)

A. 配合物稳定常数　　　　　　　B. 酸效应系数

C. 配位效应系数　　　　　　　　D. 金属指示剂

E. 掩蔽剂

7. 影响配位滴定中 pM' 突跃大小的因素有　　　　　　　　　　　　(　　)

A. 配合物稳定常数　　　　　　　B. 金属离子浓度

C. 溶液的 pH 值　　　　　　　　D. 其他配位剂

E. 解蔽剂

8. EDTA 与大多数金属离子反应的优点是　　　　　　　　　　　　　(　　)

A. 配位比为 1:1　　　　　　　　B. 配合物稳定性很高

C. 配合物水溶性好　　　　　　　D. 选择性差

E. 配合物均无颜色

9. 配位滴定中,消除共存离子干扰的方法有　　　　　　　　　　　　(　　)

A. 控制溶液酸度　　　　　　　　B. 使用沉淀剂

C. 使用配位掩蔽剂　　　　　　　D. 使用解蔽剂

E. 使用金属指示剂

10. EDTA 不能直接滴定的金属离子是　　　　　　　　　　　　　　(　　)

A. Fe^{3+}　　　B. Al^{3+}　　　C. Na^+　　　D. Mg^{2+}　　　E. Ag^+

三、判断题

1. EDTA 滴定中,金属离子开始水解时的 pH 值称为最小 pH。　　　　　　　　(　　)
2. 条件稳定常数能反映配合物的实际稳定程度。　　　　　　　　　　　　　　(　　)
3. 溶液酸度越高,对 EDTA 滴定就越有利。　　　　　　　　　　　　　　　　(　　)
4. 金属指示剂本身颜色应与它和金属离子生成的配合物的颜色显著不同。　　　(　　)
5. 溶液酸度越低,对 EDTA 滴定就越有利。　　　　　　　　　　　　　　　　(　　)
6. 当两种金属离子最低 pH 相差较大时,有可能通过控制溶液酸度进行分别滴定。(　　)
7. 在 pH>10 的溶液中 EDTA 存在型体是 Y^{4-}。　　　　　　　　　　　　　(　　)
8. 副反应系数 α 越大,表明对主反应影响程度越高。　　　　　　　　　　　(　　)
9. 酸效应说明溶液中 $[H^+]$ 越小,副反应影响越严重。　　　　　　　　　　　(　　)
10. 金属指示剂必须在一合适 pH 范围内使用。　　　　　　　　　　　　　　(　　)
11. 配位滴定突跃的大小与金属离子浓度成反比。　　　　　　　　　　　　　(　　)
12. EDTA 与大多数金属离子的摩尔配位比为 $1:1$。　　　　　　　　　　　(　　)

四、填空题

1. 配合物 $K[PtCl_5(NH_3)]$ 的内界是_____,外界是_____,中心离子是_____,配体是_____,配位原子是_____,配位数是_____,命名为_____。

2. $PtCl_4$ 和氨水反应,生成化合物的化学式为 $Pt(NH_3)_4Cl_4$。将 1 mol·L^{-1} 此化合物用 $AgNO_3$ 处理,得到 2 mol AgCl。则配合物的内界是_____,外界是_____,配位数是_____,配合物的化学式是_____。

3. 常用金属指示剂二甲酚橙适用的 pH 值条件为_____,终点颜色变化为_____。

4. 二(乙二胺)合铜(Ⅱ)离子的化学式为_____,铜(Ⅱ)离子的配位数为_____,乙二胺属于_____配体,与它所形成的配合物属于_____。

5. $[Cu(NH_3)_4]SO_4$ 的系统命名是_____,其内界是_____,配位原子为_____,配体是_____,配位数为_____,外界离子是_____。

6. 用 EDTA 滴定未知样品溶液时,常采用的掩蔽方法有_____、_____、_____。

7. 常用金属指示剂铬黑 T 适用的 pH 值条件为_____,终点颜色变化为_____。

五、简答题

1. EDTA 与金属离子的配位反应有什么特点?
2. 为什么在红色的 $[Fe(SCN)_6]^{3-}$ 溶液中加入 EDTA 后,溶液的红色会消褪?
3. EDTA 为什么在碱性溶液中配位能力最强?
4. 判断配位滴定的可行性为什么要用条件稳定常数。
5. 配位滴定的主反应是什么? 有哪些副反应?

六、计算题

1. 吸取水样 100.0 ml,以铬黑 T 为指示剂,用 0.010 25 mol/L 的 EDTA 滴定,用去 15.02 ml,求以 $CaCO_3$(mg·L^{-1})表示时水的总硬度。($CaCO_3$ 分子量为 100.1)

2. 称取葡萄糖酸钙样品 0.541 6 g,溶解后,在 pH=10 的 NH_3-NH_4Cl 缓冲溶液中,用 0.050 02 mol/L 的 EDTA 滴定液滴定,用去 24.01 ml,求样品中葡萄糖酸钙的含量。($C_{12}H_{22}O_{14}Ca·H_2O$ 分子量为 448.4)

3. 精密称取 Na_2SO_4 试样 0.203 2 g,溶解后加 0.0500 0 mol/L 的 $BaCl_2$ 滴定液 25.00 ml,再用 0.0500 0 mol/L 的 EDTA 滴定液返滴剩余的 Ba^{2+},用去 6.30 ml,求试样中 Na_2SO_4 的含量。(Na_2SO_4 分子量为 142.1)

第11章 元素简介 *

线上阅读

　　现在已知约 3 000 万种化合物都是由 100 多种元素巧妙组合而成的。这些化合物中，有些已存在于自然界，但大多数是人工合成的产物。在五彩缤纷的物质世界中，有的简单，有的复杂，但它们都具有特定的结构和性质。根据原料和产物的组成和性质的特点，化学家发展了各种制备和提纯物质的方法以便高效合成目标产物。本书现不对这 100 多种元素一个个或一族族地做介绍，读者感兴趣可以参阅《无机化学丛书》（张青莲主编，北京：科学出版社），此外，各类专门手册、专集、光盘、数据库、网络……更令人目不暇接。如何从这些知识海洋中迅速查找所需资料，准确获取所需信息，是化学工作者必备的基本功。学会"大海捞针"将会受益终身。当我们在实际工作中遇到各式各样实际问题时，需要一份漫游化学世界的导游图，元素周期表（书封三）则不失为一个"入口处"。

　　元素及其化合物的性质虽然千差万别，但也有其内在的联系和规律。元素周期表是认识各种化学元素的基础工具，周期律源于原子基态电子构型的周期性递变规律。化学变化的实质是价层电子的重排，是原化学键的断裂和新化学键的形成过程。周期表里各元素按其价层电子构型而分为 s、p、d 和 f 四个区，了解各区中元素的分布情况、掌握它们的共性和差异，是学习元素化学知识的起点。

第 12 章　分析化学中常用的分离方法

学习要求：
  1. 了解定量分析中常用的分离方法。
  2. 掌握各种常用分离与富集方法的基本原理。

12.1　概述

在定量分析中，当试样组成比较简单时，将它处理成溶液后，便可直接进行测定。但在实际工作中，常遇到组成比较复杂的试样，测定时各组分之间往往发生相互干扰，这不仅影响分析结果的准确性，有时甚至无法进行测定。因此，必须选择适当的方法来消除其干扰。

控制分析条件或采用适当的掩蔽剂是消除干扰简单而有效的方法。但在很多情况下，仅仅通过控制条件和采用掩蔽法不能完全消除干扰，而必须将待测组分与干扰组分分离后才能进行测定。

有时，试样中待测组分含量极微，而现有测定方法的灵敏度不够，这时必须先将待测组分进行富集，然后进行测定。富集分离是把微量、痕量甚至于更少量的被测组分用某一方法集中起来予以分离，同时消除共存物质的影响。

对分离的要求是分离必须完全，即干扰组分减少到不再干扰的程度；而被测组分在分离过程中的损失要小至可忽略不计的程度。被测组分在分离过程中的损失，可用回收率来衡量。待测组分回收率(R)为

$$R = \frac{\text{分离后所得的待测组分质量}}{\text{试样原来所含待测组分质量}} \times 100\%$$

随着待测组分含量的不同，对回收率的要求也不同，当然回收率越高越好。在一般情况下，对质量分数为 1% 以上的待测组分，一般要求 $R > 99.9\%$；对质量分数为 0.01%~1% 的待测组分，要求 $R > 99\%$；质量分数小于 0.01% 的痕量组分要求 R 为 90%~95%。由于不知道试样中待测组分的真实含量，在实际工作中，一般采用标准物质加入法测定回收率。

在分析化学中，常用的分离和富集方法有沉淀分离法、溶剂萃取分离法、离子交换分离法、色谱分离法、膜分离法等。

12.2　分析化学中常用的分离方法

12.2.1　沉淀分离法

沉淀分离法是一种经典的分离方法。主要依据是溶度积原理,在试液中加入适当的沉淀剂,使待测组分沉淀出来,或将干扰组分沉淀除去,从而达到分离的目的。

沉淀分离法可分为无机沉淀剂、有机沉淀剂分离法(适用于常量组分的分离)和共沉淀分离(适用于痕量组分的分离与富集),下面分别予以介绍。

1. 无机沉淀剂沉淀分离法

(1) 氢氧化物的沉淀分离法

大多数金属离子都能生成氢氧化物沉淀,由于各种氢氧化物沉淀的溶度积有很大的差别,因此可以通过控制酸度的方法使某些金属离子形成氢氧化物沉淀而另一些金属离子不形成沉淀,从而达到分离的目的。氢氧化物沉淀分离时常用下列试剂来控制溶液的酸度。

① 氢氧化钠　通常利用 NaOH 作沉淀剂,使两性金属离子(如 Al^{3+}、Cr^{3+}、Zn^{2+} 和 Pb^{2+} 等)与非两性离子(如 Ag^+、Cd^{2+}、Fe^{3+} 和 Mn^{2+} 等)进行分离,前者形成多羟基可溶性盐留在溶液中,后者能定量地沉淀完全。但是所得沉淀为胶状沉淀,因此共沉淀现象较为严重,分离效果较差。

② 氨水-铵盐缓冲液。利用它可将溶液的 pH 控制为 8～9,使高价金属离子与大部分一、二价金属离子进行分离。此时 Fe^{3+}、Al^{3+} 等分别形成 $Fe(OH)_3$,$Al(OH)_3$ 沉淀,Ag^+、Cu^{2+}、Zn^{2+}、Cd^{2+}、Co^{2+}、Ni^{2+} 等与 NH_3 形成稳定的配合物而留在溶液中,从而达到与上述其他离子分离的目的。且由于大量 NH_4^+ 的存在,有利于胶体凝聚,减少沉淀对其他杂质离子的吸附。

此外,还可利用其他缓冲液如醋酸-酸酸钠、六亚甲基四胺及其共酸等以及某些难溶化合物的悬浮液(如 ZnO、MgO、$CaCO_3$ 等)来调节和控制溶液的 pH,以达到沉淀分离的目的。

(2) 金属硫化物沉淀分离法

约 40 余种金属离子可生成难溶硫化物沉淀。同氢氧化物沉淀分离原理一样,由于各种金属硫化物沉淀的溶度积相差较大,可通过控制溶液的酸度来控制溶液中硫离子的浓度,使金属离子彼此分离。硫化氢是硫化物沉淀分离中的主要沉淀剂,强酸条件即 $0.3\ mol \cdot L^{-1}$ 的 HCl 溶液中通入 H_2S 时,Cu^{2+}、Pb^{2+}、Cd^{2+}、Ag^+、Bi^{3+}、Hg^{2+}、As^{3+} 等能生成硫化物沉淀而与其他离子分离。弱酸性条件下通入 H_2S,除上述离子外,pH 为 2 左右时,Zn^{2+} 等形成硫化物沉淀;pH 为 5～6 时,Ni^{2+}、Co^{2+}、Fe^{2+} 等离子被沉淀。

硫化物沉淀大多是胶状沉淀,共沉淀现象严重,有时还存在后沉淀现象;而且 H_2S 是有毒并具有恶臭的气体,因此,其应用受到限制。如采用硫代乙胺作为沉淀剂,利用其在酸性或碱性溶液中水解产生 H_2S 或 S^{2-} 进行均相沉淀,会使沉淀性质及分离效果有所改善。

在酸性溶液中的反应:$CH_3CSNH_2 + 2H_2O + H^+ = CH_3COOH + NH_4^+ + H_2S(g)$

在碱性溶液中的反应:$CH_3CSNH_2 + 3OH^- = CH_3COO^- + NH_3(g) + S^{2-} + H_2O$

2. 有机沉淀剂沉淀分离法

有机沉淀剂进行沉淀分离具有选择性较好、灵敏度高、生成的沉淀性能好等优点,而且具有灼烧共沉淀剂易除去,因此得到迅速的发展。表 12－1 列举了几种常见的有机沉淀剂及其分离应用。

表 12－1　几种常见的有机沉淀剂及其分离应用

有机沉淀剂	分离应用
草酸	用于 Ca^{2+}、Sr^{2+}、Ba^{2+}、$Th(\text{IV})$、稀土金属离子与 Fe^{3+}、Al^{3+}、$Zr(\text{IV})$、$Nb(\text{V})$、$Ta(\text{V})$ 等离子的分类。前者形成草酸盐沉淀,后者生成可溶性配合物。
8－羟基喹啉	用于 Al^{3+}、Fe^{3+} 与 Be^{2+}、Mg^{2+}、Ca^{2+}、Sr^{2+}、Ba^{2+} 等离子的分离。前者在 $pH＝$ 5 左右的 HAc 缓冲溶液中,能定量沉淀。
铜铁试剂(N－亚硝基苯胲铵盐)	用于在 $1:9$ H_2SO_4 介质中沉淀 Fe^{3+}、$Ti(\text{IV})$、$V(\text{V})$ 而与 Al^{3+}、Cr^{3+}、Co^{2+}、Ni^{2+} 等离子的分离。
铜试剂(二乙基胺二硫代甲酸钠)	用于沉淀除去重金属,使其与 Al^{3+}、稀土和碱金属离子分离。

3. 痕量组分的共沉淀分离和富集

在试样中加入某种离子,与沉淀剂形成沉淀。利用该沉淀作为载体,将痕量组分定量地共沉淀下来,然后将沉淀溶解在少量溶剂中,以达到分离和富集的目的,这种方法称为共沉淀分离法。共沉淀分离法是分离富集微量元素的有效方法。常用的共沉淀剂有无机共沉淀剂和有机共沉淀剂两类。

(1) 无机共沉淀剂

① 利用吸附作用进行共沉淀分离。由于金属氢氧化物和硫化物沉淀都是胶状的非晶型沉淀,沉淀比表面大,吸附能力强,有利于痕量组分的共沉淀富集,因此是常用的表面吸附共沉淀载体。例如,测定自来水中痕量 Pb^{2+},可先加入适量 Hg^{2+},再用 H_2S 作为沉淀剂,利用生成的 HgS 作载体,使 PbS 共沉淀而富集后再进行测定。

② 利用生成混晶进行共沉淀分离。在沉淀时,若两种离子的半径相似,所形成的沉淀晶体结构相同,则它们极易形成混晶而共同析出,如 $BaSO_4 - PbSO_4$、$BaSO_4 - RaSO_4$、$CdCO_3 - SrCO_3$ 等。利用生成混晶进行共沉淀的选择性较好。

(2) 有机共沉淀剂

有机共沉淀剂具有较高的选择性,得到的沉淀较纯净。沉淀通过灼烧,即可除去有机共沉淀剂而留下待测定的元素。由于有机共沉淀剂具有这些优越性,因而它的实际应用和发展,受到了人们的注意和重视。利用有机共沉淀剂进行分离和富集的作用,大致可分为三种类型。

① 利用胶体的凝聚作用进行共沉淀。例如,H_2WO_4 在酸性溶液中常呈带负电荷的胶体,不易凝聚,当加入有机共沉淀剂辛可宁后,它在溶液中形成带正电荷的大分子,能与带负电荷的钨酸胶体共同凝聚而析出,可以富集微量的钨。常用的这类有机共沉淀剂还有丹宁、动物胶,可以共沉淀钨、银、钼、硅等含氧酸。

② 利用形成离子缔合物进行共沉淀。有机共沉淀剂可以和一种物质形成沉淀作为载

体,能同另一种组成相似的由痕量元素和有机沉淀剂形成的化合物生成共溶体而一起沉淀下来。例如,在含有痕量 Zn^{2+} 的弱酸性溶液中,加入 NH_4SCN 和甲基紫,甲基紫在溶液中电离为带正电荷的阳离子 MVH^+,其共沉淀反应为

$$MVH^+ + SCN^- \Longrightarrow MVH^+ \cdot SCN^- \downarrow （形成载体）$$
$$Zn^{2+} + 4SCN^- \Longrightarrow Zn(SCN)_4^{2-}$$
$$2MVH^+ + Zn(SCN)_4^{2-} \Longrightarrow (MVH^+)_2 \cdot Zn(SCN)_4^{2-} （形成配合物）$$

生成的 $(MVH^+)_2 \cdot Zn(SCN)_4^{2-}$ 便与 $MVH^+ \cdot SCN^-$ 共同沉淀下来。沉淀经过洗涤、灰化之后,即可将痕量的 Zn^{2+} 富集在沉淀之中,用酸溶解之后即可进行锌的测定。

③ 利用惰性共沉淀剂进行共沉淀。加入一种载体直接与被共沉物质形成固溶体而沉淀下来。例如,痕量的 Ni^{2+} 与丁二酮肟镍螯合物分散在溶液中,不生成沉淀,加入丁二酮肟二烷酯的乙醇溶液时,则析出丁二酮肟二烷酯,丁二酮肟镍便被共沉淀下来。这里载体与丁二酮肟及螯合物不发生反应,实质上是"固体萃取"作用,则丁二酮肟二烷酯称为"惰性共沉淀剂"。

12.2.2　溶剂萃取分离法

萃取分离法包括液相-液相、固相-液相和气相-液相等几种方法,但应用最广泛的为液-液萃取分离法(亦称溶剂萃取分离法),该法常用一种与水不相溶的有机溶剂与试液一起混合振荡,然后搁置分层,这时便有一种或几种组分转入有机相中,而另一些组分则仍留在试液中,从而达到分离的目的。

溶剂萃取分离法既可用于常量元素的分离,又适用于痕量元素的分离与富集,而且方法简单、快速。如果萃取的组分是有色化合物,能直接用吸光光度法测定该微量组分的含量。这种方法具有较高的灵敏度和选择性。

1. 萃取分离的基本原理

(1) 萃取分离过程本质

萃取分离是利用物质在水相与有机相中溶解性质的差异,将某些无机离子从水溶液中设法将其亲水性(易溶于水形成水合离子而难溶于有机溶剂的性质)转化为疏水性(难溶于水而易溶于有机溶剂的性质)后,萃取至与水不混溶的有机溶剂中,从而达到分离的目的。例如,测定树叶表面上的铅时,可先将它放入硝酸溶液中溶解,然后在 $pH \approx 9$ 的氨溶液中,加入双硫腙,使 Pb^{2+} 形成疏水性的配合物,用三氯甲烷萃取,用吸光光度法测定。

(2) 分配系数和分配比

有机溶剂从水相中萃取溶质 A,溶质 A 在两相间进行分配,如果溶质 A 在两相中存在的型体相同,达到分配平衡时,在有机相中的平衡浓度为 $c(A)_O$,在水相中的平衡浓度为 $c(A)_W$,两者之比在一定温度下是一常数,即

$$\frac{c(A)_O}{c(A)_W} = K_D \tag{12-1}$$

此式称为分配定律,K_D 为分配系数。K_D 大的物质,萃取时绝大部分进入有机相;K_D 小的物质,仍留在水相中,因而将物质彼此分离。

但分配系数 K_D 仅适用于溶质在萃取过程中没有发生任何化学反应的情况。例如 I_2 在 CCl_4 和水中均以 I_2 的形式存在。而在许多情况下,溶质在水和有机相中以多种型体存在。例如,用 CCl_4 萃取 OsO_4 时,在水相中存在 OsO_4、OsO_5^{2-} 和 $HOsO_5^-$ 三种型体,在有机相中存在 OsO_4 和 $(OsO_4)_4$ 两种型体,此种情况如果用分配系数 $K_D = c(OsO_4)_O/c(OsO_4)_w$ 便无法反映所有 $Os(\text{VIII})$ 型体在两相中的分配全貌。故用溶质在两相中的总浓度之比来表示分配情况,定义下式分配比,用 D 表示为

$$D = \frac{c_O}{c_w} \qquad (12-2)$$

式中　c_O—溶质在有机相中各种存在型体总浓度;

c_w—溶质在水相中各种存在型体总浓度。

在实际工作中,一般要求 D 至少大于 10。当溶质在两相中仅存在一种型体时,K_D 和 D 相等。

(3) 萃取率

在分析工作中,常用萃取率 E 表示萃取的完全程度。萃取率是物质被萃取到有机相中的百分率,即

$$E = \frac{\text{被萃取物在有机相中的总量}}{\text{被萃取物在两相中的总量}} \times 100\%$$

$$= \frac{c_O V_O}{c_O V_O + c_w V_w} \times 100\% \qquad (12-3)$$

式中　c_O—溶质在有机相中各种存在型体总浓度;

c_w—溶质在水相中各种存在型体总浓度;

V_O—有机相的体积;

V_w—水相的体积。

上式分子、分母同除以 $c_w V_O$,得

$$E = \frac{D}{D + \dfrac{V_w}{V_O}} \times 100\% \qquad (12-4)$$

V_w/V_O 称为相比。该式表明,萃取率由分配比 D 和相比决定。可以看出,当相比一定时,萃取率仅决定于分配比 D,D 越大,萃取率越高。例如,用等体积的有机溶剂进行萃取,即相比为 1 时,式(12-4)可表示为

$$E = \frac{D}{D+1} \times 100\% \qquad (12-5)$$

依(12-5)式可以计算出,当 $D=1$ 时,一次萃取率 E 为 50%;当 $D>10$ 时,一次萃取率 $E>90\%$;当 $D>100$ 时,一次萃取率 $E>99\%$。在实际工作中,若 D 较小,常常采用连续多次萃取的方法提高萃取率。

除了增大分配比、增大萃取率以外,通过增加有机相的体积也能提高萃取率。若 $V_O = 10V_w$,即使 $D=1$,根据(12-4)式 E 也可达 99%,但此法由于增加了有机溶剂的用量,不经

济且不利于进一步的分离和测定。

2. 重要的萃取体系

如果用与水不混溶的有机溶剂将无机离子萃取分离,必须在水中加入某种试剂,使被萃取物质与该试剂结合生成不带电荷的、难溶于水而易溶于有机溶剂的物质。通常这种试剂称为萃取剂,而用于萃取的有机溶剂称为萃取溶剂。根据被萃取组分与萃取剂间反应类型的不同,萃取体系主要有螯合物萃取体系和离子缔合物萃取体系。

(1) 螯合物萃取体系

金属离子与螯合剂(亦称萃取络合剂)的阴离子结合而形成中性螯合物分子。这类金属螯合物难溶于水,而易溶于有机溶剂,因而能被有机溶剂所萃取。例如,Ni^{2+} 被疏水性的丁二酮肟分子所包围,因此整个螯合物具有疏水性,易被 $CHCl_3$、CCl_4 等有机溶剂萃取。常见的螯合剂还有 8 -羟基喹啉、双硫腙、乙酰丙酮等。

(2) 离子缔合物萃取体系

由金属配离子与异电性离子借静电引力的作用结合成不带电的化合物,称为离子缔合物。此缔合物具有疏水性而能被有机溶剂萃取。例如,在 HCl 溶液中,用乙醚萃取 Fe^{3+} 时,Fe^{3+} 与 Cl^- 配合形成配阴离子 $FeCl_4^-$,溶剂乙醚与 H^+ 结合形成阳离子 $[(CH_3CH_2)_2OH]^+$,该阳离子与配阴离子缔合形成中性分子可被乙醚所萃取。

这类萃取体系的特点是溶剂分子也参加到被萃取的分子中去,因此它既是萃取剂,又是萃取溶剂。除醚类外,还有酮类如甲基异丁基酮、酯类如乙酸乙酯、醇类如环己醇等。

12.2.3　离子交换分离法

离子交换分离法是利用离子交换剂与溶液中的离子之间发生交换反应来进行分离的方法,其实质是:使离子交换亲和力差别很小的待测组分在反复的交换洗脱过程中差别得到放大,从而在宏观上造成它们在交换柱中迁移速度上的差别,使之分离。该方法分离效率高,既能用于带相反电荷离子间的分离,也能用于带相同电荷离子间的分离,尤其是它还能用于性质相近的离子间的分离以及微量组分的富集和高纯物质的制备。包括对蛋白质、核酸、酶等生物活性物质的纯化。

离子交换剂的种类很多,可分为无机离子交换剂和有机离子交换剂。前者因交换能力低,化学性质不稳定和机械强度差,在应用上受到很大的限制。目前在生产和科研各方面应用较多的是有机离子交换剂,如离子交换树脂。

1. 离子交换树脂的种类和性质

目前应用最多的离子交换树脂是一类具有网状结构的有机高分子聚合物。在水、酸和碱中难溶,对热及一些有机溶剂、氧化剂、还原剂和其他化学试剂都具有一定的稳定性,在网状结构的骨架上有许多可被交换的活性基团,根据活性基团的不同、离子交换树脂可分为阳离子交换树脂和阴离子交换树脂两大类。

(1) 阳离子交换树脂

这类树脂的活性基团为酸性基团,酸性基团上的 H^+ 可以与溶液中的阳离子发生交换。根据活性基团的强弱,可分为强酸型和弱酸型两类。

强酸型离子交换树脂:活性基团为磺酸基($-SO_3H$),在酸性、中性和碱性溶液中都能

使用。在溶液中，R—SO$_3$H 中的 H$^+$与溶液中的阳离子(M$^+$)进行交换，反应为

$$R—SO_3H + M^+ \underset{\text{洗脱过程}}{\overset{\text{交换过程}}{\rightleftharpoons}} R—SO_3M + H^+$$

溶液中的 M$^+$进入树脂的网状结构中，而 H$^+$则交换进入溶液中。由于交换过程是可逆过程，如果以适当浓度的酸溶液处理已交换的树脂，反应将逆向进行，树脂中的阳离子 M$^+$又重新被 H$^+$所取代，M$^+$进入溶液，而树脂又恢复原状，这一过程称为洗脱过程或树脂的再生过程。再生后的树脂又可再次使用。

弱酸型离子交换树脂：活性基团为羧基(—COOH)或酚羟基(—OH)。R—COOH 和 R—OH 型树脂分别适用于 pH>4 和 pH>9.5 的溶液，因此应用范围受到一定的限制。但这类树脂的选择性高，如果选用酸作洗脱剂，可用来分离不同强度的有机碱。

(2) 阴离子交换树脂

这类树脂的活性基团为碱性基团，碱性基团上的 OH$^-$可以与溶液中的阴离子发生交换。根据活性基团的强弱，也可分为强碱型和弱碱型两类。

强碱型离子交换树脂：活性基团为季铵基[—N(CH$_3$)$_3$Cl]，在酸性、中性和碱性溶液中都能使用。

弱碱型离子交换树脂：活性基团为伯胺基(—NH$_2$)、仲胺基(—NHR)或叔胺基(—NR$_2$)，这类树脂对 OH$^-$的亲和力大，不宜在碱性溶液中使用。

这些树脂水化后分别形成 R—NH$_3^+$OH$^-$、R—NH$_2$CH$_3^+$OH$^-$、R—NH(CH$_3$)$_2^+$OH$^-$ 和 R—N(CH$_3$)$_3^+$OH$^-$等氢氧型阴离子交换树脂，其中的 OH$^-$可被阴离子交换和洗脱。

2. 交换容量和交联度

交换容量和交联度是离子交换树脂重要的性能参数。

(1) 交换容量

交换容量是指每克干树脂所能交换的物质的量，通常以 mmol·g^{-1}表示。它取决于树脂网状结构内所含活性基团的数目。交换容量可通过实验的方法测得，一般树脂的交换容量为 3～6 mmol·g^{-1}。

(2) 交联度

离子交换树脂的骨架是由各种有机原料聚合而成的网状结构，例如，强酸性阳离子交换树脂的合成过程，是先由苯乙烯聚合而成为长的链状分子，再由二乙烯苯把各链状分子联成立体型的网状体。这里二乙烯苯称为交联剂，树脂中所含交联剂的质量百分数称为交联度。如二乙烯苯在原料总量中占 10%，则称该树脂的交联度为 10%。

树脂的交联度越大，则网眼越小，交换时体积大的离子进入树脂便受到限制，但提高了交换的选择性；另外，交联度大时，形成的树脂结构紧密，机械强度高。但是若交联度过大，则对水的溶胀性能差，交换反应的速度慢，因此要求树脂的交联度一般为 4%～14%。

3. 离子交换亲和力

离子在树脂上的交换能力的大小称为离子交换的亲和力。这种亲和力的大小与水合离子半径、离子的电荷以及离子的极化程度有关。水合离子半径越小、电荷越高、极化度越高，其亲和力越大，实验表明，在常温下，稀溶液中，树脂对离子的亲和力顺序如下：

（1）强酸性阳离子交换树脂

不同价态的离子，电荷越高，亲和力越大，如：

$$Na^+ < Ca^{2+} < Fe^{3+} < Th^{4+}$$

当离子价态相同时，亲和力随水合离子半径减小而增大，如：$Li^+ < H^+ < Na^+ < NH_4^+ <$ $K^+ < Rb^+ < Cs^+ < Ag^+ < Tl^+$

（2）强碱型阴离子交换树脂

$$F^- < OH^- < CH_3COO^- < HCOO^- < Cl^- < NO_2^- < CN^- < Br^- < C_2O_4^{2-}$$
$$< NO_3^- < HSO_4^- < I^- < CrO_4^{2-} < SO_4^{2-} < 柠檬酸根$$

由于树脂对离子的亲和力强弱不同，进行离子交换时，就有一定的选择性。若溶液中离子的浓度相同，则亲和力大的离子先被交换，亲和力小的离子后被交换，选用适当的洗脱剂进行洗脱时，后被交换上去的离子先被洗脱下来，从而使各种离子得以分离。

12.2.4　色谱分离法

液相色谱分离法，又称层析分离法。该法是利用试样不同组分与固定相和流动相之间的作用力（分配、吸附、离子交换等）的差别，当两相做相对移动时，各组分在两相间进行多次平衡，使各组分被固定相保留的时间不同，从而按一定次序达到相互分离的一种分离技术，色谱法的最大特点是分离效率高，能将各种性质极相似的组分彼此分离。

液相色谱分离法有多种类型，按其操作的形式不同，可分为柱色谱法、纸色谱法和薄层色谱法等。

1. 柱色谱法

又称柱层析。固定相装于柱内，流动相为液体，样品沿竖直方向由上而下移动而达到分离的色谱法。柱色谱的分离原理有多种，如以硅胶、氧化铝、聚酰胺等吸附剂为固定相的吸附色谱、以被含水硅胶（无吸附性）、硅藻土、纤维素等载体所固定的溶剂为固定相的分配色谱、以葡聚糖凝胶为固定相的分子排阻色谱、以离子交换树脂为固定相的离子交换色谱以及以生物大分子亲和相为固定相的亲和色谱等。在实验室最常用的柱色谱是以硅胶和氧化铝为固定相的吸附色谱。柱色谱分离简单装置如图 12-1 所示。以吸附柱色谱为例，将吸附剂（通常为硅胶或氧化铝）装于下端缩口的玻璃管柱中，当待分离的混合物溶液流过吸附柱时，各种成分同时被吸附在柱的上端。当洗脱剂流下时，由于试样中 A、B 组分吸附能力不同，往下洗脱的速度也不同，A、B 组分流出柱的先后次序不同，从而达到分离的目的。

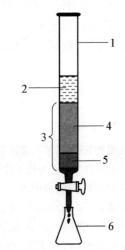

图 12-1　柱色谱分离简单装置
1—层析柱；2—洗脱剂；3—吸附剂；
4、5—A、B 组分移动的色带；6—接受器

2. 纸色谱法和薄层色谱法

纸色谱法和薄层色谱法都属于在平面上进行色谱分离的方法。纸色谱法是以层析滤纸

为载体,以滤纸上吸着水分为固定相的液相色谱法。纸色谱法应用日趋减少,这里主要介绍薄层色谱法。

薄层色谱法是在一块平滑的玻璃板上均匀地涂布一层吸附剂(如硅胶、活性氧化铝、硅藻土、纤维素等)作为固定相,把少量的试液滴在薄层板的一端距边缘一定距离处(称为原点),然后将薄层板置于密闭、盛有展开剂的层析缸中,并使点有试样的一端浸入展开剂中,如图 12 - 2 所示。展开剂为流动相,由于薄层板的毛细作用,沿着吸附剂由下而上移动,遇到试样时,试样就溶解在展开剂中并随展开剂向上移动。在此过程中,试样中的各组分在固定相和流动相之间不断地发生溶解、吸附、再溶解、再吸附的分配过程。由于流动相和固定相对不同物质的吸附和溶解能力不同,当展开剂流动时,不同物质在固

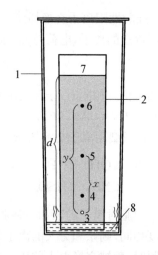

图 12 - 2　薄层色谱分离装置
1—层析缸;2—薄层板;3—试样原点;4、5、6—A、B、C 组分移动的斑点;7—溶剂移动前沿;8—展开剂

定相上移动的速度各不相同,易被吸附的物质移动速度慢,较难被吸附的物质移动的速度快。经过一段时间后,不同物质在板上上升的距离不一样而被彼此分开,在薄层板上形成相互分开的斑点。各组分的分离程度可用比移值 R_f 来衡量。即在一定条件下,R_f 值是物质的特征值,可利用 R_f 值作为定性分析的依据。但是由于影响 R_f 值的因素很多,进行定性判断时,最好用已知的标准物质作对照。

薄层色谱法具有设备简单、操作简便、分离速度快、效果好、灵敏度高的特点。近年来,薄层色谱法的发展非常迅猛,在天然产物、药物、农药残留和生物大分子等的分离分析上有着广泛的应用。

1. 试说明分离、富集在定量分析中的重要作用。

2. 何谓回收率? 在分析工作中对回收率有何要求?

3. 何谓分配系数、分配比? 二者在什么情况下相等?

4. 溶液含 Fe^{3+} 10 mg,采用某种萃取剂将它萃入某种有机溶剂中。若分配比 D 为 99,用等体积有机溶剂分别萃取 1 次和 2 次,在水溶液中各剩余 Fe^{3+} 多少毫克? 萃取百分率各为多少?

5. 将 0.254 8 g NaCl 和 KBr 的混合物溶于水后通过强酸性阳离子交换树脂,经充分交换后,流出液需用 0.101 2 mol·L^{-1} 的 NaOH 35.28 mL 滴定至终点。求混合物中 NaCl 和 KBr 的质量分数。

6. 化合物 A 在薄层板上从原点迁移 7.6 cm,溶剂前沿距原点 16.2 cm。(1) 计算化合物 A 的 R_f 值。(2) 在相同的薄层系统中,溶剂前沿距原点 14.3 cm,化合物 A 的斑点应在此薄层板上何处?

附　　录

附录一　本书采用的法定计量单位

1. 国际单位制基本单位

量的名称	单位名称	单位符号
长度	米	m
质量	千克[公斤]	kg
时间	秒	s
电流	安[培]	A
热力学温度	开[尔文]	K
物质的量	摩[尔]	mol

2. 国际单位制导出单位（部分）

量的名称	单位名称	单位符号
面积	平方米	m^2
体积	立方米	m^3
压力	帕斯卡	Pa
摄氏温度	摄氏度	℃
能、功、热量	焦耳	J
电量、电荷	库仑	C
电势、电压、电动势	伏特	V
功率,辐射通量	瓦特	W

3. 国际单位制词冠（部分）

倍数	中文符号	国际符号	分数	中文符号	国际符号
10^1	十	Da	10^{-1}	分	d
10^2	百	h	10^{-2}	厘	c
10^3	千	k	10^{-3}	毫	m
10^6	兆	M	10^{-6}	微	μ
10^9	吉	G	10^{-9}	纳	n
10^{12}	太	T	10^{-12}	皮	p
10^{15}	拍	P	10^{-15}	飞	f

4. 我国选定的非国际单位制单位(部分)

量的名称	单位名称	单位符号
时间	分	min
	[小]时	h
	天[日]	d
体积	升	L
	毫升	mL
能	电子伏特	eV
质量	吨	t
	原子质量单位	u
级差	分贝	dB
旋转速度	转每分	r/min

附录二 基本物理常量和本书使用的一些常用量的符号与名称

1. 基本物理常量

量	符号	数值	单位
摩尔气体常数	R	8.314 510	$J \cdot mol^{-1} \cdot K^{-1}$
阿伏伽德罗常数	N_A	$6.022\ 136\ 7 \times 10^{23}$	mol^{-1}
光速	c	$2.997\ 924\ 58 \times 10^8$	$m \cdot s^{-1}$
普朗克常量	h	$6.626\ 075\ 5 \times 10^{-34}$	$J \cdot s$
元电荷	e	$1.602\ 177\ 22 \times 10^{-19}$	C
法拉第常数	F	96 487.309	$C \cdot mol^{-1}$或$J \cdot V^{-1} \cdot mol^{-1}$
热力学温度	T	$\{T\} = \{t\} + 273.15$(正确值)	K

2. 本书使用的一些常用量的符号与名称

符号	名称	符号	名称	符号	名称
a	活度	N_A	阿伏伽德罗常数	E_a	活化能
A_i	电子亲和能	p	压力	E	能量、误差、电动势
c	物质的量浓度	Q	热量、电量、反应商	α	副反应系数、极化率
d_i	偏差	r	粒子半径	β	累积平衡常数
D_i	键解离能	s	标准偏差	γ	活度系数
G	吉布斯函数	S	熵、溶解度	Δ	分裂能
H	焓	T	热力学温度、滴定度	θ	键角
I	离子强度、电离能	U	热力学能、晶格能	μ	真值、键矩、磁矩、偶极矩
k	速率常数	V	体积	ρ	密度
K	平衡常数	w	质量分数	ξ	反应进度
m	质量	W	功	σ	屏蔽常数
M	摩尔质量	x_B	摩尔分数、电负性	E	电极电势
n	物质的量	$Y_{l,m}$	原子轨道的角度分布	ψ	波函数、原子(分子)轨道

附录三　一些常见单质、离子及化合物的热力学函数

(298.15 K，100 kPa)

物质 B 化学式	状态	$\dfrac{\Delta_f H_m^{\ominus}}{kJ \cdot mol^{-1}}$	$\dfrac{\Delta_f G_m^{\ominus}}{kJ \cdot mol^{-1}}$	$\dfrac{S_B^{\ominus}}{J \cdot mol^{-1} \cdot K^{-1}}$
Ag	cr	0	0	42.5
Ag^+	aq	105.579	77.107	72.68
AgBr	cr	−100.37	−96.90	107.1
AgCl	cr	−127.068	−109.789	96.2
$AgCl_2^-$	aq	−245.2	−215.4	231.4
Ag_2CrO_4	cr	−731.74	−641.76	217.6
AgI	cr	−61.84	−66.19	115.5
AgI_2^-	aq	—	−87.0	—
$AgNO_3$	cr	−124.39	−33.41	140.92
Ag_2O	cr	−31.05	−11.20	121.3
Ag_3PO_4	cr	—	−879	—
Ag_2S	cr(α—斜方)	−32.59	−40.69	144.01
Al	cr	0	0	28.33
Al^{3+}	aq	−531	−485	−231.7
$AlCl_3$	cr	−704.2	−628.8	110.67
AlO_2^-	AO	−930.9	−830.9	−36.8
Al_2O_3	cr(刚玉)	−1 675.7	−1 582.3	50.92
$Al(OH)_4^-$	aq$[AlO_2^-(aq)+2H_2O(l)]$	−1 502.5	−1 305.3	102.9
$Al_2(SO_4)_3$	cr	−3 440.84	−3 099.94	239.3
As	cr(灰)	0	0	35.1
AsH_3	g	66.44	68.93	222.78
As_4O_6	cr	−1 313.94	−1 152.43	214.2
As_2S_3	cr	−169.0	−168.6	163.6
B	cr	0	0	5.86
BCl_3	g	−403.76	−388.72	290.10
BF_3	g	−1 137.00	−1 120.33	254.12
B_2H_6	g	35.6	86.7	232.11
B_2O_3	cr	−1 272.77	−1 193.65	53.97
$B(OH)_4^-$	aq	−1 344.03	−1 153.17	102.5
Ba	cr	0	0	62.8
Ba^{2+}	aq	−537.64	−560.77	9.6
$BaCl_2$	cr	−858.6	−810.4	123.68
BaO	cr	−553.5	−525.1	70.42
BaS	cr	−460	−456	78.2
$BaSO_4$	cr	−1 473.2	−1 362.2	132.2
Be	cr	0	0	9.50
Be^{2+}	aq	−382.8	−379.73	−129.7
$BeCl_2$	cr(α)	−490.4	−445.6	82.68
BeO	cr	−609.6	−580.3	14.14

物质 B 化学式	状态	$\dfrac{\Delta_f H_m^{\ominus}}{kJ \cdot mol^{-1}}$	$\dfrac{\Delta_f G_m^{\ominus}}{kJ \cdot mol^{-1}}$	$\dfrac{S_B^{\ominus}}{J \cdot mol^{-1} \cdot K^{-1}}$
$Be(OH)_2$	cr(α)	-902.5	-815.0	51.9
Bi^{3+}	aq	—	82.8	—
$BiCl_3$	cr	-379.1	-315.0	117.0
$BiOCl$	cr	-366.9	-322.1	120.5
Bi_2S_3	cr	-143.1	-140.6	200.4
Br^-	aq	-121.55	-103.96	82.4
Br_2	l	0	0	152.231
Br_2	aq	-2.59	3.93	130.5
Br_2	g	30.907	3.110	245.436
C	cr(石墨)	0	0	5.740
C	cr(金刚石)	1.895	2.900	2.377
CH_4	g	-74.81	-50.72	186.264
CH_3OH	l	-238.66	-166.27	126.8
C_2H_2	g	226.73	209.20	200.94
CH_3COO^-	aq	-486.01	-369.31	86.6
CH_3COOH	l	-484.5	-389.9	124.3
CH_3COOH	aq	-485.76	-396.46	178.7
$CHCl_3$	l	-134.47	-73.66	201.7
CCl_4	l	-135.44	-65.21	216.40
C_2H_5OH	l	-277.69	-174.78	160.78
C_2H_5OH	aq	288.3	-181.64	148.5
CN^-	aq	150.6	172.4	94.1
CO	g	-110.525	-137.168	197.674
CO_2	g	-393.509	-394.359	213.74
CO_2	aq	-413.80	-385.98	117.6
$C_2O_4^{2-}$	aq	-825.1	-673.9	45.6
CS_2	l	89.70	65.27	151.34
Ca	cr	0	0	41.42
Ca^{2+}	aq	-542.83	-553.58	-53.1
$CaCl_2$	cr	-795.8	-748.1	104.6
$CaCO_3$	cr(方解石)	$-1\ 206.92$	$-1\ 128.79$	92.9
CaH_2	cr	-186.2	-147.2	42
CaF_2	cr	$-1\ 219.6$	$-1\ 167.3$	68.87
CaO	cr	-635.09	-604.03	39.75
$Ca(OH)_2$	cr	-986.09	-898.49	83.39
CaS	cr	-482.4	-477.4	56.5
$CaSO_4$	cr(α)	$-1\ 425.24$	$-1\ 313.42$	108.4
Cd	cr	0	0	51.76
Cd^{2+}	aq	-75.9	-77.612	-73.2
$Cd(OH)_2$	cr	-560.7	-473.6	96
CdS	cr	-161.9	-156.5	64.9

（续表）

物质 B 化学式	状态	$\dfrac{\Delta_f H_m^{\ominus}}{kJ \cdot mol^{-1}}$	$\dfrac{\Delta_f G_m^{\ominus}}{kJ \cdot mol^{-1}}$	$\dfrac{S_B^{\ominus}}{J \cdot mol^{-1} \cdot K^{-1}}$
Cl^-	aq	−167.159	−131.228	56.5
Cl_2	g	0	0	223.066
Cl_2	aq	−23.4	6.94	121
ClO^-	aq	−107.1	−36.8	42
ClO_3^-	aq	−103.97	−7.95	162.3
ClO_4^-	aq	−129.33	−8.52	182.0
Co	cr(六方)	0	0	30.04
Co^{2+}	aq	−58.2	−54.4	−113
Co^{3+}	aq	92	134	−305
$CoCl_2$	cr	−312.5	−269.8	109.16
$Co(NH_3)_4^{2+}$	aq	—	−189.3	—
$Co(NH_3)_6^{3+}$	aq	−584.9	−157.0	146
$Co(OH)_2$	cr(蓝)	—	−450.6	—
$Co(OH)_2$	cr(桃红)	−539.7	−454.3	79
Cr	cr	0	0	23.77
$CrCl_3$	cr	−556.5	−486.1	123.0
CrO_4^{2-}	aq	−881.15	−727.75	50.21
Cr_2O_3	cr	−1 139.7	−1 058.1	81.2
$Cr_2O_7^{3-}$	aq	−1 490.3	−1 301.1	261.9
Cs	cr	0	0	85.23
Cs^+	aq	−258.28	−292.02	133.05
$CsCl$	cr	−443.04	−414.53	101.17
CsF	cr	−553.5	−525.5	92.80
Cu	cr	0	0	33.150
Cu^+	aq	71.67	49.98	40.6
Cu^{2+}	aq	64.77	65.49	−99.6
$CuBr$	cr	−104.6	−100.8	96.11
$CuCl$	cr	−137.2	−119.86	86.2
$CuCl_2^-$	aq	—	−240.1	—
CuI	cr	−67.8	−69.5	96.7
$Cu(NH_3)_4^{2+}$	aq	−348.5	−111.07	273.6
CuO	cr	−157.3	−129.7	42.63
Cu_2O	cr	−168.6	−146.0	93.14
CuS	cr	−53.1	−53.6	66.5
$CuSO_4$	cr	−771.36	−661.8	109
F^-	aq	−332.63	−278.79	−13.8
F_2	g	0	0	202.78
Fe	cr	0	0	27.28
Fe^{2+}	aq	−89.1	−78.9	−137.7
Fe^{3+}	aq	−48.5	−4.7	−315.9
$FeCl_2$	cr	−341.79	−302.30	117.95

物质 B 化学式	状态	$\dfrac{\Delta_f H_m^{\ominus}}{kJ \cdot mol^{-1}}$	$\dfrac{\Delta_f G_m^{\ominus}}{kJ \cdot mol^{-1}}$	$\dfrac{S_B^{\ominus}}{J \cdot mol^{-1} \cdot K^{-1}}$
$FeCl_3$	cr	-399.49	-334.00	142.3
Fe_2O_3	cr(赤铁矿)	-824.2	-742.2	87.4
Fe_3O_4	cr(磁铁矿)	$-1\,118.4$	$-1\,015.4$	146.4
$Fe(OH)_2$	cr(沉淀)	-569.0	-486.5	88
$Fe(OH)_3$	cr(沉淀)	-823.0	-696.5	106.7
$Fe(OH)_4^{2-}$	aq	—	-769.7	—
FeS_2	cr(黄铁矿)	-178.2	-166.9	52.93
$FeSO_4 \cdot 7H_2O$	cr	$-3\,014.57$	$-2\,509.87$	409.2
H^+	aq	0	0	0
H_2	g	0	0	130.684
H_3AsO_3	aq	-742.2	-639.80	195.0
H_3AsO_4	aq	-902.5	-766.0	184
$H[BF_4]$	aq	$-1\,574.9$	$-1\,486.9$	180
H_3BO_3	cr	$-1\,094.33$	-968.92	88.83
H_3BO_3	aq	$-1\,072.32$	-968.75	162.3
HBr	g	-36.40	-53.45	198.695
HCl	g	-92.307	-95.299	186.908
$HClO$	g	-78.7	-66.1	236.67
$HClO$	aq	-120.9	-79.9	142
HCN	aq	107.1	119.7	124.7
H_2CO_3	aq$[CO_2(aq)+H_2O(l)]$	-699.65	-623.08	187.4
$HC_2O_4^-$	aq	-818.4	-698.34	149.4
HF	aq	-320.08	-296.82	88.7
HF	g	-271.1	-273.2	173.779
HI	g	26.48	1.70	206.549
HIO_3	aq	-211.3	-132.6	166.9
HNO_2	aq	-119.2	-50.6	135.6
HNO_3	l	-174.10	-80.71	155.6
H_3PO_4	cr	$-1\,279.0$	$-1\,119.1$	110.50
HS^-	aq	-17.06	12.08	62.8
H_2S	g	-20.63	-33.56	205.79
H_2S	aq	-39.7	-27.83	121
$HSCN$	aq	—	97.56	—
HSO_4^-	aq	-887.34	-755.91	131.8
H_2SO_3	aq	-608.81	-537.81	232.2
H_2SO_4	l	-831.989	-609.003	156.904
H_2SiO_3	aq	$-1\,182.8$	$-1\,079.4$	109
H_4SiO_4	aq$[H_2SiO_3(aq)+H_2O(l)]$	$-1\,468.6$	$-1\,316.6$	180
H_2O	g	-241.818	-228.575	188.825
H_2O	l	-285.830	-237.129	69.91
H_2O_2	l	-187.78	-120.35	109.6

物质 B 化学式	状态	$\dfrac{\Delta_f H_m^\ominus}{kJ \cdot mol^{-1}}$	$\dfrac{\Delta_f G_m^\ominus}{kJ \cdot mol^{-1}}$	$\dfrac{S_B^\ominus}{J \cdot mol^{-1} \cdot K^{-1}}$
H_2O_2	g	-136.31	-105.57	232.7
H_2O_2	aq	-191.17	-134.03	143.9
Hg	l	0	0	76.02
Hg	g	61.317	31.820	174.96
Hg^{2+}	aq	171.1	164.40	-32.2
Hg_2^{2+}	aq	172.4	153.52	84.5
$HgCl_2$	aq	-216.3	-173.2	155
$HgCl_4^{2+}$	aq	-554.0	-446.8	293
Hg_2Cl_2	cr	-265.22	-210.745	192.5
HgI_2	cr(红色)	-105.4	-101.7	180
HgI_4^{2-}	aq	-235.6	-211.7	360
HgO	cr(红色)	-90.83	-58.539	70.29
HgS	cr(红色)	-58.2	-50.6	82.4
HgS	cr(黑色)	-53.6	-47.7	88.3
I^-	aq	-55.19	-51.57	111.3
I_2	cr	0	0	116.135
I_2	g	62.438	19.327	260.69
I_2	aq	22.6	16.40	137.2
I_3^-	aq	-51.5	-51.4	239.3
IO_3^-	aq	-221.3	-128.0	118.4
K	cr	0	0	64.18
K^+	aq	-252.38	-283.27	102.5
KBr	cr	-393.798	-380.66	95.90
KCl	cr	-436.747	-409.14	82.59
$KClO_3$	cr	-397.73	-296.25	143.1
$KClO_4$	cr	-432.75	-303.09	151.0
KCN	cr	-113.0	-101.86	128.49
K_2CO_3	cr	$-1\,151.02$	$-1\,063.5$	155.52
K_2CrO_4	cr	$-1\,403.7$	$-1\,295.7$	200.12
$K_2Cr_2O_7$	cr	$-2\,061.5$	$-1\,881.8$	291.2
KF	cr	-567.27	-537.75	66.57
$K_3[Fe(CN)_6]$	cr	-249.8	-129.6	426.06
$K_4[Fe(CN)_6]$	cr	-594.1	-450.3	418.8
KHF_2	cr(α)	-927.68	-859.68	104.27
KI	cr	-327.900	-324.892	106.32
KIO_3	cr	-501.37	-418.35	151.46
$KMnO_4$	cr	-837.2	-737.6	171.71
KNO_2	cr(正交)	-369.82	-306.55	152.09
KNO_3	cr	-494.63	-394.86	133.05
KO_2	cr	-284.93	-239.4	116.7
K_2O_2	cr	-494.1	-425.1	102.1

（续表）

物质 B 化学式	状态	$\dfrac{\Delta_f H_m^{\ominus}}{kJ \cdot mol^{-1}}$	$\dfrac{\Delta_f G_m^{\ominus}}{kJ \cdot mol^{-1}}$	$\dfrac{S_B^{\ominus}}{J \cdot mol^{-1} \cdot K^{-1}}$
KOH	cr	−424.764	−379.08	78.9
KSCN	cr	−200.16	−178.31	124.26
K_2SO_4	cr	−1 437.79	−1 321.37	175.56
Li	cr	0	0	29.12
Li^+	aq	−278.49	−293.31	13.4
Li_2CO_3	cr	−1 215.9	−1 132.06	90.37
LiF	cr	−615.97	−587.71	35.65
LiH	cr	−90.54	−68.05	20.008
Li_2O	cr	−597.94	−561.18	37.57
LiOH	cr	−484.93	−438.95	42.80
Li_2SO_4	cr	−1 436.49	−1 321.70	115.1
Mg	cr	0	0	32.68
Mg^{2+}	aq	−466.85	−454.8	−138.1
$MgCl_2$	cr	−641.32	−591.79	89.62
$MgCO_3$	cr(菱镁矿)	−1 095.8	−1 012.1	65.7
$MgSO_4$	cr	−1 284.9	−1 170.6	91.6
MgO	cr(方镁石)	−606.70	−569.43	26.94
$Mg(OH)_2$	cr	−924.54	−833.51	63.18
Mn	cr(α)	0	0	32.01
Mn^{2+}	aq	−220.75	−228.1	−73.6
$MnCl_2$	cr	−481.29	−440.59	118.24
MnO_2	cr	−520.03	−466.14	53.05
MnO_4^-	aq	−541.4	−447.2	191.2
MnO_4^{2-}	aq	−653	−500.7	59
MnS	cr(绿色)	−214.2	−218.4	78.2
$MnSO_4$	cr	−1 065.25	−957.36	112.1
N_2	g	0	0	191.61
NH_3	g	−46.11	−16.45	192.45
NH_3	aq	−80.29	−26.50	111.3
NH_4^+	aq	−132.51	−79.31	113.4
N_2H_4	l	50.63	149.34	121.21
N_2H_4	g	95.40	159.35	238.47
N_2H_4	aq	34.31	128.1	138.0
NH_4Cl	cr	−314.43	−202.87	94.6
NH_4HCO_3	cr	−849.4	−665.9	120.9
$(NH_4)_2CO_3$	cr	−333.51	−197.33	104.60
NH_4NO_3	cr	−365.56	−183.87	151.08
$(NH_4)_2SO_4$	cr	−1 180.5	−901.67	220.1
NO	g	90.25	86.55	210.761
NO_2	g	33.18	51.31	240.06
NO_2^-	aq	−104.6	−32.0	123.0

（续表）

物质 B 化学式	状态	$\dfrac{\Delta_f H_m^{\ominus}}{kJ \cdot mol^{-1}}$	$\dfrac{\Delta_f G_m^{\ominus}}{kJ \cdot mol^{-1}}$	$\dfrac{S_B^{\ominus}}{J \cdot mol^{-1} \cdot K^{-1}}$
NO_3^-	aq	-205.0	-108.74	146.4
N_2O_4	l	-19.50	97.54	209.2
N_2O_4	g	9.16	97.89	304.29
N_2O_5	cr	-43.1	113.9	178.2
N_2O_5	g	11.3	115.1	355.7
$NOCl$	g	51.71	66.08	261.69
Na	cr	0	0	51.21
Na^+	aq	-240.12	-261.905	59.0
$NaAc$	cr	-708.81	-607.18	123.0
$Na_2B_4O_7$	cr	$-3\,291.1$	$-3\,096.0$	189.54
$Na_2B_4O_7 \cdot 10H_2O$	cr	$-6\,288.6$	$-5\,516.0$	586
$NaBr$	cr	-361.062	-348.983	86.82
$NaCl$	cr	-411.153	-384.138	72.13
Na_2CO_3	cr	$-1\,130.68$	$-1\,044.44$	134.98
$NaHCO_3$	cr	-950.81	-851.0	101.7
NaF	cr	-573.647	-543.494	51.46
NaH	cr	-56.275	-33.46	40.016
NaI	cr	-287.78	-286.06	98.53
$NaNO_2$	cr	-358.65	-284.55	103.8
$NaNO_3$	cr	-467.85	-367.00	116.52
Na_2O	cr	-414.22	-375.46	75.06
Na_2O_2	cr	-510.87	-447.7	95.0
NaO_2	cr	-260.2	-218.4	115.9
$NaOH$	cr	-425.609	-379.494	64.455
Na_3PO_4	cr	$-1\,917.4$	$-1\,788.80$	173.80
NaH_2PO_4	cr	$-1\,536.8$	$-1\,386.1$	127.49
Na_2HPO_4	cr	$-1\,478.1$	$-1\,608.2$	150.50
Na_2S	cr	-364.8	-349.8	83.7
Na_2SO_3	cr	$-1\,100.8$	$-1\,012.5$	145.94
Na_2SO_4	cr(斜方晶体)	$-1\,387.08$	$-1\,270.16$	149.58
Na_2SiF_6	cr	$-2\,909.6$	$-2\,754.2$	207.1
Ni	cr	0	0	29.87
Ni^{2+}	aq	-54.0	-45.6	-128.9
$NiCl_2$	cr	-305.332	-259.032	97.65
NiO	cr	-239.7	-211.7	37.99
$Ni(OH)_2$	cr	-529.7	-447.2	88
$NiSO_4$	cr	-872.91	-759.7	92
$NiSO_4$	aq	-949.3	-803.3	-18.0
NiS	cr	-82.0	-79.5	52.97
O_2	g	0	0	205.138
O_3	g	142.7	163.2	238.9

物质 B 化学式	状态	$\dfrac{\Delta_f H_m^\ominus}{kJ \cdot mol^{-1}}$	$\dfrac{\Delta_f G_m^\ominus}{kJ \cdot mol^{-1}}$	$\dfrac{S_B^\ominus}{J \cdot mol^{-1} \cdot K^{-1}}$
O_3	aq	125.9	174.6	146
OF_2	g	24.7	41.9	247.43
OH^-	aq	-229.994	-157.244	-10.75
P	白磷	0	0	41.09
P	红磷（三斜）	-17.6	-121.1	22.80
PH_3	g	5.4	13.4	210.23
PO_4^{3-}	aq	$-1\,277.4$	$-1\,018.7$	-222
P_4O_{10}	cr	$-2\,984.0$	$-2\,697.7$	228.86
Pb	cr	0	0	64.81
Pb^{2+}	aq	-1.7	-24.43	10.5
$PbCl_2$	cr	-359.41	-314.10	136.0
$PbCl_3^-$	aq	—	-426.3	—
$PbCO_3$	cr	-699.1	-625.5	131.0
PbI_2	cr	-175.48	-173.64	174.85
PbI_4^{2-}	aq	—	-254.8	—
PbO_2	cr	-277.4	-217.33	68.6
$Pb(OH)_3^-$	aq	—	-575.6	—
PbS	cr	-100.4	-98.7	91.2
$PbSO_4$	cr	-919.94	-813.14	148.57
S	cr（正交）	0	0	31.80
S^{2-}	aq	33.1	85.8	-14.6
SO_2	g	-296.830	-300.194	248.22
SO_2	aq	-322.980	-300.676	161.9
SO_3	g	-395.72	-371.06	256.76
SO_3^{2-}	aq	-635.5	-486.5	-29
SO_4^{2-}	aq	-909.27	-744.53	20.1
$S_2O_3^{2-}$	aq	-648.5	-522.5	67
$S_4O_6^{2-}$	aq	$-1\,224.2$	$-1\,040.4$	257.3
$SbCl_3$	cr	-382.11	-323.67	184.1
Sb_2S_3	cr（黑）	-174.9	-173.6	182.0
SCN^-	aq	76.44	92.71	144.3
Si	cr	0	0	18.83
SiC	cr（β-立方）	-65.3	-62.8	16.61
$SiCl_4$	l	-680.7	-619.84	239.7
$SiCl_4$	g	-657.01	-616.98	330.73
SiF_4	g	$-1\,614.9$	$-1\,572.65$	282.49
SiF_6^{2-}	aq	$-2\,389.1$	$-2\,199.4$	122.2
SiO_2	α-石英	-910.49	-856.64	41.84
Sn	cr（白色）	0	0	51.55
Sn	cr（灰色）	-2.09	0.13	44.14
Sn^{2+}	aq	-8.8	-27.2	-17

（续表）

物质 B 化学式	状态	$\dfrac{\Delta_f H_m^{\ominus}}{kJ \cdot mol^{-1}}$	$\dfrac{\Delta_f G_m^{\ominus}}{kJ \cdot mol^{-1}}$	$\dfrac{S_B^{\ominus}}{J \cdot mol^{-1} \cdot K^{-1}}$
$Sn(OH)_2$	cr	−561.1	−491.6	155
$SnCl_2$	aq	−329.7	−299.5	172
$SnCl_4$	l	−511.3	−440.1	258.6
SnS	cr	−100	−98.3	77.0
Sr	cr(α)	0	0	52.3
Sr^{2+}	aq	−545.80	−559.48	−32.6
$SrCl_2$	cr(α)	−828.9	−781.1	114.85
$SrCO_3$	cr(菱锶矿)	−1 220.1	−1 140.1	97.1
SrO	cr	−592.0	−561.9	54.5
$SrSO_4$	cr	−1 453.1	−1 340.9	117
Ti	cr	0	0	30.63
$TiCl_3$	cr	−720.9	−653.5	139.7
$TiCl_4$	l	−804.2	−737.2	252.34
TiO_2	cr(锐钛矿)	−939.7	−884.5	49.92
TiO_2	cr(金红石)	−944.7	−889.5	50.33
Zn	cr	0	0	41.63
Zn^{2+}	aq	−153.89	−147.06	−112.1
$ZnCl_2$	cr	−415.05	−396.398	111.46
$Zn(OH)_2$	cr(β)	−641.91	−553.52	81.2
$Zn(OH)_4^{2-}$	aq	—	−858.52	—
ZnS	闪锌矿	−205.98	−201.29	57.7
$ZnSO_4$	cr	−982.8	−871.5	110.5

注：cr 为结晶固体；l 为液体；g 为气体；aq 为水溶液，非电离物质，标准状态，$b=1$ mol $\cdot$ kg^{-1} 或不考虑进一步解离时的离子。

数据摘自《NBS 化学热力学性质表》[美国]国家标准局，刘天河．赵梦月译．北京：中国标准出版社，1998

附录四　常见弱酸、弱碱在水中的解离常数（298.15 K）

1. 弱酸

物质	化学式	级数	$pK_i^{\ominus}$	物质	化学式	级数	$pK_i^{\ominus}$
砷酸	H_3AsO_3	1	11.2			2	10.25
亚砷酸	$HAsO_2$ 或 $As(OH)_4$	1	9.22	次氯酸	$HClO$		7.50
砷酸	H_3AsO_4	1	2.20	亚氯酸	$HClO_2$		1.96
		2	6.98	氢氰酸	HCN		9.21
		3	11.50	氰酸	$HOCN$		3.46
硼酸	H_3BO_3	1	9.24	硫氰酸	$HSCN$		0.85
		2	12.74	铬酸	H_2CrO_4	1	−0.9
		3	13.80			2	6.50
次溴酸	$HBrO$		8.62	氢氟酸	HF		3.18
碳酸	CO_2+H_2O	1	6.38	次碘酸	HIO		10.64

（续表）

物质	化学式	级数	$pK_i^\ominus$	物质	化学式	级数	$pK_i^\ominus$
铵根离子	NH_4^+	1	9.24	醋酸	$CH_3COOH(HAc)$		4.76
亚硝酸	HNO_2		3.29	草酸	$H_2C_2O_4$	1	1.27
过氧化氢	H_2O_2		11.65	EDTA	H_6Y^{2+}	1	0.9
次磷酸	H_3PO_2		11		H_5Y^+	2	1.6
亚磷酸	H_3PO_3	1	1.30		H_4Y	3	2.0
		2	6.6		H_3Y^-	4	2.67
磷酸	H_3PO_4	1	2.12		H_2Y^{2-}	5	6.16
		2	7.20		HY^{3-}	6	10.2
		3	12.36	柠檬酸		1	3.13
氢硫酸	H_2S	1	6.97			2	4.76
		2	12.90			3	6.40
亚硫酸	SO_2+H_2O	1	1.90	酒石酸		1	3.04
		2	7.20			2	4.37
硫酸	H_2SO_4	2	1.92	氯乙酸			2.86
硫代硫酸	$H_2S_2O_3$	1	0.60	氨水	$NH_3 \cdot H_2O$		4.76
		2	1.4~1.7	乙二胺	$H_2NCH_2CH_2NH_2$	1	4.07
硅酸	H_2SiO_3	1	9.77			2	7.15
		2	11.80	吡啶			8.82
甲酸	$HCOOH$		3.75				

注：附录四～八数据主要源于"CRC Handbook of Chemistry and Physics 74th"。

附录五　一些配位化合物的稳定常数与金属离子的羟合效应系数

1. 一些配位化合物的累积稳定常数

	$lg\beta_1$	$lg\beta_2$	$lg\beta_3$	$lg\beta_4$	$lg\beta_5$	$lg\beta_6$
1. F^-						
Al(Ⅲ)	6.10	11.15	15.00	17.75	19.37	19.84
Be(Ⅱ)	5.1	8.8	12.6			
Fe(Ⅲ)	5.28	9.30	12.06			
Th(Ⅲ)	7.65	13.46	17.97			
Ti(Ⅳ)	5.4	9.8	13.7	18.0		
Zr(Ⅳ)	8.80	16.12	21.94			
2. Cl^-						
Ag(Ⅰ)	3.04	5.04		5.30		
Au(Ⅲ)		9.8				
Bi(Ⅲ)	2.44	4.7	5.0	5.6		
Cd(Ⅱ)	1.95	2.50	2.60	2.80		
Cu(Ⅰ)		5.5	5.7			
Fe(Ⅲ)	1.48	2.13	1.99	0.01		
Hg(Ⅱ)	6.74	13.22	14.07	15.07		
Pb(Ⅱ)	1.62	2.44	1.70	1.60		
Pt(Ⅱ)		11.5	14.5	16.0		
Sb(Ⅲ)	2.26	3.49	4.18	4.72		

（续表）

	$\lg\beta_1$	$\lg\beta_2$	$\lg\beta_3$	$\lg\beta_4$	$\lg\beta_5$	$\lg\beta_6$
Sn(Ⅱ)	1.51	2.24	2.03	1.48		
Zn(Ⅱ)	0.43	0.61	0.53	0.20		
3. Br^-						
Ag(Ⅰ)	4.38	7.33	8.00	8.73		
Au(Ⅰ)		12.46				
Cd(Ⅱ)	1.75	2.34	3.32	3.70		
Cu(Ⅰ)		5.89				
Cu(Ⅱ)	0.30					
Hg(Ⅱ)	9.05	17.32	19.74	21.00		
Pb(Ⅱ)	1.2	1.9		1.1		
Pd(Ⅱ)				13.1		
Pt(Ⅱ)				20.5		
4. I^-						
Ag(Ⅰ)	6.58	11.74	13.68			
Cd(Ⅱ)	2.10	3.43	4.49	5.41		
Cu(Ⅰ)		8.85				
Hg(Ⅱ)	12.87	23.82	27.60	29.83		
Pb(Ⅱ)	2.00	3.15	3.92	4.47		
5. CN^-						
Ag(Ⅰ)		21.1	21.7	20.6		
Au(Ⅰ)		38.3				
Cd(Ⅱ)	5.48	10.60	15.23	18.78		
Cu(Ⅰ)		24.0	28.59	30.30		
Fe(Ⅱ)						35
Fe(Ⅲ)						42
Hg(Ⅱ)					41.4	
Ni(Ⅱ)					31.3	
Zn(Ⅱ)					16.7	
6. NH_3						
Ag(Ⅰ)	3.24	7.05				
Cd(Ⅱ)	2.65	4.75	6.19	7.12	6.80	5.14
Co(Ⅱ)	2.11	3.74	4.79	5.55	5.73	5.11
Co(Ⅲ)	6.7	14.0	20.1	25.7	30.8	35.2
Cu(Ⅰ)	5.93	10.86				
Cu(Ⅱ)	4.31	7.98	11.02	13.32	12.86	
Fe(Ⅱ)	1.4	2.2				
Hg(Ⅱ)	8.8	17.5	18.5	19.28		
Ni(Ⅱ)	2.80	5.04	6.77	7.96	8.71	7.74
Pt(Ⅱ)						35.3
Zn(Ⅱ)	2.37	4.81	7.31	9.46		
7. OH^-						
Ag(Ⅰ)	3.96					

	$\lg\beta_1$	$\lg\beta_2$	$\lg\beta_3$	$\lg\beta_4$	$\lg\beta_5$	$\lg\beta_6$
Al(Ⅲ)	9.27			33.03		
Be(Ⅱ)	9.7	14.0	15.2			
Bi(Ⅲ)	12.7	15.8		35.2		
Cd(Ⅱ)	4.17	8.33	9.02	8.62		
Cr(Ⅲ)	10.1	17.8		29.9		
Cu(Ⅱ)	7.0	13.68	17.00	18.5		
Fe(Ⅱ)	5.56	9.77	9.67	8.58		
Fe(Ⅲ)	11.87	21.17	29.67			
Ni(Ⅱ)	4.97	8.55	11.33			
Pb(Ⅱ)	7.82	10.85	14.58		61.0	
Sb(Ⅲ)		24.3	36.7	38.3		
Tl(Ⅲ)	12.86	25.37				
Zn(Ⅱ)	4.40	11.30	14.14	17.60		
8. $P_2O_7^{4-}$						
Ca(Ⅱ)	4.6					
Cd(Ⅱ)	5.6					
Cu(Ⅱ)	6.7	9.0				
Ni(Ⅱ)	5.8	7.4				
Pb(Ⅱ)		5.3				
9. SCN^-						
Ag(Ⅰ)		7.57	9.08	10.08		
Au(Ⅰ)		23		42		
Cd(Ⅱ)	1.39	1.98	2.58	3.6		
Co(Ⅱ)	−0.04	−0.70	0	3.00		
Cr(Ⅲ)	1.87	2.98				
Cu(Ⅰ)	12.11	5.18				
Fe(Ⅲ)	2.95	3.36				
Hg(Ⅱ)		17.47		21.23		
Ni(Ⅱ)	1.18	1.64	1.81			
Zn(Ⅱ)	1.62					
10. $S_2O_3^{2-}$						
Ag(Ⅰ)	8.82	13.46				
Cd(Ⅱ)	3.92	6.44				
Cu(Ⅰ)	10.27	12.22	13.84			
Hg(Ⅱ)		29.44	31.90	33.24		
Pb(Ⅱ)		5.13	6.35			
11. 草酸 $H_2C_2O_4$						
Al(Ⅲ)	7.26	13.0	16.3			
Fe(Ⅱ)	2.9	4.52	5.22			
Fe(Ⅲ)	9.4	16.2	20.2			
Mn(Ⅱ)	3.97	5.80				
Ni(Ⅱ)	5.3	7.64	8.5			
Zn(Ⅱ)	4.89	7.60	8.15			

（续表）

	$\lg\beta_1$	$\lg\beta_2$	$\lg\beta_3$	$\lg\beta_4$	$\lg\beta_5$	$\lg\beta_6$
12. 乙酸 CH_3COOH						
Ag（Ⅰ）	0.73	0.64				
Pb（Ⅱ）	2.52	4.0	6.4	8.5		
13. 乙二胺						
Ag（Ⅰ）	4.70	7.70				
Cd（Ⅱ）	5.47	10.09	12.09			
Co（Ⅱ）	5.91	10.64	13.94			
Co（Ⅲ）	18.7	34.9	48.69			
Cr（Ⅱ）	5.15	9.19				
Cu（Ⅰ）		10.8				
Cu（Ⅱ）	10.67	20.00	21.0			
Fe（Ⅱ）	4.34	7.65	9.70			
Hg（Ⅱ）	14.3	23.3				
Mn（Ⅱ）	2.73	4.79	5.67			
Ni（Ⅱ）	7.52	13.84	18.33			
Zn（Ⅱ）	5.77	10.83	14.11			

2. 一些金属离子的羟合效应系数 $\lg\alpha\{M(OH)\}$

金属离子	离子强度	pH													
		1	2	3	4	5	6	7	8	9	10	11	12	13	14
Al^{3+}	2					0.4	1.3	5.3	9.3	13.3	17.3	21.3	25.3	29.3	33.3
Bi^{3+}	3	0.1	0.5	1.4	2.4	3.4	4.4	5.4							
Ca^{2+}	0.1													0.3	1.0
Cd^{2+}	3									0.1	0.5	2.0	4.5	2.1	12.0
Co^{2+}	0.1								0.1	0.4	1.1	2.2	4.2	7.2	10.2
Cu^{2+}	0.1								0.2	0.8	1.7	2.7	3.7	4.7	5.7
Fe^{2+}	1									0.1	0.6	1.5	2.5	3.5	4.5
Fe^{3+}	3			0.4	1.8	3.7	5.7	7.7	9.7	11.7	13.7	15.7	17.7	19.7	21.7
Hg^{2+}	0.1			0.5	1.9	3.9	5.9	7.9	9.9	11.9	13.9	15.9	17.9	19.9	21.9
La^{3+}	3										0.3	1.0	1.9	2.9	3.9
Mg^{2+}	0.1											0.1	0.5	1.3	2.3
Mn^{2+}	0.1										0.1	0.5	1.4	2.4	3.4
Ni^{2+}	0.1									0.1	0.7	1.6			
Pb^{2+}	0.1							0.1	0.5	1.4	2.7	4.7	7.4	10.4	13.4
Th^{4+}	1			0.2	0.8	1.7	2.7	3.7	4.7	5.7	6.7	7.7	8.7	9.7	
Zn^{2+}	0.1									0.2	2.4	5.4	8.5	11.8	15.5

3. 金属-EDTA 配位化合物的稳定常数

M	Ag^+	Al^{3+}	Ba^{2+}	Be^{2+}	Bi^{3+}	Ca^{2+}	Cd^{2+}	Co^{2+}	Co^{3+}	Cr^{3+}
$\lg K_{MY}^{\ominus}$	7.32	16.5	7.78	9.2	27.8	11.0	16.36	16.26	41.4	23.4
M	Cu^{2+}	Fe^{2+}	Fe^{3+}	Hg^{2+}	Mg^{2+}	Mn^{2+}	Ni^{2+}	Pb^{2+}	Sn^{2+}	Zn^{2+}
$\lg K_{MY}^{\ominus}$	18.70	14.27	24.23	21.5	9.12	13.81	18.5	17.88	18.3	16.36

4. 金属-EDTA 配位化合物的条件稳定常数

金属离子	0	1	2	3	4	5	6	7	8	9	10	11	12	13	14
Ag					0.7	1.7	2.8	3.9	5.0	5.9	6.8	7.1	6.8	5.0	2.2
Al			3.0	5.4	7.5	9.6	10.4	8.5	6.6	4.5	2.4				
Ba						1.3	3.0	4.4	5.5	6.4	7.3	7.7	7.8	7.7	7.3
Bi	1.4	5.3	8.6	10.6	11.8	12.8	13.6	14.0	14.1	14.0	13.9	13.3	12.4	11.4	10.4
Ca					2.2	4.1	5.9	7.3	8.4	9.3	10.25	10.6	10.7	10.4	9.7
Cd		1.0	3.8	6.0	7.9	9.9	11.7	13.1	14.2	15.0	15.5	14.4	12.0	8.4	4.5
Co		1.0	3.7	5.9	7.8	9.7	11.5	12.9	13.9	14.5	14.7	14.0	12.1		
Cu		3.4	6.1	8.3	10.2	12.2	14.0	15.4	16.3	16.6	16.6	16.1	15.7	15.6	15.6
Fe(Ⅱ)		1.5	3.7	5.7	7.7	9.5	10.9	12.0	12.8	13.2	12.7	11.8	10.8	9.8	
Fe(Ⅲ)	5.1	8.2	11.5	13.9	14.7	14.8	14.6	14.1	13.7	13.6	14.0	14.3	14.4	14.4	14.4
Hg(Ⅱ)	3.5	6.5	9.2	11.1	11.3	11.3	11.1	10.5	9.6	8.8	8.4	7.7	6.8	5.8	4.8
La		1.7	4.6	6.8	8.8	10.6	12.0	13.1	14.0	14.6	14.3	13.5	12.5	11.5	
Mg						2.1	3.9	5.3	6.4	7.3	8.2	8.5	8.2	7.4	
Mn		1.4	3.6	5.5	7.4	9.2	10.6	11.7	12.6	13.4	13.4	12.6	11.6	10.6	
Ni		3.4	6.1	8.2	10.1	12.0	13.8	15.2	16.3	17.1	17.4	16.9			
Pb		2.4	5.2	7.4	9.4	11.4	13.2	14.5	15.2	15.2	14.8	13.0	10.6	7.6	4.6
Sr						2.0	3.8	5.2	6.3	7.2	8.1	8.5	8.6	8.5	8.0
Zn		1.1	3.8	6.0	7.9	9.9	11.7	13.1	14.2	14.9	13.6	11.0	8.0	4.7	1.0

附录六　难溶化合物的溶度积常数(298.15 K)

化合物	溶度积	化合物	溶度积	化合物	溶度积
醋酸盐		* $Co(OH)_3$	1.6×10^{-44}	* $AlPO_4$	6.3×10^{-19}
** $AgAc$	1.94×10^{-3}	* $Cr(OH)_2$	2×10^{-16}	* $CaHPO_4$	1×10^{-7}
卤化物		* $Cr(OH)_3$	6.3×10^{-31}	* $Ca_3(PO_4)_2$	2.0×10^{-29}
* $AgBr$	5.0×10^{-13}	* $Cu(OH)_2$	2.2×10^{-20}	** $Cd_3(PO_4)_2$	2.53×10^{-33}
* $AgCl$	1.8×10^{-10}	* $Fe(OH)_2$	8.0×10^{-16}	$Cu_3(PO_4)_2$	1.40×10^{-37}
* AgI	8.3×10^{-17}	* $Fe(OH)_3$	4×10^{-38}	$FePO_4 \cdot 2H_2O$	9.91×10^{-16}
BaF_2	1.84×10^{-7}	* $Mg(OH)_2$	1.8×10^{-11}	* $MgNH_4PO_4$	2.5×10^{-13}
* CaF_2	5.3×10^{-9}	* $Mn(OH)_2$	1.9×10^{-13}	$Mg_3(PO_4)_2$	1.04×10^{-24}
* $CuBr$	5.3×10^{-9}	* $Ni(OH)_2$(新制备)	2.0×10^{-15}	* $Pb_3(PO_4)_2$	8.0×10^{-43}
* $CuCl$	1.2×10^{-6}	* $Pb(OH)_2$	1.2×10^{-15}	* $Zn_3(PO_4)_2$	9.0×10^{-33}
* CuI	1.1×10^{-12}	* $Sn(OH)_2$	1.4×10^{-28}	**铬酸盐**	
* Hg_2Cl_2	1.3×10^{-18}	* $Sr(OH)_2$	9×10^{-4}	Ag_2CrO_4	1.12×10^{-12}
* Hg_2I_2	4.5×10^{-29}	* $Zn(OH)_2$	1.2×10^{-17}	* $Ag_2Cr_2O_7$	2.0×10^{-7}
HgI_2	2.9×10^{-29}	**草酸盐**		* $BaCrO_4$	1.2×10^{-10}
$PbBr_2$	6.60×10^{-6}	$Ag_2C_2O_4$	5.4×10^{-12}	$CaCrO_4$	7.1×10^{-4}
* $PbCl_2$	1.6×10^{-5}	* BaC_2O_4	1.6×10^{-7}	$CuCrO_4$	3.6×10^{-6}
PbF_2	3.3×10^{-8}	* $CaC_2O_4 \cdot H_2O$	4×10^{-9}	* Hg_2CrO_4	2.0×10^{-9}
* PbI_2	7.1×10^{-9}	CuC_2O_4	4.43×10^{-10}	* $PbCrO_4$	2.8×10^{-13}
SrF_2	4.33×10^{-9}	* $FeC_2O_4 \cdot 2H_2O$	3.2×10^{-7}	* $SrCrO_4$	2.2×10^{-5}
碳酸盐		$Hg_2C_2O_4$	1.75×10^{-13}	**硫酸盐**	
Ag_2CO_3	8.45×10^{-12}	$MgC_2O_4 \cdot 2H_2O$	4.83×10^{-6}	* Ag_2SO_4	1.4×10^{-5}
* $BaCO_3$	5.1×10^{-9}	$MnC_2O_4 \cdot 2H_2O$	1.70×10^{-7}	* $BaSO_4$	1.1×10^{-10}
$CaCO_3$	3.36×10^{-9}	** PbC_2O_4	8.51×10^{-10}	* $CaSO_4$	9.1×10^{-6}
$CdCO_3$	1.0×10^{-12}	* $SrC_2O_4 \cdot H_2O$	1.6×10^{-7}	Hg_2SO_4	6.5×10^{-7}
* $CuCO_3$	1.4×10^{-10}	$ZnC_2O_4 \cdot 2H_2O$	1.38×10^{-9}	* $PbSO_4$	1.6×10^{-8}
$FeCO_3$	3.13×10^{-11}	* CdS	8.0×10^{-27}	* $SrSO_4$	3.2×10^{-7}
Hg_2CO_3	3.6×10^{-17}	* $CoS(\alpha-型)$	4.0×10^{-21}	**其他盐**	
$MgCO_3$	6.82×10^{-6}	* $CoS(\beta-型)$	2.0×10^{-25}	* $[Ag^+][Ag(CN)_2^-]$	7.2×10^{-11}
$MnCO_3$	2.24×10^{-11}	* Cu_2S	2.5×10^{-48}	* $Ag_4[Fe(CN)_6]$	1.6×10^{-41}
$NiCO_3$	1.42×10^{-7}	* CuS	6.3×10^{-36}	* $Cu_2[Fe(CN)_6]$	1.3×10^{-16}
* $PbCO_3$	7.4×10^{-14}	* FeS	6.3×10^{-18}	* Ag_2S	6.3×10^{-50}
$SrCO_3$	5.6×10^{-10}	* $HgS(黑色)$	1.6×10^{-52}	* $AgIO_3$	3.0×10^{-8}
$ZnCO_3$	1.46×10^{-10}	* $HgS(红色)$	4×10^{-53}	$Cu(IO_3)_2 \cdot H_2O$	7.4×10^{-8}
氢氧化物		* $MnS(晶形)$	2.5×10^{-13}	** $KHC_4H_4O_6$(酒石酸氢钾)	3×10^{-4}
* $AgOH$	2.0×10^{-8}	** NiS	1.07×10^{-21}	** $Al(8-羟基喹啉)_3$	5×10^{-33}
* $Al(OH)_3$(无定形)	1.3×10^{-33}	* PbS	8.0×10^{-28}	* $K_2Na[Co(NO_2)_6] \cdot H_2O$	2.2×10^{-11}
* $Be(OH)_2$(无定形)	1.6×10^{-22}	* SnS	1×10^{-25}	* $Na(NH_4)_2[Co(NO_2)_6]$	4×10^{-12}
** $Ca(OH)_2$	5.5×10^{-6}	** SnS_2	2×10^{-27}	** $Ni(丁二酮肟)_2$	4×10^{-24}
* $Cd(OH)_2$	5.27×10^{-15}	** ZnS	2.93×10^{-25}	** $Mg(8-羟基喹啉)_2$	4×10^{-16}
** $Co(OH)_2$(粉红色)	1.09×10^{-15}	**磷酸盐**		** $Zn(8-羟基喹啉)_2$	5×10^{-25}
** $Co(OH)_2$(蓝色)	5.92×10^{-15}	* Ag_3PO_4	1.4×10^{-16}		

摘自 David R. Lide, Handbook of Chemistry and Physics, 78th. edition, 1997—1998

* 摘自 J. A. Dean Ed. Lange's Handbook of Chemistry, 13th. edition 1985

** 摘自其他参考书。

附录七 标准电极电势(298.15 K)

1. 在酸性溶液中

电 对	电极反应	$\varphi^{\ominus}/V$
Li(I)—(0)	$Li^+ + e^- = Li$	-3.045
K(I)—(0)	$K^+ + e^- = K$	-2.925
Rb(I)—(0)	$Rb^+ + e^- = Rb$	-2.925
Cs(I)—(0)	$Cs^+ + e^- = Cs$	-2.923
Ba(II)—(0)	$Ba^{2+} + 2e^- = Ba$	-2.90
Sr(II)—(0)	$Sr^{2+} + 2e^- = Sr$	-2.89
Ca(II)—(0)	$Ca^{2+} + 2e^- = Ca$	-2.87
Na(I)—(0)	$Na^+ + e^- = Na$	-2.714
La(III)—(0)	$La^{3+} + 3e^- = La$	-2.52
Ce(III)—(0)	$Ce^{3+} + 3e^- = Ce$	-2.48
Mg(II)—(0)	$Mg^{2+} + 2e^- = Mg$	-2.37
Sc(III)—(0)	$Sc^{3+} + 3e^- = Sc$	-2.08
Al(III)—(0)	$[AlF_6]^{3-} + 3e^- = Al + 6F^-$	-2.07
Be(II)—(0)	$Be^{2+} + 2e^- = Be$	-1.85
Al(III)—(0)	$Al^{3+} + 3e^- = Al$	-1.66
Ti(II)—(0)	$Ti^{2+} + 2e^- = Ti$	-1.63
Si(IV)—(0)	$[SiF_6]^{2-} + 4e^- = Si + 6F^-$	-1.20
Mn(II)—(0)	$Mn^{2+} + 2e^- = Mn$	-1.18
V(II)—(0)	$V^{2+} + 2e^- = V$	-1.18
Ti(IV)—(0)	$TiO^{2+} + 2H^+ + 4e^- = Ti + H_2O$	-0.89
B(III)—(0)	$H_3BO_3 + 3H^+ + 3e^- = B + 3H_2O$	-0.87
Si(IV)—(0)	$SiO_2 + 4H^+ + 4e^- = Si + 2H_2O$	-0.86
Zn(II)—(0)	$Zn^{2+} + 2e^- = Zn$	-0.763
Cr(III)—(0)	$Cr^{3+} + 3e^- = Cr$	-0.74
C(IV)—(III)	$2CO_2 + 2H^+ + 2e^- = H_2C_2O_4$	-0.49
Fe(II)—(0)	$Fe^{2+} + 2e^- = Fe$	-0.440
Cr(III)—(II)	$Cr^{3+} + e^- = Cr^{2+}$	-0.41
Cd(II)—(0)	$Cd^{2+} + 2e^- = Cd$	-0.403
Ti(III)—(II)	$Ti^{3+} + e^- = Ti^{2+}$	-0.37
Pb(II)—(0)	$PbI_2 + 2e^- = Pb + 2I^-$	-0.365
Pb(II)—(0)	$PbSO_4 + 2e^- = Pb + SO_4^{2-}$	$-0.355\,3$
Pb(II)—(0)	$PbBr_2 + 2e^- = Pb + 2Br^-$	-0.280
Co(II)—(0)	$Co^{2+} + 2e^- = Co$	-0.277
Pb(II)—(0)	$PbCl_2 + 2e^- = Pb + 2Cl^-$	-0.268
V(III)—(II)	$V^{3+} + e^- = V^{2+}$	-0.255
V(V)—(0)	$VO_2^+ + 4H^+ + 5e^- = V + 2H_2O$	-0.253
Sn(IV)—(0)	$[SnF_6]^{2-} + 4e^- = Sn + 6F^-$	-0.25
Ni(II)—(0)	$Ni^{2+} + 2e^- = Ni$	-0.246
Ag(I)—(0)	$AgI + e^- = Ag + I^-$	-0.152

（续表）

电　对	电极反应	$\varphi^{\ominus}/V$
Sn(II)—(0)	$Sn^{2+}+2e^-\!\!=\!\!=\!\!Sn$	-0.136
Pb(II)—(0)	$Pb^{2+}+2e^-\!\!=\!\!=\!\!Pb$	-0.126
Hg(II)—(0)	$[HgI_4]^{2-}+2e^-\!\!=\!\!=\!\!Hg+4I^-$	-0.04
H(I)—(0)	$2H^++2e^-\!\!=\!\!=\!\!H_2$	0.00
Ag(I)—(0)	$[Ag(S_2O_3)_2]^{3-}+e^-\!\!=\!\!=\!\!Ag+2S_2O_3^{2-}$	0.003
Ag(I)—(0)	$AgBr+e^-\!\!=\!\!=\!\!Ag+Br^-$	0.071
S(2.5)—(II)	$S_4O_6^{2-}+2e^-\!\!=\!\!=\!\!2S_2O_3^{2-}$	0.08
Ti(IV)—(III)	$TiO^{2+}+2H^++e^-\!\!=\!\!=\!\!Ti^{3+}+H_2O$	0.10
S(0)—(II)	$S+2H^++2e^-\!\!=\!\!=\!\!H_2S$	0.141
Sn(IV)—(II)	$Sn^{4+}+2e^-\!\!=\!\!=\!\!Sn^{2+}$	0.154
Cu(II)—(I)	$Cu^{2+}+e^-\!\!=\!\!=\!\!Cu^+$	0.159
S(VI)—(IV)	$SO_4^{2-}+4H^++2e^-\!\!=\!\!=\!\!H_2SO_4+2H_2O$	0.17
Hg(II)—(0)	$[HgBr_4]^{2-}+2e^-\!\!=\!\!=\!\!Hg+4Br^-$	0.21
Ag(I)—(0)	$AgCl+e^-\!\!=\!\!=\!\!Ag+Cl^-$	$0.222\ 3$
Hg(I)—(0)	$Hg_2Cl_2+2e^-\!\!=\!\!=\!\!2Hg+2Cl^-$	0.268
Cu(II)—(0)	$Cu^{2+}+2e^-\!\!=\!\!=\!\!Cu$	0.337
V(IV)—(III)	$VO^{2+}+2H^++e^-\!\!=\!\!=\!\!V^{3+}+H_2O$	0.337
Fe(III)—(II)	$[Fe(CN)_6]^{3-}+e^-\!\!=\!\!=\!\![Fe(CN)_6]^{4-}$	0.36
S(IV)—(II)	$2H_2SO_3+2H^++4e^-\!\!=\!\!=\!\!S_2O_3^{2-}+3H_2O$	0.40
Ag(I)—(0)	$Ag_2CrO_4+2e^-\!\!=\!\!=\!\!Ag+CrO_4^{2-}$	0.447
S(IV)—(0)	$H_2SO_3+4H^++4e^-\!\!=\!\!=\!\!S+3H_2O$	0.45
Cu(I)—(0)	$Cu^++e^-\!\!=\!\!=\!\!Cu$	0.52
I(0)—(I)	$I_2+2e^-\!\!=\!\!=\!\!2I^-$	$0.534\ 5$
Mn(VII)—(VI)	$MnO_4^-+e^-\!\!=\!\!=\!\!MnO_4^{2-}$	0.564
As(V)—(III)	$H_3AsO_4+2H^++2e^-\!\!=\!\!=\!\!H_3AsO_3+H_2O$	0.58
Hg(II)—(I)	$2HgCl_2+2e^-\!\!=\!\!=\!\!Hg_2Cl_2+2Cl^-$	0.63
O(0)—(I)	$O_2+2H^++2e^-\!\!=\!\!=\!\!H_2O_2$	0.682
Pt(II)—(0)	$[PtCl_4]^{2-}+2e^-\!\!=\!\!=\!\!Pt+4Cl^-$	0.73
Fe(III)—(II)	$Fe^{3+}+e^-\!\!=\!\!=\!\!Fe^{2+}$	0.771
Hg(I)—(0)	$Hg_2^{2+}+2e^-\!\!=\!\!=\!\!2Hg$	0.793
Ag(I)—(0)	$Ag^++e^-\!\!=\!\!=\!\!Ag$	0.799
N(V)—(IV)	$NO_3^-+2H^++e^-\!\!=\!\!=\!\!NO_2+H_2O$	0.80
Hg(II)—(I)	$2Hg^{2+}+2e^-\!\!=\!\!=\!\!Hg_2^{2+}$	0.920
N(V)—(III)	$NO_3^-+3H^++2e^-\!\!=\!\!=\!\!HNO_2+H_2O$	0.94
N(V)—(II)	$NO_3^-+4H^++3e^-\!\!=\!\!=\!\!NO+2H_2O$	0.96
N(III)—(II)	$HNO_2+H^++e^-\!\!=\!\!=\!\!NO+H_2O$	1.00
Au(III)—(0)	$[AuCl_4]^-+3e^-\!\!=\!\!=\!\!Au+4Cl^-$	1.00
V(V)—(IV)	$VO_2^++2H^++e^-\!\!=\!\!=\!\!VO^{2+}+H_2O$	1.00
Br(0)—(I)	$Br_2(l)+2e^-\!\!=\!\!=\!\!2Br^-$	1.065
Cu(II)—(I)	$Cu^{2+}+2CN^-+e\!\!=\!\!=\!\!Cu(CN)_2^-$	1.12
Se(VI)—(IV)	$SeO_4^{2-}+4H^++2e^-\!\!=\!\!=\!\!H_2SeO_3+H_2O$	1.15
Cl(VII)—(V)	$ClO_4^-+2H^++2e^-\!\!=\!\!=\!\!ClO_3^-+H_2O$	1.19

（续表）

电　对	电极反应	$\varphi^{\ominus}/V$
I(Ⅴ)—(0)	$2IO_3^- + 12H^+ + 10e^- \Longrightarrow I_2 + 6H_2O$	1.20
Cl(Ⅴ)—(Ⅲ)	$ClO_3^- + 3H^+ + 2e^- \Longrightarrow HClO_2 + H_2O$	1.21
O(0)—(Ⅱ)	$O_2 + 4H^+ + 4e^- \Longrightarrow 2H_2O$	1.229
Mn(Ⅳ)—(Ⅱ)	$MnO_2 + 4H^+ + 2e^- \Longrightarrow Mn^{2+} + 2H_2O$	1.23
Cr(Ⅵ)—(Ⅲ)	$Cr_2O_7^{2-} + 14H^+ + 6e^- \Longrightarrow 2Cr^{3+} + 7H_2O$	1.33
Cl(0)—(Ⅰ)	$Cl_2 + 2e^- \Longrightarrow 2Cl^-$	1.36
I(Ⅰ)—(0)	$2HIO + 2H^+ + 2e^- \Longrightarrow I_2 + 2H_2O$	1.45
Pb(Ⅳ)—(Ⅱ)	$PbO_2 + 4H^+ + 2e^- \Longrightarrow Pb^{2+} + 2H_2O$	1.455
Au(Ⅲ)—(0)	$Au^{3+} + 3e^- \Longrightarrow Au$	1.50
Mn(Ⅲ)—(Ⅱ)	$Mn^{3+} + e^- \Longrightarrow Mn^{2+}$	1.51
Mn(Ⅶ)—(Ⅱ)	$MnO_4^- + 8H^+ + 5e^- \Longrightarrow Mn^{2+} + 4H_2O$	1.51
Br(Ⅴ)—(0)	$2BrO_3^- + 12H^+ + 10e^- \Longrightarrow Br_2 + 6H_2O$	1.52
Br(Ⅰ)—(0)	$2HBrO + 2H^+ + 2e^- \Longrightarrow Br_2 + 2H_2O$	1.59
Ce(Ⅳ)—(Ⅲ)	$Ce^{4+} + e^- \Longrightarrow Ce^{3+} (1\ mol \cdot L^{-1} HNO_3)$	1.61
Cl(Ⅰ)—(0)	$2HClO + 2H^+ + 2e^- \Longrightarrow Cl_2 + 2H_2O$	1.63
Cl(Ⅲ)—(Ⅰ)	$HClO_2 + 2H^+ + 2e^- \Longrightarrow HClO + H_2O$	1.64
Pb(Ⅳ)—(Ⅱ)	$PbO_2 + SO_4^{2-} + 4H^+ + 2e^- \Longrightarrow PbSO_4 + 2H_2O$	1.685
Mn(Ⅶ)—(Ⅳ)	$MnO_4^- + 4H^+ + 3e^- \Longrightarrow MnO_2 + 2H_2O$	1.695
O(Ⅰ)—(Ⅱ)	$H_2O_2 + 2H^+ + 2e^- \Longrightarrow 2H_2O$	1.77
Co(Ⅲ)—(Ⅱ)	$Co^{3+} + e^- \Longrightarrow Co^{2+}$	1.84
S(Ⅶ)—(Ⅵ)	$S_2O_8^{2-} + 2e^- \Longrightarrow 2SO_4^{2-}$	2.01
F(0)—(Ⅰ)	$F_2 + 2e^- \Longrightarrow 2F^-$	2.87

2. 在碱性溶液中

电　对	电极反应	$\varphi^{\ominus}/V$
Mg(Ⅱ)—(0)	$Mg(OH)_2 + 2e^- \Longrightarrow Mg + 2OH^-$	−2.69
Al(Ⅲ)—(0)	$H_2AlO_3^- + H_2O + 3e^- \Longrightarrow Al + 4OH^-$	−2.35
P(Ⅰ)—(0)	$H_2PO_2^- + e^- \Longrightarrow P + 2OH^-$	−2.05
B(Ⅲ)—(0)	$H_2BO_3^- + H_2O + 3e^- \Longrightarrow B + 4OH^-$	−1.79
Si(Ⅳ)—(0)	$SiO_3^{2-} + 3H_2O + 4e^- \Longrightarrow Si + 6OH^-$	−1.70
Mn(Ⅱ)—(0)	$Mn(OH)_2 + 2e^- \Longrightarrow Mn + 2OH^-$	−1.55
Zn(Ⅱ)—(0)	$Zn(CN)_4^{2-} + 2e^- \Longrightarrow Zn + 4CN^-$	−1.26
Zn(Ⅱ)—(0)	$ZnO_2^{2-} + 2H_2O + 2e^- \Longrightarrow Zn + 4OH^-$	−1.216
Cr(Ⅲ)—(0)	$CrO_2^- + 2H_2O + 3e^- \Longrightarrow Cr + 4OH^-$	−1.2
Zn(Ⅱ)—(0)	$Zn(NH_3)_4^{2+} + 2e^- \Longrightarrow Zn + 4NH_3$	−1.04
S(Ⅵ)—(Ⅳ)	$SO_4^{2-} + H_2O + 2e^- \Longrightarrow SO_3^{2-} + 2OH^-$	−0.93
Sn(Ⅱ)—(0)	$HSnO_2^- + H_2O + 2e^- \Longrightarrow Sn + 3OH^-$	−0.91
Fe(Ⅱ)—(0)	$Fe(OH)_2 + 2e^- \Longrightarrow Fe + 2OH^-$	−0.877
H(Ⅰ)—(0)	$2H_2O + 2e^- \Longrightarrow H_2 + 2OH^-$	−0.828
Cd(Ⅱ)—(0)	$Cd(NH_3)_4^{2+} + 2e^- \Longrightarrow Cd + 4NH_3$	−0.61
S(Ⅳ)—(Ⅱ)	$2SO_3^{2-} + 3H_2O + 4e^- \Longrightarrow S_2O_3^{2-} + 6OH^-$	−0.58

（续表）

电　对	电极反应	$\varphi^{\ominus}/\mathrm{V}$
Fe(Ⅲ)—(Ⅱ)	$Fe(OH)_3 + e^- \Longrightarrow Fe(OH)_2 + OH^-$	-0.56
S(0)—(Ⅱ)	$S + 2e^- \Longrightarrow S^{2-}$	-0.48
Ni(Ⅱ)—(0)	$Ni(NH_3)_6^{2+} + 2e^- \Longrightarrow Ni + 6NH_3\,(aq)$	-0.48
Cu(Ⅰ)—(0)	$Cu(CN)_2^- + e^- \Longrightarrow Cu + 2CN^-$	约-0.43
Hg(Ⅱ)—(0)	$Hg(CN)_4^{2-} + 2e^- \Longrightarrow Hg + 4CN^-$	-0.37
Ag(Ⅰ)—(0)	$Ag(CN)_2^- + e^- \Longrightarrow Ag + 2CN^-$	-0.31
Cr(Ⅵ)—(Ⅲ)	$CrO_4^{2-} + 2H_2O + 3e^- \Longrightarrow CrO_2^- + 4OH^-$	-0.12
Cu(Ⅰ)—(0)	$Cu(NH_3)_2^+ + e^- \Longrightarrow Cu + 2NH_3$	-0.12
Mn(Ⅳ)—(Ⅱ)	$MnO_2 + 2H_2O + 2e^- \Longrightarrow Mn(OH)_2 + 2OH^-$	-0.05
Ag(Ⅰ)—(0)	$AgCN + e^- \Longrightarrow Ag + CN^-$	-0.017
Mn(Ⅳ)—(Ⅱ)	$MnO_2 + 2H_2O + 2e^- \Longrightarrow Mn(OH)_2 + 2OH^-$	-0.05
N(Ⅴ)—(Ⅲ)	$NO_3^- + H_2O + 2e^- \Longrightarrow NO_2^- + 2OH^-$	0.01
Hg(Ⅱ)—(0)	$HgO + H_2O + 2e^- \Longrightarrow Hg + 2OH^-$	0.098
Co(Ⅲ)—(Ⅱ)	$Co(NH_3)_6^{3+} + e^- \Longrightarrow Co(NH_3)_6^{2+}$	0.1
Co(Ⅲ)—(Ⅱ)	$Co(OH)_3 + e^- \Longrightarrow Co(OH)_2 + OH^-$	0.17
I(Ⅴ)—(Ⅰ)	$IO_3^- + 3H_2O + 6e^- \Longrightarrow I^- + 6OH^-$	0.26
Cl(Ⅴ)—(Ⅲ)	$ClO_3^- + H_2O + 2e^- \Longrightarrow ClO_2^- + 2OH^-$	0.33
Cl(Ⅶ)—(Ⅴ)	$ClO_4^- + H_2O + 2e^- \Longrightarrow ClO_3^- + 2OH^-$	0.36
Ag(Ⅰ)—(0)	$Ag(NH_3)_2^+ + e^- \Longrightarrow Ag + 2NH_3$	0.373
O(0)—(Ⅱ)	$O_2 + 2H_2O + 4e^- \Longrightarrow 4OH^-$	0.401
I(Ⅰ)—(Ⅰ)	$IO^- + H_2O + 2e^- \Longrightarrow I^- + 2OH^-$	0.49
Mn(Ⅵ)—(Ⅳ)	$MnO_4^{2-} + 2H_2O + 2e^- \Longrightarrow MnO_2 + 4OH^-$	0.60
Br(Ⅴ)—(Ⅰ)	$BrO_3^- + 3H_2O + 6e^- \Longrightarrow Br^- + 6OH^-$	0.61
Cl(Ⅲ)—(Ⅰ)	$ClO_2^- + H_2O + 2e^- \Longrightarrow ClO^- + 2OH^-$	0.66
Br(Ⅰ)—(Ⅰ)	$BrO^- + H_2O + 2e^- \Longrightarrow Br^- + 2OH^-$	0.76
Cl(Ⅰ)—(Ⅰ)	$ClO^- + H_2O + 2e^- \Longrightarrow Cl^- + 2OH^-$	0.89

　　数据摘自《NBS 化学热力学性质表》[美国]国家标准局，刘天河．赵梦月译．北京：中国标准出版社，1998

部分习题参考答案

第1章

1. $1.53 g \cdot L^{-1}$ **2.** 16.05 g/mol **3.** (1) 0.38 (2) 10.4 mol$\cdot L^{-1}$ (3) 13.8 mol/kJ (4) 0.67
4. 279.0 g $\cdot$ mol^{-1} $HgCl_2$ **5.** 162 g $\cdot$ mol^{-1} **6.** 9.89 g **7.** 略 **8.** 10.87 g **9.** 269.5 g $\cdot$ mol^{-1} S_8
10. 0.0499 752 kPa **11.** (1) 1.54×10^{-4} mol $\cdot L^{-1}$ (2) 6.69×10^4 g $\cdot$ mol^{-1} (3) 2.86×10^{-4} K
(4) 不能 **12.** 3.11×10^4 g $\cdot$ mol^{-1} **13.** 略 **14.** 略

第2章

1. 略 **2.** 略 **3.** 略 **4.** 17 kJ **5.** 略 **6.** 425 g **7.** 略 **8.** 219.0 kJ $\cdot$ mol^{-1} **9.** 略
10. $\Delta_r H^{\ominus}_m$(总)$= -1366.8$ kJ $\cdot$ mol^{-1} **11.** 略 **12.** 略 **13.** 略 **14.** $T > 1110.3$ K **15.** 略

第3章

一、选择题
1~5. DCACD **6~10.** CBCAB
二、填空题
1. 复杂反应 基元反应 定速步骤 $v = kc(NO)^2 c(H_2)$ 3 级
2. $v = kc(NO_2)c(CO)$ 质量作用 1 2 **3.** 改变 降低 **4.** 活化分子总数 活化分子百分数
5. $Q < K$ $Q > K$ **6.** $=$ $<$ $>$ **7.** 不 右 **8.** $v_{正} = v_{逆}$ 不变 改变 **9.** 略
三、简答题
略
四、计算题
1. (1) $v = kc^2(A)$ (2) 8 L/mol $\cdot$ s (3) 0.0707 mol/L **2.** (1) $v = kc^2(NO)c(H_2)$ (2) 8×10^4
(3) 5.12×10^{-3} **3.** $E_a = 103.56$ kJ/mol $K_3 = 4.79 \times 10^6$ s^{-1} **4.** $E_a = 75.16$ kJ/mol **5.** 9.4×10^{10}
6. 135.4 kJ/mol **7.** 5.06×10^8 **8.** 0.08 mol/L 0.84 mol/L 0.32 mol/L 0.286 **9~12.** 略

第4章

1. (1) 120 pm (2) 6.6×10^{-23} pm **2.** (2) (5) (6) **3~9.** 略 **10.** (1) ⅣA 族元素 (2) Fe
(3) Cu **11.** (1) 24 (2) $1s^2 2s^2 2p^6 3s^2 3p^6 3d^5 4s^1$ (3) $3d^5 4s^1$ (4) 第四周期 ⅥB族 最高氧化物质化
学式为: MO_3 **12~15.** 略

第5章

1. BF_3 中 B 的杂化类型为 sp^2,形成 3 个共用电子对,无孤对电子,为平面三角形;NF_3 中 N 的杂化类
型为 sp^3,形成 3 个共用电子对,还有一对孤对电子,因而为三角锥形 **2.** 略 **3.** $BeCl_2 > BF_3 > SiH_4 >$
$PH_3 > H_2S > SF_6$ **4.** 直线 平面三角形 正四面体 三角双锥形 平面三角形 三角双锥 正四面体

正八面体　三角双锥　八面体　正八面体　**5.** $CHCl_3$，NCl_3，H_2S 为极性分子，CH_4，BCl_3，CS_2 为非极性分子　**6.** 略　**7.** (1) $CO_2 < SO_2$　(2) $CCl_4 = CH_4$　(3) $PH_3 < NH_3$　(4) $BF_3 < NF_3$　(5) $H_2O > H_2S$
8. NaF　$NaCl$　$NaBr$　NaI　SiI_4　$SiBr_4$　$SiCl_4$　SiF_4　**9.** (1) 色散力　(2) 取向力　诱导力　色散力　氢键　(3) 诱导力　色散力　氢键　(4) 取向力　诱导力　色散力　氢键　**10.** 以下纯净物的凝聚态中能形成氢键：H_2O_2，C_2H_5OH，H_3BO_3，H_2SO_4　**11～14.** 略

第 6 章

一、选择题

1～5. CBCAC　**6～10.** CDCAC　**11～12.** BC　**13.** ABC　**14～18.** CAABC

二、判断题

1. ×　**2.** ×　**3.** ×　**4.** √

三、计算题

1. 解：根据方程 $2NaOH + H_2C_2O_4 \cdot H_2O = Na_2C_2O_4 + 4H_2O$ 可知，

需 $H_2C_2O_4 \cdot H_2O$ 的质量 m_1 为：

$$m_1 = \frac{0.1 \times 0.020}{2} \times 126.07 = 0.13 \text{ g}$$

相对误差为

$$E_{r1} = \frac{0.000\,2 \text{ g}}{0.13 \text{ g}} \times 100\% = 0.15\%$$

则相对误差大于 0.1%，不能用 $H_2C_2O_4 \cdot H_2O$ 标定 $0.1 \text{ mol} \cdot L^{-1}$ 的 $NaOH$，可以选用相对分子质量大的作为基准物来标定。

若改用 $KHC_8H_4O_4$ 为基准物时，则有：

$$KHC_8H_4O_4 + NaOH = KNaC_8H_4O_4 + H_2O$$

需 $KHC_8H_4O_4$ 的质量为 m_2，则 $m_2 = \dfrac{0.1 \times 0.020}{2} \times 204.22 = 0.41 \text{ g}$

$$E_{r2} = \frac{0.000\,2 \text{ g}}{0.41 \text{ g}} \times 100\% = 0.049\%$$

相对误差小于 0.1%，可以用于标定 $NaOH$。

2. 解：(1) $\bar{x} = \dfrac{24.87\% + 24.93\% + 24.69\%}{3} = 24.83\%$　(2) 24.87%　(3) $E_a = \bar{x} - T = 24.83\% - 25.06\% = -0.23\%$　(4) $E_r = \dfrac{E_a}{T} \times 100\% = -0.92\%$

3. 解：(1) $\bar{x} = \dfrac{67.48\% + 67.37\% + 67.47\% + 67.43\% + 67.407\%}{5} = 67.43\%$

$$\bar{d} = \frac{1}{n} \sum |d_i| = \frac{0.05\% + 0.06\% + 0.04\% + 0.03\%}{5} = 0.04\%$$

(2) $\bar{d_r} = \dfrac{\bar{d}}{x} \times 100\% = \dfrac{0.04\%}{67.43\%} \times 100\% = 0.06\%$

(3) $s = \sqrt{\dfrac{\sum d_i^2}{n-1}} = \sqrt{\dfrac{(0.05\%)^2 + (0.06\%)^2 + (0.04\%)^2 + (0.03\%)^2}{5-1}} = 0.05\%$

(4) $s_r = \dfrac{s}{\bar{x}} \times 100\% = \dfrac{0.05\%}{67.43\%} \times 100\% = 0.07\%$

(5) $X_m = X_大 - X_小 = 67.48\% - 67.37\% = 0.11\%$

4. 解：甲：$\bar{x}_1 = \sum \dfrac{x}{n} = \dfrac{39.12\% + 39.15\% + 39.18\%}{3} = 39.15\%$

$$E_{a1} = \bar{x} - T = 39.15\% - 39.19\% = -0.04\%$$

$$s_1 = \sqrt{\frac{\sum d_i^2}{n-1}} = \sqrt{\frac{(0.03\%)^2 + (0.03\%)^2}{3-1}} = 0.03\%$$

$$s_{r1} = \frac{s_1}{\bar{x}} \times 100\% = \frac{0.03\%}{39.15\%} \times 100\% = 0.08\%$$

$$\bar{x}_2 = \frac{39.19\% + 39.24\% + 39.28\%}{3} = 39.24\%$$

$$E_{a2} = \bar{x} = 39.24\% - 39.19\% = 0.05\%$$

乙：

$$s_2 = \sqrt{\frac{\sum d_i^2}{n-1}} = \sqrt{\frac{(0.05\%)^2 + (0.04\%)^2}{3-1}} = 0.05\%$$

$$s_{r2} = \frac{s_2}{\bar{x}_2} \times 100\% = \frac{0.05\%}{39.24\%} \times 100\% = 0.13\%$$

由上面 $|E_{a1}| < |E_{a2}|$ 可知甲的准确度比乙高。$s_1 < s_2$，$s_{r1} < s_{r2}$ 可知甲的精密度比乙高。综上所述,甲测定结果的准确度和精密度均比乙高。

5. 解:(1) 根据 $u = \dfrac{x - \mu}{\sigma}$ 得

$$u_1 = \frac{20.30 - 20.40}{0.04} = -2.5 \qquad u_2 \frac{20.46 - 20.40}{0.04} = 1.5$$

(2) $u_1 = -2.5$ $u_2 = 1.5$。由表 6-2 查得相应的概率为 0.493 8,0.433 2

则

$$P(20.30 \leqslant x \leqslant 20.46) = 0.493\ 8 + 0.433\ 2 = 0.927\ 0$$

$$\bar{x} = \sum \frac{x}{n} = \frac{47.44 + 48.15 + 47.90 + 47.93 + 48.03}{5} = 47.89$$

6. 解:

$$s = \sqrt{\frac{(0.45)^2 + (0.26)^2 + (0.01)^2 + (0.04)^2 + (0.14)^2}{5-1}} = 0.27$$

$$t = \frac{|\bar{x} - T|}{s} = \frac{|47.89 - 48.00|}{0.27} = 0.41$$

查表 6-3,$t_{0.95,4} = 2.78$,$t < t_{0.95,4}$ 说明这批产品含铁量合格

7. 解:(1) $7.993\ 6 \div 0.996\ 7 - 5.02 = 7.994 \div 0.9967 - 5.02 = 8.02 - 5.02 = 3.00$

(2) $0.032\ 5 \times 5.103 \times 60.06 \div 139.8 = 0.032\ 5 \times 5.10 \times 60.1 \div 140 = 0.071\ 2$

(3) $(1.276 \times 4.17) + 1.7 \times 10^{-4} - (0.002\ 176\ 4 \times 0.012\ 1)$

$= (1.28 \times 4.17) + 1.7 \times 10^{-4} - (0.002\ 18 \times 0.012\ 1)$

$= 5.34 + 0 + 0$

$= 5.34$

(4) $pH = 1.05$,$[H^+] = 8.9 \times 10^{-2}$

第7章

1~3. 略   **4.** 16.67 mL   1.914 g   **5.** $pH = 7.74$,突跃范围 7.74~9.70,酚酞   **6.** NaH_2PO_4 溶液 307.7 mL Na_2HPO_4 溶液 192.3 mL   **7.** 略   **8.** $c_{NaOH} = 0.100\ 0$ mol/L   **9.** $c_{HCl} = 0.100\ 0$ mol/L   **10.** $c_{HCl} = 0.228\ 6$ mol/L $c_{NaOH} = 0.230\ 9$ mol/L   **11.** Na_2CO_3 72.17% $NaHCO_3$ 6.06%   **12.** Na_2CO_3 70.70%   NaOH 17.39%   **13.** $\chi(H_2CO_3) = 0.087$,$\chi(HCO_3^-) = 0.91$ **14.** $w(Na_3PO_4) = 73.64\%$,$w(Na_2HPO_4) = 7.22\%$ **15.** H_3PO_4 14.89 mmol NaH_2PO_4 7.07 mmol   **16.** HCl 0.225 4 mol/L   NaOH 0.213 9 mol/L   **17.** $w(P) = 0.403\ 2\%$

第8章

1. (1) Cr:+6   (2) N:+1   (3) N:-3   (4) N:-1/3   (5) S:0   (6) S:+2

2. (1) $3As_2O_3 + 4HNO_3 + 7H_2O = 6H_3AsO_4 + 4NO$

(2) $K_2Cr_2O_7 + 3H_2S + 4H_2SO_4 = K_2SO_4 + Cr_2(SO_4)_3 + 3S + 7H_2O$

(3) $6KOH + 3Br_2 = KBrO_3 + 5KBr + 3H_2O$

(4) $3K_2MnO_4 + 2H_2O = 2KMnO_4 + MnO_2 + 4KOH$

(5) $4Zn + 10HNO_3 = 4Zn(NO_3)_2 + NH_4NO_3 + 3H_2O$

(6) $I_2 + 5Cl_2 + 6H_2O = 10HCl + 2HIO_3$

(7) $7MnO_4^- + 5H_2O_2 + 6H^+ = 2Mn^{2+} + 5O_2 + 8H_2O$

(8) $2MnO_4^- + SO_3^{2-} + 2OH^- = 2MnO_4^{2-} + SO_4^{2-} + H_2O$

3. (1) $Cr_2O_7^{2-} + 14H^+ + 6e^- \longrightarrow 2Cr^{3+} + 7H_2O$

(2) $I_2 + 6H_2O \longrightarrow 2IO_3^- + 12H^+ + 10e^-$

(3) $MnO_2 + 2H_2O + 2e^- \longrightarrow Mn(OH)_2 \downarrow + 2OH^-$

(4) $Cl_2 + 12OH^- \longrightarrow 2ClO_3^- + 6H_2O + 10e^-$

4. 在酸性介质中，$KMnO_4$，$K_2Cr_2O_7$，$CuCl_2$，$FeCl_3$，I_2 和 Cl_2，作为氧化剂，其还原产物分别为（离子）：Mn^{2+}，Cr^{3+}，Cu，Fe^{2+}，I^-，Cl^-，$\varphi^\ominus$ 值越大，氧化能力越强，依据电极电势表，得氧化能力从大到小依次排列为 $F_2 > MnO_4^- > Cl_2 > Cr_2O_7^{2-} > Br_2(aq) > Fe^{3+} > I_2 > Cu^{2+}$

5. $\varphi^\ominus$ 值越小，还原本领越强。在酸性介质中，Fe^{2+}，Sn^{2+}，H_2，I^-，Li，Mg，Al 分别被氧化为 Fe^{3+}，Sn^{4+}，H^+，I_2，Li^+，Mg^{2+}，Al^{3+}，依据电极电势，得还原能力从大到小依次排列为 $Li > Mg > Al > H_2 > Sn^{2+} > I^- > Fe^{2+}$

6. (1) $Cl_2 + 2e^- = 2Cl^-$，电极反应中无 H^+ 参与，H^+ 浓度增加时，氧化能力不变；

(2) $Cr_2O_7^{2-} + 14H^+ + 6e^- = 2Cr^{3+} + 7H_2O$，$H^+$ 浓度增加时，氧化能力增强；

(3) $Fe^{3+} + e^- = Fe^{2+}$，H^+ 浓度增加时，氧化能力不变；

(4) $MnO_4^- + 8H^+ + 5e^- = Mn^{2+} + 4H_2O$，$H^+$ 浓度增加时，氧化能力增强

7. (1) 1.354 V (2) 0.34 V (3) 0.505 V

8. (1) 1.80 V (2) 0.839 V (3) 1.05 V (4) 0.27 V

9. (1) 反应能正向进行 (2) 反应能正向进行 (3) 反应不能正向进行 (4) 反应能正向进行

10. 查表，得(1) Fe 是最强的还原剂，Ce^{4+} 是最强的氧化剂 (2) 以上物质都不能把 Fe^{2+} 还原成 Fe (3) MnO_4^- 和 Ce^{4+} 可把 Ag 氧化成 Ag^+

11. (1) $\Delta_r G^\ominus = -56.9 \text{ kJ} \cdot \text{mol}^{-1}$ (2) $\Delta_r G^\ominus = -73.4 \text{ kJ} \cdot \text{mol}^{-1}$ (3) $\Delta_r G^\ominus = 32 \text{ kJ} \cdot \text{mol}^{-1}$；

12. (1) $E^\ominus = 1.23 \text{ V}$ (2) $E^\ominus = 1.02 \text{ V}$ **13.** (1) $K = 8.17 \times 10^{-10}$ (2) $K = 1.17 \times 10^{-10}$；

14. 平衡后 Cd^{2+} 的浓度为 $0.050 - 4.73 \times 10^{-2} = 2.7 \times 10^{-3} \text{ mol} \cdot \text{L}^{-1}$

15. $[H^+] = 1.76 \times 10^{-3}$ **16.** $K_{sp} = 1.78 \times 10^{-8}$ **16.** $K_{sp} = 1.5376 \times 10^{-5}$

17. (1) $\varphi_1^\ominus = 0.67 \text{ V}$ $\varphi_2^\ominus = 0.89 \text{ V}$ (2) 由氯元素电势图可知，符合歧化反应条件 $\varphi_右^\ominus > \varphi_左^\ominus$ 的氧化态有：ClO_3^-、ClO_2^-、ClO^- 和 Cl_2，它们均能发生歧化反应

18. $0.0267 \text{ mol} \cdot \text{L}^{-1}$ **19.** $w(PbO_2) = 19.4\%$，$w(PbO) = 36.14\%$

20. $w(KI) = 26.7\%$

第9章

1. (1)~(5) BABAD **2.** $s_1 > s_3 > s_2 > s_4$ **3.** 3.2×10^{-11} **4.** pH = 12.35 **5.** (1) 有 $Mg(OH)_2$ 沉淀生成 (2) 有 $BaCO_3$ 沉淀生成 **6.** 0.658 g **7.** MgF_2 先沉淀 **8.** 略 **9.** $0.07421 \text{ mol} \cdot \text{L}^{-1}$ $0.07067 \text{ mol} \cdot \text{L}^{-1}$ **10.** 85.58% **11.** 40.56%

第 10 章

一、单项选择题

1～10. EDBCD　DABAA　11～20. AEDCB　ADBEC

21～30. BABAA　DDCED　31～32. CC

二、多项选择题

1～5. AC　BD　CE　AB　AC　6～10. ABC　ABC　ABC　ABC　BCE

三、判断题

1～5. ×√×√√　6～10. ××√×√　11～12. ×√

四、填空题

1. $[PtCl_5(NH_3)]^-$　K^+　Pt^{4+}　Cl^-　NH_3　Cl　N　6　一氨五氯合铂(Ⅳ)酸钾

2. $[PtCl_2(NH_3)_4]^{2+}$　Cl^-　6　$[PtCl_2(NH_3)_4]Cl_2$

3. pH＜6　紫红到亮黄色

4. $[Cu(en)_2]^{2+}$　4　多齿　螯合物

5. 硫酸四氨合铜(Ⅱ)　$[Cu(NH_3)_4]^{2+}$　N　NH_3　4　SO_4^{2-}

6. 配位掩蔽法　沉淀掩蔽法　氧化还原掩蔽法

7. 7～10　红到纯蓝色

五、简答题

1. EDTA 与金属离子配位反应的特点为

(1) 形成 1∶1 的配合物；

(2) 形成的配合物的稳定性高；

(3) 形成的配合物多数溶于水；

(4) 与无色的金属离子形成的配合物为无色，与有色的金属离子形成的配合物颜色加深

2. 在红色的$[Fe(SCN)_6]^{3-}$溶液中加入 EDTA 后，由于 Fe^{3+} 与 DETA 形成更稳定的配合物 FeY，促使$[Fe(SCN)_6]^{3-}$不断解离，红色的$[Fe(SCN)_6]^{3-}$不断减少，所以溶液的红色会消褪。

3. 因为 EDTA 在溶液中有 7 种存在方式，起配位作用的是 Y^{4-}；酸效应系数 $\alpha_{Y(H)}$ 随着酸度的减小而减小，在碱性溶液中，EDTA 的主要存在方式为 Y^{4-}，酸效应系数很小。根据条件稳定常数：$\lg K_稳 = \lg K - \lg \alpha_{Y(H)}$ 可知在碱性溶液中配位能力最强。

4. 因为条件稳定常数考虑了 EDTA 的酸效应和金属离子的配位效应的影响，能直接反映在一定条件下配位化合物的实际稳定程度，是进行配位滴定的重要依据。因此判断配位滴定的可行性要用条件稳定常数。

5. 配位滴定的主反应是 EDTA 与金属离子形成配合物的反应。副反应主要有(1) 金属离子与其他配位剂产生的配位效应及水解效应。(2) EDTA 在溶液中的酸效应以及与其他非被测离子的配位效应。(3) 生成酸式配合物及碱式配合物的副反应。

六、计算题

1. 根据：$CaCO_3\ (mg/L) = \dfrac{(cV)_{EDTA} M_{CaCO_3}}{V_{H_2O}} \times 1\ 000$

$$= \dfrac{0.010\ 25 \times 15.02 \times 100.1}{100.0} \times 1\ 000$$

$$= 154.1\ (CaCO_3\ mg/L)$$

2. 因为：$Ca^{2+} + Y = CaY \quad a = t = 1$

$\dfrac{m_A}{M_A} = c_T \cdot V_T$

$$A\% = \frac{m_A}{S} \times 100\% = \frac{c_T \cdot V_T \cdot M_A}{S} \times 100\%$$

$$= \frac{0.050\,02 \times 24.01 \times 10^{-3} \times 448.4}{0.541\,6} \times 100\% = 99.43\%$$

3. 因为：$Na_2SO_4 + BaCl_2 =\!\!= BaSO_4 + 2NaCl$ $Ba^{2+} + Y^{2-} =\!\!= BaY$

与 Na_2SO_4 反应的 $BaCl_2$ 的物质的量为 $nBaCl_2 = 0.050\,00 \times (25.00 - 6.30) \times 10^{-3}$

又因为 $nNa_2SO_4 = nBaCl_2$

所以：$A\% = \frac{m_A}{S} \times 100\% = \frac{n_{BaCl_2} \cdot M_A}{S} \times 100\%$

$$= \frac{0.050\,00 \times 18.70 \times 10^{-3} \times 142.1}{0.203\,2} \times 100\% = 65.39\%$$

第 12 章

1～3. 略   **4.** 0.1 mg   99%   0.001 mg   99.99%   **5.** $\omega_{NaCl} = 65.40\%$ $\omega_{KBr} = 35.60\%$ **6.** $R_f = 0.47$ 6.7 cm